普通高等学校数据科学与大数据技术专业精品教材 · 高级大数据人才培养丛书

云 计 算

（第四版）

刘　鹏　主编

付印金　郑志蕴　副主编

电子工业出版社

Publishing House of Electronics Industry

北京 · BEIJING

内 容 简 介

本书是被众多高校采用的教材《云计算》的第四版，是清华大学博士刘鹏教授团队的心血之作。在应对大数据挑战的过程中，云计算技术日趋成熟，拥有大量的成功商业应用。本书追踪前沿技术，相比第三版更新了40%以上的内容，包括大数据与云计算、Hadoop 3.0：主流开源云架构、虚拟化技术、容器技术、云原生技术、云计算数据中心、总结与展望等内容。刘鹏教授创办的云计算世界、大数据世界网站和"刘鹏看未来"微信公众号为本书学习提供技术支撑。本书免费提供配套PPT，请登录华信教育资源网（https://www.hxedu.com.cn/）下载。

"让学习变得轻松"是本书的初衷。本书适合作为相关专业本科生和研究生教材，也可作为云计算研发人员和爱好者的学习及参考资料。

图书在版编目（CIP）数据

云计算 / 刘鹏主编. — 4 版. —北京：电子工业出版社，2024.1
（高级大数据人才培养丛书）
ISBN 978-7-121-47160-5

Ⅰ. ①云… Ⅱ. ①刘… Ⅲ. ①云计算 Ⅳ. ①TP393.027

中国国家版本馆 CIP 数据核字（2024）第 010924 号

责任编辑：米俊萍
印　　刷：三河市双峰印刷装订有限公司
装　　订：三河市双峰印刷装订有限公司
出版发行：电子工业出版社
　　　　　北京市海淀区万寿路 173 信箱　邮编：100036
开　　本：787×1092　1/16　印张：19.5　字数：474 千字
版　　次：2010 年 3 月第 1 版
　　　　　2024 年 1 月第 4 版
印　　次：2024 年 1 月第 1 次印刷
定　　价：88.00 元

凡所购买电子工业出版社图书有缺损问题，请向购买书店调换。若书店售缺，请与本社发行部联系，联系及邮购电话：(010)88254888，88258888。

质量投诉请发邮件至 zlts@phei.com.cn，盗版侵权举报请发邮件至 dbqq@phei.com.cn。

本书咨询联系方式：mijp@phei.com.cn。

编　写　组

主　编：刘　鹏

副主编：付印金　郑志蕴

编　委：叶晓江　张　震　鲍禹含　王军锋　原启龙

　　　　谢　鹏　陈思恩　张　燕　马立远　刘世奇

　　　　王　璞　申　帆　马　鸣　张　堃

第四版前言

自《云计算》第一版于 2010 年出版至今，陆续更新出版了三版，一直得到读者的厚爱，不仅曾名列中国计算机类图书被引用量榜首，而且被许多高校选为云计算专业的教材。紧跟迅速发展的云计算技术，我们于 2021 年启动了第四版的更新出版工作，历时 2 年多的时间，对原有内容进行了全面改写或扩充，整体而言，第四版相比第三版更新了 40%以上的内容。

在前三版书籍中，编者为读者呈现了云计算的基本技术与架构，在此基础上，《云计算》第四版基于第三版的内容架构进行了优化，结合日新月异的行业发展，新增了云计算新技术与新应用，比如容器技术、云原生技术，并对每一章的内容进行了梳理和更新，比如从 Hadoop 2.0 更新至 Hadoop 3.0，以期为读者带来与行业接轨的新知识。

一些同志参加了《云计算》第三版的编写工作，第四版部分地继承了他们的成果，在此记载他们的贡献。他们是陈卫卫、慈祥、任桐炜、李志刚、鲍爱华、唐艳琴、吴海佳、李涛、余俊、王真、张晓燕、沈大为、杨震宇、张海天、宋春博、王磊等。在此一并致谢！

本书是集体智慧的结晶，在此谨向付出辛勤劳动的各位编者致敬！书中难免会有不当之处，请读者不吝赐教，可以通过"刘鹏看未来"（lpoutlook）微信公众号或刘鹏的邮箱 gloud@126.com 与我们取得联系。

刘鹏　教授

2024 年 1 月 1 日

第三版前言

《云计算》第一版于 2010 年 3 月出版，第二版于 2011 年 5 月出版。时隔四年，在读者的翘首以待中，特别受欢迎的云计算教材，终于出第三版啦！

有趣的是，2010 年年初，我曾经发表了《云计算开启潘多拉星球时代》一文，对 2015 年的云计算发展进行了预测，我们来看看准不准。

"云计算的影响将是深远的，它将彻底改变 IT 产业的架构和运行方式。编者在此（2010 年 1 月）做出大胆预测，请广大读者在 5 年后（2015 年 1 月）回过头来检验这些预测的正确性：在短期之内，高性能计算机、高端服务器、高端存储器、高端处理器的市场增长率将进入拐点，这些高端硬件市场将被数量众多、低成本、低能耗、高性价比的云计算硬件市场挤占。紧接着，成本远高于云计算的传统数据中心（IDC），将因为其过高的硬件、网络、管理和能耗成本，以及过低的资源利用率而迅速被云计算数据中心取代，已建的数以万计的数据中心将被迫转换成云计算运行模式。很快地，绝大多数软件将以服务方式呈现，用户通过浏览器访问，数据都存储在'云'中。甚至连大多数游戏都将在'云'里运行，用户终端只负责玩家输入和影音输出。在不远的将来，会出现'泛云计算化'的现象，呼叫中心、网络会议中心、智能监控中心、数据交换中心、视频监控中心、销售管理中心等，将越来越向某些超大型专业运营商集中而获取高得多的性价比。"

可以说，云计算发展到今天，与预测的结果非常吻合！现在几乎是一切皆云了！

我们能做的就是跟上变化，学习新的云计算知识，应对大数据挑战，武装自己，迎接未来！

一些同志参加了《云计算》第二版的编写工作，第三版部分地继承了他们的成果，在此记载他们的贡献。他们是朱军、田浪军、程浩、张洁、张贞、李浩、邓鹏、刘楠、张建平、邓谦、魏家宾、王昊、李松、马少兵、冯颖聪、陈秋晓、傅雷扬等。在此一并致谢！

编者时间充裕，但水平有限，欢迎大家不吝赐教。可以通过"刘鹏看未来"（lpoutlook）微信公众号或刘鹏的邮箱 gloud@126.com 与刘鹏取得联系。

刘鹏　教授

2015 年 7 月 1 日

第二版前言

《云计算》第一版于 2010 年 3 月出版。承蒙大家的喜爱，一年中印刷了 4 次，在当当网云计算书籍中销量保持前列。由于云计算技术发展迅猛，我们的云计算研发团队封闭数月，紧密跟踪，及时推出了《云计算》第二版。新版《云计算》增加了 40%的内容，并对原有内容进行了全面改写或扩充，以确保能更准确地反映云计算技术的新面貌。

为了使第二版能够更好地满足大家的需要，本书在改版时先进行了读者调查。调查结果显示读者已经普遍跨越了概念理解阶段，而对云计算的动手实践环节和核心技术原理有着迫切的需求。因此，本书强化了 Hadoop、Eucalyptus、CloudSim 等动手性强的内容，充实了 Google、Amazon、微软云计算原理，增补了 VMware 虚拟化技术，还同步更新了对云计算理论研究热点的综述。

一些同志参加了《云计算》第一版的编写工作，第二版内容部分地继承了他们的成果。由于编写组署名空间的限制，只好在此记载他们的贡献。他们是文艾、罗太鹏、龚传、薛志强、朱扬平、王晓璇、王晓盈、鲍爱华、伊英杰、吕良干、周游等。

虽然云计算起步于企业界，但在发展过程中有许多挑战性的技术问题需要解决，希望学术界与企业界密切协作，共同迎接挑战。本着这个思想，我们团队与华为、中兴通讯、360 安全卫士、华胜天成、天威视讯、世纪鼎利等知名企业建立了紧密的联合研究关系，研究内容紧跟市场需求和技术发展，研究成果能够迅速转化成生产力。在这本书里，我们将和大家分享其中的一些研究成果。

解放军理工大学　刘鹏

2011 年 5 月 18 日

第一版前言

随着网络带宽的不断增长，通过网络访问非本地的计算服务（包括数据处理、存储和信息服务等）的条件越来越成熟，于是就有了今天我们称作"云计算"的技术。之所以称作"云"，是因为计算设施不在本地而在网络中，用户不需要关心它们所处的具体位置，于是我们就像以前画网络图那样，把它们用"一朵云"来代替了。其实，云计算模式的形成由来已久（Google 从诞生之初就采用了这种模式），但只有当宽带网普及到一定程度，且网格计算、虚拟化、SOA 和容错技术等成熟到一定程度并融为一体，又有业界主要大公司的全力推动和吸引人的成功应用案例时，它才如同一颗新星闪亮登场。

既然云计算的服务设施不受用户端的局限，就意味着它们的规模和能力不可限量。Google、Amazon、微软和 IBM 等的云计算平台已经达到几十万乃至上百万台计算机的规模。由于规模经济性和众多新技术的运用，加之拥有很高的资源利用率，云计算的性能价格比较传统模式可以达到惊人的 30 倍以上——这使云计算成为一种划时代的技术。

云计算与当今同样备受关注的 3G 和物联网是什么关系呢？是互为支撑、交相辉映的关系。3G 为云计算带来数以亿计的宽带移动用户。移动终端的计算能力和存储空间有限，却有很强的联网能力，如果有云计算平台的支撑，移动用户将获得更佳的服务体验；物联网使用数量惊人的传感器、RFID 和视频监控单元等，采集到海量的数据，通过 3G 和宽带互联网进行传输，如果汇聚到云计算设施进行存储和处理，则可以更加迅速、准确、智能、低成本地对物理世界进行管理和控制，大幅提高社会生产力水平和生活质量。

云计算的影响将是深远的，它将彻底改变 IT 产业的架构和运行方式。可以预见，高性能计算机、高端服务器、高端存储器和高端处理器的市场将被数量众多、低成本、低能耗和高性价比的云计算硬件市场所挤占；传统互联网数据中心（IDC）将迅速被成本低一个数量级的云计算数据中心所取代；绝大多数软件将以服务方式呈现，甚至连大多数游戏都将在"云"里运行；呼叫中心、网络会议中心、智能监控中心、数据交换中心、视频监控中心和销售管理中心等，将越来越向某些云计算设施集中以获取高得多的性价比。放眼远眺，云计算将与网格计算融为一体，实现云计算平台之间的互操作和资源共享，实现紧耦合高性能科学计算与松耦合高吞吐量商业计算的融合，使互联网上的主要计算设施融为一个有机整体——编者称之为云格（Gloud，即 Grid+Cloud）。

因为云计算如此重要，所以与云计算相关的书籍应运而生。但由于云计算技术起源于企业界而非学术界，各种技术文献很难寻获，目前还未见到对云计算技术进行全面、深入剖析的教材出版物。本书编写团队的核心成员自 2000 年起就从事网格计算研发，并一直紧跟国际形势从事云计算领域的研发，运营了中国网格和中国云计算网站，并承担了知名企业的云计算技术培训工作。我们能够感受到广大读者渴望弄清云计算技术本质和细节的迫切心情，因此集中力量编写了这本书，希望有所裨益。

本书适合不同层次的读者阅读。根据编者的经验，读一本书，面面俱到的方法不可取——耗时过长、印象不深。建议读者带着自己的疑问，寻找感兴趣的阅读点，直奔主题：希望了解云计算的概念、本质和发展趋势的读者，可以重点阅读第 1 章和第 11 章；希望学习云计算技术原理的读者，可以将重点放在第 2～5 章；希望动手从事云计算开发工作的读者，可以重点阅读第 6～8 章；希望从事云计算理论研究的学术界同人，可以重点阅读第 9 章和第 10 章。

此书非常适合作为高校教材使用。建议高校为高年级本科生和研究生开设"云计算"课程。目前，解放军理工大学、南京大学等多所高校已经为本科生、研究生开设了"云计算"课程。本课程教学时数建议为 60 学时，其中实验教学占 10～20 学时为宜。建议各位老师在云计算世界网站上共享自己的教案和课件，争取依靠大家的共同努力把"云计算"课程做成精品课程。

感谢中国云计算专家委员会主任委员李德毅院士和林润华秘书长对我们云计算研究工作的指导及鼓励。感谢在我攻读硕士、博士学位期间，我的导师谢希仁教授和李三立院士分别在计算机网络和网格计算方向对我的悉心指导。

由于云计算技术较为前沿，加之编者水平有限、时间较紧，书中难免存在谬误，恳请读者批评指正。意见和建议请发到 gloud@126.com。欢迎在本书配套网站云计算世界上获取更多资料，并交流与云计算相关的任何问题。我们将密切跟踪云计算技术的发展，吸收您的意见，适时编撰本书的升级版本。

解放军理工大学　刘鹏
2010 年 3 月 1 日

目　录

第1章　大数据与云计算

图灵奖获得者杰姆·格雷（Jim Gray）曾提出著名的"新摩尔定律"：每 18 个月全球新增信息量是计算机有史以来全部信息量的总和。时至今日，所累积的数据量之大，已经无法用传统方法处理，因而使"大数据"（Big Data）这个词备受关注。而处理"大数据"的技术手段——"云计算"（Cloud Computing）——早就于几年前被人们熟知了。那么，大数据到底是怎么形成的？大数据与云计算到底是什么关系？云计算到底是什么？云计算有什么优势？本章将沿着这个线索展开。

1.1　大数据时代

我们先来看看百度关于"大数据"的搜索指数，如图 1-1 所示。

图 1-1　"大数据"的搜索指数

数据来源：百度指数©baidu。

可以看出，"大数据"这个词是从 2012 年才引起人们关注的，之后搜索量便迅猛增长。为什么大数据这么受关注？看看图 1-2 就明白了。2004 年，全球数据总量是 30EB[1]。随后，其于 2005 年达到了 50EB，2006 年达到了 161EB，到 2015 年居然达到

---

[1] 1YB=1024ZB =10^{24} 字节，1ZB=1024EB=10^{21} 字节，1EB=1024PB=10^{18} 字节，1PB=1024TB=10^{15} 字节，1TB=1024GB= 10^{12} 字节，1GB=1024MB=10^{9} 字节，1MB=1024KB=10^{6} 字节，1KB=1024 字节。

了惊人的 7900EB，到 2020 年超过了 60000EB。预计到 2030 年，全球每年新增数据量将突破 1YB 量级（1YB 相当于 4 万亿台内存为 256GB 的高端手机的存储能力）。

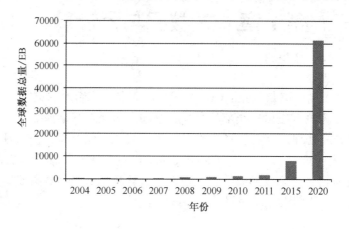

图 1-2　全球数据总量

为什么全球数据量增长如此之快？一方面是由于数据产生方式的改变。历史上，数据基本上是通过手工产生的。随着人类步入信息社会，数据的产生越来越自动化。例如，在精细农业中，需要采集植物生长环境的温度、湿度、病虫害信息，对植物的生长进行精细的控制。因此我们在植物的生长环境中安装各种各样的传感器，自动地收集我们需要的信息。对环境的感知，是一种抽样的手段，抽样密度越高，越逼近真实情形。如今，人类不再满足于得到部分信息，而是倾向于收集对象的全量信息，即将我们周围的一切数据化。因为有些数据如果丢失了哪怕很小一部分，都有可能得出错误的结论。例如，通过分析人的基因组判断某人可不可能患某种疾病，即使丢失一小块基因片段，都有可能导致错误的结论。为了达到这个目的，传感器的使用量暴增，这些传感器 24 小时都在产生数据，从而导致了信息爆炸。

另一方面是由于人类的活动越来越依赖数据。一是人类的日常生活已经与数据密不可分。全球已经有超过 50 亿人连入互联网。在 Web 2.0 时代，每个人不仅是信息的接收者，同时是信息的产生者，每个人都成为数据源，每个人都在用智能终端拍照、录像、发微博、发微信等。全球每天会有超过 5 万小时的视频上传到 YouTube，会有 1.55 亿条信息上传到 Twitter，会在 Amazon 产生 630 万笔订单……二是科学研究进入了"数据科学"时代。例如，在物理学领域，欧洲粒子物理研究所的大型强子对撞机每秒产生的原始数据量高达 40TB。在天文学领域，2000 年斯隆数字巡天项目启动时，位于墨西哥州的望远镜在短短几周内收集到的数据比天文学历史上的数据总和还要多。三是各行各业越来越依赖采用大数据手段来开展工作。例如，石油部门用地震勘探的方法来探测地质构造、寻找石油，使用了大量传感器来采集地震波形数据。为保障高铁运行安全，需要在每一段铁轨周边大量部署传感器，从而感知异物、滑坡、水淹、变形、地震等异常。在智慧城市建设中，包括平安城市、智能交通、智慧环保和智能家居等，都会产生大量的数据。目前一个普通城市的摄像头往往就有几十万个之多，其每分每秒都在产生极其海量的数据。

那么，何谓大数据？参考维基百科，本书给出的定义如下：海量数据或巨量数据，其规模巨大到无法通过目前主流的计算机系统在合理时间内获取、存储、管理、处理并提炼以帮助使用者决策。

目前工业界普遍认为大数据具有 4V+1C 的特征。

（1）数据量大（Volume）：存储的数据量巨大，PB 级别是常态，因而对其分析的计算量也大。

（2）多样（Variety）：数据的来源及格式多样，数据格式除了传统的结构化数据，还包括半结构化或非结构化数据，比如用户上传的音频和视频内容。随着人类活动进一步拓展，数据的来源会更加多样。

（3）快速（Velocity）：数据增长速度快，而且越新的数据价值越大，这就要求对数据的处理速度也要快，以便能够从数据中及时地提取知识，发现价值。

（4）价值密度低（Value）：需要对大量的数据进行处理，挖掘其潜在的价值，因此，大数据对我们提出的明确要求是，设计一种在成本可接受的条件下，通过快速采集、发现和分析，能从大量、多种类别的数据中提取价值的体系架构。

（5）复杂（Complexity）：对数据的处理和分析的难度大。

1.2　云计算概述

在中国大数据专家委员会成立大会上，委员会主任怀进鹏院士用一个公式描述了大数据与云计算的关系：G=f(x)。其中，x 是大数据，f 是云计算，G 是我们的目标。也就是说，云计算是处理大数据的手段，大数据与云计算是一枚硬币的正反面。大数据是需求，云计算是手段。没有大数据，就不需要云计算。没有云计算，就无法处理大数据。

事实上，云计算比大数据"成名"要早。2006 年 8 月 9 日，Google 首席执行官埃里克·施密特在搜索引擎大会上首次提出了云计算的概念，并说 Google 自 1998 年创办以来，就一直采用这种新型的计算方式。

那么，什么是云计算？本书主编刘鹏对云计算给出了长、短两种定义。长定义是："云计算是一种商业计算模型。它将计算任务分布在大量计算机构成的资源池上，使各种应用系统能够根据需要获取计算力、存储空间和信息服务。"短定义是："云计算指通过网络按需提供可动态伸缩的廉价计算服务。"

上述提到的资源池称为"云"。"云"是一些可以自我维护和管理的虚拟计算资源，通常是一些大型服务器集群，包括计算服务器、存储服务器和宽带资源等。云计算将计算资源集中起来，并通过专门软件实现自动管理，无须人为参与。用户可以动态申请部分资源，支持各种应用程序的运转。用户无须为烦琐的细节烦恼，能够更加专注于自己的业务，有利于提高效率、降低成本和技术创新。云计算的核心理念是资源池，这与早在 2002 年就提出的网格计算池（Computing Pool）的概念非常相似。网格计算池将计算和存储资源虚拟成一个可以任意组合分配的集合，池的规模可以动态扩展，分配给用户的处理能力可以动态回收重用。这种模式能够大大提高资源的利用率，提升平台的服务质量。

之所以称为"云"，是因为它在某些方面具有现实中云的特征：云一般都较大；云的规模可以动态伸缩，它的边界是模糊的；云在空中飘忽不定，无须也无法确定它的具体位置，但它确实存在于某处。还因为云计算的鼻祖之一 Amazon 将大家曾经称为网格计算的东西，取了一个新名称"弹性计算云"（Elastic Computing Cloud），并取得了商业上的成功。

有人将这种模式比喻为从单台发电机供电模式转向了电厂集中供电模式。它意味着计算能力也可以作为一种商品进行流通，就像天然气、自来水和电一样，取用方便，费用低廉。最大的不同在于，它是通过互联网进行传输的。

云计算是并行计算（Parallel Computing）、分布式计算（Distributed Computing）和网格计算（Grid Computing）的发展，或者说是这些计算科学概念的商业实现。云计算是虚拟化（Virtualization）、效用计算（Utility Computing）、将基础设施作为服务（Infrastructure as a Service，IaaS）、将平台作为服务（Platform as a Service，PaaS）和将软件作为服务（Software as a Service，SaaS）等概念混合演进并跃升的结果。

从研究现状看，云计算具有以下特点。

（1）超大规模。"云"具有相当的规模，Google、Amazon、阿里巴巴、百度和腾讯等公司的"云"均拥有超过百万台的服务器。"云"能赋予用户前所未有的计算能力。

（2）虚拟化。云计算支持用户在任意位置、使用各种终端获取服务。所请求的资源来自"云"，而不是固定的有形的实体。应用在"云"中某处运行，但实际上用户无须了解应用运行的具体位置，只需要一台计算机、PAD 或手机，就可以通过网络服务获取各种服务。

（3）高可靠性。"云"使用了数据多副本容错、计算节点同构可互换等措施来保障服务的高可靠性，使用云计算比使用本地计算机更加可靠。

（4）通用性。云计算不针对特定的应用，在"云"的支撑下可以构造出千变万化的应用，同一片"云"可以同时支撑不同的应用运行。

（5）高可伸缩性。"云"的规模可以动态伸缩，满足应用和用户规模增长的需要。

（6）按需服务。"云"是一个庞大的资源池，用户按需购买，像自来水、电和天然气那样计费。

（7）廉价。"云"的特殊容错措施使我们可以采用廉价的节点来构成云；"云"的自动化管理使数据中心的管理成本大幅降低；"云"的公用性和通用性使资源的利用率大幅提高；"云"设施可以建在电力资源丰富的地区，从而大幅降低能源成本。因此"云"具有前所未有的性价比。

云计算按照服务类型大致可以分为三类：IaaS、PaaS 和 SaaS，如图 1-3 所示。

IaaS 将硬件设备等基础资源封装成服务供用户使用，如 Amazon 云计算 AWS（Amazon Web Services）的弹性计算云 EC2 和简单存储服务 S3。在 IaaS 环境中，用户相当于在使用裸机和磁盘，既可以让它运行 Windows，也可以让它运行 Linux，几乎可以做任何想做的事情。IaaS 最大的优势在于它允许用户动态申请或释放节点，按使用量计费。运行 IaaS 的服务器规模达到几十万台之多，所以用户可以认为能够申请的资源几乎是无限的。同时，IaaS 是由公众共享的，因而具有更高的资源使用效率。

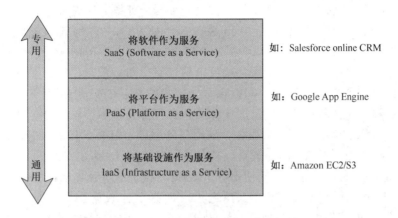

图 1-3　云计算的服务类型

PaaS 对资源的抽象层次更进一步，它提供用户应用程序的运行环境，典型的如 Google App Engine。PaaS 自身负责资源的动态扩展和容错管理，用户应用程序不必过多考虑节点间的配合问题。但与此同时，用户的自主权减弱，必须使用特定的编程环境并遵照特定的编程模型。这有点像在高性能集群计算机里进行 MPI 编程，只适用于解决某些特定的计算问题。例如，Google App Engine 只允许使用 Python 和 Java 语言，基于称为 Django 的 Web 应用框架，调用 Google App Engine SDK 来开发在线应用服务。

SaaS 的针对性更强，它将某些特定应用软件功能封装成服务，如 Salesforce 公司提供的在线客户关系管理（Client Relationship Management，CRM）服务。SaaS 既不像 PaaS 一样提供计算或存储资源类型的服务，也不像 IaaS 一样提供运行用户自定义应用程序的环境，它只提供某些专门用途的服务供应用调用。

需要指出的是，随着云计算的深化发展，不同云计算解决方案之间相互渗透融合，同一种产品往往横跨两种以上的类型。

在这里，还需要阐述一下云安全与云计算的关系。作为云计算技术的一个分支，云安全技术通过大量客户端的参与来采集异常代码（病毒和木马等），并汇总到云计算平台上进行大规模的统计分析，从而准确识别和过滤有害代码。这种技术由中国率先提出，并取得了巨大成功，自此，计算机的安全问题得到有效控制，用户告别了被病毒或木马搞得焦头烂额的日子。360 安全卫士、瑞星、趋势、卡巴斯基、McAfee、Symantec、江民、Panda、金山等均推出了云安全解决方案。值得一提的是，云安全的核心思想，与本书主编刘鹏早在 2003 年提出的反垃圾邮件网格技术完全一致。该技术被 IEEE Cluster 2003 国际会议评为杰出网格项目，在香港的现场演示非常轰动，并被国内代表性的电子邮件服务商大规模采用，从而使我国的垃圾邮件过滤水平处于世界领先水平。

1.3　云计算发展现状

由于云计算是多种技术混合演进的结果，其成熟度较高，又有大公司推动，发展迅速。Google、Amazon 和微软等大公司是云计算的先行者。云计算领域的众多成功公司还包括 VMware、Salesforce、Facebook、YouTube、MySpace 等。最近这几年的一个显著的变化，是以阿里云、云创大数据等为代表的中国云计算的迅速崛起。

Amazon 的云计算称为 Amazon Web Services（AWS），它率先在全球提供了弹性计算云 EC2（Elastic Computing Cloud）和简单存储服务 S3（Simple Storage Service），为企业提供计算和存储服务。收费的服务项目包括存储空间、带宽、CPU 资源及月租费。月租费与电话月租费类似，存储空间、带宽按容量收费，CPU 根据运算时长收费。目前，AWS 服务的种类非常齐全，包括计算服务、存储与内容传输服务、数据库服务、联网服务、管理和安全服务、分析服务、应用程序服务、部署和管理服务、移动服务和企业应用程序服务等。据 Amazon 披露，其全球用户数量已经超过 2 亿户。

Google 是最大的云计算技术的使用者。Google 搜索引擎就建立在分布在 200 多个站点、超过 1000 万台的服务器的支撑之上，而且这些设施的数量正在迅猛增长。Google 的一系列成功应用平台，包括 Google Earth、Google Maps、Gmail、Docs 等也使用了这些基础设施。采用 Google Docs 之类的应用，用户数据会保存在互联网上的某个位置，用户可以通过任何一个与互联网相连的终端十分便利地访问和共享这些数据。目前，Google 已经允许第三方在 Google 的云计算中通过 Google App Engine 运行大型并行应用程序。Google 值得称颂的是它不保守，它早已以发表学术论文的形式公开其云计算的三大法宝：GFS、MapReduce 和 BigTable，并在美国、中国等高校开设如何进行云计算编程的课程。相应地，其模仿者应运而生，Hadoop 是其中尤其受关注的开源项目。

微软紧跟云计算步伐，于 2008 年 10 月推出了 Windows Azure 操作系统。Azure（译为"蓝天"）是继 Windows 取代 DOS 之后，微软的又一次颠覆性转型——通过在互联网架构上打造新云计算平台，让 Windows 真正由 PC 延伸到 Azure 上。Azure 的底层是微软全球基础服务系统，由遍布全球的第四代数据中心构成。目前，微软的云平台包括几十万台服务器。微软将 Windows Azure 定位为平台服务：一套全面的开发工具、服务和管理系统。它可以让开发者致力于开发可用和可扩展的应用程序。微软将为 Windows Azure 用户推出许多新的功能，不但能使用户更简单地将现有的应用程序转移到云中，而且可以加强云托管应用程序的可用服务，充分体现微软的"云"+"端"战略。在中国，微软于 2014 年 3 月 27 日宣布由世纪互联负责运营的 Microsoft Azure 公有云服务正式商用，这是国内首个正式商用的国际公有云服务平台。

近几年，中国云计算的崛起是一道亮丽的风景线。阿里巴巴已经在北京、杭州、青岛、香港、深圳、硅谷等拥有云计算数据中心。阿里云提供云服务器 ECS、关系型数据库服务 RDS、开放存储服务 OSS、内容分发网络 CDN 等产品服务。其付费用户规模已经超过 400 万，处于全球领先的位置，并开始在欧美市场与 Amazon 等公司正面竞争。此外，国内代表性的公有云平台还有以游戏托管为特色的 UCloud、以存储服务为特色的七牛和提供类似 AWS 服务的青云，以及专门支撑智能硬件大数据免费托管的万物云。不仅如此，中国的云计算产品公司也异军突起。中国云计算创新基地理事长单位云创大数据是国际上云计算产品线齐全的企业，聚焦大数据存储与智能处理业务，拥有具有自主知识产权的 cStor 云存储、cProc 云处理、cVideo 云视频、cTrans 云传输等产品

线，依靠大量的技术创新来获得独到的优势。值得一提的是，一些学术团体为推动我国
云计算发展做出了不可磨灭的贡献：中国电子学会云计算专家委员会已经成功举办十届
中国云计算大会；其他代表性机构还有中国云计算专家咨询委员会、中国信息协会大数
据分会、中国大数据专家委员会、中国计算机学会大数据专家委员会等。

1.4 云计算实现机制

由于云计算分为 IaaS、PaaS 和 SaaS 三种类型，不同的厂家又提供了不同的解决方
案，目前还没有一个统一的技术体系结构，对读者了解云计算的原理造成了障碍。为
此，本书综合不同厂家的方案，构造了一个供读者参考的云计算技术体系结构。这个体
系结构如图 1-4 所示，它概括了不同解决方案的主要特征，每一种方案或许只实现其中
部分功能，或许还有部分相对次要的功能尚未概括进来。

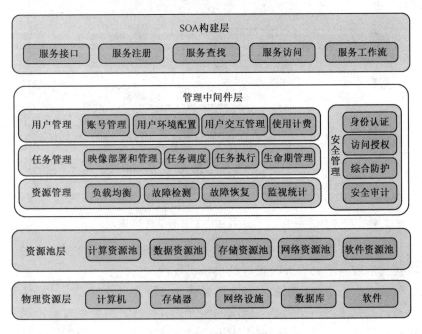

图 1-4 云计算技术体系结构

云计算技术体系结构分为四层：物理资源层、资源池层、管理中间件层和 SOA
（Service-Oriented Architecture，面向服务的体系结构）构建层。物理资源层包括计算
机、存储器、网络设施、数据库和软件。资源池层将大量相同类型的资源构成同构或接
近同构的资源池，如计算资源池、数据资源池等。构建资源池更多的是物理资源的集成
和管理工作，如研究在一个标准集装箱的空间如何装下 2000 个服务器、解决散热和故
障节点替换的问题并降低能耗。管理中间件层负责对云计算的资源进行管理，并对众多
应用任务进行调度，使资源能够高效、安全地为应用提供服务。SOA 构建层将云计算能
力封装成标准的 Web Services 服务，并纳入 SOA 体系进行管理和使用，包括服务接
口、服务注册、服务查找、服务访问和服务工作流。管理中间件层和资源池层是云计算

技术最关键的部分，SOA 构建层的功能更多依靠外部设施提供。

管理中间件层负责资源管理、任务管理、用户管理和安全管理工作。资源管理负责均衡地使用云资源节点，检测节点的故障并试图恢复或屏蔽它，并对资源的使用情况进行监视统计；任务管理负责执行用户或应用提交的任务，包括完成用户任务映像（Image）部署和管理、任务调度、任务执行、生命期管理；用户管理是实现云计算商业模式必不可少的一个环节，包括账号管理、用户环境配置、用户交互管理、使用计费；安全管理保障云计算设施的整体安全，包括身份认证、访问授权、综合防护和安全审计。

基于上述体系结构，本书以 IaaS 云计算为例，简述云计算的实现机制，如图 1-5 所示。

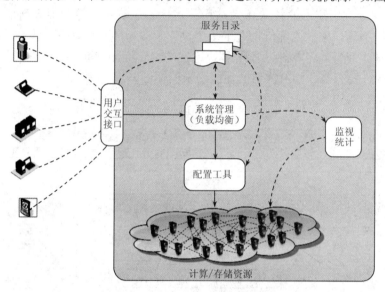

图 1-5　简化的 IaaS 云计算实现机制

用户交互接口向应用以 Web Services 方式提供访问接口，获取用户需求。服务目录是用户可以访问的服务清单。系统管理模块负责管理和分配所有可用的资源，其核心是负载均衡。配置工具负责在分配的节点上准备任务运行环境。监视统计模块负责监视节点的运行状态，并完成用户使用节点情况的统计。其执行过程并不复杂，用户交互接口允许用户从服务目录中选取并调用一个服务，该请求传递给系统管理模块后，它将为用户分配适当的资源，然后调用配置工具为用户准备运行环境。

1.5　云计算压倒性的成本优势

为什么云计算拥有划时代的优势？主要原因在于它的技术特征和规模效应所带来的压倒性的性价比优势。

全球企业的 IT 开销分为三部分：硬件开销、能耗和管理成本。根据 IDC 在 2007 年做过的一个调查和预测（见图 1-6），从 1996 年到 2010 年，全球企业 IT 开销中的硬件开销（系统采购成本）是基本持平的，但能耗（电力和制冷成本）和管理成本上升非常迅速，以至于到 2010 年，管理成本占了 IT 开销的大部分，而能耗越来越接近硬件开销了。

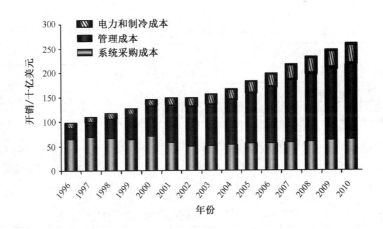

图 1-6　全球企业 IT 开销发展趋势-1

目前，根据研究机构 Gartner 在 2022 年进行的统计和预测（见图 1-7），在企业上云趋势下，从 2018 年到 2023 年，全球企业 IT 开销中的设备开销是上下波动的，除此之外，数据中心系统、软件、IT 服务、通信服务的开销及总体开销处于持续上升的状态。

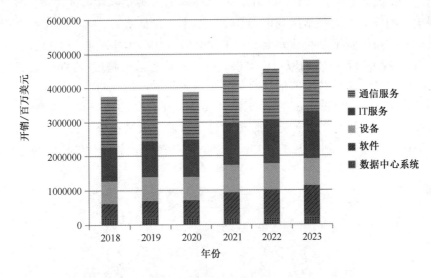

图 1-7　全球企业 IT 开销发展趋势-2

全球企业 IT 开销中的设备开销之所以上下波动，是因为如果使用云计算的话，那么系统建设和管理成本会有很大的区别，如表 1-1 所示。根据 James Hamilton 的数据，与拥有 1000 个服务器的中型数据中心相比，一个拥有 5 万个服务器的特大型数据中心的网络和存储成本只相当于中型数据中心的 1/7～1/5，而每个管理员能够管理的服务器数量则扩大到 7 倍之多。因此，对于规模通常达到几十万台乃至上百万台计算机的 Amazon 和 Google 的云计算而言，其网络、存储和管理成本约为中型数据中心的 1/7～1/5。

表 1-1　中型数据中心和特大型数据中心的成本比较

技术	中型数据中心成本	特大型数据中心成本	比值
网络	95 美元/（MB·s·mon）	13 美元/（MB·s·mon）	7.3
存储	2.20 美元/（GB·mon）	0.40 美元/（GB·mon）	5.5
管理	每个管理员约管理 140 个服务器	每个管理员管理至少 1000 个服务器	7.1

　　全球企业工厂开销中的电力和制冷成本也有明显的差别。例如，美国爱达荷州的水电资源丰富，电价很便宜；而夏威夷州是岛屿，本地没电力资源，因此电力价格比较贵，如表 1-2 所示。

表 1-2　美国不同地区电力价格的差异

每度电的价格	地点	可能的定价原因
3.6 美分	爱达荷州	水力发电，没有长途输送
10.0 美分	加州	加州不允许使用煤电，电力需在电网上长途输送
18.0 美分	夏威夷州	发电的能源需要海运到岛上

　　因为电价有如此显著的差异，Google 的数据中心一般选择在人烟稀少、气候寒冷、水电资源丰富的地区，这些地区的电力和制冷成本、场地成本、人力成本等都远远低于人烟稠密的大都市。剩下的挑战是要专门铺设光纤到这些数据中心。不过，由于光纤密集波分复用（DWDM）技术的应用，单根光纤的传输容量已超过 10Tbit/s，在地上开挖一条小沟埋设的光纤所能传输的信息容量几乎是无限的，远比将电力用高压输电线路引入城市要容易得多。用 Google 的话来说，"传输光子比传输电子要容易得多"。这些数据中心采用了高度自动化的云计算软件来管理，需要的人员很少，且为了技术保密拒绝外人进入参观，让人有一种神秘的感觉，故被人戏称为"信息时代的核电站"，如图 1-8 所示。

图 1-8　被称为"信息时代的核电站"的 Google 数据中心

　　另外，云计算平台与传统互联网数据中心（IDC）相比，资源的利用率也有很大不同。IDC 一般采用服务器托管和虚拟主机等方式对网站提供服务。每个租用 IDC 的网站所获得的网络带宽、处理能力和存储空间都是固定的。然而，绝大多数网站的访问流量都不是均衡的。例如，有的网站时间性很强，白天访问的人少，到了晚上七八点就会流量暴涨；有的网站季节性很强，平时访问的人不多，但到圣诞节前访问量就很大；有的网站一直默默无闻，但由于某些突发事件（如迈克尔·杰克逊突然去世），访问量暴增而陷入瘫痪。网站拥有者为了应对这些突发流量，会按照峰值要求来配置服务器和网络资源，造成资源的平均利用率只有 10%～15%，如图 1-9 所示。而云计算平台提供的是有弹性的服务，它根据每个租用者的需要在一个超大的资源池中动态分配和释放资源，不需要为每个租用者预留峰值资源。而且云计算平台的规模大，其租用者数量非常多，支撑的应用种类也是五花八门的，比较容易平稳整体负载，因而云计算资源利用率可以达到 80%左右，这又是传统模式的 5～7 倍。

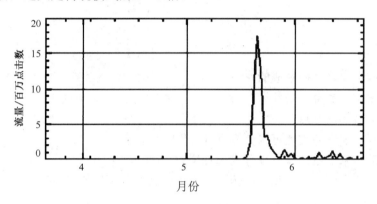

图 1-9　某典型网站的流量数据

综上所述，由于云计算有更低的硬件成本、更低的管理成本及电力和制冷成本，也有更高的资源利用率，两项计算下来就能够将成本节省 25 倍以上，如图 1-10 所示。这是个惊人的数字！这是云计算成为划时代技术的根本原因。

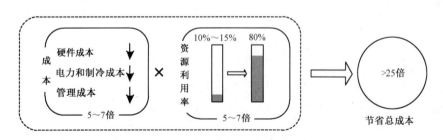

图 1-10　云计算较传统方式的性价比优势

从前面可以知道，云计算能够大幅节省成本，规模是特别重要的因素。那么，如果企业要建设自己的私有云，规模不大，也无法享受到电价优惠，是否就没有成本优势了呢？答案是仍然会有数倍的优势。一方面，硬件采购成本还是会节省好几倍，这是因为云计算技术的容错能力很强，使我们可以使用低端硬件代替高端硬件；另一方面，云计算设施的管理是高度自动化的，鲜少需要人工干预，可以大大减少管理人员的数量。中国移动研究院建立了包含 1024 个节点的 Big Cloud 云计算设施，并用它进行海量数据挖掘，大大节省了成本。

　　对云计算用户而言，云计算的优势也是无与伦比的。他们不用开发软件，不用安装硬件，用低得多的使用成本，就可以快速部署应用系统，而且可以动态伸缩系统的规模，可以更容易地共享数据。租用公有云的企业不再需要自建数据中心，只需要申请账号并按量付费，这一点对于中小企业和刚起步的创业公司来说尤为重要。目前，云计算的应用涵盖应用托管、存储备份、内容推送、电子商务、高性能计算、媒体服务、搜索引擎、Web 托管等多个领域，代表性的云计算应用企业包括 Abaca、BeInSync、AF83、Giveness、纽约时报、华盛顿邮报、GigaVox、SmugMug、Alexa、Digitaria 等。纽约时报使用 Amazon 云计算服务在不到 24 小时的时间里处理了 1100 万篇文章，累计花费仅240 美元。如果用自己的服务器，则需要数月时间和更昂贵的费用。

习题

1. 大数据现象是怎样形成的？
2. 新摩尔定律的含义是什么？
3. 云计算有哪些特点？
4. 云计算按照服务类型可以分为哪几类？
5. 云计算技术体系结构可以分为哪几层？
6. 在性价比方面，云计算相比传统方式为什么有压倒性的优势？

第 2 章　Hadoop 3.0：主流开源云架构

自从云计算的概念被提出，不断地有 IT 厂商推出自己的云计算平台。Amazon 的 AWS、微软的 Azure 和 IBM 的蓝云等都是云计算的典型代表，但它们都是商业性平台，对于想要继续研究和发展云计算技术的个人及科研团体来说，无法获得更多的了解，Hadoop 的出现给研究者带来了希望。本章将重点介绍开源云架构 Hadoop 3.0，以及 Hadoop 3.0 的生态圈产品。

2.1　挑战与对策

随着数字化转型的不断推进，全球数据量呈现爆炸式增长。据 IDC 统计，2020 年全球数据总量为 64ZB，2021 年为 84.5ZB，预计 2026 年达到 221.2ZB。海量数据给存储和计算带来了巨大挑战，也推动了人工智能特别是大模型快速发展演进。下面给出一个场景和三类问题，请读者在此场景下讨论并解决这三类问题。

2.1.1　问题概述

【例 2-1】假设现有一些配置完全相同的机器：cslave0 ～ cslave$N$、cmaster0、cmaster1，并且每台机器都有 1 个双核 CPU、5GB 硬盘。现有两个大小都是 2GB 的文件 file0 和 file1。

第一类问题，存储。

问题①：将 file0 和 file1 存入两台不同机器，但要求对外显示它们存储于同一硬盘空间。

问题②：不考虑问题①，现有一新文件 file2，大小为 6GB，要求存入机器后对外显示依旧为一个完整文件。

第二类问题，计算。

问题③：在问题①下，统计 file0 和 file1 这两个文件里每个单词出现的次数。

第三类问题，可靠性。

问题④：假设用于解决上述问题的机器宕机了，问如何保证数据不丢失。

为求简单明了，上述场景与问题的描述可能不够完善，读者也暂不需要考虑诸如数据库、压缩存储、NFS 等方案，把思路放在分布式上，下面给出最直观的解答。

2.1.2　常规解决方案

问题①解答：取两台机器 cslave0 和 cslave1，cslave0 存储 file0，cslave1 存储 file1。

问题解决了吗？显然没有，虽然 file0 和 file1 都存储了下来，但对外显示时它们并非存储于同一个硬盘空间，似乎除非将两个硬盘连接到一起，才能解决这个问题，可是这两个硬盘明显属于两台不同的机器。

问题②解答：将 file2 拆成两个大小分别为 3GB 的文件 file2-a 和 file2-b，将 file2-a 存入 cslave0，将 file2-b 存入 cslave1。

和问题①一样，我们成功地存储了"大"文件 file2，但本来一个文件，存入后对外显示时成了两个不同的文件。

问题③解答：

步骤一，将 cslave1 上的 file1 复制一份到 cslave0 上，这样 cslave0 上同时存有 file0 和 file1；

步骤二，编写一简单程序，程序里使用 HashMap<String, Integer>，顺序读取文件，判断新读取的单词是否存在于 HashMap 中，存在则 Integer+1，不存在则在 HashMap 里加入这个新单词，Integer 设置为 1，记此程序为 WordCount；

步骤三，将此程序 WordCount 放在 cslave0 上执行，得出结果。

统计单词个数问题被我们解决了，如果现实问题真是如此，上述方案简单明了，易于操作，的确是个好方法。可是假如数据分布在 100 台机器上，每台机器存的不是 2GB 而是 1TB 的文件，仅仅数据复制这一步，就需要花去几天时间，并且普通服务器一般配置 2TB 硬盘空间，单台服务器不可能存下 200TB 数据，大数据环境下已不可能依赖单台服务器存储和处理数据了。

对于问题④，最直观的想法是对每台机器都做磁盘冗余阵列（RAID），购买更稳定的硬件，配置最好的机房、最稳定的网络。

硬件要提供极高的稳定性，这点没错，但我们不能"千方百计"地依赖硬件的可靠性，最好能在存储和计算这两端都做些冗余，从软件层预防和处理硬件失效。

2.1.3 分布式下的解决方案

上述方案并没有真正解决问题，下面介绍的分布式方案也是 Hadoop 的架构思路，读者须仔细研读，重点理解其架构思想，至于有些不好理解的地方，暂不必追究，后面章节将深入讲解。

1．分布式存储

对于第一类存储问题，若能将多台机器的硬盘以某种方式连接到一起，则问题迎刃而解。取机器 cslave0、cslave1 和 cmaster0，按照"客户端—服务器"模式构建分布式存储集群，让 cmaster0 管理 cslave0 和 cslave1。规定 cmaster0 为 Store Master，cslave0、cslave1 为 Store Slave，Store Master 不存储数据，统一管理所有 Store Slave 的硬盘空间，Store Slave 作为存储节点，由 Store Master 管理，用来存储真实数据（见图 2-1）。

经过上述方式构建后的集群，对内，由于采用"客户端—服务器"模式（客户端主动连接，服务器被动接受，并且客户端取得服务的方式相同），只要保证 Store Master 正常工作，客户很容易通过增减 Store Slave 的方式，实现硬盘存储空间的弹性伸缩，甚至可以使硬盘空间变得无限大；对外，整个集群就像一台机器、一片云，硬盘显示为统一存储空间，文件接口统一，外部接入程序向前、向后兼容性高。

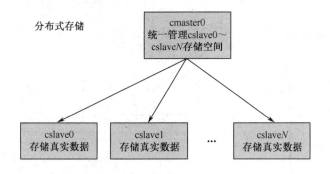

图 2-1　分布式存储架构思路

以此方式新构建的文件系统称为分布式文件系统（Distributed File System，DFS），这个 DFS 可以解决问题①、问题②。Hadoop 分布式文件系统（Hadoop DFS，HDFS）的架构思路和上述过程类似。

2．分布式计算

针对第二类计算问题，数据量少时怎么折腾都行，但当数据量达到 TB 规模时，不可能每次都将数据复制到同一台机器计算，先不论单机能否存下 TB 级数据，仅复制这一步就需要 10 分钟以上的时间，这在"实时计算，秒级反馈"的当今应用模式下是不可容忍的。Google 关于 MapReduce 的论文给出观点"移动计算比移动数据更划算"，试想一下，数据动辄就是几太字节，而代码一般才几兆字节，如果每次都将程序分发至存储数据的机器上执行，而不是移动数据，计算效率将大大提高。采用分布式计算思想解决问题③，先给出如下思路。

首先引入 <key,value>对，其简称 kv 对，大量半结构化数据都可以表示成这种形式，其中 value 为 key 对应的值，且 key、value 都可以是复合类型。

假定 cslave0 存储 file0，cslave1 存储 file1，file0 和 file1 的内容分别为"china cstor china"和"cstor china cstor"。首先，在 cslave0 与 cslave1 上，针对各自存储的文件分别独立执行 WordCount 程序（单词计数），结果记成"<key,value>"形式，其中，key 为单词，value 为此 key 出现次数，如<cstor,2>表示单词 cstor 出现两次。其次，规定 key=china 的<key,value>对前往 cslave0 进行合并计算，key=cstor 的<key,value>对前往 cslave1 进行合并计算。再次，cslave0 和 cslave1 分别独立计算合并中间结果，并得出最终结果。最后，将结果（依旧为<key,value>时形式）存入 DFS（见图 2-2）。

根据图 2-2，处理过程可大致分为三步：本地计算（Map）、洗牌（Shuffle）和合并计算（Reduce）。三个过程构建如下。

取新机器 cmaster1，按照"客户端—服务器"方式构建由机器 cslave0、cslave1 和 cmaster1 组成的分布式计算集群。规定 cmaster1 为 Compute Master，cslave0 和 cslave1 为 Compute Slave，Compute Master 不执行具体计算任务，主要负责分配计算任务和过程监管，Compute Slave 负责具体计算任务，并且还要不断向 Compute Master 汇报计算进度（见图 2-3）。

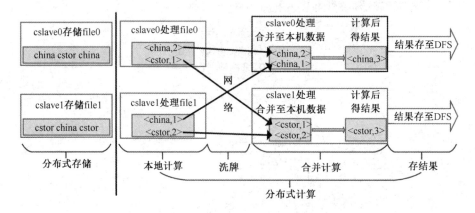

图 2-2   WordCount 分布式计算思路

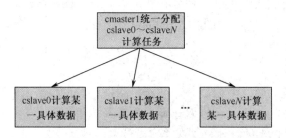

图 2-3   分布式计算架构思路

按照"移动计算比移动数据更划算"的思想，cslave0 最好处理存于本机硬盘上的 file0，而不是将 file1（通过网络）从 cslave1 调过来再处理 file1；同样，cslave1 处理存在 cslave1 上的 file1，这就是所谓的"本地计算"（见图 2-4）。Hadoop 将此过程称为分布式计算的本地计算阶段。

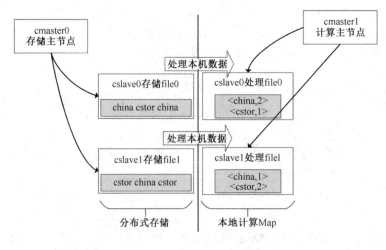

图 2-4   本地计算

上述本地计算阶段结束后，cslave0～cslave1 分别有中间结果<cstor,2><china,1> 和 <cstor,1><china,2>。至此，虽已成功实现了本地计算，但只是算出中间结果，单词计数问题依旧没有解决。容易看出，将这两个中间结果合并，即最终结果。于是我们自然想到将 cslave1 上的中间结果复制到 cslave0，在 cslave0 上进行合并计算，可是这个合并是单机的，那如何能够实现"合并"过程也由多机执行呢？

为此引入洗牌过程，即规定将 key 值相同的 kv 对，通过网络发往同一台机器。易知，只要规定的规则相同，那同一个 key 所对应的 kv 对（不管它们原来在哪台机器）经规则后必发往同一台机器。

经过洗牌后，cslave0 上有<china,2><china,1>，cslave1 上有<cstor,1><cstor,2>，下面进行合并计算。

合并计算过程稍微微妙些，首先，每台机器将各自 kv 对中的 value 连接成一个链表，如<china,2><china,1>经连接后成为<china,[1,2]>，而 cslave1 中则成为<cstor,[1,2]>；其次，各台机器可对<key,valuelist>进行业务处理（如相加）；最后，将得出的结果存于 DFS，这里若每个合并计算得出的结果都存成一个单独文件，则存储结果文件的过程是并行的。容易看出，无论是本地计算、洗牌还是合并计算，甚至是存储结果，在每个阶段都是并行的，整个过程则构成一个有向无环图（DAG），称本地计算—洗牌—合并计算过程为 MapReduce 分布式计算过程，也称 MapReduce（见图 2-5）。

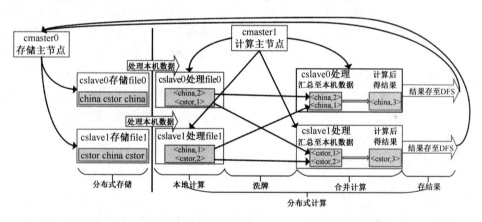

图 2-5　MapReduce 分布式计算完整形式

上述分布式计算架构的思想和 Hadoop 的 MapReduce 分布式计算的架构基本相似。至此，已介绍了分布式存储和分布式计算两种架构思路，但 Hadoop 的分布式存储分布式和计算还能解决硬件失效问题，正如例 2-1 中问题④，下面给出解答。

3．冗余存储与冗余计算

分布式下采用冗余解决可靠性问题，上述过程构建的 DFS 对外是一个统一文件系统，但对内文件都是存储在具体机器上的，我们只要保证存于 cslave0 上的数据同时还存于别的机器上，那么即使 cslave0 宕机，数据依旧不会丢失。

存储时，引入新机器 cslave2 和 cslave3，将存于 cslave0 的 file0 同样存于 cslave2，存于 cslave1 的 file1 同样存于 cslave3。同 cslave0～cslave1 一样，cslave2～cslave3 的存

储空间也由 cmaster0 统一管理，而 cmaster0 既知道它们是同一份数据，又要求所有数据都得这样存储。用这种办法，即使 cslave0 宕机，数据依旧不会丢失，从而用冗余存储来解决硬件失效问题。

计算时，cslave0～cslave3 的计算任务统一由 cmaster1 指派。以 file0 为例，file0 存于 cslave0 和 cslave2，启动计算时，cmaster1 要求 cslave0 和 cslave2 都计算本地的 file0，期间若 cslave0 宕机，由于 cslave2 正常计算，cslave0 的失败对整个计算过程并无太大影响；若 cslave0 与 cslave2 都正常计算，并未出现故障，则 cmaster1 选中先结束的那台机器的计算结果，并停止另一台机器里还在计算的进程。

通过冗余存储，不仅提高了分布式存储的可靠性，还提高了分布式计算的可靠性。

2.1.4 小结

本节通过问答方式，引出了分布式存储和分布式计算的架构思路，这也是 Hadoop 的 HDFS 和 MapReduce 的架构思路。当然，现实中 Hadoop 的实现机制更加复杂，比如它的存储与计算都以块为单位，机架感知、调度策略、推测执行等都有其精妙之处，但其架构的基本思路和本节很类似，读者可通过本节深入浅出地理解分布式存储和分布式计算的架构思路，而不是一开始就陷入一堆细节，不知所云，后面将深入介绍 Hadoop 架构。

请注意，分布式存储和分布式计算这两者本质上一点关系都没有，它们各自可以独立存在。完全可以使用 DFS 存储一个大文件，计算时可采用普通单机计算方式，通过网络将数据顺序读入单机内存，计算完后即丢弃，因为输出结果毕竟很小。也完全可以指定 MapReduce 来处理单机上的某个大文件，每个 MapReduce 通过网络平均调取并处理该文件的一部分，最后将结果再顺序存于单机上的一个结果集里。同时，我们也应认识到，当 MapReduce 运行于 HDFS 上时，相互间性能能发挥到最佳。

2.2 Hadoop 3.0 简述

2.2.1 Hadoop 发展

2002 年，资深搜索引擎专家 Doug Cutting 发起开源搜索引擎项目 Nutch，但在 Nutch 开发过程中，团队始终无法有效地将计算任务分配到多台计算机上。2004 年前后，Google 陆续发表关于 GFS、MapReduce 和 BigTable 的三篇论文。Nutch 开发团队借鉴了 GFS 和 MapReduce 的思想，实现了 Nutch 版的 NDFS 和 MapReduce。2005 年 Doug Cutting 团队将 Nutch 捐献给世界顶级开源组织 Apache。由于 Nutch 侧重搜索，而 NDFS 和 MapReduce 则更像分布式基础架构，2006 年，开发人员将 NDFS 和 MapReduce 移出 Nutch，形成独立项目，称为 Hadoop。2008 年，Hadoop 已成为 Apache 的顶级项目。

随着技术和实践的发展，Hadoop 本身也在发展并完善着，产业界称 Hadoop 0.X（0.23.X 除外）和 1.X 为 Hadoop 1.0，称 Hadoop 2.X（含 0.23.X）为 Hadoop 2.0，称 Hadoop 3.X 为 Hadoop 3.0。Hadoop 2.0 相对 Hadoop 1.0 在架构上有较大变化，Hadoop 3.0

则是 Hadoop 2.0 的进一步完善。

对应单台计算机"存储""计算"两大功能模块，并行计算机集群（本章即 Hadoop）显然至少也得具备分布式存储和分布式计算两个模块。实际也是如此，Hadoop 1.0 主要包括三大模块（Common、HDFS、MapReduce），Hadoop 2.0 完善至四大模块（Common、HDFS、YARN、MapReduce），Hadoop 3.0 则进一步扩展至 Common、HDFS、YARN、MapReduce、Ozone 五大模块。且从最初版到现在（2023 年 6 月）最新的 3.3.5 版，每个模块含义均未变化。

（1）Hadoop Common：支持 Hadoop 其他模块的公用组件。

（2）Hadoop Distributed File System (HDFS)：分布式文件系统（第一代存储）。

（3）Hadoop YARN：分布式资源管理和任务调度器（分布式操作系统）。

（4）Hadoop MapReduce：（能够运行在 YARN 上的）分布式计算框架。

（5）Hadoop Ozone：分布式对象存储（第二代存储）。

Common 是联系其他 4 个模块的纽带，它一方面为其他组件提供一些公用 jar 包，另一方面是程序员访问其他模块的接口。HDFS 模块主要提供分布式存储服务。YARN 一是管理整个集群所有计算资源（如 CPU、网络），二是管理集群中各类计算任务（如两个任务哪个先执行、资源怎么分、是否执行结束）。MapReduce 是 Google MapReduce 算法的代码实现，其是复杂并行计算的简化实现，使用者需将自身任务按照 MapReduce 模式来写才能真正发挥该模型的并行效能。Ozone 由腾讯捐赠 Apache，相当于 HDFS 的下一个版本，能够有效解决小文件存储问题，目前 Ozone 已从 Hadoop 中独立出来，发展成一个独立的顶级项目。

为便于叙述，如不特别说明，本章所指 Hadoop 均为 Hadoop 3.0。

2.2.2　Hadoop 3.0 生态圈项目

作为 Google 云计算的开源实现，Hadoop 中的 HDFS 和 MapReduce，分别对应 Google 的 GFS 和 MapReduce。HBase 对应 Google 云计算的另一个核心技术 BigTable，但 HBase 本身不属于 Hadoop，而是 Hadoop 生态圈项目。从表 2-1 可以看出 Hadoop 生态圈组件与 Google 云计算组件之间的对应关系。

表 2-1　Hadoop 生态圈组件与 Google 云计算组件之间的对应关系

Hadoop 生态圈组件	Google 云计算组件
Hadoop HDFS	Google GFS
Hadoop MapReduce	Google MapReduce
HBase	Google BigTable
ZooKeeper	Google Chubby
Pig	Google Sawzall

虽然 Hadoop 项目从 Google 云计算发展而来，但 Hadoop 及其相关项目并不拘泥于 Google 云计算技术。近几年，工业界围绕 Hadoop 进行了大量的产品研发，图 2-6 为当前 Hadoop 生态圈的主要组件及其层次关系。

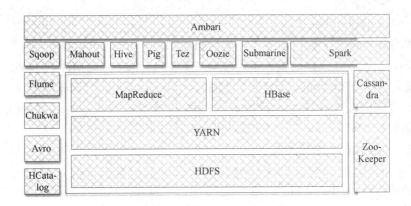

图 2-6　Hadoop 生态圈主要组件及其层次关系

业务常见的 Hadoop 相关大数据产品如下。

（1）分布式文件系统：Apache HDFS、Red Hat GlusterFS、Quantcast File System（QFS）、Ceph Filesystem、Lustre、Alluxio、GridGain、XtreemFS。

（2）分布式程序框架：Apache Ignite、Apache MapReduce、Apache Pig、JAQL、Apache Spark、Apache Storm、Apache Flink、Apache Apex、Netflix PigPen、AMPLab SIMR、Facebook Corona、Apache REEF、Apache Twill、Damballa Parkour、Apache Hama、Datasalt Pangool、Apache Tez、Apache DataFu、Pydoop、Kangaroo、TinkerPop、Pachyderm MapReduce、Apache Beam。

（3）分布式 NoSQL 数据库：一是基于列存储，如 Apache HBase、Apache Cassandra、Hypertable、Apache Accumulo、Apache Kudu、Apache Parquet；二是基于文件存储，如 MongoDB、RethinkDB、ArangoDB；三是采用流式模型，如 Redis DataBase、LinkedIn Voldemort、RocksDB、OpenTSDB；四是采用图式模型，如 ArangoDB、Neo4j、TitanDB。

（4）分布式 NewSQL 数据库：TokuDB、HandlerSocket、Akiban Server、Drizzle、Haeinsa、SenseiDB、Sky、BayesDB、InfluxDB。

（5）基于 Hadoop 的 SQL 引擎：Apache Hive、Apache HCatalog、Apache Trafodion、Apache HAWQ、Apache Drill、Cloudera Impala、Facebook Presto、Datasalt Splout SQL、Apache Tajo、Apache Phoenix、Apache MRQL、Kylin。

（6）大数据传输工具：Apache Flume、Apache Sqoop、Facebook Scribe、Apache Chukwa、Apache Kafka、Netflix Suro、Apache Samza、Cloudera Morphline、HIHO、Apache NiFi、Apache ManifoldCF。

（7）分布式基础服务工具：Apache Thrift、Apache ZooKeeper、Apache Avro、Apache Curator、Apache karaf、Twitter Elephant Bird、LinkedIn Norbert。

（8）调度器和数据流编排器：Apache Oozie、LinkedIn Azkaban、Apache Falcon、Schedoscope。

（9）机器学习工具：Apache Mahout、WEKA、Cloudera Oryx、Deeplearning4j、MADlib、H2O、Sparkling Water、Apache SystemML。

（10）大数据集群性能基准测试工具集：Apache Hadoop Benchmarking、Yahoo Gridmix3、PUMA Benchmarking、Berkeley SWIM Benchmark、Intel HiBench、Apache Yetus。

（11）大数据安全组件：Apache Sentry、Apache Knox Gateway、Apache Ranger。

（12）元数据管理工具：Metascope。

（13）大数据组件部署工具：Apache Ambari、Cloudera HUE、Apache Mesos、Myriad、Marathon、Brooklyn、Hortonworks HOYA、Apache Helix、Apache Bigtop、Buildoop、Deploop、SequenceIQ Cloudbreak、Apache Eagle。

（14）大数据应用程序：Apache Nutch、Sphinx Search Server、Apache OODT、HIPI Library、PivotalR。

（15）开发框架：Jumbune、Spring XD、Cask Data Application Platform。

（16）不便分类的大数据工具：Apache Fluo、Twitter Summingbird、Apache Kiji、S4 Yahoo、Metamarkers Druid、Concurrent Cascading、Concurrent Lingual、Concurrent Pattern、Apache Giraph、Talend、Akka Toolkit、Eclipse BIRT、Spango BI、Jedox Palo、Twitter Finagle、Intel GraphBuilder、Apache Tika、Apache Zeppelin、Hydrosphere Mist。

2.2.3　Hadoop 应用

作为云计算技术的开源实现，Hadoop 已应用于信息产业的方方面面，部分示例如下。

1．构建大型分布式集群

Hadoop 最直接的应用就是构建大型分布式集群，提供海量存储和计算服务，全球中小企业内部基本上都使用 Hadoop+Spark 搭建大数据框架。

2．数据仓库

除在线的实时数据外，当前，其他大部分数据（如系统运行日志、需归档的往期业务数据）均可存储于构建在 HDFS 之上的数据仓库及数据库产品。在此种架构下，管理人员可通过 Hive、Spark SQL、HBase 等实现数据的统一存储和并行分析。

3．数据挖掘

大数据环境下的数据挖掘其实并没有太大改变，但大数据给数据挖掘的预处理工具出了难题。受限于硬盘性能和内存大小，普通服务器读取 1TB 数据至少需要 20 分钟，但 Hadoop 是每台机器读取 $1/n$ TB，加上共享集群内存和 CPU，实际处理时间何止快 n 倍。

Hadoop 已广泛应用于在线旅游、移动数据、电子商务、基础架构管理、图像处理、诈骗检测、医疗保健等方方面面，随着大数据和云计算技术与工业进一步融合，Hadoop 相关大数据产品应用将更加广泛。

2.3　Hadoop 3.0 部署

安装 Hadoop 是学习与应用 Hadoop 的必由之路，也是拦路虎，令初学者望而却步。本节将深入浅出地介绍 Hadoop 3.0 部署，期望能把读者引入 Hadoop 的精彩世界。

2.3.1 部署综述

1．部署方式

Hadoop 主要有两种安装方式，即传统解压包方式和 Linux 标准方式。早期的 Hadoop 都是采用直接解压 Hadoop-x.gz 包方式部署的，近年来由于大数据组件越来越多，相互兼容性、配置复杂性越来越高，加之商业公司包装整合，已逐步形成标准 Linux 部署方式。相对来说，Linux 标准方式简单易用，而传统解压包方式则烦琐易错；Linux 标准方式隐藏了太多细节，而传统解压包方式有助于读者深入理解 Hadoop，编者建议在采用 Linux 标准方式部署前，先学习传统解压包方式。2.3.2 节以传统解压包方式部署 Hadoop，Ambari、CloudManager、Hortonworks 等工具以 Linux 标准方式部署 Hadoop，读者可比较二者的区别。

安装 Hadoop 的同时，还要明确工作环境的构建模式。Hadoop 部署环境分为单机模式、伪分布模式和分布式模式三种。单机模式不需要与其他节点交互，因此不需要使用 HDFS，直接读写本地的文件系统，该模式主要用于开发调试 MapReduce 程序的应用逻辑。伪分布模式也是在一台单机上运行的，但是用不同的进程模仿分布式运行中的各类节点。分布式模式则在不同的机器上部署系统。本节使用分布式模式进行部署。

2．部署步骤

无论是传统解压包方式还是 Linux 标准方式，部署 Hadoop 时都大概分为如下几个步骤。

（1）制定部署规划。

（2）准备机器。

（3）准备机器软件环境。

（4）下载 Hadoop。

（5）解压 Hadoop。

（6）配置 Hadoop。

（7）启动 Hadoop。

（8）测试 Hadoop。

这里称步骤（2）、步骤（3）为部署前工作，步骤（5）～步骤（7）为 Hadoop 部署，步骤（8）为 Hadoop 测试。最重要的是步骤（1），其为 Hadoop 部署指明了方向。根据上述划分，Hadoop 部署步骤又可简述如下。

（1）制定部署规划。

（2）部署前工作。

（3）部署 Hadoop。

（4）测试 Hadoop。

无论是传统解压包方式，还是 Linux 标准方式，均按照如上步骤执行，请读者务必从宏观角度掌握部署步骤。

3．准备环境

准备环境是指准备机器和准备机器软件环境，即部署前工作，本质上说，Hadoop部署和这一步无关，但大部分用户或是没有 Linux 环境，或是刚安装 Linux，直接使用刚安装的 Linux 来部署完全模式的 Hadoop 是不可能实现的，用户必须做些诸如修改机器名、添加域名映射等工作（当然，若有 DNS 服务器，可以不添加域名映射）后才可部署。

1）版本约定

本章在虚拟机上部署 Hadoop 集群，具体构成为，在一台安装 Windows 10 系统的笔记本电脑上安装 VMware 虚拟机，通过 VMware 虚拟化平台新建 3 台 CentOS 虚拟机，在这 3 台虚拟机上部署 Hadoop 集群。本章实验过程中的相关软件版本约定如表 2-2 所示。

表 2-2　Hadoop 云计算系统与 Google 云计算系统软件版本约定

角色	数量	配置	版本
实体笔记本电脑	1 台	6GB 内存、200GB 硬盘	操作系统为 Windows 10 教育版
虚拟化平台	—	—	VMware® Workstation 16 Pro
CentOS 虚拟机	3 台	1GB 内存、20GB 硬盘	CentOS Linux release 7.7.1908
Hadoop	—	—	Hadoop-3.3.1.tar.gz
Java	—	—	jdk-8u301-linux-x64.rpm

读者可在 Apache、CentOS、Oracle、VMware 等官网下载相关软件。除 VMware 需要注册外，其余软件均无须注册即可使用。

软件版本兼容方面：Hadoop 3.0.x 至 3.2.x 要求 Java 8；Hadoop 2.7.x 至 2.10.x 要求 Java 7 或 Java 8；Hadoop 3.3 及后续版本要求 Java 8 或 Java 11。Windows 10、VMware、CentOS 方面，建议选择次最新版。

2）硬件环境

由于分布式计算需要用到很多机器，部署时用户须提供多台机器，至于提供几台，须根据部署规划确定，如后面传统解压包方式的部署规划中指明使用 3 台机器，而标准 Linux 方式的部署规划则要求使用 6 台机器。

实际上，分布式模式部署 Hadoop 时，最少需要 2 台机器（一个主节点，一个从节点）即可实现完全分布模式部署，而使用多台机器部署（一个主节点，多个从节点），会使这种分布式模式体现得"更加充分"，这二者并无本质区别。读者可以根据自身情况，做出符合当前实际的部署规划，其他部署步骤相同。单机硬件方面，每台机器最低要求有 1GB 内存，20GB 硬盘空间。

需要特别说明的是，分布式模式部署中需要使用的机器并非一定是物理实体机器，实际上，用户可以提供 2 台或多台实体机，也可以提供 2 台或多台虚拟机，即用户可以使用虚拟化技术，将 1 台机器虚拟成 2 台或多台机器，并且虚拟后的机器和实体机器使用上无任何区别，用户可认为此虚拟机就是实体机器。实验中使用虚拟机。

【例 2-2】机器 A 的配置为 6GB 内存、双核、200GB 硬盘，主机操作系统为 64 位 Windows 10，现要求使用 VMware 将此机器虚拟成 3 台 CentOS 机器，即 cmaster、 cslave0、cslave1。

解答：用户须下载并安装 VMware，接着使用 VMware 安装 CentOS。正如在 Windows 10 上安装其他软件一样，用户根据实际情况，大体步骤如下。

步骤 1，下载 VMware Workstation：搜索并下载 VMware Workstation。

步骤 2，安装 VMware Workstation：在 Windows 10 系统下正常安装 VMware Workstation 软件。

步骤 3，下载 CentOS：到 CentOS 官网下载 64 位的 CentOS，本章使用 CentOS 7.7。

步骤 4，新建 CentOS 虚拟机：打开 VMware Workstation→File（文件）→New Virtual Machine Wizard（新建虚拟向导）→Typical（推荐）→Installer disc image file（iso）（实验中选中 CentOS-7-x86_64-DVD-1908.iso）→填写用户名与密码（用户名建议使用 joe，密码建议使用 123123）→填入机器名 cmaster→Finish。

步骤 5，重复步骤 4，填入机器名 cslave0，接着安装直至结束；再次重复步骤 4，填入机器名 cslave1，接着安装直至结束。

上述步骤 4 中使用 VMware 新装了 cmaster，步骤 5 其实跟步骤 4 一样，只是机器名改成了 cslave0 和 cslave1，至此，Windiows 10 下已新装了 3 台 CentOS 机器。

需要注意的是，此处的 cmaster 只是 VMware 面板对此机器的称号，并不是此机器真实的机器名，实际上新安装 CentOS 的机器名统一为 "localhost.localdomain"，也就是这 3 台机器真实的机器名都是 "localhost.localdomain"，而不是 cmaster 或 cslave，它们只是 VMware 面板对这些机器的称呼。

采用虚拟化技术时，最稀缺的是内存资源，根据编者经验，如果 Windows 10 机器内存仅为 2GB，则其下 VMware 可启动 1 台 CentOS；若内存为 4GB，则 VMware 可同时启动 3 台 CentOS；若内存为 6GB，则 VMware 可同时启动 5 台 CentOS。此外，32 位的 Windows 10 仅支持 2GB 内存，如果内存大于 2GB，须使用 64 位 Windows 10 系统。

3）软件环境

新建的 CentOS 虚拟机不可以直接部署 Hadoop，需要做些设置后才可部署，其中，必须设置项为：修改机器名，添加域名映射，关闭防火墙，安装 JDK。

【例 2-3】现有 1 台刚装好 CentOS 7.7 系统的机器，且装机时用户名为 joe，要求将此机器名修改为 cmaster，添加域名映射，关闭防火墙，安装 JDK。

解答：修改机器名、添加域名映射、关闭防火墙和安装 JDK 这 4 个操作是 Hadoop 部署前必须做的事情，请务必做完这 4 个操作后再部署 Hadoop，读者可参考如下命令完成这 4 个操作。

（1）修改机器名。

```
[joe@localhost ~]$ su - root                                      #切换成 root 用户修改机器名
[root@localhost ~]# hostnamectl set-hostname cmaster              #设置机器名命令
```

需使用 "su - root" 切换成 root 用户后，才有权限修改机器名，新建的 CentOS 虚拟机 root 密码同 joe，均为 123123。上述第 2 行命令为设置主机名，注意重启机器后更名操作才会生效，用户须通过此命令修改集群中所有机器的机器名，重启后，本机唯一正式机器名为 cmaster。

（2）添加域名映射。

首先使用如下命令查看本机 IP 地址，这里以 cmaster 机器为例。

[root@cmaster ~]# ifconfig	#查看 cmaster 机器 IP 地址

假如看到此机器的 IP 地址为"192.168.1.100"，机器名为 cmaster，则域名映射命令如下。

192.168.1.100　cmaster

接着以 root 权限编辑域名映射文件"/etc/hosts"，将上述内容加入此文件。

[root@cmaster ~]# vim /etc/hosts	#编辑域名映射文件

vim 是 CentOS 自带的文本编辑命令，其主要有"读、写、命令"3 种模式，请读者自学。

（3）关闭防火墙。

CentOS 的防火墙 iptables 默认情况下会阻止机器间通信，最优措施是仅放行 Hadoop 使用的通信端口，为简单起见，本节直接永久关闭防火墙，关闭命令必须以 root 权限执行，命令如下（执行命令后务必重启机器才可生效）。

[root@cmaster ~]# systemctl　disable　firewalld	#永久关闭 iptables，重启后生效

（4）安装 JDK。

Hadoop 依赖 JDK，且对 JDK 版本有严格要求，本章使用 jdk-8u301-linux-x64.rpm。打开刚才已经安装的 CentOS 机器，将 jdk-8u301-linux-x64.rpm 复制至虚拟机下某位置（实验中为文件夹"/home/joe/"下面），安装命令必须以 root 权限执行。

[root@cmaster ~]# java	#查看 Java 是否安装
[root@cmaster ~]# java　-version	#查看是否为 openjdk
[root@cmaster ~]# rpm　-ivh　/home/joe/jdk-8u301-linux-x64.rpm	#以 root 权限 rpm 方式安装 JDK
[root@cmaster ~]# java	#验证 Java 是否安装成功
[root@cmaster ~]# java　-version	#再次核验 JDK 版本

RPM 命令会自动设置 JAVA_HOME，无须读者手动添加。RPM 命令会自动使用高版本 Oracle-JDK 替换低版本 openjdk，故即使命令执行前发现是低版本 openjdk，读者也无须手动卸载。

备注：读者可以使用如下第 1 条命令，以 root 权限设置虚拟机启动时默认关闭桌面，这样可以节省内存；需要使用桌面时，以 joe 用户执行如下第 2 条命令。

[root@cmaster ~]# systemctl　set-default　multi-user.target
[joe@cmaster ~]$　startx

【例 2-4】现有 3 台机器，且都刚安装好 CentOS 系统，安装系统时用户名皆为 joe，要求将此 3 台机器的名字分别修改为 cmaster、cslave0 和 cslave1，接着添加集群域名映射，关闭防火墙，并安装 JDK。

解答：除添加集群域名映射外，其他 3 项均按例 2-3 根据实际在每台机器上执行即可，请读者自行完成并确保正确执行。"集群域名映射"需分别在 3 台机器上添加，首先登录到每台机器上，查看这 3 台机器对应的 IP 地址。

[root@cmaster ~]# ifconfig	#查看 cmaster 机器 IP 地址

25

```
[root@cslave0 ~]# ifconfig                                    #查看 cslave0 机器 IP 地址
[root@cslave1 ~]# ifconfig                                    #查看 cslave1 机器 IP 地址
```

假定这 3 台机器对应的 IP 地址如下。

```
192.168.1.100   cmaster
192.168.1.101   cslave0
192.168.1.102   cslave1
```

接着分别以 root 权限编辑每台机器的"/etc/hosts"文件，将上述内容追加进此文件，3 台机器都要追加。注意，是"追加"而不是"覆盖"，hosts 文件内原有内容不可删除，若原内容中有与上述内容相同的部分，则注意更新。

```
[root@cmaster ~]# vim   /etc/hosts                            #编辑 cmaster 的域名映射文件
[root@cslave0 ~]# vim   /etc/hosts                            #编辑 cslave0 的域名映射文件
[root@cslave1 ~]# vim   /etc/hosts                            #编辑 cslave1 的域名映射文件
```

添加域名映射后，用户就可以在 cmaster 上直接 ping 另外 2 台机器的机器名了，一个示例如下。

```
[root@cmaster ~]# ping cslave1                               #在 cmaster 上 ping 机器 cslave1
```

由于 VMware 下新建的虚拟机默认均动态自动分配 IP。重启虚拟机后，本机 IP 地址可能发生改变，导致集群无法启动。该情况是常见问题，实验中的解决方法是，将 3 台机器的"/etc/hosts"文件中对应的"IP hostname"更新成最新 IP，注意 3 台机器均需更新。业界正规解决方法是为每台机器均设置静态 IP。由于该方法复杂，实验中不采用，此处省略。

4．关于 Hadoop 依赖软件

Hadoop 部署前提仅是必须以"root 权限"完成"修改机器名、添加域名映射、关闭防火墙和安装 JDK"这 4 个操作，其他均不是必须操作。

Hadoop 与 SSH 无任何关系，部署 Hadoop 无须设置 SSH。许多人都认为部署 Hadoop 需要建立集群 SSH 无密钥认证，事实上并不是这样的，SSH 只是给 start-yarn.sh、start-x.sh、stop-x.sh 等几个脚本使用（这几个脚本会读取 slave 文件，跨本机到 slave 文件所列机器上去远程执行命令）。Hadoop 本身是一堆 Java 代码，而 Java 代码执行时只依赖 JDK，并不依赖 SSH 命令，更不可能依赖 SSH 软件，只是运维时为了方便启动或关闭整个集群，才须打通 SSH。实验中不会涉及任何 SSH 操作，无须打通 SSH，无须安装 SSH。

2.3.2   传统解压包方式部署

相对于 Linux 标准方式，以传统解压包方式部署 Hadoop 有利于用户深入理解 Hadoop 体系架构，建议先采用传统解压包方式部署 Hadoop，熟悉后再采用 Linux 标准方式部署 Hadoop。以下将采用例题的方式，在 3 台机器上部署 Hadoop。

【例 2-5】现有 3 台机器，且它们都刚装好 64 位 CentOS 7.7，安装系统时用户名为 joe，请按要求完成：①修改 3 台机器名为 cmaster、cslave0、cslave1，并添加域名映射、关闭防火墙、安装 JDK；②将 cmaster 作为主节点，cslave0 和 cslave1 作为从节点，部署 Hadoop。

解答：根据前面介绍的部署步骤，读者可按如下步骤完成部署。

（1）制定部署规划。

按题目要求，此 Hadoop 集群为 3 台机器（cmaster、cslave0 和 cslave1），其中
cmaster 作为主节点，cslave0 和 cslave1 作为从节点。

（2）准备机器。

请读者准备 3 台机器，可以是实体机也可以是虚拟机。实验中按照例 2-2 新建 3 台
VM。

（3）准备机器软件环境。

3 台机器都要完成：修改机器名、添加域名映射、关闭防火墙和安装 JDK。这几步
请参考例 2-3 与例 2-4 完成。

（4）下载 Hadoop。

依次定位 Apache 仓库 http://archive.apache.org/dist、Hadoop 目录、core 目录，下载
Hadoop-3.3.1.tar.gz，以 joe 用户身份，将 Hadoop 分别复制到 3 台机器上。

（5）解压 Hadoop。

分别以 joe 用户登录 3 台机器，每台都执行如下命令解压 Hadoop 文件。

```
[joe@cmaster ~]# tar   -zxvf   /home/joe/Hadoop-3.3.1.tar.gz      #cmaster 上 joe 用户解压 Hadoop
[joe@cslave0 ~]# tar   -zxvf   /home/joe/Hadoop-3.3.1.tar.gz      #cslave0 上 joe 用户解压 Hadoop
[joe@cslave1 ~]# tar   -zxvf   /home/joe/Hadoop-3.3.1.tar.gz      #cslave1 上 joe 用户解压 Hadoop
```

（6）配置 Hadoop（3 台机器都要配置，且配置相同）。

一是告知 Hadoop 本机 JAVA_HOME。编辑文件“/home/joe/Hadoop-3.3.1/etc/
Hadoop/Hadoop-env.sh”，找到如下行。

```
export JAVA_HOME=${JAVA_HOME}
```

有时其前会有#，类似如下，此时需删除#（#为注释符）。

```
# export JAVA_HOME=${JAVA_HOME}
```

将此行内容修改如下。

```
export JAVA_HOME=/usr/java/jdk1.8.0_301-amd64
```

这里的“/usr/java/jdk1.8.0_301-amd64”就是以 RPM 方式安装 JDK 时的默认路径，
如有不同，读者需根据实际情况调整。注意 3 台机器都要执行上述操作。

二是配置 HDFS 参数。编辑文件“/home/joe/Hadoop-3.3.1/etc/Hadoop/coresite.xml”，
并将如下内容嵌入此文件的 configuration 标签间。和上一个操作相同，3 台机器都要执
行此操作。

```
<property><name>Hadoop.tmp.dir</name><value>/home/joe/cloudData</value></property>
<property><name>fs.defaultFS</name><value>hdfs://cmaster:8020</value></property>
```

三是配置 YARN 参数。编辑“/home/joe/Hadoop-3.3.1/etc/Hadoop/yarn-site.xml”，并
将如下内容嵌入此文件的 configuration 标签间。同样，3 台机器都要执行此操作。

```
<property><name>yarn.resourcemanager.hostname</name><value>cmaster</value></property>
<property><name>yarn.nodemanager.aux-services</name><value>mapreduce_shuffle</value></property>
```

四是配置 MapReduce 和 JobHistory 参数。将文件“/home/joe/Hadoop-3.3.1/etc/Hadoop/
mapred-site.xml.template”重命名为“/home/joe/Hadoop-3.3.1/etc/Hadoop/mapred-site.xml”。

若文件"mapred-site.xml"已存在，则无须重命名。接着编辑此文件，将如下内容嵌入此文件的 configuration 标签间。3 台机器都要执行此操作。如下第 1 行为 MapReducc 配置项，第 2、3 行为 JobHistory 配置项。

```
<property><name>mapreduce.framework.name</name><value>yarn</value></property>
<property><name>mapreduce.jobhistory.address</name><value>cmaster:10020</value></property>
<property><name>mapreduce.jobhistory.webapp.address</name><value>cmaster:19888</value></property>
```

请读者注意，cmaster、cslave0、cslave1 上都要执行"（6）"中的操作，且配置相同，请读者自行完成，并确保操作正确。

（7）格式化 HDFS 主节点的元数据存储空间。

以 joe 用户登录主节点 cmaster，执行 HDFS 格式化命令，格式化主节点命名空间。

```
[joe@cmaster ~]#  /home/joe/Hadoop-3.3.1/bin/hdfs  namenode  -format
```

注意，此命令只在此处执行一次，后续启动集群时，无须再执行。若执行了该命令，则集群中已存储的全部数据将丢失。换言之，若再次执行，则集群就是一个新集群。

（8）启动 Hadoop 集群。

一是启动 HDFS 集群。在主节点 cmaster 上启动 HDFS 存储主服务 namenode（下述第 1 条命令），在 cslave0、cslave1 上启动 HDFS 存储从服务 datanode（下述第 2、3 条命令）。

```
[joe@cmaster ~]#   /home/joe/Hadoop-3.3.1/bin/hdfs  --daemon  start  namenode
[joe@cslave0 ~]#   /home/joe/Hadoop-3.3.1/bin/hdfs  --daemon  start  datanode
[joe@cslave1 ~]#   /home/joe/Hadoop-3.3.1/bin/hdfs  --daemon  start  datanode
```

二是启动 YARN 集群。在主节点 cmaster 上启动 YARN 资源管理主服务 resourcemanager（下述第 1 条命令），在 cslave0、cslave1 上执行 YARN 资源管理从服务 nodemanager（下述第 2、3 条命令）。

```
[joe@cmaster ~]$ /home/joe/Hadoop-3.3.1/bin/yarn  --daemon  start  resourcemanager
[joe@cslave0 ~]$ /home/joe/Hadoop-3.3.1/bin/yarn  --daemon  start  nodemanager
[joe@cslave1 ~]$ /home/joe/Hadoop-3.3.1/bin/yarn  --daemon  start  nodemanager
```

三是启动 JobHistory 服务。在主节点 cmaster 上启动 JobHistory 服务。

```
[joe@cmaster ~]$ /home/joe/Hadoop-3.3.1/bin/mapred  --daemon  start  historyserver
```

（9）测试 Hadoop。

一是页面验证。HDFS 集群地址为"cmaster:9870"（见图 2-7），YARN 集群地址为"cmaster:8088"（见图 2-8），JobHistory 服务地址为"cmaster:19888"（见图 2-9）。选择集群中任意一个节点，启动 CentOS 默认浏览器 Firefox，在地址栏中输入如上地址，即可查看集群信息。另外，用 VMware 宿主机（也就是装 VMware 的 Windows 10 实体机）也可查看该地址。若使用机器名查看，则需将 3 台机器的主机名与 IP 地址映射关系写入" C:\Windows\System32\drivers\etc\hosts"；若使用 IP 地址查看，则不用写 Windows10 域名映射文件。

图 2-7　HDFS 集群页面

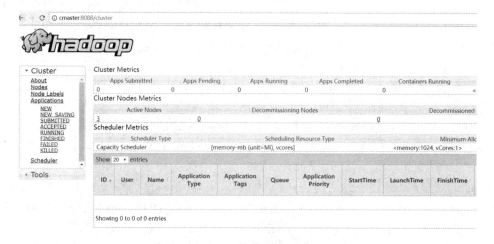

图 2-8　YARN 集群页面

图 2-9　JobHistory 页面

二是进程验证。分别在 3 台机器上执行如下命令，查看 Hadoop 服务是否已启动。jps 和 ps 两个命令都可用于查看 Java 进程，效果相同。

```
[joe@cmaster ~]$  /usr/java/jdk1.8.0_301-amd64/bin/jps
[joe@cmaster ~]$  ps  -ef | grep  java
```

```
[joe@cslave0 ~]$  /usr/java/jdk1.8.0_301-amd64/bin/jps
[joe@cslave1 ~]$  ps  -ef | grep  java
```

可在 cmaster 上看到类似的如下信息。

```
17858 JobHistoryServer
16775 ResourceManager
16543 NameNode
```

而 cslave0 和 cslave1 上看到类似的如下信息。

```
16416 DataNode                                      #存储从服务
16762 NodeManager                                   #资源管理从服务
```

在集群 Web 界面能看到，进程也能显示出来，但并不代表集群已部署成功。编者遇到一个典型的例子是这些都显示出来了，但做 MapReduce 程序时出错了，因此还要进一步用程序验证集群，详见例 2-6。

【例 2-6】使用刚创建的集群，完成下列要求：①使用 Hadoop 命令在集群中新建文件夹"/in"；②将 cmaster 上文件夹"/home/joe/Hadoop-3.3.1/etc/Hadoop/"里的所有文件上传至集群的文件夹"/in"下；③使用示例程序 WordCount 统计"/in"下每个单词出现的次数，并将结果存入"/out"目录。

解答：在 cmaster 上，以 joe 用户按如下步骤执行即可。

```
[joe@cmaster ~]$ /home/joe/Hadoop-3.3.1/bin/hdfs  dfs  -mkdir  /in
[joe@cmaster ~]$ /home/joe/Hadoop-3.3.1/bin/hdfs  dfs  -put  /home/joe/Hadoop-3.3.1/licenses-binary/*.txt  /in
```

如上第 1 条命令为在 HDFS 上（而非执行该命令的这台机器）根目录"/"新建文件夹"in"。命令执行后，打开"cmaster:9870"并依次单击"Utilities""Browse the filesystem"选项，将会看到新建文件夹"/in"。第 2 条命令为将 cmaster 本地文件夹"/home/joe/Hadoop-3.3.1/"下以 txt 结尾的所有文件上传到 HDFS 集群文件夹"/in"下，"*"为正则表达式，表示所有。命令执行后，打开"cmaster:9870"并依次单击"Utilities""Browse the filesystem""/in"选项，将会看到 HDFS 上"/in"文件夹下的所有文件。

再执行如下命令（注意该语句一行写不完时，以"\"另起一行），向 YARN 集群提交 MapReduce 计算程序 WordCount（见图 2-10）。该命令使用 Hadoop 命令，向 YARN 集群提交 Hadoop-mapreduce-examples-3.3.1.jar 程序包，该程序包指定入口函数为 wordcount，入口函数第一入参为"/in"，即 HDFS 集群中的"/in"目录作为输入；第二入参为"/out/wc-01"，即在 HDFS 集群新建文件作为计算程序的输出。

```
[joe@cmaster ~]$  /home/joe/Hadoop-3.3.1/bin/Hadoop  jar  \
/home/joe/Hadoop-3.3.1/share/hadoop/mapreduce/Hadoop-mapreduce-examples-3.3.1.jar  \
wordcount  /in  /out/wc-01
```

此时用浏览器迅速打开"cmaster:8088"，将会看到 Web 界面上显示正在运行的 WordCount 信息。命令执行后，打开"cmaster:9870"，单击"Utilities""Browse the filesystem""/out/wc-01/part-r-00000"选项将会看到程序处理结果。

读者也可使用 HDFS 自带 Shell 查看输入和输出，对应的 Shell 命令分别如下。

```
[joe@cmaster ~]#  /home/joe/Hadoop-3.3.1/bin/hdfs  dfs  -cat  /in/*
[joe@cmaster ~]#  /home/joe/Hadoop-3.3.1/bin/hdfs  dfs  -cat  /out/wc-01/*
```

```
[joe@cmaster ~]$ /home/joe/hadoop-3.3.1/bin/Hadoop  jar  \
> /home/joe/Hadoop-3.3.1/share/hadoop/mapreduce/Hadoop-mapreduce-examples-3.3.1.jar  \
> wordcount  /in  /out/wc-01
 00:33:49,840 INFO mapreduce.Job:  map 40% reduce 0%
 00:33:51,861 INFO mapreduce.Job:  map 42% reduce 0%
 00:33:53,894 INFO mapreduce.Job:  map 44% reduce 0%
 00:33:54,910 INFO mapreduce.Job:  map 44% reduce 15%
 00:34:16,186 INFO mapreduce.Job:  map 56% reduce 15%
 00:34:17,244 INFO mapreduce.Job:  map 70% reduce 15%
 00:34:19,598 INFO mapreduce.Job:  map 72% reduce 15%
 00:34:20,605 INFO mapreduce.Job:  map 74% reduce 15%
 00:34:21,629 INFO mapreduce.Job:  map 74% reduce 25%
 00:34:33,106 INFO mapreduce.Job:  map 81% reduce 25%
 00:34:38,199 INFO mapreduce.Job:  map 84% reduce 25%
 00:34:40,209 INFO mapreduce.Job:  map 84% reduce 28%
 00:34:56,316 INFO mapreduce.Job:  map 93% reduce 28%
 00:34:57,321 INFO mapreduce.Job:  map 95% reduce 28%
 00:34:58,327 INFO mapreduce.Job:  map 98% reduce 32%
 00:34:59,336 INFO mapreduce.Job:  map 100% reduce 32%
 00:35:00,356 INFO mapreduce.Job:  map 100% reduce 100%
 00:35:01,372 INFO mapreduce.Job: Job job_1628578857401_0001 completed successfully
 00:35:01,481 INFO mapreduce.Job: Counters: 55
le System Counters
        FILE: Number of bytes read=122287
        FILE: Number of bytes written=12241096
        FILE: Number of read operations=0
        FILE: Number of large read operations=0
        FILE: Number of write operations=0
        HDFS: Number of bytes read=133554
        HDFS: Number of bytes written=24966
        HDFS: Number of read operations=134
        HDFS: Number of large read operations=0
```

图 2-10　通过 Shell 命令行提交 MapReduce 任务的运行过程

如下命令为使用 HDFS 命令删除 HDFS 集群上的 "/out" 文件夹。

[joe@cmaster ~]$ /home/joe/Hadoop-3.3.1/bin/hdfs dfs -rm -f -r /out

至此，Hadoop 集群部署才算真正完毕。细心的读者会发现，实验中无 "打通 SSH" "配置 SSH" 相关操作，读者应当明白打通 SSH 只是为了使用 sbin/start-x.sh 相关脚本，并不是 Hadoop 的必需配置项，Hadoop 依赖的只是 Oracle 版 JDK。

【例 2-7】关闭例 2-6 中的 Hadoop 集群，即分别关闭 HDFS 集群、YARN 集群、JobHistory 服务。

一是关闭 HDFS 集群。主节点 cmaster 停止 namenode 进程（下述第 1 条命令），从节点 cslave0、cslave1 均停止 datanode 进程（下述第 2、3 条命令）。

[joe@cmaster ~]$ /home/joe/Hadoop-3.3.1/bin/hdfs --daemon stop namenode
[joe@cslave0 ~]$ /home/joe/Hadoop-3.3.1/bin/hdfs --daemon stop datanode
[joe@cslave1 ~]$ /home/joe/Hadoop-3.3.1/bin/hdfs --daemon stop datanode

二是关闭 YARN 集群。主节点 cmaster 停止 resourcemanager 进程（下述第 1 条命令），从节点 cslave0、cslave1 均停止 nodemanager 进程（下述第 2、3 条命令）。

[joe@cmaster ~]$ /home/joe/Hadoop-3.3.1/bin/yarn --daemon stop resourcemanager
[joe@cslave0 ~]$ /home/joe/Hadoop-3.3.1/bin/yarn --daemon stop nodemanager
[joe@cslave1 ~]$ /home/joe/Hadoop-3.3.1/bin/yarn --daemon stop nodemanager

三是关闭 MapReduce 的 JobHistory 进程，命令如下。

[joe@cmaster ~]$ /home/joe/Hadoop-3.3.1/bin/mapred --daemon stop historyserver

通过上述分布式模式集群部署实验可以看出，Hadoop 本身部署起来很简单，其大量工作其实是前期的准备 3 台 CentOS 机器和进行单台 CentOS 机器的环境配置，Hadoop 部署本身只进行 "解压、修改配置文件、格式化、启动、验证"。关于 Linux 命令问题，请读者参考 Linux 书籍。

2.4 Hadoop 3.0 体系架构

Hadoop 3.0 的核心组件为 Common、HDFS、YARN、MapReduce、Ozone，其中 Ozone 已从 Hadoop 中剥离出来成为一个独立项目。这几个组件中，实际对外服务的组件是 HDFS、YARN 和 Ozone，Common 主要为其他模块提供基础能力，MapReduce 本质上是按照 YARN 模式编写的一个 MapReduce 编程模板，本节主要介绍前 4 个模块。

2.4.1 公共组件 Common

Common 的定位是其他模块的公共组件，其定义了程序员取得集群服务的编程接口，为其他模块提供公用 API。它里面定义的一些功能一般对其他模块都有效，通过设计方式，降低了 Hadoop 设计的复杂性，减少了其他模块之间的耦合性，大大增强了 Hadoop 的健壮性。

Common 不仅包含了大量常用 API，同时提供了微集群、本地库、超级用户、服务器认证和 HTTP 认证等功能。下面简要介绍 Hadoop 功能中的基本模块。

1. 常见公共编程接口

下面是 Common 模块里最常用的几个包。

org.apache.Hadoop.conf：定义了 Hadoop 全局配置文件类。

org.apache.Hadoop.fs：是 HDFS 文件系统接口。

org.apache.Hadoop.contrib：是第三方组织贡献的工具包，包含多个实用工具。

org.apache.Hadoop.crypto：提供加解密工具。

org.apache.Hadoop.filecache：用于缓存应用程序所需的文件（文本、jar 文件等）。

org.apache.Hadoop.ha：是集群高可用性的一个具体实现。

org.apache.Hadoop.util：是 Hadoop 常用工具包。

org.apache.Hadoop.examples：是 Hadoop 示例代码包。

以 Configuration 为例，它是 conf 包下定义的类，用于指定 Hadoop 的某些配置参数，而 HDFS 中的配置文件类是 HdfsConfiguration 类，YARN 中则是 YarnConfiguration，HdfsConfiguration 与 YarnConfiguration 皆继承自 Configuration，它们两者之间并没有关系。读者只需要定义 Configuration 实例，即可以在 HDFS 与 YARN 中同时使用，这样大大方便了客户端编程，同时降低了 Hadoop 设计的复杂性。

2. 微集群功能

该模块用于帮助用户快速体验 Hadoop 集群。使用类似如下命令时，用户可以通过一个命令启动和停止集群，且无须设置环境变量和配置文件。该命令执行后会启动一套完整的 HDFS、YARN 集群。

```
[joe@cmaster~]$ /home/joe/Hadoop-3.3.1/bin/mapred minicluster  -rmport RM_PORT  -jhsport JHS_PORT
```

3. 公平呼叫队列

对于 Hadoop 服务器组件，特别是 HDFS 的 NameNode，客户端的 RPC 负载非常重。默认情况下，所有客户端请求都通过先进先出队列进行路由，并按请求到达的顺序提供服务。遇到某一耗时较长的请求时，容易造成新增请求长时间等待而得不到响应的情况。Hadoop 提供了公平呼叫队列来灵活改变相关权限。

读者可通过模仿 core-default.xml 文件中的 callqueue 相关参数，然后设置 core-site.xml 实现个性化配置。

4. Hadoop 本地库

Hadoop 是使用 Java 语言开发的，但诸如压缩处理等需求和操作，并不适合使用 Java。为进一步提升部分应用的性能，Hadoop 引入了本地库（Native Libraries）的概念，通过本地库，Hadoop 可以更加高效地执行某些操作。

Hadoop 3.0 中，本地库主要包括压缩算法（bzip2, lz4, zlib）、HDFS 原生读写、CRC32 冗余校验，且当前仅支持 Linux 系统。读者打开解压后的 Hadoop，进入 lib 和 native 目录就能看到 Hadoop 可以使用的一些本地库文件。

Hadoop 默认开启本地库功能，读者可通过模仿 core-default.xml 文件中的 native 相关参数，然后设置 core-site.xml 来实现个性化配置。

5. 用户代理

Hadoop 3.0 下用户有严格的权限管理，但有时普通用户需要暂时使用超级用户的权限执行某些功能，此模块提供 superuser 模拟其他用户的能力，这点类似于 Linux 的命令 "sudou username"。假设现在需要以用户 joe 的身份访问 HDFS 并提交任务，但 Hadoop 集群并没有给用户 joe 建立任何认证，此时就需要 joe 借用 superuser 用户的认证来访问集群。换句话说，superuser 在模拟 joe 用户。当然，我们必须事先在配置文件里声明允许 superuser 模拟 joe 用户。

读者可通过查阅 Hadoop 官方文件，找到并模仿 Proxy User 相关配置，然后设置 core-site.xml 来实现个性化配置。

6. 机架感知

Hadoop 组件支持机架感知功能。例如，HDFS 可通过将一个块副本放在不同的机架上来实现数据容错。该功能主要通过配置网络拓扑相关参数实现。读者可通过模仿 core-default.xml 文件中的 topology 相关参数，然后设置 core-site.xml 实现个性化配置。

7. 安全模式

恶意用户可以通过模拟 DataNode，主动连接 NameNode 来发起攻击，非授权用户可以任意向 YARN 提交含有恶意代码的任务。为确保用户安全、授权安全，Hadoop 集成第三方安全认证服务 Kerberos 来提供 Hadoop 的整体安全性。

默认情况下，Kerberos 安全认证服务并未开启，读者可通过模仿 core-default.xml 文件中的 security 相关参数，然后设置 core-site.xml 实现个性化配置。

8. 服务认证

在没有引入 Kerberos 之前，Hadoop 通过 ACL 方式来确保 Hadoop 集群安全。启动 ACL 功能后，只有符合 ACL 规则的用户、服务才能接入集群。例如，MapReduce 集群可以通过 ACL 设置只允许特定机器、特定组用户提交作业。建议中小集群使用 ACL 安全认证，大中型商业集群使用 Kcrbcros 安全认证。

读者可通过模仿 Hadoop-policy.xml 文件中的 acl 相关参数，设置自己文件中的相关参数来实现个性化配置。

9. HTTP 认证

默认情况下，Hadoop 各模块 Web 页面是可以任意访问的，比如可以在任何地方打开 HDFS 的主页面，而这个页面里甚至有指向真实数据的链接，这给 Hadoop 安全带来了很大隐患。

为实现 Hadoop 各 Web 页面的访问安全：一是开启 Kerberos 认证，可通过 Kerberos 实现 Hadoop 各类 Web 页面的安全访问；二是开启 web-consoles 认证，开启 web-consoles 后，浏览器访问 Web 页面时，需要输入用户名和密码。

两种认证方式均可通过模仿 core-default.xml 文件中的 http 相关参数，然后设置 core-site.xml 实现个性化配置。Kerberos 认证方式适合大中型商业集群，中小集群建议采用 web-consoles。

2.4.2 分布式文件系统 HDFS

Hadoop 的分布式文件系统 HDFS 可以部署在廉价硬件之上，能够高容错、可靠地存储海量数据（可以达到 PB 级）。它还可以和 YARN 中的 MapReduce 编程模型很好地结合，为应用程序提供高吞吐量的数据访问，适用于大数据集应用程序。

1．定位

HDFS 的定位是提供高容错、高扩展、高可靠的分布式存储服务，并提供服务访问接口（如 API、管理员接口）。为提高扩展性，HDFS 采用了 master/slave 架构来构建分布式存储集群，这种架构很容易向集群中任意添加或删除 slave。HDFS 中用一系列块来存储一个文件，并且每个块都可以设置多个副本。采用这种块复制机制，即使集群中某个 slave 宕机，也不会丢失数据，这大大增强了 HDFS 的可靠性。由于存在单 master 节点故障，近年来围绕主节点 master 衍生出许多可靠性组件。

2．HDFS 体系架构

理解 HDFS 架构是理解 HDFS 的关键，下面对于 HDFS 架构的介绍，只保留了 HDFS 最关键的两个实体 NameNode 和 DataNode，而在介绍的 HDFS 典型拓扑中，除了最关键的两个实体，新增加的实体都是功能或可靠性增强型组件，并不是必需的。

1）HDFS 架构

HDFS 采用 master/slave 架构来构建分布式存储服务，这种体系很容易向集群中添加或删除 slave，这样既提高了 HDFS 的可扩展性又简化了架构设计。另外，为优化存储颗粒度，HDFS 里将文件分块存储，即将一个文件按固定块长（默认 128MB）划分为一系列块，集群中，master 运行主进程 NameNode，其他所有 slave 都运行从属进程 DataNode。NameNode 统一管理所有 slave 的 DataNode 存储空间，但它不进行数据存储，它只存储集群的元数据信息（如文件块位置、大小、拥有者信息）。DataNode 以块为单位存储实际的数据。客户端联系 NameNode 以获取文件的元数据，而进行真正的文件 I/O 操作时，客户端直接和 DataNode 交互。

NameNode 就是主控制服务器，负责维护文件系统的命名空间并协调客户端对文件的访问，记录命名空间内的任何改动或命名空间本身的属性改动。DataNode 负责它们所在的物理节点上的存储管理，HDFS 开放文件系统的命名空间，以便让用户以文件的形式存储数据。HDFS 的数据都是"一次写入、多次读取"的，典型的块大小是 128MB，通常以 128MB 为一个分割单位，将 HDFS 的文件切分成不同的数据块（Block），每个数据块尽可能地分散存储于不同的 DataNode 中。NameNode 执行文件系统的命名空间操作，比如打开、关闭、重命名文件或目录，还决定数据块到 DataNode 的映射。DataNode 负责处理客户的读写请求，依照 NameNode 的命令，执行数据块的创建、复制、删除等工作。图 2-11 是 HDFS 的结构示意图。例如，客户端要访问一个文件，首先客户端从 NameNode 获得组成文件的数据块的位置列表，也就是知道数据块被存储在哪些 DataNode 上，然后客户端直接从 DataNode 上读取文件数据。NameNode 不参与文件的传输。

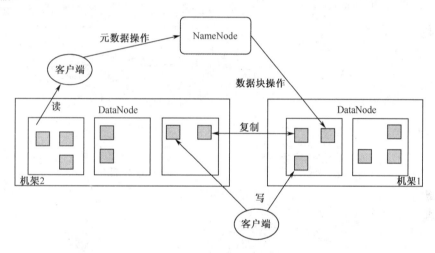

图 2-11 HDFS 的结构示意图

NameNode 使用事务日志（EditLog）记录 HDFS 元数据的变化，使用映像文件（FsImage）存储文件系统的命名空间，包含文件的映射、文件的属性信息等。事务日志和映像文件都存储在 NameNode 的本地文件系统中。

NameNode 启动时，从磁盘中读取映像文件和事务日志，把事务日志的事务都应用到内存中的映像文件上，然后将新的元数据刷新到本地磁盘新的映像文件中，这样可以截去旧的事务日志，这个过程称为检查点（Checkpoint）。HDFS 还有 SecondaryNameNode 节点，它辅助 NameNode 处理映像文件和事务日志。NameNode 启动的时候合并映像文件和事务日志，而 SecondaryNameNode 会周期性地从 NameNode 上复制映像文件和事务日志到临时目录，合并生成新的映像文件后再重新上传到 NameNode，NameNode 更新映像文件并清理事务日志，使得事务日志的大小始终控制在可配置的限度下。

2）HDFS 典型拓扑

HDFS 典型拓扑包含如下两种。

（1）一般拓扑（见图 2-12）：只有单个 NameNode 节点，使用 SecondaryNameNode 或 BackupNode 节点实时获取 NameNode 元数据信息，备份元数据。

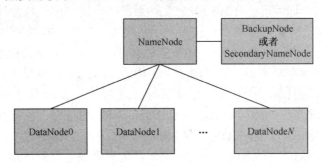

图 2-12　HDFS 一般拓扑

（2）商用拓扑（见图 2-13）：有两个 NameNode 节点，并使用 ZooKeeper 实现 NameNode 节点间的热切换。

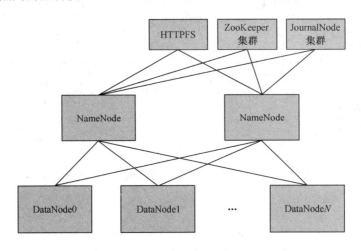

图 2-13　HDFS 商用拓扑

ZooKeeper 集群：至少三个 ZooKeeper 实体，用来选举 ActiveNameNode。

JournalNode 集群：至少三个，用于与两个 NameNode 交换数据，也可使用 NFS。

HTTPFS：提供 Web 端读写 HDFS 功能。

从架构上看，HDFS 存在单点故障，无论是一般拓扑还是商用拓扑，新增的实体几乎都是增强 NameNode 可靠性的组件，当然这里的 ZooKeeper 集群还可以用于 HBase。

3. HDFS 内部特性

（1）冗余备份。HDFS 将每个文件存储成一系列数据块，默认块大小为 128MB（可配置）。为了容错，文件的所有数据块都会有副本（副本数量即复制因子，可配置）。HDFS 的文件都是一次性写入的，并且严格限制为任何时候都只有一个写用户。

DataNode 使用本地文件系统存储 HDFS 的数据，但是它对 HDFS 的文件一无所知，只是用一个个文件存储 HDFS 的每个数据块。当 DataNode 启动时，它会遍历本地文件系统，产生一份 HDFS 数据块和本地文件对应关系的列表，并把这个报告发给 NameNode，这就是块报告（Block Report）。块报告包括了 DataNode 上所有块的列表。

（2）副本存放。HDFS 集群一般运行在多个机架上，不同机架上机器的通信需要通过交换机。通常情况下，副本的存放策略很关键，机架内节点之间的带宽比跨机架节点之间的带宽要高，它能影响 HDFS 的可靠性和性能。HDFS 采用机架感知策略来改进数据的可靠性、可用性和网络带宽的利用率。通过机架感知，NameNode 可以确定每个 DataNode 所属的机架 ID。一般情况下，当复制因子是 3 时，HDFS 的部署策略是将一个副本存放在本地机架的节点上，一个副本放在同一机架的另一个节点上，最后一个副本放在不同机架的节点上。机架的错误远比节点的错误少，这个策略可以防止整个机架失效时数据丢失，提高数据的可靠性和可用性，同时保证性能。图 2-14 体现了复制因子为 3 的情况下，各数据块的分布情况。

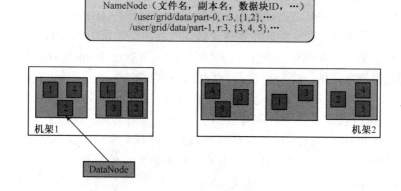

图 2-14　复制因子为 3 时的数据块分布情况

（3）副本选择。HDFS 会尽量使用离程序最近的副本来满足用户请求，这样可以减少总带宽消耗和读延时。如果在读取程序的同一个机架上有一个副本，那么就使用这个副本；如果 HDFS 机群跨了多个数据中心，那么读取程序将优先考虑本地数据中心的副本。HDFS 的架构支持数据均衡策略。如果某个 DataNode 的剩余磁盘空间下降到一定程度，按照均衡策略，系统会自动把数据从这个 DataNode 移动到其他节点。当对某个文件有很高的需求时，系统可能会启动一个计划创建该文件的新副本，并重新平衡集群中的其他数据。

（4）心跳检测。NameNode 周期性地从集群中的每个 DataNode 接收心跳包和块报告，收到心跳包说明该 DataNode 工作正常。NameNode 会标记最近没有心跳的 DataNode 为死机，不会发给它们任何新的 I/O 请求。任何存储在死机的 DataNode 的数据将不再有效，DataNode 的死机会造成一些数据块的副本数下降并低于指定值。NameNode 会不断检测这些需要复制的数据块，并在需要的时候重新复制。重新复制的引发因素可能有多种，比如 DataNode 不可用、数据副本损坏、DataNode 上的磁盘错误或复制因子增大等。

（5）数据完整性检测。多种原因可能造成从 DataNode 获取的数据块损坏。HDFS 客户端软件实现了对 HDFS 文件内容的校验和检查（Checksum）。在创建 HDFS 文件时，计算每个数据块的校验和，并将校验和作为一个单独的隐藏文件保存在命名空间下。当客户端获取文件后，它会检查从 DataNode 获得的数据块对应的校验和是否和隐藏文件中的相同，如果不同，客户端就会判定数据块有损坏，并从其他 DataNode 获取该数据块的副本。

（6）元数据磁盘失效。映像文件和事务日志是 HDFS 的核心数据结构。如果这些文件损坏，会导致 HDFS 不可用。NameNode 可以配置为支持维护映像文件和事务日志的多个副本，任何对映像文件或事务日志的修改，都将同步到它们的副本上。这样会降低 NameNode 处理命名空间事务的速度，然而这个代价是可以接受的，因为 HDFS 是数据密集的，而非元数据密集的。当 NameNode 重新启动时，总是选择最新的一致的映像文件和事务日志。

（7）简单一致性模型、流式数据访问。HDFS 的应用程序一般对文件实行一次写、多次读的访问模式。文件一旦创建、写入和关闭之后就不需要再更改了。这样就简化了数据一致性问题，使高吞吐量的数据访问成为可能；运行在 HDFS 上的应用主要以流式读为主，可做批量处理。HDFS 集群更适合高吞吐量类型数据的访问场景。

（8）客户端缓存。客户端创建文件的请求不是立即到达 NameNode 的，HDFS 客户端先把数据缓存到本地的一个临时文件，程序的写操作透明地重定向到这个临时文件。当这个临时文件累积的数据超过一个块的大小（128MB）时，客户端才会联系 NameNode。NameNode 在文件系统中插入文件名，给它分配一个数据块，告知客户端 DataNode 的 ID 和目标数据块 ID，这样客户端就把数据从本地缓存刷新到指定的数据块中。当文件关闭后，临时文件中剩余的未刷新数据也会被传输到 DataNode 中，然后客户端告知 NameNode 文件已关闭，此时 NameNode 才将文件创建操作写入日志进行存储。如果 NameNode 在文件关闭之前死机，那么文件将会丢失。如果不采用客户端缓存，网络速度和拥塞都会对输出产生很大的影响。

（9）流水线复制。当客户端准备写数据到 HDFS 的文件中时，就像前面介绍的那样，数据一开始会写入本地临时文件。假设该文件的复制因子是 3，当本地临时文件累积到一个数据块的大小时，客户端会从 NameNode 获取一个副本存放的 DataNode 列表，列表中的 DataNode 都将保存那个数据块的一个副本。客户端首先向第一个 DataNode 传输数据，第一个 DataNode 一小块一小块（4KB）地接收数据，并在写入本地库的同时，把接收到的数据传输给列表中的第二个 DataNode；第二个 DataNode 以同样的方式边收边传，把数据传输给第三个 DataNode；第三个 DataNode 把数据写入本地库。DataNode 从前一个节点接收数据的同时，即时把数据传给后面的节点，这就是流水线复制。

（10）架构特征。硬件错误是常态而不是异常。HDFS 被设计为运行在普通硬件上，所以硬件故障是很正常的。HDFS 可能由成百上千台服务器构成，每个服务器上都存储着文件系统的部分数据，而 HDFS 的每个组件随时都有可能出现故障。因此，检测错误并快速自动恢复是 HDFS 最核心的设计目标。

（11）超大规模数据集。一般企业级的文件大小可能都在 TB 级甚至 PB 级，HDFS 支持大文件存储，而且提供整体上高的数据传输带宽。一个单一的 HDFS 实例应该能支撑数以千万计的文件，并且能在一个集群里扩展到数百个节点。

4. HDFS 对外功能

除了提供分布式存储这一最主要的功能，HDFS 还提供了下述常用功能。

（1）NameNode 高可靠性。由于 master/slave 架构天生存在单 master 缺陷，因此，HDFS 里可以配置两个甚至更多 NameNode。一般部署时，常用的 SecondaryNameNode 或 BackupNode 只是确保存储于 NameNode 的元数据多处存储，不提供 NameNode 的其他功能；双 NameNode 时，一旦正在服务的 NameNode 失效，备份的 NameNode 会瞬间替换失效的 NameNode，提供存储主服务。

（2）HDFS 快照。快照支持存储某个时间点的数据复制，当 HDFS 数据损坏时，可以回滚到过去一个已知正确的时间点。

（3）元数据管理与恢复工具。用户可以使用"hdfs oiv"和"hdfs oev"命令，管理修复 fsimage 与 edits，fsimage 存储了 HDFS 元数据信息，而 edits 存储了最近用户对集群的更改信息。

（4）HDFS 安全性。一是 ACL 访问控制，符合 Hadoop-policy.xml 策略的，才可访问 HDFS 服务；二是开启 Kerberos 认证，通过 Kerberos 认证后的服务与用户才可访问 HDFS；三是开启 web-consoles 认证，页面访问时需提供认证信息。

（5）HDFS 配额功能。此功能类似于 Linux 配额管理，主要管理目录或文件配额大小。

（6）HDFS C 语言接口。其提供了 C 语言操作的 HDFS 接口。

（7）HDFS Short-Circuit 功能。在 HDFS 服务里，对于数据的读操作都需要通过 DataNode，也就是当客户端想要读取某个文件时，DataNode 首先从磁盘读取数据，接着通过 TCP 端口将这些数据发送到客户端。而所谓的 Short-Circuit 指的是读时绕开 DataNode，即客户端直接读取硬盘上的数据。显然，只有当客户端和 DataNode 是同一台机器时，才可以实现 Short-Circuit，但由于 MapReduce 里的 Map 阶段一般都处理本机数据，这一改进将大大提高数据处理效率。

（8）WebHdfs。此功能可用 Web 方式操作 HDFS。在以前的版本中，若需要在 HDFS 里新建目录并写入数据，一般都通过命令行接口或编程接口实现，而现在，使用 WebHdfs，可直接在 Web 里对 HDFS 进行插、删、改、查操作，提高了效率。

2.4.3　分布式操作系统 YARN

操作系统的基本功能是：管理计算机资源、提供用户（包括程序）接口、执行用户程序。YARN 本质上是一个分布式操作系统，其功能和上述类似：管理整个集群的计算资源（CPU、内存、网络等）、提供用户程序访问系统资源的 API、执行程序。

1. 体系架构

1）YARN 架构

YARN 的主要思想是将 Hadoop 1.0 版 JobTracker 的两大功能——资源管理和任务调

度拆分成两个独立的进程，即将原 JobTracker 里的资源管理模块独立成一个全局资源管理进程 ResourceManager，将任务调度模块独立成任务管理进程 ApplicationMaster。而 Hadoop 1.0 里的 TaskTracker 则发展成 NodeManager。

　　YARN 依旧是 master/slave 架构，主进程 ResourceManager 是整个集群的资源仲裁中心，从进程 NodeManager 管理本机资源，ResourceManager 和从属节点的进程 NodeManager 组成了 Hadoop 3.0 的分布式数据计算框架（见图 2-15）。

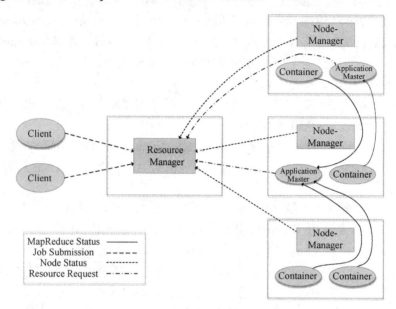

图 2-15　YARN 体系架构

2）YARN 执行过程

YARN 在执行时包含以下独立实体（见图 2-16）。

Client：客户端，负责向集群提交作业。

ResourceManager：集群主进程，仲裁中心，负责集群资源管理和任务调度。

Scheduler：资源仲裁模块。

ApplicationManager：选定，启动和监管 ApplicationMaster。

NodeManager：集群从进程，管理监视 Container，执行具体任务。

Container：本机资源集合体，如某 Container 为 4 个 CPU、8GB 内存。

ApplicationMaster：任务执行和监管中心。

（1）作业提交。Client 向主进程 ResourceManager 的 ApplicationManager 模块提交任务（见图 2-16 中①），ApplicationManager 按某种策略选中某 NodeManager 的某 Container 来执行此应用程序的 ApplicationMaster（见图 2-16 中②）。

（2）任务分配。ApplicationMaster 向 Scheduler 申请资源（见图 2-16 中③），Scheduler 根据所有 NodeManager 发送过来的资源信息（见图 2-16 中④）和集群指定的调度策略，以 Container 为单位给 ApplicationMaster 分配计算资源（见图 2-16 中⑤）。

（3）任务执行。ApplicationMaster 向选定的 NodeManager 发送任务信息（包括程序代码、数据位置等信息），通知选中的 NodeManager，让其启动本 NodeManager 管理的 Container 计算任务（见图 2-16 中⑥）。

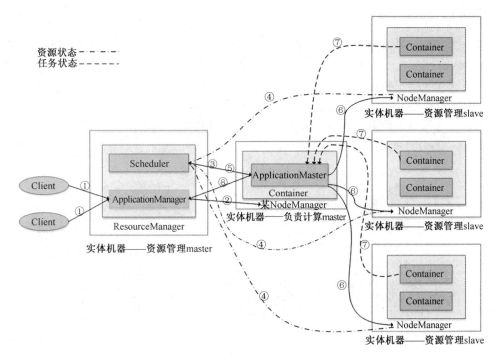

图 2-16　YARN 任务执行过程

（4）进度和状态更新。处于计算状态的 Container 向其所在 NodeManager 汇报计算进度，NodeManager 则通过心跳包将这些信息再汇报给 ApplicationMaster，ApplicationMaster 再根据汇总过来的信息，给出任务进度。

（5）任务完成。所有任务完成后，信息一层层向上汇报到 ApplicationMaster，ApplicationMaster 再将结束信息汇报给 ApplicationManager 模块，ApplicationManager 通知 Client 任务结束。

上述过程是任务成功执行时的执行步骤，还有可能是任务失败，此时如果是 ApplicationMaster 失败，则 ApplicationManager 会重新选择一个 Container 再次执行此任务对应的 ApplicationMaster；如果是计算节点（某个 Container，甚至是 NodeManager）失败，则 ApplicationMaster 首先向 Scheduler 申请资源，其次根据申请到的资源重新分配失败节点上的任务。

从 YARN 架构和 YARN 任务执行过程能看出 YARN 具有巨大优势，Scheduler 是个纯粹的资源仲裁中心，它根据集群资源状况以 Container 为单位分配资源，但不负责监管任务，也不负责重启任务，从而优化 Scheduler 设计，明确角色；ApplicationManager 将任务接下后，随即将任务扔给 ApplicationMaster，本身只监管 ApplicationMaster，大大减轻了工作量；ApplicationMaster 则更像 MRv1（经典 MapReduce 框架）里的 JobTracker，负责任务整体执行，并且它可以是集群中任意一个 NodeManager 下的 Container。YARN 的设计大大减轻了 ResourceManager 的资源消耗，并且 ApplicationMaster 可分布于集群中任意一台机器，在设计上更加优美。

3）YARN 典型拓扑

除了 ResourceManager 和 NodeManager 两个实体，YARN 还包括 WebAppProxyServer 和 JobHistoryServer 两个实体（见图 2-17）。在实际部署时，可以选定 3 台服务器，分别独立部署 ResourceManager、WebAppProxyServer 和 JobHistoryServer，余下的服务器都部署 NodeManager，这四个实体都会在部署的机器上启动其命令的守护进程。但 WebAppProxyServer 和 JobHistoryServer 只负责一些"补强"功能，不是计算框架必须部署的组件，下面简单介绍这两个实体。

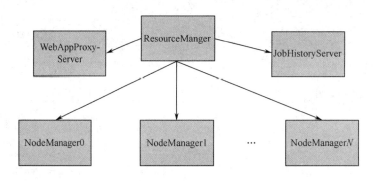

图 2-17　YARN 典型拓扑

（1）JobHistoryServer 服务：主要用于管理已完成的 YARN 任务。在 MRv1 里，历史任务的日志和执行时的各种统计信息统一由 JobTracker 管理，可以通过 JobTracker 的 Web 界面找到以往所有的 MapReduce 任务，且可查看此任务的日志和统计信息。

YARN 对于历史任务的管理和 MRv1 完全不同，为进一步减轻 ResourceManager 负载，简化主进程设计，YARN 将管理历史任务的功能抽象成一个独立实体 JobHistoryServer。当任务完成时（无论成功与否），ApplicationMaster 将任务输出的日志信息和统计信息写入 HDFS 的固定位置，JobHistoryServer 通过读取并解析这个位置上的文件来显示集群中已执行过的任务。可以通过单击 http://ResourceManagerURL 页面的历史任务链接查看历史任务信息，也可以通过单击 http://jobhistoryURL 查看日志任务。注意，所有关于 JobHistory Server 的配置都在 mapred-site.xml 里。

（2）WebAppProxyServer 服务：主要用于代理任务执行时的 Web 页面。WebAppProxyServer 也属于 YARN，默认情况下它作为 ResourceManager 的一部分运行于 ResourceManager 进程内，但可以将它配置为以独立的方式运行，其属性在 yarn-site.xml 文件里配置。通过使用代理，不仅进一步减轻了 ResourceManager 的压力，还减少了 YARN 受到的 Web 攻击。

在 YARN 体系里，ApplicationMaster 负责监管具体 MapReduce 任务执行的全过程，它会将从 Container 收集的任务执行信息汇总并显示到一个 Web 界面上，接着将此链接发送给 ResourceManager。对于用户来说，一般相信 http://ResourceManagerURL 提供的任务信息是正确的，也相信它提供的链接是安全的，但现实中，如果运行 ApplicationMaster 的用户是恶意用户，那给 ResourceManager 的这个链接可能就是非安全的链接。

一方面，Web 代理会警告用户单击的链接可能存在危险；另一方面，Proxy 也降低了恶意 AM 链接对用户造成的影响。我们知道，大多数 Web 认证都是基于 Cookie 认证的，当用户访问 http://ResourceManagerURL 时，Web 代理会从登录的用户信息里剥离出用户 Cookie 信息，接着修改这个用户 Cookie，只保留里面的登录用户名。当用这种"精心设计"后的 Cookie 来访问可能含有恶意的链接时，即使恶意链接获取了用户的 Cookie，此时它获取的 Cookie 已不是原来的 Cookie 了，这样可以大大减少恶意链接上的代码（如 js 代码）对用户的破坏行为。

通过使用 Web 代理，YARN 只是降低了 Web 攻击的可能性，并没有彻底解决恶意链接问题，当前的 Web 代理还不能有效解决这个问题。

2．编程模板

ApplicationMaster 是一个可变更的部分，只要实现不同的 ApplicationMaster，就可以实现不同的编程模式，如果将 ApplicationMaster 看成一种编程模板，那么 MapReduce 模板对应 MapReduce 类型的 ApplicationMaster，DistributedShell 模板对应 DistributedShell 类型的 ApplicationMaster。只要按照 YARN 规则编写，用户即可实现本人定制程序在 YARN 集群运行，即实现自定义程序并行化。

没有 YARN 之前，用户想要实现自定义程序多机并行化基本是不可能的。注意，MPI 等并行程序不但晦涩难懂，还极易出错，仅能实现多线程的本机并行化，Hadoop1.0 只能实现 MapReduce 并行化。

1）示例模板

YARN 的示例编程为"DistributedShell"，该程序可以将给定的 Shell 命令分布到机器执行，代码与执行过程详见 2.5.5 节。

2）MapReduce 模板

MapReduce 把运行在大规模集群上的并行计算过程抽象为两个函数：Map 和 Reduce，也就是映射和化简。简单地说，MapReduce 就是"任务的分解与结果的汇总"。Map 把任务分解成多个任务，Reduce 把分解后多任务处理的结果汇总起来，得到最终结果。

对适合用 MapReduce 处理的任务有一个基本要求：待处理的数据集可以分解成许多小的数据集，而且每一个小数据集都可以完全并行地处理。

图 2-18 介绍了用 MapReduce 处理大数据集的过程。一个 MapReduce 操作分为两个阶段：映射阶段和化简阶段。

在映射阶段，首先，MapReduce 框架将用户输入的数据分割为 M 个片段，对应 M 个 Map 任务。每一个 Map 操作的输入是数据片段中的键值对<K1,V1>集合，Map 操作调用用户定义的 Map 函数，输出一个中间态的键值对<K2,V2> 集合。其次，按照中间态的 K2 将输出的数据集进行排序，并生成一个新的<K2,list(V2)>元组，这样可以使对应同一个键的所有值都在一起。最后，按照 K2 的范围将这些元组分割为 R 个片段，对应 Reduce 任务的数目。

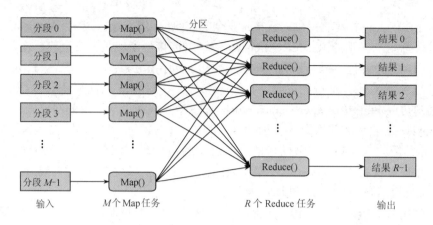

图 2-18 MapReduce 处理大数据集的过程

在化简阶段，每一个 Reduce 操作的输入是一个<K2,list(V2)>片段，Reduce 操作调用用户定义的 Reduce 函数，生成用户需要的键值对<K3,V3>并输出。

3. 任务调度策略

任务调度策略是 YARN 的一个核心功能，YARN 目前配有容量调度算法（CapacityScheduler）和公平调度算法（FairScheduler）两种调度策略。ResourceManager 通过 Scheduler 模块实现任务调度，Scheduler 支持热插拔，用户可以通过调整调度策略调整任务优先级和资源配置。在实现 YARN 协议的前提下，用户甚至可以开发一套新的调度策略，在 YARN 配置文件里指定即可。

1）CapacityScheduler

CapacityScheduler 是 Hadoop 3.0 默认的任务调度算法，是一种多用户、多任务调度策略，以队列为单位划分任务，以 Container 为单位分配资源，为多个用户共享集群资源提供安全可靠的保障。

一般情况下，各组织的硬件资源量都略高于业务最高峰时的需求量，但业务高峰期一般是一个或多个时间段，这样平均下来，硬件资源的平均利用率并不高，并且有些组织或组织内部的不同部门可能会建立本部门的分布式集群，这些都可能导致资源过剩。通过共建集群的方式，不但可以提高资源利用率，还能在必要时使用更多的集群资源，同时，组织机构间共建集群也大大降低了运维成本。但问题是，每个组织，为确保其业务高峰时的服务稳定性，一般不会同意共享集群资源。那是否有方法让它们在共享一个集群的同时，又能满足其业务高峰时的服务要求呢？

CapacityScheduler 就是一种满足此需求的调度策略，对于已经分配固定资源的用户 A 和 B，如用户 A 配置了集群 70%的资源量，那么即使用户 B 提交的作业排起很长的等待队列，而用户 A 此时却没有任何任务，CapacityScheduler 也不允许用户 B 使用超过集群 30%的资源，当然在实际使用中，其支持弹性配置。

CapacityScheduler 通过队列来划分资源，队列间的关系类似一棵多叉树，队列间一层层继承，根队列称为 root 队列。YARN 初次启动时，默认启动队列为 root.default 队列。下面通过一个具体的例子来理解多级队列。

【例 2-8】某三个组织机构 companyA、companyB 和 institutionC 欲共同组建一个 Hadoop 集群 DataCenterABC。高峰时，companyA 需要使用 60 台服务器，companyB 需要使用 30 台，而 institutionC 需要使用 10 台，如何配置多级队列来满足各组织的需求？若 companyA 下有算法部和研发部，当算法部 A_algorithm 需要使用 90%的资源，研发部 A_RD 使用 10%的资源时，又如何分配？在上述条件下，若 A_algorithm 只允许 joe、joe 和 hue 用户，并且每个用户至少配置本部门 30%的资源，又如何配置多级队列？

解答：多级队列对应的配置文件为 capacity-scheduler.xml，它和其他 Hadoop 配置文件在同一个目录下。

第一问解答如下：在 capacity-scheduler.xml 中配置如下多级队列，其中配置 capacity 时，可以使用 double 类型的数字，用户需要确保三个组织的资源使用总和为 100。

```
<property>
    <name>yarn.scheduler.capacity.root.queues</name>
    <value>companyA,companyB,institutionC</value>
</property>
<property>
    <name>yarn.scheduler.capacity.root.companyA.capacity</name>
    <value>60</value>
</property>
<property>
    <name>yarn.scheduler.capacity.root.companyB.capacity</name>
    <value>30</value>
</property>
<property>
    <name>yarn.scheduler.capacity.root.institutionC.capacity</name>
    <value>10</value>
</property>
```

对于第二问，创建继承自 root.companyA 的新队列，用户需确保本层队列容量和为 100。

```
<property>
    <name>yarn.scheduler.capacity.root.companyA.queues</name>
    <value>A_algorithm,A_RD</value>
</property>
<property>
    <name>yarn.scheduler.capacity.root.companyA. A_algorithm.capacity</name>
    <value>90</value>
</property>
<property>
    <name>yarn.scheduler.capacity.root.companyB. A_RD.capacity</name>
    <value>10</value>
</property>
```

对于第三问，针对 A_algorithm 队列，指定授权访问用户，可参考如下配置。

```
<property>
    <name>yarn.scheduler.capacity.root.companyA.A_algorithm.acl_submit_applications</name>
```

```
        <value>joe,joe,hue</value>
    </property>
    <property>
        <name>yarn.scheduler.capacity.root.companyA.A_algorithm.minimum-user-limit-percent</name>
        <value>30</value>
    </property>
```

CapacityScheduler 具有多用户、多队列、基于资源、基于容量、弹性、安全等特点。定位到 yarn-site.xml 中的"scheduler.class"可知，YARN 默认指定该算法作为调度策略。用户可以通过模仿 capacity-scheduler.xml 相关配置，然后根据需要设置相关参数，以实现该调度算法的个性化配置。

2）FairScheduler

FairScheduler 是一种允许多个 YARN 任务公平使用集群资源的可插拔式调度策略。当集群资源满足所有提交的任务时，FairScheduler 会将资源分配给集群中的所有任务；而当集群资源受限时，FairScheduler 会将正在执行任务释放的部分资源分配给等待队列里的任务，而不是用此资源继续执行原任务。通过这种方式，从宏观上看，集群资源公平地被每个任务所拥有，它不仅可以让短作业在合理的时间内完成，也避免了长作业长期得不到执行的尴尬局面。

读者需配置 yarn-site.xml 的如下参数，指定 YARN 启用 FairScheduler。若需自定义该调度策略，则需打开 Hadoop 官方文档，定位到 FairScheduler 部分，模仿 fair 参数设置，然后在 yarn-site.xml 中进行配置。也可参考示例配置"share/Hadoop/tools/sls/sample-conf/fair-scheduler.xml"。

```
    <property>
        <name>yarn.scheduler.capacity.root.companyB. A_RD.capacity</name>
        <value>10</value>
    </property>
```

配置好后，无须其他工作，FairScheduler 支持动态更新，默认情况下，YARN 每隔 10 秒会重读 yarn-site.xml，实现队列的动态加载。

2.5 Hadoop 3.0 访问接口

Hadoop 3.0 分为相互独立的几个模块，访问各模块的方式也是相互独立的，每个模块均可分为浏览器、Shell、程序 3 种访问方式。

2.5.1 配置项接口

解压 Hadoop-3.3.1.tar.gz 后，得到文件夹 Hadoop-3.3.1。
目录"etc/Hadoop"为个性化配置 Hadoop 相关文件；
目录"bin"为 Hadoop 命令接口；
目录"sbin"为整个集群命令接口；
目录"lib/native"为本库相关文件；

目录 "licenses-binary" 为软件授权；

目录 "share/Hadoop" 为已编译好的 Hadoop 二进制执行包；

目录 "share/doc" 为 Hadoop 相关 API 和学习文档。

继续解压文件 "share/Hadoop/client/Hadoop-client-api-3.3.1.jar"，得到 core-default.xml、mapred-default.xml、yarn-default.xml。解压文件 "share/Hadoop/hdfs/Hadoop-hdfs-3.3.1.jar"，得到 hdfs-default.xml。打开这 4 个文件，可看到 Hadoop 最重要的 4 个默认配置文件，里面内容为已定义好的 Hadoop 默认配置项目。

对应上述 4 个默认配置文件，定位到 "/etc/Hadoop"，可看到 core-site.xml、hdfs-site.xml、yarn-site.xml、mapred-site.xml。读者可模仿前期已解压的 4 个 default.xml 文件，将想个性化调整的配置项写入对应的 site.xml 文档中，即可实现相应参数的定制调整。

2.5.2　浏览器接口

如前文所述，下面为 Hadoop 主要服务的 http 默认访问地址：

HDFS 主进程 NameNode 默认 Web 地址为 http://namenode_host:9870；

YARN 主进程 ResourceManager 默认 Web 地址为 http://resourcemanager_host:8088；

MapReduce JobHistoryServer 默认 Web 地址为 http://jobhistory_host:8088；

DataNode 默认 http 端口为 9864，默认 https 端口为 50475；

SecondaryNameNode 默认 http 端口为 9868，默认 https 端口为 9869。

除上述地址外，读者可以按照 2.5.1 节所述，打开 core-site.xml、hdfs-site.xml、yarn-site.xml、mapred-site.xml，查找 http、address 等关键字，找到 IPC、SecondaryNameNode、BackupNode 等访问地址。

2.5.3　命令行接口

Shell 接口不仅用于管理员管理集群的常用命令，也用于普通用户提交任务、查看任务状态等，下面给出各模块的 Shell 命令的简单介绍。

1. HDFS

以传统解压包方式部署时，其执行方式是 HADOOP_HOME/bin/hdfs；当以分布式模式部署时，使用 HDFS 用户执行 hdfs 命令即可（见图 2-19）。

每一条命令还包含很多子命令，读者可以进一步了解各命令。这些命令主要可以分为两类——管理员命令和用户命令，管理员可以使用命令前台启动 NameNode、DataNode 等，也可以管理 DFS 进行集群数据均衡化（balancer）、检测文件系统（fsck）等操作。

2. YARN

以传统解压包方式部署时，其执行方式是 HADOOP_HOME/bin/yarn；当以分布式模式部署时，使用 YARN 用户执行 yarn 命令即可（见图 2-20）。

每一条命令都包含若干条子命令，YARN 的 Shell 命令也主要分为用户命令和管理员命令两种。用户可以使用 jar <jar 包>提交 YARN 作业，可以使用 application 查看当前任务，还可以使用 logs 查看某具体 Container 执行的上下文。管理员则可以使用 rmadmin 管理 YARN 队列，更新节点信息，使用 ResourceManager 等前台开启 YARN 相关进程。

```
-bash-4.1$ hdfs
Usage: hdfs [--config confdir] COMMAND
       where COMMAND is one of:
  dfs                  run a filesystem command on the file systems supported in Hadoop.
  namenode -format     format the DFS filesystem
  secondarynamenode    run the DFS secondary namenode
  namenode             run the DFS namenode
  journalnode          run the DFS journalnode
  zkfc                 run the ZK Failover Controller daemon
  datanode             run a DFS datanode
  dfsadmin             run a DFS admin client
  haadmin              run a DFS HA admin client
  fsck                 run a DFS filesystem checking utility
  balancer             run a cluster balancing utility
  jmxget               get JMX exported values from NameNode or DataNode.
  oiv                  apply the offline fsimage viewer to an fsimage
  oev                  apply the offline edits viewer to an edits file
  fetchdt              fetch a delegation token from the NameNode
  getconf              get config values from configuration
  groups               get the groups which users belong to
  snapshotDiff         diff two snapshots of a directory or diff the
                       current directory contents with a snapshot
  lsSnapshottableDir   list all snapshottable dirs owned by the current user
                                                Use -help to see options
  portmap              run a portmap service
  nfs3                 run an NFS version 3 gateway

Most commands print help when invoked w/o parameters.
-bash-4.1$
```

图 2-19　hdfs 命令行

```
-bash-4.1$ yarn
Usage: yarn [--config confdir] COMMAND
where COMMAND is one of:
  resourcemanager      run the ResourceManager
  nodemanager          run a nodemanager on each slave
  rmadmin              admin tools
  version              print the version
  jar <jar>            run a jar file
  application          prints application(s) report/kill application
  node                 prints node report(s)
  logs                 dump container logs
  classpath            prints the class path needed to get the
                       Hadoop jar and the required libraries
  daemonlog            get/set the log level for each daemon
 or
  CLASSNAME            run the class named CLASSNAME
Most commands print help when invoked w/o parameters.
-bash-4.1$
```

图 2-20　yarn 命令行

3. Hadoop

以传统解压包方式部署时，其执行方式是 HADOOP_HOME/bin/Hadoop；当以分布式模式部署时，在终端直接执行 hadoop 命令（见图 2-21）。

```
[root@master0 ~]# hadoop
Usage: hadoop [--config confdir] COMMAND
       where COMMAND is one of:
  fs                   run a generic filesystem user client
  version              print the version
  jar <jar>            run a jar file
  checknative [-a|-h]  check native hadoop and compression libraries availability
  distcp <srcurl> <desturl> copy file or directories recursively
  archive -archiveName NAME -p <parent path> <src>* <dest> create a hadoop archive
  classpath            prints the class path needed to get the
                       Hadoop jar and the required libraries
  daemonlog            get/set the log level for each daemon
 or
  CLASSNAME            run the class named CLASSNAME

Most commands print help when invoked w/o parameters.
```

图 2-21　hadoop 命令行

从图 2-21 的提示可以看出，这个脚本既包含 HDFS 里最常用的命令 fs（HDFS 里的 dfs），又包含 YARN 里最常用的命令 jar，可以说它是 HDFS 和 YARN 的结合体。

此外，distcp 用 MapReduce 来实现两个 Hadoop 集群之间的大规模数据复制。archive 用 MapReduce 任务重新整理原来的 HDFS 文件，经优化后的 archive 文件有利于优化文件存储，也有利于 NameNode 对元数据的存储。

4．其他常用命令

以传统解压包方式部署时，上述三个 Shell 命令主要存放在 HADOOP_HOME/bin 目录下；而以 Linux 标准方式部署时，Hadoop 各个文件会打散到整个系统中，比如脚本命令放在/usr/bin 目录下，日志文件放在/var/log 目录下，配置文件放在/etc/conf 目录下。

当以传统解压包方式部署时，除了 HADOOP_HOME/bin 目录下的 Shell 脚本，它还在 HADOOP_HOME/sbin 目录下提供了一些其他 Shell 命令，下面简单介绍一下这些命令。

从图 2-22 可以看到，sbin/目录下的脚本主要分为两种类型：启停服务脚本和管理服务脚本。其中，脚本 Hadoop-daemon.sh 可单独用于启动本机服务，方便本机调试；start/stop 类脚本适用于管理整个集群。读者只要在命令行下直接使用这些脚本，其会自动提示使用方法。

图 2-22　Hadoop 常用脚本

2.5.4　HDFS 编程

使用 Java 处理文件时，首先新建 File 类，其次可以使用 File 类方法对文件句柄进行相关操作，也可以针对这个 File 类新建各种流，对文件内容进行操作。

同样，编写 HDFS 代码操作 HDFS 里的文件时，也是这个思路，只不过 HDFS 需先加载配置文件。在进行任何操作之前，我们都要实例化配置文件。HDFS 的编程思路大概如下。

1. HDFS 编程基础

（1）读取配置文件 Configuration。Hadoop 的每一个实体（Common，HDFS，YARN）都有与其相对应的配置文件，Configuration 类是联系几个配置文件的统一接口。当执行代码 Configuration conf = new Configuration()时，程序会获取本机 Hadoop 的本地配置文件，比如此时的 conf 对象中，已经包含了诸如 NameNode 位置信息 fs.defaultFS 的属性值。

此外，Hadoop 各模块间传递的一切值都必须通过 Configuration 类实现，比如想在 Reduce 类里获取用户设置的 int 型参数 size，代码如下。

```
conf.setInt("MainMethodProvidedParametersxx",78532);
```

Reduce 函数端获取的代码如下。

```
int size=context.getConfiguration().getInt("MainMethodProvidedParametersxx", 0)
```

其他方式均无法获取程序设置的参数，若想实现参数设置最好使用 Configuration 类的 get 和 set 方法。

（2）取得 HDFS 文件系统接口。在 Hadoop 源代码中，HDFS 相关代码大多存放在 org.apache.Hadoop.hdfs 包里，比如 HDFS 架构中最主要的两个类 namenode.java 和 datanode.java 存放在 org.apache.Hadoop.hdfs.server 包里。但是，编写代码操作 HDFS 中的文件时，不可以调用这些代码，而是通过 org.apache.Hadoop.fs 包里的 FileSystem 类实现（见图 2-23）。

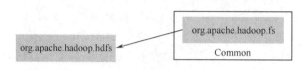

图 2-23　FileSystem 类和 HDFS 的关系图

FileSystem 类是 Hadoop 访问文件系统的抽象类，它不仅可以获取 HDFS 文件系统服务，也可以获取其他文件系统（比如本地文件系统）服务，为程序员访问各类文件系统提供统一接口。Common 还提供了一些处理 HDFS 文件的常用流，比如 fs 包下的 FSDataInputStream、io 包下的缓冲流 DataInputBuffer、util 包下的 LineReader 等，用户可以将它们和 Java 流相互配合使用。

2．HDFS 编程实例

【例 2-9】请编写一个简单程序，要求实现在 HDFS 里新建文件 myfile，并且写入内容 "china cstor cstor cstor china"。

代码如下。

```
public class Write {
    public static void main(String[] args) throws IOException {
        Configuration conf = new Configuration();                //实例化配置文件
        Path inFile = new Path("/user/joe/myfile");              //命名一个文件
        FileSystem hdfs = FileSystem.get(conf);                  //获取文件系统
        FSDataOutputStream outputStream = hdfs.create(inFile); //获取文件流
        outputStream.writeUTF("china cstor cstor cstor china");  //使用流向文件里写内容
        outputStream.flush();
        outputStream.close();
    }
}
```

假定程序打包后称为 hdfsOperate.jar，并假定以 joe 用户执行程序，主类为 Write，主类前为包名，则命令执行如下。

```
[joe@cmaster ~]$ Hadoop   jar   hdfsOperate.jar   cn.cstor.data.Hadoop.hdfs.write.Write
```

成功执行上述命令后，读者可使用如下两种方式确认文件已经写入 HDFS。

第一种方式：使用 Shell 接口，以 joe 用户执行如下命令。

```
[joe@cmaster ~]$ hdfs dfs -cat ls              #类似于 Linux 的 ls，列举 HDFS 文件
[joe@cmaster ~]$ hdfs dfs -cat myfile          #类似于 Linux 的 cat，查看文件
```

第二种方式：使用 Web 接口，从浏览器地址栏打开 http://namenodeHostName:9870，单击 Browse the filesystem，进入文件系统，接着查看文件/user/joe/myfile 即可。

【例 2-10】请编写一个简单程序，要求输出 HDFS 中刚写入的文件 myfile 的内容。

代码如下。

```
public class Read {
    public static void main(String[] args) throws IOException {
        Configuration conf = new Configuration();
        Path inFile = new Path("/user/joe/myfile");              //HDFS 里欲读取文件的绝对路径
        FileSystem hdfs = FileSystem.get(conf);
        FSDataInputStream inputStream = hdfs.open(inFile);       //获取输出流
        System.out.println("myfile: "+inputStream.readUTF());   //使用输出流读取文件
        inputStream.close();
    }
}
```

下面是命令执行方式及其结果。

```
[joe@cmaster ~]# Hadoop jar hdfsOperate.jar cn.cstor.data.Hadoop.hdfs.read.Read
myfile: china cstor cstor cstor china
```

【例 2-11】请编写一个简单代码，要求输出 HDFS 中文件 myfile 的相关属性（如文件大小、拥有者、集群副本数、最近修改时间等）。

代码如下。

```
public class Status {
    public static void main(String[] args) throws Exception {
        Configuration conf = new Configuration();
        Path file = new Path("/user/joe/myfile");
        System.out.println("FileName: " + file.getName());
        FileSystem hdfs = file.getFileSystem(conf);
        FileStatus[] fileStatus = hdfs.listStatus(file);
        for (FileStatus status : fileStatus) {
            System.out.println("FileOwner: "+status.getOwner());
            System.out.println("FileReplication: "+status.getReplication());
            System.out.println("FileModificationTime: "+new Date(status.getModificationTime()));
            System.out.println("FileBlockSize: "+status.getBlockSize());          }
    }
}
```

程序执行方式及其结果如下。

```
[joe@cmaster ~] Hadoop jar hdfsOperate.jar cn.cstor.data.Hadoop.hdfs.file.Status
FileName: myfile
```

FileOwner: joe

FileReplication: 3

FileModificationTime: Tue Nov 12 05:24:02 PST 2013

上面我们通过 3 个例子介绍了 HDFS 文件最常用的操作，但这仅仅是 3 个小演示程序，读者在真正处理 HDFS 文件流时，可以使用缓冲流将底层文件流一层层包装，这样可以大大提高读取效率。

2.5.5 YARN 编程

YARN 是一个资源管理框架，由 ResourceManager（RM）和 NodeManager（NM）组成。但 RM 和 NM 不参与计算逻辑，计算逻辑代码由 ApplicationMaster 和 Client 实现，具体计算时则由集群中的 ApplicationMaster 与 Container 完成。

称由 ApplicationMaster 和 Client 组成的处理逻辑相同的一类任务为一个逻辑实体，逻辑实体可以定义为 Map 型、MapReduce 型和 MapReduceMap 型，甚至对于没有任何输入/输出的 CPU 密集型任务，只要编写相应的逻辑实体即可。YARN 编程突破了 MapReduce 编程的局限。

1. 概念和流程

在资源管理框架中，RM 负责资源分配，NM 负责管理本地资源。在计算框架中，Client 负责提交任务，RM 启动任务对应的 ApplicationMaster，ApplicationMaster 再向 RM 申请资源，并与 NM 协商启动 Container 执行任务。

1）编程时使用的协议

（1）ApplicationClientProtocol：Client<-->RM。

Client 通知 RM 启动任务（如要求 RM 启动 ApplicationMaster）、获取任务状态或终止任务时使用的协议。

（2）ApplicationMasterProtocol：ApplicationMaster<-->RM。

ApplicationMaster 向 RM 注册/注销申请资源时用到的协议。

（3）ContainerManager：ApplicationMaster<-->NM。

ApplicationMaster 启动/停止获取 NM 上的 Container 状态信息时所用的协议。

2）一个 YARN 任务的执行流程简析

Client 提交任务时，首先通过调用 ApplicationClientProtocol#getNewApplication 从 RM 获取一个 ApplicationId，然后通过 ApplicationClientProtocol#submitApplication 提交任务。作为 submitApplication 方法的一部分，Client 还必须提供充足的信息，以便 RM 首先启动一个 Container 来执行此次任务对应的 ApplicationMaster。

接着，RM 会选定一个 Container 来启动 ApplicationMaster。ApplicationMaster 负责此次任务处理的全过程。它首先调用 ApplicationMasterProtocol#Register ApplicationMaster 向 RM 完成注册。为了完成任务，它使用 ApplicationMasterProtocol# allocate 向 RM 申请 Container，而当收到 RM 分配的 Container 后，ApplicationMaster 使用 ContainerManager# startContainer 启动这个 Container 来执行本次任务。作为启动 Container 的一部分，ApplicationMaster 必须指定 ContainerLaunchContext，它包含了用户处理代码、启动命令、

环境变量等信息。当任务完成时，ApplicationMaster 需向 RM 注销自己，这个动作可通过调用 ApplicationMasterProtocol# finishApplicationMaster 完成。

在任务运行过程中，ApplicationMaster 会通过心跳包与 RM 保持通信，心跳不仅告知 RM ApplicationMaster 还存活着，同时也充当两者之间的消息通道。如果一段时间，RM 未收到 ApplicationMaster 心跳包，则认为 ApplicationMaster 死掉，RM 会重启一个 ApplicationMaster 或让任务失败。此外，Client 可以通过询问 RM 或直接询问 ApplicationMaster 获取任务状态信息，甚至调用 ApplicationClientProtocol# forceKillApplication 终止任务。

3）编程步骤小结

（1）Client。

步骤 1：获取 ApplicationId。

步骤 2：提交任务。

（2）ApplicationMaster。

步骤 1：注册。

步骤 2：申请资源。

步骤 3：启动 Container。

步骤 4：重复步骤 2、步骤 3，直至任务完成。

步骤 5：注销。

容易看出，在实现 YARN 协议的基础上，只要编写符合一定逻辑的 ApplicationMaster 和 Client，就能实现一个"自己的"分布式处理过程，在这个用户"本土"分布式处理过程中，资源分配已经由 YARN 实现了，但用户必须编写复杂的 ApplicationMaster 来实现任务分解、逻辑处理等。编写一个性能高、通用性强的 ApplicationMaster 是件不容易的事，一般由专业人员编写，YARN 提供了三个 ApplicationMaster 实现：DistributedShell、unmanaged-am-launcher 和 MapReduce，下面主要介绍 DistributedShell 和 MapReduce。

2．实例分析——DistributedShell

DistributedShell 是 YARN 自带的一个应用程序编程实例，相当于 YARN 编程中的 "Hello World"，它的功能是并行执行用户提交的 Shell 命令或 Shell 脚本。

从 Hadoop 官方网站下载 Hadoop-3.3.1-src.tar.gz（Hadoop 源代码包）并解压后，依次进入 Hadoop-yarn-project\Hadoop-yarn\Hadoop-yarn-applications，可看到 YARN 自带的两个 YARN 编程实例。

DistributedShell 中主要包含两个类：Client 和 ApplicationMaster。其中，Client 主要向 RM 提交任务；ApplicationMaster 则须向 RM 申请资源，并与 NM 协商启动 Container 来完成任务。

（1）Client 类最主要的代码如下。

```
YarnClient yarnClient = YarnClient.createYarnClient();    //新建 YARN 客户端
yarnClient.start();                                        //启动 YARN 客户端
YarnClientApplication app = yarnClient.createApplication();  //获取提交程序句柄
```

```
ApplicationSubmissionContext appContext=app.getApplicationSubmissionContext();    //获取上下文句柄
ApplicationId appId = appContext.getApplicationId(); //获取 RM 分配的 appId
appContext.setResource(capability);    //设置任务其他信息举例
appContext.setQueue(amQueue);
appContext.setPriority(priority);

//实例化 ApplicationMaster 对应的 Container
ContainerLaunchContext amContainer = Records.newRecord(ContainerLaunchContext.class);
amContainer.setCommands(commands);                    //参数 commands 为用户预执行的 Shell 命令
appContext.setAMContainerSpec(amContainer);     //指定 ApplicationMaster 的 Container
yarnClient.submitApplication(appContext);            //提交作业
```

从代码中能看到，关于 RPC 的代码已经被上一层代码封装了，Client 编程简单地说就是获取 YarnClientApplication，然后设置 ApplicationSubmissionContext，最后提交任务。

（2）ApplicationMaster 类最主要的代码如下。

```
//新建 RM 代理
AMRMClientAsync amRMClient = AMRMClientAsync.createAMRMClientAsync(1000, allocListener);
amRMClient.init(conf);
amRMClient.start();
//向 RM 注册
amRMClient.registerApplicationMaster(appMasterHostname, appMasterRpcPort,appMasterTrackingUrl);
containerListener = createNMCallbackHandler();
//新建 NM 代理
NMClientAsync nmClientAsync = new NMClientAsyncImpl(containerListener);
nmClientAsync.init(conf);
nmClientAsync.start();
//向 RM 申请资源
for (int i = 0; i < numTotalContainers; ++i) {
                ContainerRequest containerAsk = setupContainerAskForRM();
                    amRMClient.addContainerRequest(containerAsk);
}
numRequestedContainers.set(numTotalContainers);
//设置 Container 上下文
ContainerLaunchContext ctx = Records.newRecord(ContainerLaunchContext.class);
ctx.setCommands(commands);
//要求 NM 启动 Container
nmClientAsync.startContainerAsync(container, ctx);
//containerListener 汇报此 NM 完成任务后，关闭此 NM
nmClientAsync.stop();
//向 RM 注销
amRMClient.unregisterApplicationMaster(appStatus, appMessage, null);
amRMClient.stop();
```

源代码中 ApplicationMaster 相关的代码有上千行，上述代码给出了源代码中最重要的几个步骤。

默认情况下 YARN 包里已经有 DistributedShell 的代码了，可以使用任何用户执行如下命令。

```
$Hadoop jar /usr/lib/Hadoop-yarn/Hadoop-yarn-applications-distributedshell.jar
> org.apache.Hadoop.yarn.applications.distributedshell.Client
> -jar /usr/lib/Hadoop-yarn/Hadoop-yarn-applications-distributedshell.jar
> -shell_command    '/bin/date' -num_containers 100
```

3. 实例分析——MapReduce

1）概述

YARN 下的 MapReduce 和 MRv1 里的 MapReduce 相同，是 Google MapReduce 思想的实现，不同的是，YARN 下的编程不只有 MapReduce 这一种模式。如果我们将 MapReduce 看成一种编程模型，那么在 MRv1 下，只有这一种模型，可是 YARN 下可以有各种各样的编程模型，比如 DistributedShell 形式、MapReduce 形式。尽管编程形式多了，但 MapReduce 依旧是分布式编程首选的模型。

与 DistributedShell 相同，编写 MapReduce 程序的基本步骤如下。

（1）编写 Client：默认实现类 MRClientService。

（2）编写 ApplicationMaster：默认实现类 MRAppMaster。

Hadoop 开发人员为 MapReduce 编程模型开发了 Client 和 ApplicationMaster，默认实现了 MRClientService 和 MRAppMaster，MRv1 版本的 MapReduce 代码在 YARN 中是兼容的，用户只要重新编译一下即可。

有了高效的 MRClientService 和 MRAppMaster，用户编写 MapReduce 就简单得多了，可依旧使用以前的 MapReduce 开发流程，下面具体介绍。

2）MapReduce 编程步骤

MapReduce 编程模型简单，在实际操作时，最常用的编程步骤如下。

步骤 1，确定<key,value>对。

<key,value>对是 MapReduce 编程框架中基本的数据单元，其中 key 实现了 WritableComparable 接口，value 实现了 Writable 接口，这使得框架可以对其序列化并可以对 key 执行排序。

步骤 2，确定输入类。

InputFormat、InputSplit、RecordReader 是数据输入的主要编程接口。InputFormat 主要实现的功能是将输入数据分割成多个块，每个块都是 InputSplit 类型；而 RecordReader 负责将每个 InputSplit 块分解成多个<key1,value1>对传送给 Map 任务。

步骤 3，Mapper 阶段。

此阶段涉及的编程接口主要有 Mapper、Reducer、Partitioner。实现 Mapper 接口主要是实现其 Map 方法，Map 主要用来处理输入<key1,value1>对并产生输出 <key2,value2>对。在 Map 处理过<key1,value1>对之后，可以实现一个 Combiner 类，对 Map 的输出进行初步的规约操作，此类实现了 Reducer 接口。而 Partitioner 接口主要是根据 Map 的输出<key2,value2>对的值，将其分发给不同的 Reduce 任务。

步骤 4，Reducer 阶段。

此阶段需要实现 Reducer 接口，主要是实现 Reduce 方法，框架将 Map 输出的中间结果根据相同的 key2 组合成<key2,list(value2)>对，作为 Reduce 方法的输入数据并对其进行处理，同时产生输出数据<key3,value3>对。

步骤 5，数据输出。

数据输出阶段主要实现两个编程接口，其中 FileOutputFormat 接口用来将数据输出到文件，RecordWriter 接口负责输出一个<key,value>对。

我们可将上述过程简单概括如下（见图 2-24）。

步骤 1，实例化配置文件类。

步骤 2，实例化 Job 类。

步骤 3，编写输入格式。

步骤 4，编写 Map 类。

步骤 5，编写 Partitioner 类。

步骤 6，编写 Reduce 类。

步骤 7，编写 OutputFormat 类。

步骤 8，提交任务。

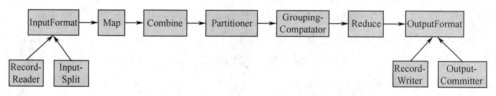

图 2-24　MapReduce 编程过程

但是，用户在编写 MapReduce 程序时，并没有这么复杂，"好像"只需编写 Map 类与 Reduce 类，那是因为框架默认制定了其他类。MapReduce 框架的默认类统计如表 2-3 所示。

表 2-3　MapReduce 框架的默认类

规定接口	默认类
InputFormat	TextInputFormat
RecordReader	LineRecordReader
InputSplit	FileSplit
Map	IdentityMapper
Combine	不使用
Partitioner	HashPartitioner
GroupingCompatator	不使用
Reduce	IdentityReducer
OutputFormat	FileOutputFormat
RecordWriter	LineRecordWriter
OutputCommitter	FileOutputCommitter

在用户不做任何显示设置的情况下，MapReduce 框架就已经默认使用上述类了，故在最简单的情况下，用户只需编写 Map 类和 Reduce 类，即可完成任务。下面介绍最常用的几个过程。

3）MapReduce 编程示例——WordCount

下面是 MapReduce 自带的最简单的代码，MapReduce 算法实现了统计文章中单词出现的次数，源代码如下。

```java
public class WordCount {
    //定义 Map 类，一般继承自 Mapper 类，里面实现读取单词，写出<单词,1>
    public static class TokenizerMapper extends Mapper<Object, Text, Text, IntWritable> {
    private final static IntWritable one = new IntWritable(1);
    private Text word = new Text();
    //Map 方法，划分一行文本，读一单词写出一个<单词,1>
    public void map(Object key, Text value, Context context)throws IOException, InterruptedException {
        StringTokenizer itr = new StringTokenizer(value.toString());
        while (itr.hasMoreTokens()) {
        word.set(itr.nextToken());
        context.write(word, one);//写出<单词,1>
    }}}
    //定义 reduce 类，对相同的单词，把它们<k,VList>中的 VList 值全部相加
    public static class IntSumReducer extends Reducer<Text, IntWritable, Text, IntWritable> {
    private IntWritable result = new IntWritable();
    public void reduce(Text key, Iterable<IntWritable> values,Context context)
                            throws IOException, InterruptedException {
        int sum = 0;
        for (IntWritable val : values) {
            sum += val.get();//相当于<cstor,1><cstor,1>，将两个 1 相加
        }
        result.set(sum);
        context.write(key, result);//写出这个单词和这个单词出现的次数<单词，单词出现次数>
    }}
    public static void main(String[] args) throws Exception {//主方法，函数入口
    Configuration conf = new Configuration();                 //实例化配置文件类
    Job job = new Job(conf, "WordCount");                     //实例化 Job 类
    job.setInputFormatClass(TextInputFormat.class);           //指定使用默认输入格式类
    TextInputFormat.setInputPaths(job, inputPaths);           //设置待处理文件的位置
    job.setJarByClass(WordCount.class);                       //设置主类名
    job.setMapperClass(TokenizerMapper.class);                //指定使用上述自定义 Map 类
    job.setMapOutputKeyClass(Text.class);                     //指定 Map 类输出的<k,v>，k 类型
    job.setMapOutputValueClass(IntWritable.class);            //指定 Map 类输出的<k,v>，v 类型
    job.setPartitionerClass(HashPartitioner.class);           //指定使用默认的 HashPartitioner 类
    job.setReducerClass(IntSumReducer.class);                 //指定使用上述自定义 Reduce 类
    job.setNumReduceTasks(Integer.parseInt(numOfReducer));    //指定 Reduce 个数
    job.setOutputKeyClass(Text.class);                        //指定 Reduce 类输出的<k,v>，k 类型
```

```
        job.setOutputValueClass(Text.class);                //指定 Reduce 类输出的<k,v>，v 类型
        job.setOutputFormatClass(TextOutputFormat.class);   //指定使用默认输出格式类
        TextOutputFormat.setOutputPath(job, outputDir);     //设置输出结果文件的位置
        System.exit(job.waitForCompletion(true) ? 0 : 1);   //提交任务并监控任务状态
}}
```

4）MapReduce 编程示例——矩阵相乘

【例 2-12】请使用 MapReduce 编程模型实现矩阵相乘。

解答：一般来说，矩阵相乘就是左矩阵乘右矩阵，结果为积矩阵，左矩阵的列数与右矩阵的行数相等，设左矩阵为 $a \times b$ 矩阵，右矩阵为 $b \times c$ 矩阵，左矩阵的行与右矩阵的列对应元素乘积之和为积矩阵中的元素值。本例中的矩阵相乘也按这种传统算法，左矩阵的一行和右矩阵的一列组成一个 InputSplit，其存储 b 个<key,value>对，key 存储积矩阵元素的位置，value 为生成一个积矩阵元素的 b 个数据对中的一个；Map 方法用于计算一个<key,value>对的 value 中数据对的积；而 Reduce 方法用于计算 key 值相同的所有积的和。本例中的矩阵为整数矩阵。

（1）根据以上分析，程序中将使用如下类。

matrix 类用于存储矩阵。

IntPair 类实现 WritableComparable 接口，用于存储整数对。

matrixInputSplit 类继承了 InputSplit 接口，每个 matrixInputSplit 包括 b 个<key,value>对，用来生成一个积矩阵元素。key 和 value 都为 IntPair 类型，key 存储的是积矩阵元素的位置，value 为生成一个积矩阵元素的 b 个数据对中的一个。

继承 InputFormat 的 matrixInputFormat 类，用于数据输入。

matrixRecordReader 类继承了 RecordReader 接口，MapReduce 框架调用此类生成<key,value>对并赋予 Map 方法。

主类为 matrixMulti，其内置类 MatrixMapper 继承自 Mapper 类，并重写覆盖了 Map 方法，类似地，FirstPartitioner、MatrixReducer 也是如此。在 main 函数中，需要设置一系列的类，详细内容参考源代码。

MultipleOutputFormat 类用于向文件输出结果。

LineRecordWriter 类被 MultipleOutputFormat 中的方法调用，向文件输出一个结果<key,value>对。

（2）代码片段。

matrixInputFormat 类的代码如下。

```
public class matrixInputFormat extends InputFormat<IntPair, IntPair> {
    public matrix[] m=new matrix[2];//新建两个 matrix 实例，m[0]为左矩阵，m[1] 为右矩阵
    public List<InputSplit> getSplits(JobContext context) throws IOException, InterruptedException {
        //从文件里读取矩阵填充 m[0]、 m[1]，文件在 HDFS 中
        int NumOfFiles = readFile(context);
        for(int n=0;n<row;n++){// row 为 m[0]的行数
        for(int m=0;m<col;m++){// col 为 m[1]的列数
            // 以 m[0]的第 n 行与 m[1]的第 m 列为参数实例化一个 matrixInputSplit
            matrixInputSplit split = new matrixInputSplit(n,this.m[0],m,this.m[1]);
```

```
                splits.add(split);
            }
        }
        return splits;
    }
```

matrixMulti 类的代码如下。

```
public class matrixMulti {
public static class MatrixMapper extends Mapper<IntPair, IntPair, IntPair, IntWritable> {
    public void map(IntPair key, IntPair value, Context context) throws IOException,
            InterruptedException {
            int left=value.getLeft();
            int right=value.getRight();
            intWritable result=new IntWritable(left*right);
            context.write(key, result);
        }
}
    public static class FirstPartitioner extends Partitioner<IntPair,IntWritable>{
public int getPartition(IntPair key, IntWritable value, int numPartitions) {
    //按 key 的左值即行号分配<key,value>对到对应的 Reduce 任务，numPartitions 为
    //Reduce 任务的个数
        int abs=Math.abs(key.getLeft()) % numPartitions;
        return abs;
    }
}
public static class MatrixReducer extends Reducer<IntPair, IntWritable, IntPair, IntWritable> {
    private IntWritable result = new IntWritable();
        public void reduce(IntPair key, Iterable<IntWritable> values, Context context)
        throws IOException, InterruptedException {
            int sum = 0;
            for (IntWritable val : values){
            int v=val.get();
            sum += v;    }//对 key 值相同的 value 求和
             result.set(sum);
            context.write(key, result);
        }
    }
}
```

（3）程序的运行过程。

程序从文件中读出数据到内存，生成 matrix 实例，通过组合左矩阵的行与右矩阵的列生成 $a×c$ 个 matrixInputSplit。

一个 Mapper 任务对一个 matrixInputSplit 中的每个<key1,value1>对调用一次 Map 方法，对 value1 中的两个整数相乘。输入的<key1,value1>对中 key1 和 value1 的类型均为 IntPair，其输出为<key1,value2>对，key1 不变，value2 为 IntWritable 类型，值为 value1

中的两个整数的乘积。

MapReduce 框架调用 FirstPartitioner 类的 getPartition 方法将 Map 的输出<key1, value2>对分配给指定的 Reducer 任务（任务个数可以在配置文件中设置）。

Reducer 任务对 key1 值相同的所有 value2 求和，得出积矩阵中的元素 k 的值。其输入为<key1,list(value2)>对，输出为<key1,value3>对，key1 不变，value3 为 IntWritable 类型，值为 key1 值相同的所有 value2 的和。

MapReduce 框架实例化一个 MultipleOutputFormat 类，将结果输出到文件。

（4）程序执行过程。

程序执行需要两个参数：输入目录和输出目录，如图 2-25 所示首行的 input、output。

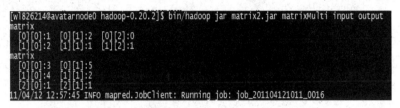

图 2-25　操作界面

2.6　Hadoop 3.0 生态组件

随着大数据和云计算时代的到来，越来越多的业务需要在分布式环境下才能解决。虽然 Hadoop 为大数据处理提供了基本手段，但实际业务中还需要大量其他工具（组件），这些组件几乎都是围绕 Hadoop 并为解决特定领域问题而构建的。当处理实际业务时，选择合适的组件能大大提高开发周期。对于大部分组件，用户只需了解此组件用来处理哪种类型的问题即可，在实际工作中使用时再深入研究。

2.6.1　组件简介

1. 组件介绍

Hadoop 3.0 生态圈中的各组件按功能可以分成下述几种类型（见图 2-26）。

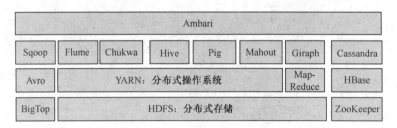

图 2-26　Hadoop 3.0 生态圈分类

分布式存储：HDFS。

分布式操作系统：YARN。

分布式处理算法：MapReduce。

分布式锁服务：ZooKeeper。

分布式数据库：HBase、Cassandra。

工作流引擎：Oozie（图 2-26 中未列出）。

高层语言：Pig、Hive。

机器学习库：Mahout、Giraph。

数据传输工具：Flume、Avro、Chukwa、Sqoop。

集群管理工作：Ambari。

组件间版本依赖处理工具：BigTop。

需要注意的是，同一种类型的组件，其应用场景也可以是不一样的，如数据传输组件 Flume 与 Sqoop，虽都是数据传输型工具，但其应用场景明显不同：Flume 典型应用是将生产机日志实时传输至 HDFS，Sqoop 则实现关系型数据库与 HDFS 间的数据传输。

下面简单介绍一些常见组件。

（1）ZooKeeper：一个为分布式应用所设计的分布式、开源的协调服务，它主要用来解决多个分布式应用遇到的互斥协作与通信问题，能大大简化分布式应用协调及其管理的难度。

（2）HBase：一种高可靠性、高性能、面向列、可伸缩的分布式存储系统，利用 HBase 技术可在廉价 PC 服务器上搭建大规模的结构化存储集群。

（3）Pig：基于 Hadoop 的大规模数据分析工具，它提供类 SQL 类型语言，该语言的编译器会把用户写好的 Pig 型类 SQL 脚本转换为一系列经过优化的 MapReduce 操作并负责向集群提交任务。

（4）Hive：基于 Hadoop 的一个数据仓库工具，可以将结构化的数据文件映射为一张数据库表，通过类 SQL 语句快速实现简单的 MapReduce 统计，不必开发专门的 MapReduce 应用，适用于数据仓库的统计分析。

（5）Oozie：提供工作流引擎服务，用于管理和协调运行在 Hadoop 平台上的各类型任务（HDFS、Pig、MapReduce、Shell、Java 等）。

（6）Flume：分布式日志数据聚合与传输工具，可用于日志数据收集、处理和传输，功能类似于 Chukwa，但比 Chukwa 更小巧实用。

（7）Mahout：基于 Hadoop 的机器学习和数据挖掘的一个分布式程序库，提供了大量机器学习算法的 MapReduce 实现，并提供了一系列工具，简化了从建模到测试的流程。

（8）Sqoop：用来将 Hadoop 和关系型数据库中的数据相互转移的工具，使用它可将一个关系型数据库（MySQL、Oracle、Postgres 等）中的数据导入 Hadoop 的 HDFS 中，也可以将 HDFS 的数据导入关系型数据库中。

（9）Cassandra：一套开源分布式 NoSQL 数据库系统，最初由 Facebook 开发，用于存储简单格式的数据，集 Google BigTable 的数据模型与 Amazon Dynamo 的完全分布式架构于一身。

（10）Avro：数据序列化系统，用于大批量数据的实时动态交换，是新的数据序列化与传输工具，估计会逐步取代 Hadoop 原有的 RPC 机制。

（11）Ambari：Hadoop 及其组件的 Web 工具，提供 Hadoop 集群的部署、管理和监控等功能，为运维人员管理 Hadoop 集群提供了强大的 Web 界面。

（12）Chukwa：分布式的数据收集与传输系统，可以将各种类型的数据收集与导入 Hadoop。

（13）Giraph：基于 Hadoop 的分布式迭代图处理系统，灵感来自 BSP (Bulk Synchronous Parallel) 和 Google 的 Pregel。

（14）BigTop：针对 Hadoop 及其周边组件的打包、分发和测试工具，解决组件间版本依赖、冲突问题，实际上当用户用 rpm 或 yum 方式部署时，脚本内部会用到它。

2. 部署综述

Hadoop 3.0 及相关组件有"手工部署""工具部署"两种部署方式。2.3 节已详细介绍了手工部署方式，本节简单介绍工具部署方式，本节其余组件均采用手工部署方式部署。

Hadoop 3.0 的重要组件已达 10 余个，相关组件更多达 50 余个，给软件兼容配置带来巨大挑战。以（A、B、C）3 个组件为例，每个组件指定的 JDK 版本可能不同，A 组件要求高版本的 B、低版本 C，而低版本 C 又要求低版本的 B。实际上，各组件之间有兼容系列，Ambari 即维持兼容版本。

开源社区 Apache 发布 Hadoop 相关组件后，商业公司 Cloudera 和 Hortonworks（现两公司已合并）会进行封装加强，然后进行商业行为。Ambari 是一个 Hadoop 相关大数据组件统一安装、管理、查看、应用的大数据统一管理组件。Hortonworks 开发了 Ambari 并于 2016 年捐赠给 Apache。

Ambari 由 Java、Python 等语言编写，不能直接下载使用，需要下载源代码进行本地编译后才可使用。Ambari 部署集群的步骤较为复杂，设置项多。下面仅介绍大概工作过程，请读者根据 Ambari 官网最新文档操作。Ambari 相关资料主要参考 Apache 官网、Hortonworks 官网。

1）部署前环境设置

Ambari 是 master/slave 架构，选定 1 台 CentOS 机作为部署 Ambari 的主节点，部署 Ambari Server 服务。该机及集群内所有机器都要进行环境设置后才可部署 Ambari。

必须开展的环境设置包括修改机器名、添加域名映射、关闭防火墙、安装 JDK、关闭 SELinux、安装 maven、安装 rpm-build、安装 brunch、安装 Python 和 Python setuptools、安装 g++（gcc-c++），而且必须确保版本正确，请读者参考官网文档。

2）下载并编译 Ambari 源代码

具体代码如下。

```
[root@cmaster ~]# wget https://www-eu.apache.org/dist/ambari/ambari-2.7.5/apache-ambari-2.7.5-src.tar.gz
[root@cmaster ~]# tar xfvz apache-ambari-2.7.5-src.tar.gz
[root@cmaster ~]# cd apache-ambari-2.7.5-src
[root@cmaster ~]# mvn versions:set -DnewVersion=2.7.5.0.0
```

```
[root@cmaster ~]# pushd ambari-metrics
[root@cmaster ~]# mvn versions:set -DnewVersion=2.7.5.0.0
[root@cmaster ~]# popd
```

以 root 权限执行，完成上述下载、解压、设置后，直接执行如下 mvn 编译命令。

```
[root@cmaster ~]# mvn -B clean install rpm:rpm -DnewVersion=2.7.5.0.0
-DbuildNumber=5895e4ed6b30a2da8a90fee2403b6cab91d19972 -DskipTests -Dpython.ver="python >= 2.6"
```

3）安装 Ambari Server

以 root 权限，在主节点上安装 Ambari Server 服务。

```
[root@cmaster ~]# yum install ambari-server*.rpm
```

4）初始化设置 Ambari Server

具体代码如下。

```
[root@cmaster ~]#  ambari-server setup
```

5）启动 Ambari Server

具体代码如下。

```
[root@cmaster ~]#  ambari-server start
```

6）所有从节点安装 Ambari Agent

将主节点上已编译好的 Ambari 安装包复制到所有从节点上，然后在每台从节点上执行如下 Agent 安装命令。编译好的 Agent 安装包默认位于"ambari-agent/target/rpm/ambari-agent/RPMS/x86_64/"。

```
[root@cslaveX ~]#  yum install ambari-agent*.rpm
```

7）告诉每个 Agent 主节点是谁

设置每个从节点"/etc/ambari-agent/ambari.ini"，告知该从节点 Ambari 的主服务地址。编者的 Ambari 主服务为 cmaster 机，故有如下设置。

```
...
[server]
hostname=cmaster
...
```

8）启动 Agent

所有从节点均要启动 Ambari Agent 服务，依旧以 root 权限操作。

```
[root@cslaveX ~]#  yum install ambari-agent*.rpm
```

9）使用 Ambari Web UI 部署集群

打开 http://cmaster:8080（见图 2-27），默认用户名和密码均为 admin。部署集群时，可以选择手工验证，SSH 不适用。当然，也可以提前打通所有机器的 SSH 无密钥认证，这样部署集群时，可使用 SSH 自动验证。如图 2-27 所示为 Amber 安装集群时的页面示例。

图 2-27　Ambari 安装集群时的页面示例

使用 Ambari 工具部署 Hadoop 及相关组件的难点在于：一是提供机器集群；二是部署前每台机器的环境设置；三是编译 Ambari 源代码。只有这 3 步做成功了，才到最后 1 步，即安装 Ambari 和使用 Ambari 部署集群。

第一步难点是，要有 3 台以上的 CentOS7 机，且这几台虚拟机均是纯净的，没有经过各种设置。第二步难点是，必须按照 Ambari 官方文档要求，设置每台机器的环境，且必须正确设置。第三步难点是，maven（一款自动打包编译工具）在编译过程中会自动到国外网站下载各种配件，由于国内网络限制，这一步要么特别慢，要么部分配件无法下载。

传统解压包方式部署 Hadoop 3.0 适用于中小型试验类集群，建议大中型商用集群以 Ambari 方式部署。

2.6.2　Hive

Hive 是一个构建在 Hadoop 上的数据仓库框架，它起源于 Facebook 内部信息处理平台。由于需要处理大量社会网络数据，考虑扩展性，Facebook 最终选择 Hadoop 作为存储和处理平台。Hive 的设计目的是让 Facebook 内精通 SQL（但 Java 编程能力相对较弱）的分析师能够以类 SQL 的方式查询存放在 HDFS 上的大规模数据集。

1. Hive 定义

1）Hive 基本框架

Hive 包含用户接口、元数据库、解析器和数据仓库等组件，其体系架构如图 2-28 所示。

（1）用户接口：包括 Hive CLI、ODBC 客户端、Web 接口等。

（2）Thrift 服务器：当 Hive 以服务器模式运行时，供客户端连接。

（3）元数据库：Hive 元数据（如表信息）的集中存放地。

（4）解析器：包括解释器、编译器、优化器、执行器，将 Hive 语句翻译成 MapReduce 操作。

（5）Hadoop：底层分布式存储和计算引擎。

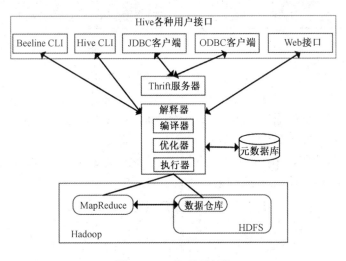

图 2-28　Hive 体系架构

2）Hive 语法

Hive 的 SQL 称为 HiveQL，它与大部分的 SQL 语法兼容，但是并不完全类似 SQL，如 HiveQL 不支持更新操作，以及 MAP 和 REDUCE 子句等受 Hadoop 平台特性 的影响，但可使用 Hive 进行常规查询。下面简单介绍一下 Hive 的数据类型与常用操作 和函数。本节不介绍 Hive 表类型、桶和分区等高级特性。

（1）数据类型。Hive 支持基本类型和复杂类型，基本类型主要有数值型、布尔型和 字符串；复杂类型为 ARRAY、MAP 和 STRUCT。

（2）操作和函数。HiveQL 操作符类似于 SQL 操作符，如关系操作（如 x='a'）、算术 操作（如加法 x+1）、逻辑操作（如逻辑或 x or y），这些操作符使用起来和 SQL 一样。 Hive 提供了数理统计、字符串操作、条件操作等大量的内置函数，用户可在 Hive Shell 端 中输入"SHOW FUNCTION"获取函数列表。此外，用户还可以自己编写函数。

2. Hive 部署

相对于其他组件，Hive 部署要复杂得多，按 Metastore 存储位置的不同，其部署模 式分为内嵌模式、本地模式和完全远程模式三种。当使用完全远程模式时，可以让很多 用户同时访问并操作 Hive，并且此模式还提供各类接口。下面简单介绍这三种模式。

（1）内嵌模式。此模式是安装时的默认部署模式，此时元数据存储在一个内存数 据库 Derby 中，并且所有组件（如数据库、元数据服务）都运行在同一个进程内（见 图 2-29）。这种模式下，一段时间内只支持一个活动用户。此模式配置简单，所需机器 较少。为描述简单，本节使用此模式。

（2）本地模式。此模式下，Hive 元数据服务依旧运行在 Hive 服务的主进程中，但元 数据存储在独立数据库中（可以是远程机器）（见图 2-30）。当涉及元数据操作时，Hive

服务中的元数据服务模块会通过 JDBC 和存储于第三方独立数据库中的元数据进行交互。

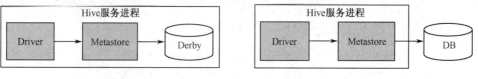

图 2-29 内嵌模式示例   图 2-30 本地模式示例

（3）完全远程模式。此模式下，元数据服务以独立进程运行，并且元数据存储在一个独立的数据库里（见图 2-31）。HiveServer2、HCatalog、Cloudera ImpalaTM 等其他进程可以使用 Thrift 客户端通过网络来获取元数据服务。而 Metastore 服务则通过 JDBC 和存储在数据库（如 MySQL）里的 Metastore 交互。其实，这也是典型的网站架构模式，前台页面给出查询语句，中间层使用 Thrift 网络 API 将查询传到 Metastore 服务，接着 Metastore 服务根据查询得出相应结果，并给出回应。

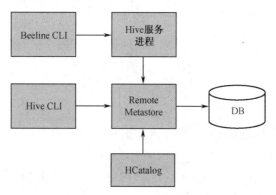

图 2-31 完全远程模式示例

可以采用"手工部署""Ambari 工具部署"两种方式部署 Hive，本章采用手工部署，且使用最简单的内嵌模式。内嵌模式时，Hive 只相当于 Hadoop 的一个客户端，因此只需在任意一个客户端上部署解压配置即可。本节在 cslave2 上部署 Hive。Hive 依赖 Hadoop。Hadoop 主服务在 cmaster 上，从服务在 cslave0～cslave2 上。

1）下载软件包

依次定位到"http://archive.apache.org/dist/""hive/""hive-3.1.2/"，下载 apache-hive-3.1.2-bin.tar.gz。

2）部署前提

一是准备集群。使用前期已准备好的 4 台 CentOS7 虚拟机（cmaster、cslave0～cslave2）。二是设置单机。每台机器均按照例 2-3 进行单机设置。三是设置集群。按照例 2-4 进行集群设置，添加集群域名映射。四是部署 Hadoop 集群。Hadoop（HDFS 和 YARN）主服务在 cmaster 上，从服务在 cslave0～cslave2 上。

3）部署规划

在 cslave2 上部署 Hive。

4）解压 Hive

将 apache-hive-3.1.2-bin.tar.gz 复制到 cslave2 文件夹"/home/joe"下，以 joe 用户在 cslave2 上解压。

```
[joe@cslave2 ~]$ tar   -zxvf   /home/joe/apache-hive-3.1.2-bin.tar.gz
```

5）配置 Hive

将文件"/home/joe/apache-hive-3.1.2-bin/conf/hive-env.sh.template"重命名为 hive-env.sh，且依旧放在原文件夹下。编辑该文件，写入 JAVA_HOME、HADOOP_HOME。编者将如下内容写入 hive-env.sh 文件。

```
HADOOP_HOME=/home/joe/Hadoop-3.3.1/
JAVA_HOME=/usr/java/jdk1.8.0_301-amd64/
```

6）初始化 Hive 元数据库 Derby

```
[joe@cslave2 ~]$ /home/joe/apache-hive-3.1.2-bin/bin/schematool  -initSchema -dbType  derby
```

至此，完成 Hive 部署。内嵌模式时，Hive 是 Hadoop 的一个客户端，"解压""告知其 Hadoop 与 Java 环境位置""初始化 Derby"即可，无须配置 hive-site.xml，也无须手工在 HDFS 里建立 Hive 默认目录。hive-default.xml 默认参数符合需求，Hive 会自动在 HDFS 里新建需要的目录。

3. Hive 编程

Hive 提供了强大的访问接口，从图 2-28 中即可看出 Hive 提供的诸多接口，此外也可以通过 HCatalog、Pig、Beeline 等访问 Hive。

【例 2-13】按要求完成问题：①进入 Hive 命令行接口，获取 Hive 函数列表并单独查询 count 函数的用法；②在 Hive 里新建 stu 表，并将表 2-4 中的数据载入 Hive 里的 member 表中；③查询 member 表中的所有记录，查询 member 表中 gender 值为 1 的记录，查询 member 表中 gender 值为 1 且 age 值为 23 的记录，统计 member 表中男性和女性出现的总次数。

表 2-4　结构化表 member

id	name	gender	age	edu	prof	income
201401	aa	0	21	e0	p3	m
201402	bb	1	22	e1	p2	l
201403	cc	1	23	e2	p1	m

解答：执行 Hive 语句的前提是启动 Hadoop 集群。在主节点 cmaster 上启动主服务，在从节点 cslave0～cslave2 上启动从服务。

```
[joe@cmaster ~]$ /home/joe/Hadoop-3.3.1/bin/hdfs   --daemon   start   namenode
[joe@cmaster ~]$ /home/joe/Hadoop-3.3.1/bin/yarn   --daemon   start   resourcemanager
[joe@cslave0~2 ~]$ /home/joe/Hadoop-3.3.1/bin/hdfs   --daemon   start   datanode
[joe@cslave0~2 ~]$ /home/joe/Hadoop-3.3.1/bin/yarn   --daemon   start   nodemanager
```

启动 Hadoop 集群后，使用如下命令进入 Hive 命令行，并查看 Hive 帮助文档。

```
[joe@cslave2 ~]$ /home/joe/apache-hive-3.1.2-bin/bin/hive          #进入 Hive 命令行
```

```
hive>show functions;                                       #获取 Hive 所有函数列表
hive>describe function count;                               #查看 count 函数用法
```

对于问题②，先准备数据，即在 cslave2 上新建文件"/home/joe/member.txt"，写入如下内容，注意记录间为换行符，字段间以 Tab 键分割。

```
201401 aa 0 21 e0 p3 m
201402 bb 1 22 e1 p2 l
201403 cc 1 22 e2 p1 m
```

下面建表时将赋予各字段合适的含义与类型，由于较为简单，请直接参考下面语句，这里不再赘述。

```
hive>show tables;                        #查看当前 Hive 仓库中的所有表（以确定当前无 member 表）
hive>create table member (id int,name string,gender tinyint,age tinyint,edu string,prof string,income
string)row format delimited fields terminated by '\t';            #使用合适字段与类型，新建 member 表
hive>show tables;                                    #再次查看，将显示 member 表
hive>load data local inpath '/home/joe/member.txt' into table member;    #本地文件 member.txt 载入
HDFS
hive>select * from member;                                    #查看表中所有记录
hive>select * from member where gender=1;                        #查看表中 gender 值为 1 的记录
hive>select * from member where gender=1 AND age=23; #查看表中 gender 值为 1 且 age 为 23 的记录
hive>select gender,count(*) from member group by gender;          #统计男女出现的总次数
hive>drop table member;                                       #删除 member 表
hive>quit;                                                 #退出 Hive 命令行接口
```

Hive 将 Hadoop 抽象成了 SQL 类型的数据仓库。执行"select…group by gender"时会促发 MapReduce 任务。执行过程中，从浏览器打开"http://cmaster:8088"，可看到 Hive 提交的 MapReduce 任务，打开"http://cmaster:9870"，接着依次定位"Utilities""Browse the file system""/user/hive/warehouse/"，可查看相关表。

2.6.3 Spark

Spark 是一个由加州大学伯克利分校开发的内存型计算框架，设计之初是为了处理迭代型机器学习任务。目前 Spark 上已经集成了数据仓库、流处理、图计算等多种实用工具，是大数据领域完整的全栈计算平台。下面先介绍 Spark 的基本理论，接着在实战环节给出 Spark 核心弹性分布式数据集（Resilient Distributed Datasets，RDD）的大量编程实例，以让读者以最快的方式学习 Spark。

1. Spark 定义

1）Spark 组成

Spark 是一个高速的通用型集群计算框架，其中内嵌了一个用于执行 DAG（有向无环图）的工作流引擎，能够将 DAG 型 Spark-App 拆分成 Task 序列并在底层框架上并行运行。在程序接口层，Spark 为当前主流语言都提供了编程接口，如用户可以使用 Java、Scala、Python、R 等高级语音直接编写 Spark-App。此外，在核心层之上，Spark 还提供了诸如 SQL、MLlib、GraphX、Streaming 等专用组件（见图 2-32），这些组件内置了大量专用算法，充分利用这些组件，能够大大加快 Spark-App 的开发进度。

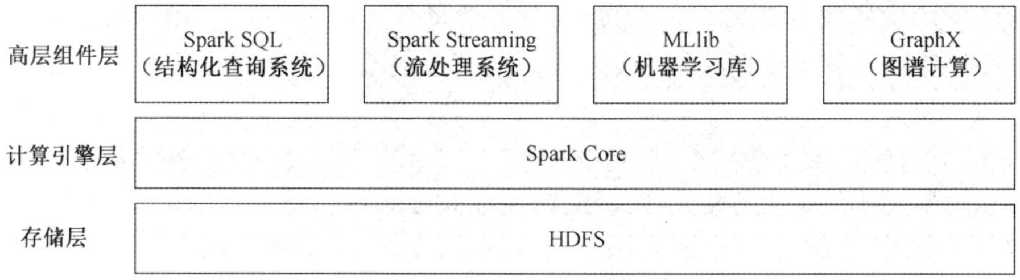

高层组件层	Spark SQL（结构化查询系统）	Spark Streaming（流处理系统）	MLlib（机器学习库）	GraphX（图谱计算）
计算引擎层	Spark Core			
存储层	HDFS			

图 2-32　Spark 生态圈

一般称 Spark Core 为 Spark，从图 2-32 可以看出，Spark（Spark Core）处于存储层和高层组件层的中间，定位为计算引擎，核心功能是并行化执行用户提交的 DAG 型 Spark-App。

（1）HDFS。Hadoop 从诞生至今，计算框架从无发展到 Mesos，再到 YARN，并行化范式由 M-S-R 发展到 DAG 型 M-S-R，唯一未曾改变的就是 HDFS。虽然 HDFS 在小文件存储上的确存在性能缺陷，但无疑 HDFS 已经成为分布式存储的事实标准，故在 Spark 开发过程中，开发者并未开发一套独立的分布式底层存储系统，而是直接使用了 HDFS。当然，Spark 也可以运行在本地文件系统或内存型文件系统（如 Tachyon）上，不过在典型应用模式中，持久层依旧是 HDFS。

（2）Spark。Spark（图 2-32 中的 Spark Core）的核心功能是将用户提交的 DAG 型 Spark-App 任务拆分成 Task 序列并在底层框架上并行执行。例如，用户提交的某作业经抽象后的执行操作流为"Map→Reduce→Reduce→Map→Reduce"，使用 Spark 时只需几条简单语句即可处理完成。为实现此功能，Spark 提供了任务调度、任务分解、内存管理、故障恢复、I/O 等功能。编程接口方面，Spark 通过 RDD 将框架功能和操作函数优雅地结合起来，大大方便了用户编程。

（3）Spark SQL。在 Spark 早期开发过程中，为支持结构化查询，开发人员在 Spark 和 Hive 基础上开发了结构化查询模块，称为 Shark。不过由于 Shark 的编译器和优化器都依赖 Hive，Shark 不得不维护一套 Hive 分支，执行速度也受到 Hive 编译器的制约，目前已停止开发。Spark SQL 的功能和 Shark 类似，不过它直接使用了 Catalyst 作为查询优化器，不再依赖 Hive 解析器，其底层也直接使用 Spark 作为执行引擎。通过对 Shark 进行重构，不仅使用户能够直接在 Spark 上书写标准的 SQL 语句，大大加快了 SQL 的执行速度，还为 Spark SQL 的发展拓展了广阔空间。

（4）Spark Streaming。Streaming 是一个基于 Spark Core 开发的可扩展、高通用性、高容错率的实时数据流处理框架。Streaming 的数据源可以是 Kafka、Flume、Twitter、ZeroMQ、Kinesis 甚至是 TCP Socket。在 Streaming 中，可以通过复杂的高层函数直接处理这些数据。在完成数据转换（过滤、整合等）后，Streaming 会将数据自动输出到持久层。目前 Streaming 支持的持久层为 HDFS、数据库和实时控制台。特别地，用户可以在数据流上使用 MLlib 和 GraphX 里的所有算法。

（5）MLlib。MLlib 是 Spark 上的一个机器学习库，其设计目标是开发一套高可用性、高扩展性的并行机器学习库，以方便用户直接调用。目前 MLlib 下已经开发了大量常见机器学习算法（如 classification、regression、clustering、collaborative filtering、dimensionality reduction 等）。为方便用户使用，MLlib 还提供了一套实用工具集（如低层的优化原语工具类、高层管道工具类、矩阵转换工具类等）。用户可直接调用 MLlib

中已经开发好的机器学习算法，比如编者直接使用 MLlib 里的 SVM 来并行化训练 Parkinson 数据集。事实证明，用 Spark 训练时其性能非常优秀。

（6）GraphX。GraphX 是 Spark 上的一个图处理和图并行化计算的全新组件。为实现图计算，GraphX 引入了一个继承自 RDD 的新抽象数据集——Graph，该类是一个有向的带权图谱，用户可以自定义 Graph 的顶点和边属性。目前，GraphX 已经开发了一系列图基本操作（如 subgraph、joinVertices、aggregateMessages 等）和一些优化的 Pregel 变体 API。用户只要将样本数据填充到 I/O 类（GraphX 提供，如矩阵），然后直接调用图算法，即可完成图的并行化计算。

2）Spark 计算模型

通过上面的介绍，读者应该能够大致了解 Spark 的主要功能及其所处位置，不过好像 MapReduce 框架也基于 HDFS 的 M-S-R 型计算框架，那 Spark 和 Hadoop、Spark 和 MapReduce 框架有何关系？

（1）并行化范式最小单元。尽管实用型的数据处理流表现出的处理过程具有一定的复杂性，不过，仔细分析其中的并行化部分，会发现基本的并行化方式相当固定，即 M 范式、M-S-R 范式、BSP 范式（见图 2-33）。实际上，所有的并行化任务都是这三大并行范式或这三大并行范式的组合范式，Spark 和 MapReduce 框架一样，都是 M-S-R 范式的代码实现。

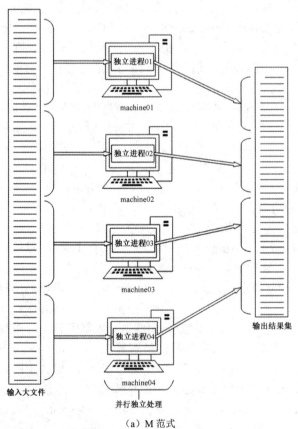

（a）M 范式

图 2-33　三大并行范式示意

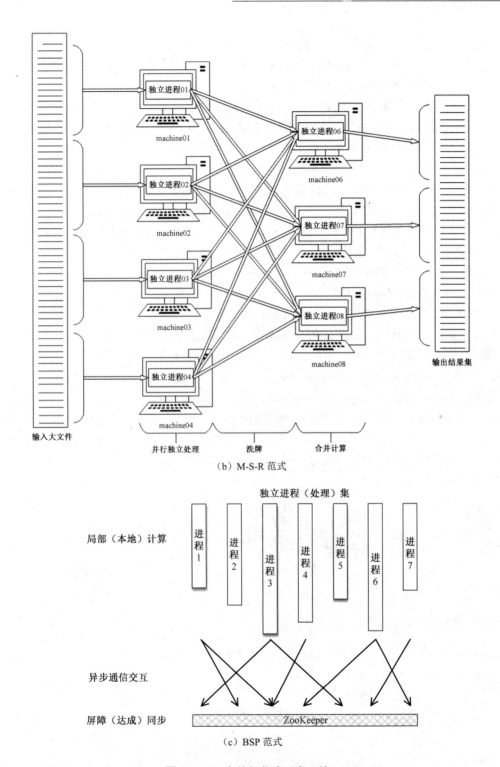

（b）M-S-R 范式

独立进程（处理）集

图 2-33　三大并行范式示意（续）

（2）Hadoop 和 MapReduce。Hadoop 是大数据的一整套解决方案体，它主要包括分布式存储 HDFS、分布式资源管理器 YARN 和分布式计算引擎 MapReduce 框架。就像一个大学可以包含三个学院一样，Hadoop 只是这些组件的合称。

实际上，Hadoop 中的 MapReduce 框架就是 Apache 针对 M-S-R 范式的代码实现。显然，并不是只允许 Apache 对 M-S-R 范式进行代码实现，其他组织也可以。加州大学伯克利分校在充分借鉴其他框架优点、避开其缺点的情况下，开发了 Spark 框架。

当 MapReduce 框架执行类似"Map→Reduce→Map→Reduce"型任务时，其实质上还是将任务拆分成两个 MapReduce，集群中的某特定处理节点上会依次启动四个进程处理该任务。Spark 原生支持 DAG 型作业，并且在集群中某特定处理节点上，整个过程始终只有一个 Executor 进程，其内部使用线程来处理各模块。

比如现有这样一场景：对三个原始文件 rawFilex、rawFiley、rawFilez，按要求将rawFiley 进行一次处理后和 rawFilex 进行 union；接着将 union 后的结果和 rawFilez 按key 值洗牌后的结果进行 join，记 join 后输出的结果文件为 resultFile。

对于上述问题，实际上 MapReduce 和 Spark 的处理机制是一样的，都是该分几步就分几步，不同的是，Spark 将这些步骤合并到了一个平台下，MapReduce 框架则需要使用多个 MapReduce-App（简写为 MR-App）才可解决。

（1）采用 MapReduce。当使用 MapReduce 处理上述问题时，需要四个 MapReduce串联起来才能完成任务：第一个单 Map 将 rawFiley 转换成 tmpResult1，第二个单 Map将 tmpResult1 和 rawFilex 转换成 tmpResult2，第三个完整 MapReduce 将 rawFilez 转换成 tmpResult3，第四个 MapReduce 将 tmpResult2 和 tmpResult3 结合并将结果转换成最终结果 resultFile。各 MR-App 及其依赖关系如图 2-34 所示。由于 Hadoop 不支持 DAG型 MapReduce，故当执行上述 MR-App 时，需要依赖第三方软件或附加代码将这四个MR-App 粘合成一个处理流，常见的粘合工具为 Tez、Oozie、Java、Shell、Python，推荐使用 Oozie 和 Tez。

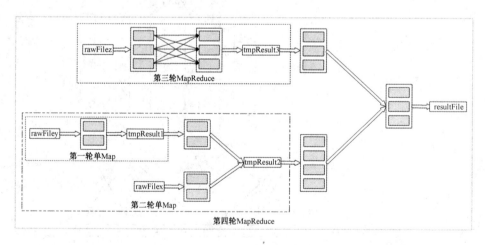

图 2-34　各 MR-App 及其依赖关系

（2）采用 Spark。当使用 Spark 处理上述问题时，只需四条语句即可完成处理。和Hadoop 不同，Spark 原生支持 DAG 型 M-S-R 任务，且其内置的 DAGSchedule 还能自动对上述任务进程进行优化。图 2-35 为使用 Spark 时的程序执行步骤。

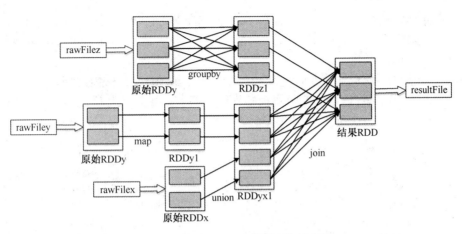

图 2-35　使用 Spark 时的程序执行步骤

Spark 和 MapReduce 比较如下。一是进程启动次数。单个 MR-App 只执行一次 M-S-R，而单个 Spark-App 则可执行多次 M-S-R。实际上 Spark-App 都可拆分成一个个独立的 MR-App。简单地说，Spark 内嵌 DAG 执行器，可原生高效执行 DAG 型 MapReduce 任务。二是中间文件处置方式。当 Spark 执行 DAG 型 MapReduce 任务时，其 Map 与 Reduce 结果不存入 HDFS，依旧存至内存。

3）Spark 体系架构

同大多数分布式系统一样，Spark 也采用两层的 master/slave 架构：第一层为集群资源管理层，第二层为 Spark-App 执行层。

（1）集群资源管理层。典型的集群管理模式都采用 master/slave 架构，Spark 的 Standalone 集群资源管理器也不例外。其主服务就称为 Master，从服务则称为 Worker。单机上的驻守进程 Worker 主要负责管理本机资源。集群资源整合者 Master 进程则主要负责汇总各 Worker 进程汇报的单机资源（见图 2-36）。

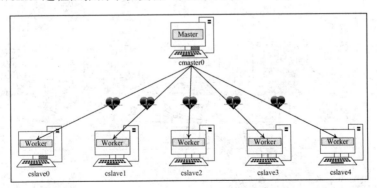

图 2-36　Standalone 集群资源管理器

实际上，Master 进程还提供 Web-UI 功能、Spark-App 注册功能、任务调度功能。特别是 Spark-App 注册功能，它是客户提交程序的入口。Worker 进程还提供启动和监管 Executor 进程的功能。

（2）Spark-App 执行层。在集群上执行 Spark-App 时，其执行过程依旧采用 master/slave 架构，即 master 机负责控制程序的整体执行流，slave 机负责具体执行某个任务（由 master 分配给自己）。

Spark-App 执行层就采用 master/slave 架构，其 master 服务称为 Driver，slave 服务称为 Executor。Driver 进程主要负责控制程序的整个执行流（见图 2-37），各 Executor 进程负责并行执行某个具体任务（由 Driver 分配）。

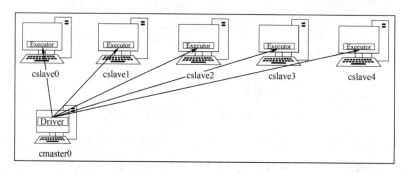

图 2-37　Spark-App 执行层

实际上，在 Client 提交 Spark-App 之前，该 Spark 集群中不存在 Driver 和 Executor 进程，只存在 Master/Worker 进程。当 Client 向 Master 提交任务且该 Spark 集群接受并执行新任务后，Worker 才会启动 Executor 来执行用户任务。

如图 2-38 所示为正在执行 2 个 Spark 任务的 Spark 集群，该集群有 3 层含义：一是常驻 Spark 集群；二是 iclient0 关联的 Spark-App1；三是 iclient1 关联的 Spark-App2。

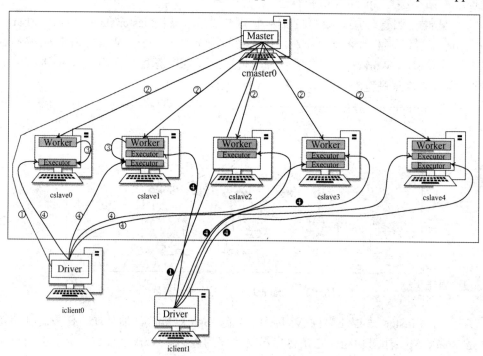

图 2-38　正在执行 2 个 Spark 任务的 Spark 集群

2．Spark 部署

可以采用"手工部署""Ambari 工具部署"两种方式部署 Spark，本章采用手工部署。Spark 采用 master/slave 架构，cmaster 上部署主服务，cslave0～cslave2 上部署从服务。生产环境下一般指定 Spark 使用 HDFS。HDFS 主服务在 cmaster 上，从服务在 cslave0～cslave2 上。

1）下载软件包

依次定位到"http://archive.apache.org/dist/""spark/""spark-3.1.2/"，下载 spark-3.1.2-bin-Hadoop3.2.tgz。

2）部署前提

一是准备集群。使用前期已准备好的 4 台 CentOS 7 虚拟机（cmaster、cslave0～cslave2）。二是设置单机。每台机器均按照例 2-3 进行单机设置。三是设置集群。按照例 2-4 进行集群设置，添加集群域名映射。四是部署 HDFS 集群。HDFS 主服务在 cmaster 上，从服务在 cslave0～cslave2 上。

3）部署规划

cmaster 部署 Spark 主服务 Master，cslave0～cslave2 部署 Spark 从服务 Worker。

4）解压 Spark

将 spark-3.1.2-bin-Hadoop3.2.tgz 分别复制到 cmaster、cslave0～cslave2 的文件夹"/home/joe"下，以 joe 用户分别解压。

```
[joe@cmaster ~]$ tar   -zxvf   /home/joe/spark-3.1.2-bin-Hadoop3.2.tgz
[joe@cslave0 ~]$ tar   -zxvf   /home/joe/spark-3.1.2-bin-Hadoop3.2.tgz
[joe@cslave1 ~]$ tar   -zxvf   /home/joe/spark-3.1.2-bin-Hadoop3.2.tgz
[joe@cslave2 ~]$ tar   -zxvf   /home/joe/spark-3.1.2-bin-Hadoop3.2.tgz
```

5）设置 Spark 环境变量

将文件"/home/joe/spark-3.1.2-bin-Hadoop3.2/conf/spark-env.sh.template"重命名为 spark-env.sh，且依旧放在 conf 目录下。编辑该文件，将 JAVA_HOME、HADOOP_HOME 写入该文件。编者将如下内容写入该文件。

```
export   HADOOP_HOME=/home/joe/Hadoop-3.3.1/
export   HADOOP_CONF_DIR=/home/joe/Hadoop-3.3.1/etc/Hadoop/
export   JAVA_HOME=/usr/java/jdk1.8.0_301-amd64/
```

其中，"/usr/java/jdk1.8.0_301-amd64"为编者 jdk 安装目录，"/home/joe/Hadoop-3.3.1/"为 Hadoop 安装目录，若读者与该目录不相同，请修改。注意 4 台机器均需执行相同配置。另外，spark-3.1.2-bin-Hadoop3.2 中要求的 Hadoop 3.2 与编者的 Hadoop-3.3.1 不冲突，可以使用。

6）配置 Spark

一是设置 Spark 使用 HDFS。Spark 默认不使用 HDFS，设置 Spark 使用 HDFS 非常简单，在"/home/joe/spark-3.1.2-bin-Hadoop3.2/conf/spark-env.sh"下引入 Hadoop 配置文件即可，即将如下内容添加到 spark-env.sh。

```
export   HADOOP_CONF_DIR=/home/joe/Hadoop-3.3.1/etc/Hadoop/
```

显然在步骤 5）中已经对环境变量进行了设置，需注意的是，4 台机器均需做相同配置。

二是设置 Spark 区分主从服务。启动时指定即可，自然启动主服务，启动从服务时在命令行里告知从服务主服务的地址即可。

7）启动 Spark 集群

一是启动 HDFS。既然已经配置了 Spark 使用 HDFS，显然启动 Spark 前得启动 HDFS。对于 HDFS，主节点启动主服务 NameNode，从节点启动从服务 DataNode。

```
[joe@cmaster ~]$   /home/joe/Hadoop-3.3.1/bin/hdfs   --daemon   start   namenode
[joe@cslave0~2 ~]$   /home/joe/Hadoop-3.3.1/bin/hdfs   --daemon   start   datanode
```

二是启动 Spark。主节点 cmaster 启动 Spark 主服务 Master（如下第 1 条命令），从节点 cslave0～cslave2 启动 Spark 从服务 Worker（如下第 2～4 条命令）。以 joe 用户分别在各机上执行。

```
[joe@cmaster ~]$   /home/joe/spark-3.1.2-bin-Hadoop3.2/sbin/start-master.sh
[joe@cslave0 ~]$   /home/joe/spark-3.1.2-bin-Hadoop3.2/sbin/start-worker.sh   spark://cmaster:7077
[joe@cslave1 ~]$   /home/joe/spark-3.1.2-bin-Hadoop3.2/sbin/start-worker.sh   spark://cmaster:7077
[joe@cslave2 ~]$   /home/joe/spark-3.1.2-bin-Hadoop3.2/sbin/start-worker.sh   spark://cmaster:7077
```

如上命令中，cmaster 自然启动 Master 服务；启动从服务时，必须制定 Master 服务，以 cslave0 为例，告知该 Worker 服务 Master 服务的地址为 spark://cmaster:7077。

8）验证 Spark 是否成功启动

一是浏览器验证。用户可在浏览器里输入地址 http://cmaster:8080（见图 2-39），即可看到 Spark 的 Web UI。此页面上包含了 Spark 集群主节点、从节点等各类统计信息。

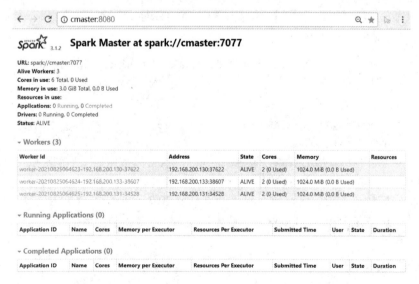

图 2-39　Spark 集群页面

二是验证进程。在 Spark 集群启动后，用户可以通过在 cmaster 和 cslave0～cslave2

上分别执行"/usr/java/jdk1.8.0_301-amd64/bin/jps"命令查看对应进程，即主节点进程为 Master，从节点进程为 Worker。

三是验证提交 Spark-App。当用户拥有了自己的一个 Spark 集群后，最想做的事可能就是向 Spark 集群提交 Spark-App 了。Spark-App 的经典实例是计算圆周率 PI，下面的 Shell 命令在 cslave2 上完成，以 joe 用户向 Spark 集群的 Master 服务（spark://cmaster://7077）提交 Spark Pi。集群中各从节点会启动 Executor 进程来执行此任务。

```
[joe@cslave2 ~]$ /home/joe/spark-3.1.2-bin-Hadoop3.2/bin/spark-submit    \
--master spark://cmaster:7077   --class org.apache.spark.examples.SparkPi    \
/home/joe/spark-3.1.2-bin-Hadoop3.2/examples/jars/spark-examples_2.12-3.1.2.jar
```

在上述命令执行过程中，迅速打开浏览器，输入"http://cmaster:8080"，可以查看任务执行情况。

9）关闭 Spark 集群

Spark 集群关闭命令为主节点关闭主服务，为从节点关闭从服务。关闭从节点时无须指定主服务。

```
[joe@cmaster ~]$    /home/joe/spark-3.1.2-bin-Hadoop3.2/sbin/stop-master.sh
[joe@cslave0 ~]$    /home/joe/spark-3.1.2-bin-Hadoop3.2/sbin/stop-worker.sh
[joe@cslave1 ~]$    /home/joe/spark-3.1.2-bin-Hadoop3.2/sbin/stop-worker.sh
[joe@cslave2 ~]$    /home/joe/spark-3.1.2-bin-Hadoop3.2/sbin/stop-worker.sh
```

3. Spark 编程

【例 2-14】列举 Spark 主要访问接口。

解答：Spark 主要访问接口有 Web、命令行和编程接口，可以通过 Python、R、Shell、SQL 等方式进入命令行和编程接口。

（1）管理集群接口。在 bin 和 sbin 目录下，有 start、stop 等各类命令脚本。

（2）提交任务接口。编译好的程序，可通过如下方式提交至 Spark 集群执行。

```
[joe@cslave2 ~]$ /home/joe/spark-3.1.2-bin-Hadoop3.2/bin/spark-submit    --help
```

（3）pyspark 接口。其用于以 Python 语言交互式方式编写并执行 Spark-App。下面的命令用于进入交互式执行器，进入执行器后，可编写 Python 语句实时操作 Spark。注意书写命令时，必须写明"--master spark://cmaster:7077"，否则 pyspark 会默认进入单机模式，而不会进入集群模式。cslave2 需安装 Python。

```
[joe@cslave2 ~]$ /home/joe/spark-3.1.2-bin-Hadoop3.2/bin/pyspark   --master   spark://cmaster:7077
```

（4）SparkR 接口。其用于以交互式方式编写并执行 Spark-App，且书写语法为 R。下面的命令用于进入交互式执行器，进入执行器后，数据分析师可编写 R 语句实时操作 Spark。注意书写命令时，必须写明"--master spark://cmaster:7077"，否则 sparkR 会默认进入单机模式，而不会进入集群模式。cslave2 需安装 R。

```
[joe@cslave2 ~]$ /home/joe/spark-3.1.2-bin-Hadoop3.2/bin/sparkR   --master   spark://cmaster:7077
```

（5）Spark-Shell 接口。其用于以交互式方式编写并执行 Spark-App，且书写语法为 Scala。下面的命令用于进入交互式执行器，进入执行器后，数据分析师可用 Scala 语句以交互式方式编写并执行 Spark-App。注意书写命令时，必须写明"--master spark://cmaster:7077"，否则 Spark-Shell 会默认进入单机模式，而不会进入集群模式。由于 Spark 就是使用 Scala 开发的，而 Scala 实际上就是在 JVM 中执行的，故无须安装 Scala。

```
[joe@cslave2 ~]$ /home/joe/spark-3.1.2-bin-Hadoop3.2/bin/spark-shell   --master spark://cmaster:7077
```

（6）Spark-SQL 接口。其用于以交互式方式编写并执行 Spark SQL，且书写语法类 SQL。下面的命令用于进入交互式执行器，进入执行器后，数据分析师可用类 SQL 语句以交互式方式编写并执行 Spark-App。注意书写命令时，必须写明"--master spark://cmaster:7077"，否则 Spark-Shell 会默认进入单机模式，而不会进入集群模式。由于默认安装的 Spark 已经包含了 Spark SQL，故无须再安装其他组件，直接执行即可。

```
[joe@cslave2 ~]$ /home/joe/spark-3.1.2-bin-Hadoop3.2/bin/spark-sql   --master   spark://cmaster:7077
```

【例 2-15】使用 Spark 实现一个 MapReduce 版的 WordCount 程序，计算 HDFS 上文件中每个单词出现的次数。计算文件完整路径为"hdfs://cmaster:8020/in/"，计算结果输出至控制台。

解答：一是准备输入文件。使用如下命令，将本地文件上传至 HDFS，为后续计算程序提供输入文件。如果文件已存在，则相应调整。

```
[joe@cmaster ~]$ /home/joe/Hadoop-3.3.1/bin/hdfs   dfs  -mkdir  /in
[joe@cmaster ~]$ /home/joe/Hadoop-3.3.1/bin/hdfs   dfs  -put  /home/joe/Hadoop-3.3.1/licenses-binary/*.txt  /in
```

二是提交 Spark 版的 WordCount 任务。使用 Shell 命令向集群提交 Spark-App。

```
[joe@cslave2 ~]$ /home/joe/spark-3.1.2-bin-Hadoop3.2/bin/spark-submit   \
--master spark://cmaster:7077   --class org.apache.spark.examples.JavaWordCount   \
/home/joe/spark-3.1.2-bin-Hadoop3.2/examples/jars/spark-examples_2.12-3.1.2.jar   /in
```

上面的命令实现调用 WrodCount 程序，计算 HDFS 上的文件"hdfs://cmaster:8020/in/"，计算结果直接输出到控制台。显然，在配置 Spark 使用 HDFS 后，若需要 Spark-App 计算 HDFS 上的文件，在程序里指明 HDFS 上文件的路径即可，无须其他配置。在上述命令执行过程中，迅速打开浏览器，输入"http://cmaster:8080"，可以查看任务执行情况。

【例 2-16】给出不同 Spark 版本的 WordCount 代码，可以使用 Java 代码实现。

解答：如下为 Spark 上一个版本的 WordCount 代码。

```
package edu.njupt
import org.apache.spark.SparkConf
import org.apache.spark.SparkContext
import org.apache.spark.SparkContext._
object WordCount {
    def main(args: Array[String]) {
        val conf = new SparkConf()
        val sc = new SparkContext(conf)
        val line = sc.textFile(args(0))
//输出至控制台
        line.flatMap(_.split(" ")).map((_, 1)).reduceByKey(_+_).collect().foreach(println)
存储至 HDFS
//line.flatMap(_.split(" ")).map((_, 1)).reduceByKey(_+_).saveAsTextFile(args(1))
        sc.stop()
    }
}
```

如下为 Spark 上另一个版本的 WordCount 代码。

```
object WordCount{
    def main(args: Array[String]): Unit = {
        val conf = new SparkConf()
        val sc: SparkContext = new SparkContext(conf)
        val rawFile = sc.textFile(args(0))
        val partitions: Array[Partition] = rawFile.partitions
rawFile.flatMap(line => line.split(" ")).map(word => (word, 1)).groupByKey().map((P: (String,
Iterable[Int])) => (P._1, P._2.sum)).saveAsTextFile(args(1))
        sc.stop()
    }
}
```

虽然后一个版本的 WordCount 代码比前一个稍显复杂，但实际上，这两个代码功能是一样的，从理解角度上说，第二个 WordCount 代码更利于理解。稍加分析，可以看出：reduceByKey()等同于 groupByKey().map()。

2.6.4　ZooKeeper

当一条消息在网络中的两个节点之间传送时，由于可能会出现各种问题，发送者无法知道接收者是否已经接收到这条消息。例如，在接收者还未接收到消息前，发生网络中断；再比如接收者接收到消息后发生网络中断。这就是部分失败，即在分布式环境下甚至不知道一个操作是否已经失败。发送者能够获取真实情况的唯一途径是重新连接接收者，并向它发出询问。

由于部分失败是分布式系统的固有特征，因此编写分布式程序显得相当困难，而本节所介绍的 ZooKeeper 就是用来解决这类问题的。

1. ZooKeeper 定义

ZooKeeper（又称分布式锁）是由开源组织 Apache 开发的一个高效、可靠的分布式协调服务。其是 Google Chubby 的开源实现，起初由雅虎开发，于 2008 年被捐赠给 Apache，当前稳定版为 3.6.3。

1）ZooKeeper 工作过程

如图 2-40 所示，假设机器 A 中的进程 P_a 须向机器 B 中的进程 P_b 发送一个消息，使用 ZooKeeper 实现时，具体过程是：P_a 产生这条消息后将此消息注册到 ZooKeeper 中，P_b 需要这条消息时直接从 ZooKeeper 中读取即可。

从此工作过程可以看出，ZooKeeper 提供了松耦合交互方式，即交互双方不必同时存在，也不用彼此了解。比如 P_a 在 ZooKeeper 中留下一条消息后，进程 P_a 结

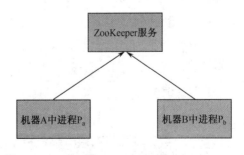

图 2-40　ZooKeeper 服务方式

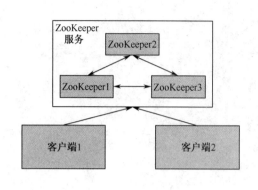

图 2-41 ZooKeeper 服务体

束，此后进程 P_a 才刚开始启动。

值得注意的是，ZooKeeper 服务本身也是不可靠的，比如运行 ZooKeeper 服务的机器宕机，则此服务将失效。为提高 ZooKeeper 的可靠性，在使用时，ZooKeeper 本身一般都以集群方式部署（见图 2-41），其内部实现细节参考下面的 ZooKeeper 工作原理。

2）ZooKeeper 工作原理

集群中各台机器上的 ZooKeeper 服务启动后，它们首先会从中选择一个作为领导者，其他则作为追随者。如图 2-41 中 ZooKeeper1、ZooKeeper2 与 ZooKeeper3 启动后，三者会采取投票方式，以少数服从多数原则从中选取一个领导者。当发生客户端读写操作时，规定读操作可以在各节点上实现，写操作则必须发送至领导者，并经领导者同意才可执行。

ZooKeeper 集群内选取领导时，内部采用的是原子广播协议，此协议是对 Paxos 算法的修改与实现。集群内各 ZooKeeper 服务选举领导的核心思想是：由某个新加入的服务器发起一次选举，如果该服务器获得 $n/2+1$ 票，则此服务器将成为整个 ZooKeeper 集群的领导者。当领导者服务器发生故障时，剩下的追随者将进行新一轮领导者选举。因此，集群中 ZooKeeper 的个数必须以奇数（3,5,7,9…）出现，并且当构建 ZooKeeper 集群时，最少需要 3 个节点。

2. ZooKeeper 部署

要使用 ZooKeeper 服务，首先需要部署 ZooKeeper。可以使用"手工部署""Ambari 工具部署"两种方式进行部署，本章采用手工部署。

由于 ZooKeeper 采用对等结构，故在部署 ZooKeeper 时无须指定主从，只在配置文件里写明各 ZooKeeper 所在机的地址即可。此外，由于 ZooKeeper 也要使用本地文件系统来存储数据，故还要指定 ZooKeeper 的本地存储目录。下面是在 cslave0、cslave1、cslave2 这 3 台机器上部署 ZooKeeper 的详细过程。

1）下载软件包

依次定位到"http://archive.apache.org/dist/""zookeeper/""zookeeper-3.6.3/"，下载 apache-zookeeper-3.6.3-bin.tar.gz。

2）部署前提

一是准备集群。使用前期已准备好的 3 台 CentOS 7 虚拟机（cslave0、cslave1、cslave2）。二是设置单机。每台机器均按照例 2-3 进行单机设置。三是设置集群。按照例 2-4 进行集群设置，添加集群域名映射。

3）部署规划

在 cslave0、cslave1、cslave2 上部署 ZooKeeper 服务。

4）解压 ZooKeeper

以 joe 用户将压缩文件复制至 cslave0～cslave2 "/home/joe" 文件夹下，以 joe 用户解压。

```
[joe@cslave0 ~]$    tar    -zxvf    /home/joe/apache-zookeeper-3.6.3-bin.tar.gz
[joe@cslave1 ~]$    tar    -zxvf    /home/joe/apache-zookeeper-3.6.3-bin.tar.gz
[joe@cslave2 ~]$    tar    -zxvf    /home/joe/apache-zookeeper-3.6.3-bin.tar.gz
```

5）配置 ZooKeeper

在 conf 文件夹下新建 zoo.cfg 并写入如下内容。

```
tickTime=2000
dataDir=/home/joe/cloudData/zkp
clientPort=2181
initLimit=5
syncLimit=2
server.1=cslave0:2888:3888
server.2=cslave1:2888:3888
server.3=cslave2:2888:3888
```

配置文件 zoo.cfg 里默认的存储目录为 "dataDir=/tmp/zookeeper"，由于机器重启后，系统会自动清空 "/tmp" 目录下的文件，故重新指定了目录。ZooKeeper 集群可以是一个节点，也可以是多个节点（奇数），此处配置的 ZooKeeper 集群为 3 个节点。

6）新建并填写各机 ID

在配置的 ZooKeeper 数据存储目录（当前为 "dataDir=/home/joe/cloudData/zkp"）中新建文件 myid。3 台机器按 cslave0、cslave1 和 cslave2 的先后顺序分别写入 "1"、"2" 和 "3"。

```
[joe@cslave0 zkp]$    cat    /home/joe/cloudData/zkp/myid
1
[joe@cslave1 zkp]$    cat    /home/joe/cloudData/zkp/myid
2
[joe@cslave2 zkp]$    cat    /home/joe/cloudData/zkp/myid
3
```

7）确定存在数据存储目录和 myid 文件

由于编者配置的 ZooKeeper 数据存储目录为 "dataDir=/home/joe/CloudData/zkp"，因此在启动 ZooKeeper 之前，请读者确定 cslave0、cslave1、cslave2 这 3 台机器已存在目录 "/home/joe/cloudData/zkp" 和文件 "/home/allen/joe/cloudData/myid"。

8）启动 ZooKeeper 集群

使用下述命令启动 ZooKeeper。

```
[joe@cslave0 ~]$ /home/joe/apache-zookeeper-3.6.3-bin/bin/zkServer.sh    start
[joe@cslave1 ~]$ /home/joe/apache-zookeeper-3.6.3-bin/bin/zkServer.sh    start
```

```
[joe@cslave2 ~]$ /home/joe/apache-zookeeper-3.6.3-bin/bin/zkServer.sh   start
```

显然，从 ZooKeeper 的部署和启动可以看出，ZooKeeper 采用对等结构，不过实际上，ZooKeeper 内部还是存在领导和被领导关系。进程启动后，它们之间会自动选举出一个领导者，其他两个 ZooKeeper 则成为追随者，选举的原则很简单，就是少数服从多数原则，这就是在 ZooKeeper 集群中，节点数总是奇数的原因。

9）查看 ZooKeeper 是否部署成功

```
$ netstat -an|grep 3888                              #cslave0、cslave1、cslave2 均执行
$ netstat -an|grep 2888                              #cslave0、cslave1、cslave2 均执行
```

执行此命令后，用户可以看到，各 ZooKeeper 间正在使用端口通信（选举领导者等），用户还可以使用 jps 命令查看 ZooKeeper 服务进程，代码如下。

```
$ /usr/java/jdk1.8.0_301-amd64/bin/jps              #cslave0、cslave1、cslave2 均执行
```

用户能看到 org.apache.zookeeper.server.quorum.QuorumPeerMain，表示 ZooKeeper 服务已经启动。

虽然在 ZooKeeper 集群内，各 ZooKeeper 有领导者和追随者之分，但在部署时没有 master/slave 之分，即在部署和使用时，可以将各台机器的 ZooKeeper 服务看成对等实体，直接部署与使用即可，无须关心 ZooKeeper 集群内部如何选举领导者、谁是领导者。

10）关闭 ZooKeeper 集群

可使用如下命令关闭 ZooKeeper 服务（3 台机器均要执行）。

```
[joe@cslave0 ~]$ /home/joe/apache-zookeeper-3.6.3-bin/bin/zkServer.sh   stop
[joe@cslave1 ~]$ /home/joe/apache-zookeeper-3.6.3-bin/bin/zkServer.sh   stop
[joe@cslave2 ~]$ /home/joe/apache-zookeeper-3.6.3-bin/bin/zkServer.sh   stop
```

3．ZooKeeper 编程

ZooKeeper 主要提供了 Shell 接口和编程接口，其中 Shell 接口提供了管理 ZooKeeper 最常用的操作，编程接口则更加灵活，比如使用 ZooKeeper 实现前述进程 P_a 与 P_b 通信等。

【例 2-17】按要求完成任务：①分别使用命令行接口和 API 接口，在 ZooKeeper 存储树中新建一节点并存入信息；②假设机器 cslave0 上有进程 P_a，机器 cslave2 上有进程 P_b，使用 ZooKeeper 实现进程 P_a 与 P_b 相互协作。

解答：对于任务①，下面用 ZooKeeper 命令行接口，在根目录（/）下新建节点 cstorShell，并存入信息 chinaCstorShell。为简单起见，此操作直接在 cslave0 上进行，过程代码如下。

```
[joe@cslave0 ~]$ /home/joe/apache-zookeeper-3.6.3-bin/bin/zkCli.sh   #cslave0 进入 ZooKeeper 命令行
[zk: localhost:2181(CONNECTED) 0] ls /                              #查看当前 ZooKeeper 的目录结构
[zk: localhost:2181(CONNECTED) 0] create /cstorShell chinaCstorShell
[zk: localhost:2181(CONNECTED) 0] ls /                              #查看当前 ZooKeeper 的目录结构
[zk: localhost:2181(CONNECTED) 0] ls /cstorShell                    #查看 cstorShell 节点的目录结构
[zk: localhost:2181(CONNECTED) 0] get /cstorShell                   #获取 cstorShell 的节点信息
[zk: localhost:2181(CONNECTED) 0] delete   /cstorShell              #删除 cstorShell 节点
[zk: localhost:2181(CONNECTED) 0] ls /
```

```
[zk: localhost:2181(CONNECTED) 0] help                    #查看所有命令及其帮助
[zk: localhost:2181(CONNECTED) 0] quit                    #退出 ZooKeeper 命令行接口
```

其中，"create…" 一句含义为 "创建节点 cstorShell，并赋予此节点信息 chinaCstorShell"。

使用 API 时，程序具有更大的灵活性，下面的代码主要实现在根目录下新建节点 cstorJava，并存入信息 chinaCstorJava。

```java
public class Pa implements Watcher{
private static final int SESSION_TIMEOUT=5000;        //连接超时时间
private ZooKeeper zk;                                 //ZooKeeper 实例
private CountDownLatch connectedSignal=new CountDownLatch(1);   //同步辅助线程类
public void connect(String hosts)throws IOException,InterruptedException{//连接 ZooKeeper
zk=new ZooKeeper(hosts, SESSION_TIMEOUT, this);
connectedSignal.await();}
public void process(WatchedEvent event) {
if (event.getState()==KeeperState.SyncConnected) {
connectedSignal.countDown();}}
public void create(String groupName)throws KeeperException,InterruptedException{
String path="/"+groupName;
String creatp;
creatp=zk.create(path,"chinaCstorJava".getBytes(),Ids.OPEN_ACL_UNSAFE,CreateMode.PERSISTENT);
System.out.println("Created "+createdPath);}
public void close()throws InterruptedException{zk.close();}
public static void main(String[] args) throws Exception {Pa pa=new Pa();
pa.connect("cslave0");
pa.create("cstorJava");
pa.close();}}
```

假定此程序打包好后名为 ZDemo.jar，存放于 /home/joe 目录下，包名为 com.cstore.book.zkp，并且规定在 cslave0 上执行，执行命令如下。执行后，用户可进入 ZooKeeper 命令行，使用 "ls /" 查看结果。

```
[joe@cslave0 ~]# java -cp /home/joe/ZDemo.jar com.cstore.book.zkp.Pa        #cslave0 执行 Pa 进程
```

对于任务②，不妨假设 cslave0 上的进程 P_a 向 ZooKeeper 新建目录 cstorJava，并存入信息 chinaCstorJava，此后进程 P_a 结束。此时 cslave2 上启动进程 P_b，读取 ZooKeeper 目录中的 cstorJava 节点及其信息，结束。直接使用第一个任务中的 P_a 类，现在新建 P_b 类，只要将 P_a 类中的 P_a 换成 P_b，并将 create 方法换成下面的 getData 方法即可。

```java
public void getData(String groupName)throws KeeperException,InterruptedException{
String path="/"+groupName;
String data=new String(zk.getData(path, false, null));
System.out.println("ZNode: "+groupName+"\n"+"Its data: "+data);}
```

在 cslave0 上执行完 P_a 进程后，在 cslave2 上执行 P_b 进程即可。

```
[joe@cslave2 ~]# java -cp /home/joe/ZDemo.jar com.cstore.book.zkp.Pb        #cslave2 上执行 Pb 进程
```

2.6.5　HBase

2006 年，Google 发表 BigTable 相关论文。同年末，微软旗下的自然语言搜索公司

Powerset 出于处理大数据的需求，参照论文开发了 HBase 项目，并于 2008 年将 HBase 捐赠给 Apache。2010 年，HBase 成为 Apache 的顶级项目。

HBase 是基于 Hadoop 的面向列存储的开源分布式数据库，它以 Google 的 BigTable 为原型，设计并实现了具有高可靠性、高性能、列存储、可伸缩、实时读写特性的分布式数据库系统。HBase 不仅在设计上不同于一般的关系型数据库，适合存储非结构化数据，而且是基于列的而不是基于行的。就像 BigTable 利用 GFS（Google 文件系统）所提供的分布式存储一样，HBase 在 Hadoop 之上提供了类似 BigTable 的能力。

1. HBase 定义

HBase 是以列存储数据的，下面给出 HBase 中的数据存储模型，接着简单介绍 HBase 的体系架构。

1）HBase 数据模型

数据库一般以表的形式存储结构化数据，HBase 也以表的形式存储数据。用户对数据的组织形式称为数据的逻辑模型，HBase 里数据在 HDFS 上的具体存储形式则称为数据的物理模型。

（1）逻辑模型。HBase 以表的形式存储数据，每个表由行和列组成，每个列属于一个特定的列族（Column Family）。表中的行和列确定的存储单元称为一个元素（Cell），每个元素保存了同一份数据的多个版本，由时间戳（Time Stamp）来标识。表 2-5 给出了 HBase 表逻辑视图示例，表中仅有一行数据，行的唯一标识为 com.cstor.www，对这行数据的每一次逻辑修改都有一个时间戳关联对应。表中共有四列：contents:html，anchor:cstorsi.com，anchor:my.look.ca，mime:type，每一列以前缀的方式给出其所属的列族。

表 2-5 HBase 表逻辑视图示例

行键	时间戳	列族 contents	列族 anchor	列族 mime
"com.cstor.www"	t9		anchor:cstorsi.com= "CSTOR"	
	t8		anchor:my.look.ca="CSTOR.com"	
	t6	contents:html="<html>…"		mime:type="text/html"
	t5	contents:html="<html>…"		
	t4	contents:html="<html>…"		

行键是数据行在表中的唯一标识，并作为检索记录的主键。在 HBase 中访问表中的行只有三种方式：通过单个行键访问、给定行键的范围访问、全表扫描。行键可以是任意字符串，默认按字段顺序进行存储。

表中的列定义为：<family>:<qualifier>（<列族>:<限定符>），如 contents:html。通过列族和限定符可以唯一指定一个数据的存储列。

时间戳对应着每次数据操作所关联的时间，可以由系统自动生成，也可以由用户显式地赋值。如果应用程序需要避免数据版本冲突，则必须显式地生成时间戳。HBase 提供了两个版本的回收方式：一是对每个数据单元，只存储指定个数的最新版本；二是保存最近一段时间内的版本（如七天），客户端可以按需查询。

元素由行键、列（<列族>:<限定符>）和时间戳唯一确定，元素中的数据以字节码的形式存储，没有类型之分。

（2）物理模型。HBase 是按照列存储的稀疏行/列矩阵，其物理模型实际上就是把概念模型中的一个行进行分割，并按照列族存储，如表 2-6 所示。从表中可以看出，表中的空值是不被存储的，所以查询时间戳为 t8 的 contents:html 将返回 null。如果没有指明时间戳，则返回指定列的最新数据值；如果不指明时间戳时查询 contents:，将返回 t6 时刻的数据。容易看出，可以随时向表中的任何一个列添加新列，而不需要事先声明。

表 2-6　HBase 表物理存储示例

行键	时间戳	列族 contents
"com.cstor.www"	t6	contents:html="<html>…"
	t5	contents:html="<html>…"
	t3	contents:html="<html>…"
行键	时间戳	列族 anchor
"com.cstor.www"	t9	anchor:cstorsi.com=" CSTOR"
	t8	anchor:my.look.ca= "CSTOR.com"
行键	时间戳	列族 mime
"com.cstor.www"	t6	mime:type="text/html"

2）HBase 架构

HBase 采用 master/slave 架构，图 2-42 是 HBase 的体系架构，主服务称为 HMaster，从服务称为 HRegionServer，底层采用 HDFS 存储数据。为提供高可靠性，HBase 可以有多个 HMaster，但同一时刻只可能有一个 HMaster 作为主服务，为此 HBase 使用了 ZooKeeper 来选定 master，下面简单介绍体系架构中的各实体。

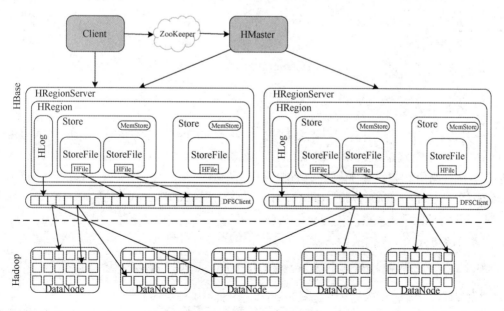

图 2-42　HBase 的体系架构

（1）Client。Client 使用 HBase 的 RPC 机制与 HMaster 和 HRegionServer 进行通信。对于管理类操作，Client 与 HMaster 进行 RPC；对于数据读写类操作，Client 与 HRegionServer 进行 RPC。

（2）ZooKeeper。ZooKeeper 中存储了 ROOT 表的地址、HMaster 的地址和 HRegionServer 的地址。通过 ZooKeeper，HMaster 可以随时感知各 HRegionServer 的健康状态。此外，ZooKeeper 也避免了 HMaster 的单点故障问题，HBase 中可以启动多个 HMaster，通过 ZooKeeper 的选举机制能够确保只有一个为当前整个 HBase 集群的 master。

（3）HMaster。HMaster 即 HBase 主节点，集群中每个时刻只有一个 HMaster 运行，HMaster 将 Region 分配给 HRegionServer，协调 HRegionServer 的负载并维护集群状态。HMaster 对外不提供数据服务，HRegionServer 负责所有 Region 的读写请求。如果 HRegionServer 发生故障终止，HMaster 会通过 ZooKeeper 感知到，HMaster 会根据相应的 Log 文件将失效的 Region 重新分配。此外，HMaster 还管理用户对表的增、删、改、查操作。

（4）HRegionServer。HRegionServer 主要负责响应用户 I/O 请求，向 HDFS 文件系统中读写数据，其内部管理了一系列 HRegion 对象。当 StoreFile 大小超过一定阈值后，会触发 Split 操作，即将当前 Region 拆分成两个 Region，父 Region 会下线，新 Split 出的两个子 Region 会被 HMaster 分配到相应的 HRegionServer 上。

2．HBase 部署

可以采用"手工部署""Ambari 工具部署"两种方式部署 HBase，本章采用手工部署。HBase 采用 master/slave 架构，cmaster 上部署主服务，cslave0～cslave2 上部署从服务。HBase 依赖 ZooKeeper 和 HDFS。HDFS 主服务在 cmaster 上，从服务在 cslave0～cslave2 上。HBase 内嵌 ZooKeeper，HBase 可以使用第三方 ZooKeeper 集群，也可以使用内嵌的 ZooKeeper。本章使用 HBase 内嵌的 ZooKeeper，ZooKeeper 服务在 cslave0～cslave 2 上。

1）下载软件包

依次定位到"http://archive.apache.org/dist/""hbase/""2.3.6/"，下载 hbase-2.3.6-bin.tar.gz。

2）部署前提

一是准备集群。使用前期已准备好的 4 台 CentOS 7 虚拟机（cmaster、cslave0～cslave2）。二是设置单机。每台机器均按照例 2-3 进行单机设置。三是设置集群。按照例 2-4 进行集群设置，添加集群域名映射。四是部署 Hadoop 集群。Hadoop 主服务在 cmaster 上，从服务在 cslave0～cslave2 上。五是部署 ZooKeeper 集群。ZooKeeper 服务在 cslave0～cslave2 上。

3）部署规划

在 cmaster 上部署 HBase 主服务，在 cslave0～cslave2 上部署 HBase 从服务。

4）解压 HBase

将 hbase-2.3.6-bin.tar.gz 分别复制到 cmaster、cslave0～cslave2 文件夹"/home/joe"

下，以 joe 用户分别解压。

```
[joe@cmaster ~]$ tar   -zxvf   /home/joe/hbase-2.3.6-bin.tar.gz
[joe@cslave0 ~]$ tar   -zxvf   /home/joe/hbase-2.3.6-bin.tar.gz
[joe@cslave1 ~]$ tar   -zxvf   /home/joe/hbase-2.3.6-bin.tar.gz
[joe@cslave2 ~]$ tar   -zxvf   /home/joe/hbase-2.3.6-bin.tar.gz
```

5）指定 JDK 环境变量

编辑"/home/joe/hbase-2.3.6/conf/hbase-env.sh"，定位到如下一行。

```
# export JAVA_HOME=/usr/java/jdk1.8.0/
```

将其更改为如下内容。

```
export JAVA_HOME=/usr/java/jdk1.8.0_301-amd64
```

其中，"/usr/java/jdk1.8.0_301-amd64"为编者 JDK 安装目录，若读者该目录与此不相同，请修改。4 台机器均需执行相同配置。

6）配置 HBase

编辑"/home/joe/hbase-2.3.6/conf/hbase-site.xml"文件，删除原有内容，将下述内容加入该文件。4 台机器均需执行相同配置。

```
<property><name>hbase.cluster.distributed</name><value>true</value></property>
<property><name>hbase.rootdir</name><value>hdfs://cmaster:8020/user/hbase</value></property>
<property><name>hbase.zookeeper.quorum</name><value>cslave0,cslave1,cslave2</value></property>
<property><name>hbase.zookeeper.property.dataDir</name><value>/home/joe/cloudData/hzkp</value></property>
```

7）配置 HBase

编辑文件"/home/joe/hbase-2.3.6/conf/regionservers"，删除该文件的原有内容，写入如下新内容。4 台机器均需执行相同配置。

```
cslave0
cslave1
cslave2
```

8）确保正确使用 ZooKeeper

实验中使用 HBase 内嵌的 ZooKeeper，如上配置已指定内嵌 ZooKeeper 集群在 cslave0～cslave2 上，ZooKeeper 数据存储目录为"/home/joe/cloudData/hzkp"，无须新建 hzkp 目录和 myid 文件。至此，HBase 配置结束。

9）启动 HBase 集群

启动 HBase 的前提是启动 HDFS 和 ZooKeeper（此处使用 HBase 内嵌的 ZooKeeper）。

一是启动 HDFS 集群。使用如下命令，以 joe 用户，在主节点 cmaster 上启动 HDFS 存储主服务 NameNode（下述第 1 条命令），在 cslave0～cslave2 上启动 HDFS 存储从服务 DataNode（下述第 2～4 条命令）。

```
[joe@cmaster ~]#   /home/joe/Hadoop-3.3.1/bin/hdfs   --daemon   start   namenode
[joe@cslave0 ~]#   /home/joe/Hadoop-3.3.1/bin/hdfs   --daemon   start   datanode
[joe@cslave1 ~]#   /home/joe/Hadoop-3.3.1/bin/hdfs   --daemon   start   datanode
[joe@cslave2 ~]#   /home/joe/Hadoop-3.3.1/bin/hdfs   --daemon   start   datanode
```

二是启动内嵌的 ZooKeeper 集群。使用如下命令，以 joe 用户，在 cslave0～cslave2 上分别启动 ZooKeeper。

```
[joe@cslave0 ~]$ /home/joe/hbase-2.3.6/bin/hbase-daemon.sh    start    zookeeper
[joe@cslave1 ~]$ /home/joe/hbase-2.3.6/bin/hbase-daemon.sh    start    zookeeper
[joe@cslave2 ~]$ /home/joe/hbase-2.3.6/bin/hbase-daemon.sh    start    zookeeper
```

三是启动 HBase 集群。以 joe 用户，在 cmaster 上启动 HBase 主服务 HMaster（下述第 1 条命令），在 cslave0～cslave2 机器上分别启动 HBase 从服务 HRegionServer（下述第 2～4 条命令）。

```
[joe@cmaster ~]#  /home/joe/hbase-2.3.6/bin/hbase-daemon.sh    start    master
[joe@cslave0 ~]$  /home/joe/hbase-2.3.6/bin/hbase-daemon.sh    start    regionserver
[joe@cslave1 ~]$  /home/joe/hbase-2.3.6/bin/hbase-daemon.sh    start    regionserver
[joe@cslave2 ~]$  /home/joe/hbase-2.3.6/bin/hbase-daemon.sh    start    regionserver
```

10）验证 HBase 是否成功启动

一是网页验证。在浏览器里输入地址"http://cmaster:16010"，即可看到 HBase 的 Web UI，此页面上包含了 HBase 集群主节点、从节点等各类统计信息（见图 2-43）。HRegionServer 的 Web UI 位置为"http://HRegionServerIP:16030"，读者可打开任意 slave 机器的 HRegionServer Web UI。

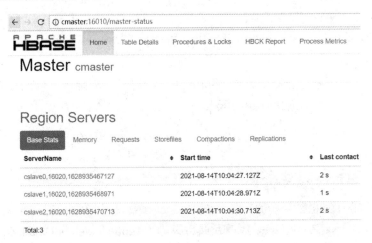

图 2-43　HBase 集群页面

二是进程验证。在 HBase 集群启动后，在 cmaster 和 cslave0～cslave2 上分别执行如下 jps 命令查看对应进程，cmaster 将显示进程为 HMaster 和 NameNode，cslave0～cslave2 的进程为 HRegionServer、HQuorumPeer、DataNode。

```
$   /usr/java/jdk1.8.0_301-amd64/bin/jps
```

11）关闭 HBase 集群

可使用下述命令关闭 HBase 集群，不同机器执行的命令可能不同。注意执行顺序。

```
[joe@cslave0 ~]$ /home/joe/hbase-2.3.6/bin/hbase-daemon.sh    stop    regionserver
[joe@cslave1 ~]$ /home/joe/hbase-2.3.6/bin/hbase-daemon.sh    stop    regionserver
[joe@cslave2 ~]$ /home/joe/hbase-2.3.6/bin/hbase-daemon.sh    stop    regionserver
```

```
[joe@cmaster ~]$ /home/joe/hbase-2.3.6/bin/hbase-daemon.sh   stop   master

[joe@cslave0 ~]$ /home/joe/hbase-2.3.6/bin/hbase-daemon.sh   stop   zookeeper
[joe@cslave1 ~]$ /home/joe/hbase-2.3.6/bin/hbase-daemon.sh   stop   zookeeper
[joe@cslave2 ~]$ /home/joe/hbase-2.3.6/bin/hbase-daemon.sh   stop   zookeeper
```

3．HBase 编程

HBase 提供了诸多访问接口，下面简单罗列各种访问接口。

（1）Native Java API：最常规和高效的访问方式，适合 Hadoop MapReduce Job 并行批处理 HBase 表数据。

（2）HBase Shell：HBase 的命令行工具，最简单的接口，适合管理、测试时使用。

（3）Thrift Gateway：利用 Thrift 序列化技术，支持 C++、PHP、Python 等多种语言，适合其他异构系统在线访问 HBase 表数据。

（4）REST Gateway：支持 REST 风格的 HTTP API 访问 HBase，解除了语言限制。

（5）Pig：可以使用 Pig Latin 流式编程语言操作 HBase 中的数据，和 Hive 类似，最终也是编译成 MapReduce Job 来处理 HBase 表数据，适合做数据统计。

（6）Hive：同 Pig 类似，可以使用类 SQL 的 HiveQL 语言处理 HBase 表中的数据，当然最终依旧是 HDFS 与 MapReduce 操作。

【例 2-18】按要求完成任务：①假定 MySQL 里有 member 表（同 Hive 示例中使用的表，见表 2-4），要求使用 HBase 的 Shell 接口，在 HBase 中新建并存储此表；②简述 HBase 是否适合存储任务①中的结构化数据，并简单叙述 HBase 与关系型数据库的区别。

解答：HBase 是按列存储的分布式数据库，它有一个列族的概念。对应表 2-7，这里的列族应当是什么呢？这需要我们做进一步抽象，下面将 name、gender、age 这三个字段抽象为个人属性（personalAttr），edu、prof、income 抽象为社会属性（socialAttr），personalAttr 列族包含 name、gender 和 age 三个限定符；同理 socialAttr 列族包含 edu、prof、income 三个限定符，表 2-7 是针对表 2-4 的进一步逻辑抽象。

表 2-7　HBase 里 member 表的逻辑模型

行键	列键					
	列族 personalAttr			列族 socialAttr		
id	name	gender	age	edu	prof	income
201401	aa	0	21	e0	p3	M
201402	bb	1	22	e1	p2	L
201403	cc	1	23	e2	P1	M

按上述思路，在 cslave2 上依次执行如下命令。

```
[joe@cslave2 ~]$ /home/joe/hbase-2.3.6/bin/hbase   shell              #进入 HBase 命令行
hbase(main):001:0> list                                              #查看所有表
hbase(main):002:0> create 'member','id','personalAttr','socialAttr'  #创建 member 表
hbase(main):003:0> list
hbase(main):004:0> scan 'member'                                     #查看 member 表的内容
```

```
hbase(main):005:0> put 'member','201401','personalAttr:name','aa'        #向 member 表中插入数据
hbase(main):006:0> put 'member','201401','personalAttr:gender','0'
hbase(main):007:0> put 'member','201401','personalAttr:age','21'
hbase(main):008:0> put 'member','201401','socialAttr:edu','e0'
hbase(main):009:0> put 'member','201401','socialAttr: prof','p3'
hbase(main):010:0> put 'member','201401','socialAttr:imcome','m'
hbase(main):011:0> scan 'member'
hbase(main):012:0> disable 'member'                                      #废弃 member 表
hbase(main):013:0> drop 'member'                                         #删除 member 表
hbase(main):014:0> quit
```

在上述命令执行过程中，可在浏览器里打开"http://cmaster:16010"，在该地址中可看到新建的表。此外，读者也可打开"http://cmaster:9870"，接着依次定位"Utilities→Browse the file system"，进入目录"/user/hbase/data/default"下，即可查看刚才新建的表在 HDFS 中的痕迹。

HBase 里的数据依旧可以看成<key,value>对，只是它的 value 可以是一个 List，即<key,valueList>（<key,value1,…,value$N$>），如表中的<id,[personalAttr,socialAttr]>。每个列族也是一个 List，比如列族 personalAttr 包含三个限定符 name、gender、age。读者也可以只定义一个列族，比如列族 info，此列族下包含六个限定符。

显然表 2-7 中 id 数量众多，且其结构定义完整。事实上，HBase 并不适合存储这类结构化数据，HBase 设计之初是为了存储互联网上大量的半结构化数据（见表 2-5）。例如，例 2-18 中用户甚至可以插入'member','201401','socialAttr:country','china'，而表中并没有定义 country 字段，但 HBase 里可以随意插入，这是它的巨大优势。下面简单罗列HBase 和关系型数据库的区别。

HBase 只提供字符串这一种数据类型，其他数据类型的操作只能靠用户自行处理，而关系型数据库有丰富的数据类型；HBase 数据操作只有很简单的插入、查询、删除、修改、清空等操作，不能实现表与表的关联操作，而关系型数据库有大量此类 SQL 语句和函数；HBase 基于列存储，每个列族都由几个文件保存，不同列族的文件是分离的，关系型数据库基于表格设计和行模式保存；在修改和删除数据实现上，HBase 是插入带有特殊标记的新记录，而关系型数据库是进行数据内容的替换和修改；HBase 为分布式而设计，可通过增加机器实现性能和数据增长，而关系型数据库很难做到这一点。

2.6.6 Mahout

Mahout 是基于 Hadoop 平台的机器学习工具，其将主流机器学习算法进行了MapReduce 改造，同时提供了大量数据处理工具包。通过 Mahout 提供的数据处理工具与机器学习算法，用户能够很方便地实现从模型构建到性能测试等一系列步骤。

1. Mahout 定义

目前 Mahout 主要包含分类、聚类和协同过滤三种类型的算法，需要注意的是，Mahout 算法处理的数据必须是矩阵类型的二进制数据，若数据为文本类型，用户须通过 Mahout 提供的数据转换工具完成转换，接着使用相关算法训练模型、做出预测。

用户可以把 Mahout 看成一个 Hadoop 客户端，只是这个客户端包含了大量的机器学习 jar 包。作为 Hadoop 的一个客户端，Mahout 只需部署在集群中或集群外的 slave 上。

2．Mahout 部署

可以采用"手工部署""Ambari 工具部署"两种方式部署 Mahout，本章采用手工部署。Mahout 相当于 Hadoop 的一个客户端，因此只需在任意一个客户端上部署解压配置即可，本节在 cslave2 上部署 Mahout。Mahout 依赖 Hadoop。Hadoop 主服务在 cmaster 上，从服务在 cslave0～cslave2 上。

1）下载软件包

依次定位到" http://archive.apache.org/dist/ "" mahout/ "" 0.13.0/ "，下载 apache-mahout-distribution-0.13.0.tar.gz。

2）部署前提

一是准备集群。使用前期已准备好的 4 台 CentOS 7 虚拟机（cmaster、cslave0～cslave2）。二是设置单机。每台机器均按照例 2-3 进行单机设置。三是设置集群。按照例 2-4 进行集群设置，添加集群域名映射。四是部署 Hadoop 集群。Hadoop（HDFS 和 YARN）主服务在 cmaster 上，从服务在 cslave0～cslave2 上。

3）部署规划

在 cslave2 上部署 Mahout。

4）解压 Mahout

将 apache-mahout-distribution-0.13.0.tar.gz 复制到 cslave2 文件夹"/home/joe"下，以 joe 用户在 cslave2 上解压。

```
[joe@cslave2 ~]$ tar   -zxvf   /home/joe/apache-mahout-distribution-0.13.0.tar.gz
```

5）配置 Mahout

编辑" /home/joe/apache-mahout-distribution-0.13.0/bin/mahout "，将 JAVA_HOME、HADOOP_HOME 写入该文件最前面。编者将如下内容写入 Mahout 文件最前面。注意是新增内容而不是覆盖，是在开头新增而不是在结尾。

```
HADOOP_HOME=/home/joe/Hadoop-3.3.1/
JAVA_HOME=/usr/java/jdk1.8.0_301-amd64/
```

至此，完成 Mahout 部署。Mahout 是 Hadoop 的一个客户端，只需要"解压""告知其 Hadoop 与 Java 的环境位置"，无须其他配置。

3．Mahout 编程

Mahout 提供了程序和命令行接口，通过参考 Mahout 已有的大量机器学习算法，程序员也可实现将某算法并行化。

【例 2-19】要求以 joe 用户运行 Mahout 示例程序 naivebayes，到互联网下载数据集，上传至 HDFS，建立学习器，训练学习器，最后使用测试数据对此学习器进行性能测试。

解答：首先须下载训练数据集和测试数据，接着运行训练 MapReduce 和测试

MapReduce，Mahout 里的算法要求输入格式为 value 和向量格式的二进制数据，故中间还须加一些步骤，将数据转换成要求格式的数据。下面的脚本 naivebayes.sh 可以完成这些操作。

一是编写脚本。其主要包括"下载数据集""上传数据集""数据预处理""训练模型""预测"等步骤。

```sh
#!/bin/sh
#新建本地目录，用于存放下载的数据集
cd ~/
mkdir -p /home/joe/mahout/20news-bydate /home/joe/mahout/20news-all
#新建 HDFS 目录，用于存放下载的数据集
/home/joe/Hadoop-3.3.1/bin/hdfs dfs -mkdir -p mahout
#下载数据集
curl http://people.csail.mit.edu/jrennie/20Newsgroups/20news-bydate.tar.gz \
-o /home/joe/mahout/20news-bydate.tar.gz
#将数据集解压、合并，并上传至 HDFS
cd /home/joe/mahout/20news-bydate
tar -xzf /home/joe/mahout/20news-bydate.tar.gz
cd ~/
cp -R /home/joe/mahout/20news-bydate/*/* /home/joe/mahout/20news-all
/home/joe/Hadoop-3.3.1/bin/hdfs dfs -put \
/home/joe/mahout/20news-all mahout/20news-all
#使用工具类 seqdirectory 将文本数据转换成二进制数据
cd ~/
/home/joe/apache-mahout-distribution-0.13.0/bin/mahout \
seqdirectory -i mahout/20news-all -o mahout/20news-seq -ow
#使用工具类 seq2sparse 将二进制数据转换成算法能处理的向量格式的二进制数据
/home/joe/apache-mahout-distribution-0.13.0/bin/mahout seq2sparse -i \
mahout/20news-seq -o mahout/20news-vectors -lnorm -nv -wt tfidf
#将总数据随机分成两部分，第一部分约占总数据的80%，用来训练模型
#剩下的约20%作为测试数据，用来测试模型
/home/joe/apache-mahout-distribution-0.13.0/bin/mahout split -I \
mahout/20news-vectors/tfidf-vectors --trainingOutput mahout/20news-train-vectors \
--testOutput mahout/20news-test-vectors \
--randomSelectionPct 40 --overwrite --sequenceFiles -xm sequential
#训练 Bayes 模型
/home/joe/apache-mahout-distribution-0.13.0/bin/mahout traiInb -i \
mahout/20news-train-vectors -o mahout/model -li mahout/labelindex -ow
#使用训练数据集对模型进行自我测试（可能会产生过拟合）
/home/joe/apache-mahout-distribution-0.13.0/bin/mahout teItnb -i \
mahout/20news-train-vectors -m mahout/model -l mahout/labelindex \
-ow -o mahout/20news-testing
#使用测试数据对模型进行测试
/home/joe/apache-mahout-distribution-0.13.0/bin/mahout tIstnb -i \
```

```
mahout/20news-test-vectors -m mahout/model -l mahout/labelindex \
-ow -o mahout/20news-testing
```

如上是一个完整脚本，在 cslave2 上以 joe 用户身份执行，且只能执行一次。再次执行时，必须删除前一次执行时的数据痕迹。

二是分布执行。复制一句执行一句，请读者自行操作。上传 HDFS、训练数据集等步骤执行时可能很耗时，屏幕可能长时间无反应，注意此时并不是程序出错。任务执行过程中，在浏览器中打开"http://cmaster:8088"，可看到 Mahout 提交的 MapReduce 任务，打开"http://cmaster:9870"，接着依次定位"Utilities""Browse the file system""/user/joe/mahout/"可查看相关表。

三是统一执行。首先使用如下命令删除分布执行时的各类临时文件。

```
[joe@cslave2 ~]$  rm  -rf  /home/joe/mahout/
[joe@cslave2 ~]$  /home/joe/Hadoop-3.3.1/bin/hdfs  dfs  -rm  -r  -f  mahout
```

然后如下所示将执行脚本全部写入一个文件，命名为 naivebayes.sh，并存储于 cslave2 的"/home/joe"文件夹下。授予该脚本执行权限，然后执行该脚本。脚本中上传 HDFS、训练数据集等步骤执行时间可能很长，屏幕可能长时间无反应，注意此时并不是程序出错。

```
[joe@cslave2 ~]$  chmod  +x  /home/joe/naivebayes.sh
[joe@cslave2 ~]$  sh  /home/joe/naivebayes.sh
```

该脚本首先到外网下载数据集，脚本执行时会启动一系列 MapReduce 任务。任务执行过程中，在浏览器中打开"http://cmaster:8088"，可看到 Mahout 提交的 MapReduce 任务，打开"http://cmaster:9870"，接着依次定位"Utilities""Browse the file system""/user/joe/mahout/"可查看相关表。

2.6.7　Redis

1. Redis 定义

Redis（Remote Dictionary Server），即远程字典服务，是一个使用 C 语言编写的内存型数据库，主要存储字典类、日志类、key-value 类数据。从 2010 年 3 月 15 日起，Redis 的开发工作由 VMware 主持。从 2013 年 5 月开始，Redis 的开发由 Pivotal 赞助。

Redis 数据以<key,value>存储，常见的 value 类型包括 String（字符串）、List（链表）、Set（集合）、Hash（哈希）。这些数据类型都支持推送/弹出、添加/删除、交集、并集、差集等原子类型操作。Redis 默认将数据缓存在内存中，同时周期性地把更新的数据写入磁盘或者把修改操作写入追加的记录文件（见图 2-44）。

Redis 支持主流开发语言，可通过 Java、C/C++、C#、PHP、JavaScript、Perl、Object-C、Python、Ruby、Erlang 等语言访问接口。Redis 支持主从同步，可以实现集群部署。数据可以从主服务器向任意数量的从服务器上同步，从服务器可以是关联其他从服务器的主服务器。

2. Redis 部署

可以采用"传统部署""标准部署"两种方式部署 Redis，本节采用传统方式手工部署。Redis 采用 master/slave 架构，本节仅以单机模式演示 Redis，在 cmaster 上部署 Redis 数据库，在 cslave2 上安装 Redis 客户端。

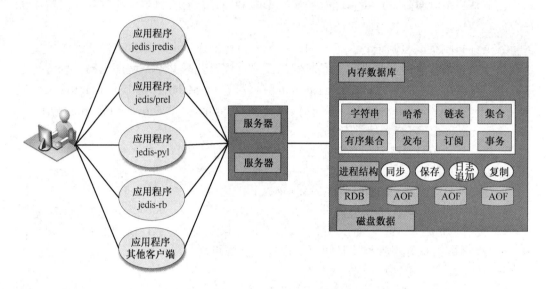

图 2-44　Redis 体系架构

1）下载软件包

依次定位到"https://redis.io/""download"，下载 redis-6.2.5.tar.gz。

2）部署前提

一是准备单机。使用前期已准备好的 cmaster、cslave2。二是设置单机。按照例 2-3 进行单机设置。三是设置集群。按照例 2-4 进行集群设置，添加集群域名映射。

3）部署规划

本节仅以单机模式演示 Redis。在 cmaster 上部署 Redis 数据库，在 cslave2 上安装 Redis 客户端。

4）解压 Redis

将 redis-6.2.5.tar.gz 分别复制到 cmaster、cslave2 的文件夹"/home/joe"下，以 joe 用户分别解压。

```
[joe@cmaster ~]$ tar   -zxvf   /home/joe/redis-6.2.5.tar.gz
[joe@cslave2 ~]$ tar   -zxvf   /home/joe/redis-6.2.5.tar.gz
```

5）编译 Redis 源代码

以 joe 用户在 cmaster、cslave2 上编译 Redis。进入 redis-6.2.5 目录，执行 make 命令编译 Redis 源代码。

```
[joe@cmaster ~]$   cd   redis-6.2.5/
[joe@cmaster redis-6.2.5]$   make
[joe@cslave2 ~]$   cd   redis-6.2.5/
[joe@cslave2 redis-6.2.5]$   make
```

6）设置 Redis 主服务配置文件

以 joe 用户在 cmaster 上编辑文件"/home/joe/redis-6.2.5/redis.conf"，找到如下这行。注意仅在 cmaster 上配置，cslave2 上不做配置。

```
bind  127.0.0.1  -::1
```

将"127.0.0.1"换成 cmaster。编者换成如下内容。

```
bind  cmaster  -::1
```

7）启动 Redis

以 joe 用户在 cmaster 上启动 Redis。注意仅在 cmaster 上操作，在 cslave2 上不操作。

```
[joe@cmaster ~]$ /home/joe/redis-6.2.5/src/redis-server    /home/joe/redis-6.2.5/redis.conf   &
```

8）验证 Redis 是否成功启动

在 cmaster 上使用 ps 命令，可以查看正在运行的 Redis 进程。

```
[joe@cmaster ~]$  ps  -ef  |  grep  redis
```

9）关闭 Redis

可以使用如下命令关闭 Redis。以 joe 用户在 cmaster 上执行。

```
[joe@cmaster ~]$  /home/joe/redis-6.2.5/src/redis-cli  -h  cmaster  shutdown
```

关闭后再使用 ps 命令就看不到 Redis 进程了。

3．Redis 编程

【例 2-20】在 cslave2 上访问 cmaster 上部署的 Redis，并写入数据{city、（shanghai, beijing,suzhou,nanjing,hangzhou）}。

解答：在 cslave2 上，启动 Redis 命令行客户端，并指定该客户端指向 cmaster 上正在运行的 Redis 数据库。

执行下述命令的前提是，cslave1 上已经启动了 Redis 服务。set 为写入，get 为读取。

```
[joe@cslave2 ~]$ /home/joe/redis-6.2.5/src/redis-cli   -h   cmaster
cmaster:6379> set   city   shanghai,beijing,suzhou,nanjing,hangzhou
cmaster:6379> get   city
"shanghai,beijing,suzhou,nanjing,hangzhou"
cmaster:6379> quit
[joe@cslave2 ~]$
```

【例 2-21】在 MapReduce 程序里访问 cmaster 上部署的 Redis，并读取数据 key 值为 city 的 value 值。

解答：将 MapReduce 读取的文件当作大表，将 Redis 读取的文件当作小表。该程序即实现遍历大表数据，比对小表。大表可以大到 TB 级。有人说小表放内存更合理，当小表大小达到 GB 级别时，放内存不合理，放第三方 Redis 更方便且访问更快。程序访问 Redis 时要先引入 Jedis 包。

如下为 MapReduce 程序访问 Redis 的关键代码。注意要先在 setup 里实例化 Redis。

```
import redis.clients.jedis.Jedis;
public class LargeMemory {
public static class TokenizerMapper extends Mapper<Object, Text, Text, IntWritable> {
```

```
private final static IntWritable one = new IntWritable(1);
Jedis jedis = null;
protected void setup(Context context) throws IOException, InterruptedException {
jedis = new Jedis(context.getConfiguration().get("redisIP"));
System.out.println("setup ok *^_^* ");}
public void map(Object key, Text value, Context context) throws IOException, InterruptedException {
String[] values = value.toString().split(" ");
for (int i = 0; i < values.length; i++) {
if (jedis.get("city").equals(values[i])) {
context.write(new Text(values[i]), one);}}}}
public static class IntSumReducer extends Reducer<Text, IntWritable, Text, IntWritable> {
private IntWritable result = new IntWritable();
public void reduce(Text key, Iterable<IntWritable> values, Context context)
throws IOException, InterruptedException {
int sum = 0;
for (IntWritable val : values) {
sum += val.get();}
result.set(sum);
context.write(key, result);}}
public static void main(String[] args) throws Exception {
Configuration conf = new Configuration();
conf.set("redisIP", args[0]);
Job job = Job.getInstance(conf, "RedisDemo");
job.setJarByClass(LargeMemory.class);
job.setMapperClass(TokenizerMapper.class);
job.setReducerClass(IntSumReducer.class);
job.setMapOutputKeyClass(Text.class);
job.setMapOutputValueClass(IntWritable.class);
job.setOutputKeyClass(Text.class);
job.setOutputValueClass(IntWritable.class);
FileInputFormat.addInputPath(job, new Path(args[1]));
FileOutputFormat.setOutputPath(job, new Path(args[2]));
System.exit(job.waitForCompletion(true) ? 0 : 1);}}
```

【例 2-22】在 Spark 程序里访问 cmaster 上部署的 Redis，并读取数据 key 值为 city 的 value 值。

解答：将 Spark 读取的文件当作大表，将 Redis 读取的文件当作小表。该程序即实现遍历大表数据，比对小表。如下为在 Spark 交互执行器里连接 Redis 的代码。sc.parallelize 执行时为并行化操作。

```
scala> import redis.clients.jedis.Jedis
scala> var jd=new Jedis("cmaster",6379)
scala> var str=jd.get("city")
scala> var strList=str.split(",")
scala> val a = sc.parallelize(strList, 3)
```

```
scala> val b = a.keyBy(_.length)
scala> b.collect
res0: Array[(Int, String)] = Array((2,shanghai), (2,beijing), (2,suzhou), (2,nanjing), (2,hangzhou))
```

4．MariaDB 入门

企业常用数据库架构为：使用 MariaDB 作为生产库，使用 PostgreSQL 作为分析库，使用 Redis 作为分析库的辅助库，使用 Spark 作为计算引擎，使用 Hive 作为数据仓库，使用 HDFS 作为存储。

MariaDB 为 MySQL 数据库的开源分支，常用于中小型企业，主要用于存储用户注册、产品列表、业务交易等核心业务数据。下面简单介绍 MariaDB 的安装和使用。

1）安装 MariaDB

可以采用"传统部署""标准部署"两种方式部署 MariaDB，本章采用标准方式部署。

（1）部署前提。一是准备单机。使用前期已准备好的 cmaster。二是设置单机。按照例 2-3 进行单机设置。

（2）部署规划。MariaDB 为单机架构，本节在 cmaster 上部署 MariaDB。

（3）安装 MariaDB。在 cmaster 上以 root 用户执行安装命令。注意是 root 用户。

```
[root@cmaster ~]#  yum  install  mariadb-server  mariadb-client
```

（4）设置开机自动启动 MariaDB 并启动数据库。下述第 1 条命令为设置开机自动启动，第 2 条命令为关闭 MariaDB，第 3 条命令为开启 MariaDB，第 4 条命令为查看状况。注意这 4 个命令均以 root 用户执行。

```
[root@cmaster ~]#  systemctl  enable  mariadb
[root@cmaster ~]#  systemctl  stop  mariadb
[root@cmaster ~]#  systemctl  start  mariadb
[root@cmaster ~]#  systemctl  statue  mariadb
```

（5）初始化 MariaDB。该命令会提示输入密码，第一次初始化 MariaDB 时，没有密码，直接回车即可。其他配置正常设置即可。注意以 root 用户执行。

```
[root@cmaster ~]#  mysql_secure_installation
```

（6）验证 MariaDB。一是登录数据库并操作相关表，详见后续内容。二是使用"systemctl statue mariadb"查看进程状态。

2）登录 MariaDB

在 MariaDB 开启情况下，以 root 用户执行如下命令，输入刚才设置的密码，即可登录 MariaDB。

```
[root@cmaster ~]#  mysql  -u  root  -p
```

3）使用数据库

如下为 MariaDB 的常见操作。

```
[root@cmaster ~]#  mysql  -u  root  -p
MariaDB [(none)]>  show  databases;
MariaDB [(none)]>  create  database  njuedu;
MariaDB [(none)]>  use  njuedu;
```

使用如下语句新建 courses 表。

```
create  table  courses(
id  INT  NOT NULL  AUTO_INCREMENT,
name  CHAR(40)  NOT  NULL,
grade  FLOAT  NOT  NULL,
info  CHAR(100)  NULL,
PRIMARY  KEY(id));
```

使用如下语句向该表里插入数据。

```
INSERT  INTO   courses(id,name,grade,info) VALUES(4,'Mathematics',3,'Advanced mathematics');
INSERT  INTO   courses(name,info,id,grade) VALUES('Database','MariaDB',2,3);
```

使用如下语句查看表中数据。

```
MariaDB [njuedu]>  select  *  from  courses;
MariaDB [njuedu]>  exit;
```

MariaDB 功能非常强大，请读者深入学习。

2.6.8 Kafka

Kafka 是由 LinkedIn 公司开发的一个分布式、多分区、多副本、多订阅者的分布式日志系统，可以用于 Web/Nginx 日志、访问日志、消息服务等，LinkedIn 于 2010 年将其捐赠给 Apache。目前其主要用于日志收集系统和消息系统。

1. Kafka 定义

一个消息系统负责将数据从一个应用传递到另一个应用，应用只需关注数据，无须关注数据在两个或多个应用间是如何传递的。分布式消息传递基于可靠的消息队列，在客户端应用和消息系统之间异步传递消息。业界主要有"点对点传递模式"和"发布-订阅模式"两种消息传递模式。Kafka 就是一种发布-订阅模式（见图 2-45）。

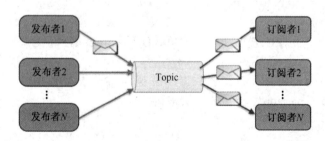

图 2-45　发布-订阅模式

在发布-订阅模式中，消息被持久化到一个 Topic 中。与点对点消息系统不同的是，消费者可以订阅一个或多个 Topic，消费者可以消费该 Topic 中的所有数据，同一条数据可以被多个消费者消费，数据被消费后不会立马被删除。在发布-订阅模式中，消息的生产者称为发布者（Publisher），消费者称为订阅者（Subscriber）。发布者发送到 Topic 的消息，只有订阅了 Topic 的订阅者才会收到。

Kafka 主要由 Producer、Broker、Consumer 等部分组成（见图 2-46），功能如下。

（1）Broker。Kafka 集群包含一个或多个服务器，服务器节点称为 Broker。Broker

存储 Topic 的数据。一个 Topic 会有多个 Partition，这些 Partition 会分散到各 Broker 里。

（2）Topic。每条发布到 Kafka 集群的消息都有一个类别，这个类别被称为 Topic。物理上不同 Topic 的消息是分开存储的，但逻辑上用户只需指定消息的 Topic 即可生产或消费 Topic，无须关心数据存于何处。

（3）Partition。Topic 中的数据分割为一个或多个 Partition。每个 Topic 至少有一个 Partition。

（4）Producer。Producer 即数据的发布者，该角色将消息发布到 Kafka 的 Topic 中。Broker 接收到 Producer 发送的消息后，将该消息追加到当前用于追加数据的 Segment 文件中。Producer 发送的消息存储到一个 Partition 中，Producer 也可以指定数据存储的 Partition。

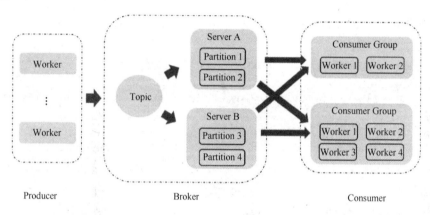

图 2-46 Kafka 数据流体系架构

（5）Consumer。Consumer 可以从 Broker 中读取数据。Consumer 可以消费多个 Topic 中的数据。

（6）Consumer Group。每个 Consumer 属于一个特定的 Consumer Group（可为每个 Consumer 指定 Group Name，若不指定 Group Name 则属于默认的 Group）。

（7）Leader。每个 Partition 有多个副本，其中有且仅有一个作为 Leader。Leader 是当前负责数据读写的 Partition。

（8）Follower。Follower 跟随 Leader，所有写请求都通过 Leader 路由，数据变更会广播给所有 Follower，Follower 与 Leader 保持数据同步。如果 Leader 失效，则从 Follower 中选举一个新的 Leader。当 Follower 与 Leader 卡住或者同步太慢时，Leader 会把这个 Follower 从 "in sync replicas"（ISR）列表中删除，重新创建一个 Follower。

2．Kafka 部署

可以采用"手工部署""Ambari 工具部署"两种方式部署 Kafka，本章采用手工部署。Kafka 为对等架构，下面在 cslave0、cslave2 上部署 Kafka。Kafka 依赖 ZooKeeper，我们使用的 Kafka 自带 ZooKeeper，且 ZooKeeper 服务部署在 cslave0～cslave2 上。

1）下载软件包

依次定位到 "http://archive.apache.org/dist/" "kafka/" "2.7.1/"，下载 kafka_2.13-2.7.1.tgz。

2）部署前提

一是准备集群。使用前期已准备好的 3 台 CentOS 7 虚拟机（cslave0～cslave2）。二是设置单机。每台机器均按照例 2-3 进行单机设置。三是设置集群。按照例 2-4 进行集群设置，添加集群域名映射。四是选择 ZooKeeper 集群。使用 Kafka 自带的 ZooKeeper 服务，ZooKeeper 为对等架构，部署在 cslave0～cslave2 上。

3）部署规划

在 cslave0、cslave2 上部署 Kafka。在 cslave0～cslave2 上部署 Kafka 自带的 ZooKeeper。

4）解压 Kafka

将 kafka_2.13-2.7.1.tgz 分别复制到 cslave0～cslave2 的文件夹"/home/joe"下，以 joe 用户分别解压。

```
[joe@cslave0 ~]$ tar  -zxvf  /home/joe/kafka_2.13-2.7.1.tgz
[joe@cslave1 ~]$ tar  -zxvf  /home/joe/kafka_2.13-2.7.1.tgz
[joe@cslave2 ~]$ tar  -zxvf  /home/joe/kafka_2.13-2.7.1.tgz
```

5）启动自带 ZooKeeper 集群

一是配置 ZooKeeper 集群参数。编辑文件"/home/joe/kafka_2.13-2.7.1/config/zookeeper.properties"，将 ZooKeeper 集群参数写入该文件。注意 cslave0～cslave2 这 3 台机器均需配置。

```
dataDir=/home/joe/cloudData/kzkp/data
dataLogDir=/home/joe/cloudData/kzkp/logs
clientPort=2181
maxClientCnxns=100
tickTime=2000
initLimit=10
syncLimit=5
server.1=cslave0:2888:3888
server.2=cslave1:2888:3888
server.3=cslave2:2888:3888
```

二是新建 ZooKeeper 目录。在 3 台机器上均新建目录"/home/joe/cloudData/kzkp/data/""/home/joe/cloudData/kzkp/logs/"，作为 ZooKeeper 的工作目录。注意 3 台机器都需新建。

三是指定 myid 编号。3 台机器上均新建文件"/home/joe/cloudData/kzkp/data/myid"，且这 3 个 myid 分别写上标号。

```
[joe@cslave0 ~]$ cat  /home/joe/cloudData/kzkp/data/myid
1
[joe@cslave1 ~]$ cat  /home/joe/cloudData/kzkp/data/myid
2
[joe@cslave2 ~]$ cat  /home/joe/cloudData/kzkp/data/myid
3
```

四是启动自带的 ZooKeeper 集群。以 joe 用户使用如下命令，启动 ZooKeeper 集群。cslave0～cslave2 均执行。

```
[joe@cslave0 ~]$   /home/joe/kafka_2.13-2.7.1/bin/zookeeper-server-start.sh   \
/home/joe/kafka_2.13-2.7.1/config/zookeeper.properties   &
[joe@cslave1 ~]$   /home/joe/kafka_2.13-2.7.1/bin/zookeeper-server-start.sh   \
/home/joe/kafka_2.13-2.7.1/config/zookeeper.properties   &
[joe@cslave2 ~]$   /home/joe/kafka_2.13-2.7.1/bin/zookeeper-server-start.sh   \
/home/joe/kafka_2.13-2.7.1/config/zookeeper.properties   &
```

五是查看 ZooKeeper 是否启动成功。使用 jps 和 netstat 命令，查验集群是否成功启动，详见 5.6.4 节。

```
netstat -anlp | grep 2181
netstat -anlp | grep 2888
netstat -anlp | grep 3888
```

6）设置 Kafka 集群参数

将如下内容写入 cslave0 的 "/home/joe/kafka_2.13-2.7.1/config/server.properties" 下。

```
broker.id=0
host.name=cslave0
log.dirs=/home/joe/cloudData/kf/logs
zookeeper.connect=cslave0:2181,cslave1:2181,cslave2:2181
```

将如下内容写入 cslave1 的 "/home/joe/kafka_2.13-2.7.1/config/server.properties" 下。

```
broker.id=1
host.name=cslave1
log.dirs=/home/joe/cloudData/kf/logs
zookeeper.connect=cslave0:2181,cslave1:2181,cslave2:2181
```

将如下内容写入 cslave2 的 "/home/joe/kafka_2.13-2.7.1/config/server.properties" 下。

```
broker.id=2
host.name=cslave0
log.dirs=/home/joe/cloudData/kf/logs
zookeeper.connect=cslave0:2181,cslave1:2181,cslave2:2181
```

显然，cslave0～cslave2 对应的 broker.id、host.name 不相同。

7）新建 Kafka 工作目录

在 cslave0～cslave2 这 3 台机器上均新建 "/home/joe/cloudData/kf/logs" 目录。

8）启动 Kafka

Kafka 集群依赖 ZooKeeper 集群，先启动 ZooKeeper 集群，再启动 Kafka 集群。

一是启动自带的 ZooKeeper 集群。cslave0～cslave2 均执行。

二是启动 Kafka 集群。在 cslave0～cslave2 上启动 Kafka。

```
[joe@cslave0 ~]$   /home/joe/kafka_2.13-2.7.1/bin/kafka-server-start.sh   \
-daemon   /home/joe/kafka_2.13-2.7.1/config/server.properties   &
[joe@cslave1 ~]$   /home/joe/kafka_2.13-2.7.1/bin/kafka-server-start.sh   \
-daemon   /home/joe/kafka_2.13-2.7.1/config/server.properties   &
[joe@cslave2 ~]$   /home/joe/kafka_2.13-2.7.1/bin/kafka-server-start.sh   \
```

```
-daemon   /home/joe/kafka_2.13-2.7.1/config/server.properties   &
```

9）验证是否启动成功

在 cslave0～cslave2 上使用如下 jps 命令，若能看到名为"Kafka"的进程，则说明启动成功。

```
/usr/java/jdk1.8.0_301-amd64/bin/jps
```

10）关闭 Kafka 集群

如下分别为 Kafka 和 ZooKeeper 的关闭命令。注意，关闭 Kafka 命令在 cslave0～cslave2 上执行；关闭 ZooKeeper 命令也在这 3 台机器上执行。

```
$  /home/joe/kafka_2.13-2.7.1/bin/kafka-server-stop.sh
$  /home/joe/kafka_2.13-2.7.1/bin/zookeeper-server-stop.sh
```

3．Kafka 编程

【例 2-23】请使用 cslave0 产生一个 Topic，指定 cslave0 作为 Producer，对该 Topic 不间断写入数据。指定 cslave2 作为该 Topic 的 Consumer，读取该 Topic 产生的实时数据。

解答：在 cslave0～cslave2 上启动 Kafka。根据需要，cslave0 角色是 Producer，cslave2 角色是 Consumer。如下命令为本例的执行步骤。执行下述命令之前，请确保 cslave0～cslave2 3 台机器均已启动 Kafka。

一是在 cslave0 上新建 Topic。首先新建 Topic，并命名为 testAACC。

```
[joe@cslave0 ~]$   /home/joe/kafka_2.13-2.7.1/bin/kafka-topics.sh  --list  --zookeeper  cslave1:2181
[joe@cslave0 ~]$   /home/joe/kafka_2.13-2.7.1/bin/kafka-topics.sh  --create  --zookeeper  cslave1:2181  \
--replication-factor 3  --partitions 3  --topic testAACC
[joe@cslave0 ~]$   /home/joe/kafka_2.13-2.7.1/bin/kafka-topics.sh  --list  --zookeeper  cslave1:2181
```

二是在 cslave2 上启动 Kafka 消费数据。在 cslave2 上启动 Kafka Consumer，指向 testAACC，读取该 Topic 上的数据。

```
[joe@cslave2 ~]$   /home/joe/kafka_2.13-2.7.1/bin/kafka-console-consumer.sh  \
--bootstrap-server  cslave1:9092  --from-beginning  --topic  testAACC
```

三是在 cslave0 上启动 Kafka 生产数据。在 cslave0 上，使用 joe 用户进入 Producer 命令行，"任意输入数据"→"按回车键"，"任意输入数据"→"按回车键"，重复这个步骤。

```
[joe@cslave0 ~]$   /home/joe/kafka_2.13-2.7.1/bin/kafka-console-producer.sh   \
--broker-list  cslave1:9092  --topic  testAACC
```

上述后两个命令执行时，会进入交互模式。首先是 cslave0 作为 Producer 新建了 Topic 并不断向里面写入数据；然后是 cslave2 作为 Consumer 实时读取该 Topic 内的数据。测试完后，同时按"Ctrl"和"C"键退出 Kafka 交互式命令行。

另外，bin 目录下为 Kafka 的常见命令，请读者自学。

```
[joe@cslave0 ~]$   /home/joe/kafka_2.13-2.7.1/bin/kafka-topics.sh
[joe@cslave0 ~]$   /home/joe/kafka_2.13-2.7.1/bin/kafka-topics.sh  \
--delete --zookeeper cslave1:2181 --topic testAACC
```

2.6.9　Flink

1. Flink 定义

Flink 是由开源软件组织 Apache 开发的大数据流处理框架，其核心是用 Java 和 Scala 编写的分布式流式数据处理引擎。用户可以使用 Flink 框架以并行和流水线方式执行任意流式数据程序。Flink 支持迭代任务、批处理、交互式程序。Flink 程序可以以独立模式运行（如本节），也可以在 YARN、Mesos、Kubernetes（K8s）等框架下运行（见图 2-47）。

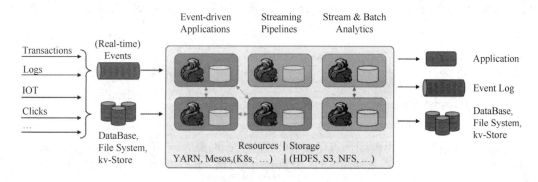

图 2-47　Flink 数据流体系架构

Flink 程序由流和转换组成，其数据流可以是有界的，也可以是无界的。数据流编程模型在有限和无限数据集上提供单次事件处理。如下主要从整个数据运行流程角度简单介绍 Flink。

（1）数据流的运行流程。Flink 程序在执行后被映射到数据流，每个 Flink 数据流以一个或多个源（数据输入，如消息队列或文件系统）开始，并以一个或多个接收器（数据输出，如消息队列、文件系统或数据库等）结束。Flink 可以对流执行任意数量的变换，这些流可以被编排为有向无环数据流图，允许应用程序分支和合并数据流。

（2）数据源和接收器。Flink 支持 Apache Kafka、Amazon Kinesis、HDFS 和 Apache Cassandra 等常规数据源，用户也可以自定义数据源。

（3）数据流状态。一是检查点和容错。检查点是应用程序状态及数据流中任意一个执行步骤的自动异步快照。Flink 支持设置检查点，在发生故障的情况下，启用了检查点的 Flink 程序能够恢复到上一个检查点。二是保存点。本质上 Flink 保存点就是用户自定义的检查点，用户可以生成保存点，停止正在运行的 Flink 程序，然后恢复流程。该功能非常实用，如管理者可以在不丢失应用程序状态的情况下对 Flink 程序或 Flink 集群进行更新。

（4）数据流 API。常见的数据流处理函数为过滤器、聚合和窗口函数等 20 余种类型，支持 Java、Scala、Python、SQL 语言。

（5）数据集 API。Flink 数据集 API 在概念上与数据流 API 类似。Flink 可以对数据集进行处理，常见数据集处理函数为过滤器、聚合和窗口函数等 20 余种类型，支持

Java、Scala、Python、SQL 语言。

（6）表 API 和 SQL。类似 SQL 的表达式语言，可以用于处理关系流，也可以嵌入 Flink 的 Java 和 Scala 数据集及数据流 API 中进行融合处理。用户可以从外部数据源或现有数据流和数据集中创建 Flink 表。Flink 表处理支持选择、聚合和连接关系运算。Flink 表也支持常规 SQL 查询。

2. Flink 部署

可以采用"手工部署""Ambari 工具部署"两种方式部署 Flink，本节采用手工部署方式。Flink 为 master/slave 架构，主服务为 StandaloneSessionClusterEntrypoint，从服务为 TaskManagerRunner。本节在 cmaster 上部署主服务，在 cslave0～cslave2 上部署从服务。

1）下载软件包

依次定位到"http://archive.apache.org/dist/""flink/""flink-1.13.2/"，下载 flink-1.13.2-bin-scala_2.11.tgz。

2）部署前提

一是准备集群。使用前期已准备好的 4 台 CentOS 7 虚拟机（cmaster、cslave0～cslave2）。二是设置单机。每台机器均按照例 2-3 进行单机设置。三是设置集群。按照例 2-4 进行集群设置，添加集群域名映射。

3）部署规划

在 cmaster 上部署 Flink 主服务，在 cslave0～cslave2 上部署 Flink 从服务。

4）解压 Flink

将 flink-1.13.2-bin-scala_2.11.tgz 分别复制到 cmaster、cslave0～cslave2 的文件夹"/home/joe"下。接着分别以 joe 用户解压。

```
[joe@cmaster ~]$ tar   -zxvf   /home/joe/flink-1.13.2-bin-scala_2.11.tgz
[joe@cslave0 ~]$ tar   -zxvf   /home/joe/flink-1.13.2-bin-scala_2.11.tgz
[joe@cslave1 ~]$ tar   -zxvf   /home/joe/flink-1.13.2-bin-scala_2.11.tgz
[joe@cslave2 ~]$ tar   -zxvf   /home/joe/flink-1.13.2-bin-scala_2.11.tgz
```

5）指定 Java 和 Hadoop 工作环境

在 4 台机器上，以 joe 用户编辑"/home/joe/flink-1.13.2/bin/config.sh"文件，将 JAVA_HOME、HADOOP_HOME 写入该文件最前面。编者将如下内容写入 config.sh 文件最前面。注意，是新增内容而不是覆盖，是在文件开头新增而不是在结尾，是 4 台机器都配置而不是单独一台。

```
HADOOP_HOME=/home/joe/Hadoop-3.3.1/
JAVA_HOME=/usr/java/jdk1.8.0_301-amd64/
```

6）配置 Flink 集群参数

在 4 台机器上，以 joe 用户编辑"/home/joe/flink-1.13.2/conf/flink-conf.yaml"文件，定位到如下内容。注意，是 4 台机器都配置而不是单独一台。

```
jobmanager.rpc.address: localhost
```

将"localhost"改成"cmaster"即可。编者将该行内容替换如下。

```
jobmanager.rpc.address: cmaster
```

7）启动 Flink 集群

以 joe 用户在 cmaster 上启动 Flink 主服务 StandaloneSessionClusterEntrypoint（第 1 条命令），在 cslave0～cslave2 上分别启动 Flink 从服务 TaskManagerRunner（第 2～4 条命令）。

```
[joe@cmaster ~]$   /home/joe/flink-1.13.2/bin/jobmanager.sh    start
[joe@cslave0 ~]$   /home/joe/flink-1.13.2/bin/taskmanager.sh    start
[joe@cslave1 ~]$   /home/joe/flink-1.13.2/bin/taskmanager.sh    start
[joe@cslave2 ~]$   /home/joe/flink-1.13.2/bin/taskmanager.sh    start
```

8）验证 Flink 是否成功启动

一是网页验证。在浏览器里输入地址"http://cmaster:8081"，即可看到 Flink 的 Web UI，此页面上包含了 Flink 集群概况、主节点、从节点、任务等各类统计信息（见图 2-48）。

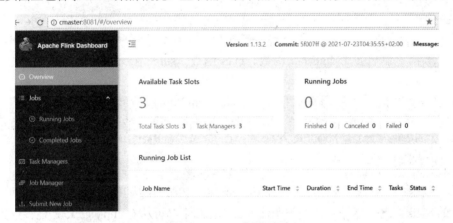

图 2-48　Flink 集群页面

二是查看进程。执行如下 jps 命令，可查看 Flink 集群各机的进程。其中，可在 cmaster 上看到 Flink 主进程 StandaloneSessionClusterEntrypoint，在 cslave0～cslave2 上看到 Flink 从进程 TaskManagerRunner。

```
/usr/java/jdk1.8.0_301-amd64/bin/jps
```

9）关闭 Flink 集群

如下为 Flink 集群关闭方式。关闭 Flink 主服务，关闭 Flink 从服务。

```
[joe@cmaster ~]$   /home/joe/flink-1.13.2/bin/jobmanager.sh    stop
[joe@cslave0 ~]$   /home/joe/flink-1.13.2/bin/taskmanager.sh    stop
[joe@cslave1 ~]$   /home/joe/flink-1.13.2/bin/taskmanager.sh    stop
[joe@cslave2 ~]$   /home/joe/flink-1.13.2/bin/taskmanager.sh    stop
```

3．Flink 编程

Flink 支持命令行接口、程序接口、Web 页面接口。

常用的交互式命令行接口为 Scala、Python、SQL。

程序接口为 Scala、Python、Java。

Web 页面接口为 http://cmaster:8081。

本节简单演示 Scala 交互式命令行接口。

【例 2-24】从 cslave2 上分别进入 Flink 集群的 Scala、Python 和 SQL 命令行接口。以 Scala 接口为例，从 cslave2 节点上向 Flink 集群提交 WordCount 任务。

解答：在 cslave2 上执行如下命令，分别进入 Scala、Python、SQL 交互式命令行接口；分别使用":q""quit()""quit"退出响应交互式命令行接口。

```
[joe@cslave2 ~]$   /home/joe/flink-1.13.2/bin/start-scala-shell.sh remote cmaster 8081
scala> :q
```

```
[joe@cslave2 ~]$   /home/joe/flink-1.13.2/bin/pyflink-shell.sh remote cmaster 8081
>>> quit()
```

```
[joe@cslave2 ~]$   /home/joe/flink-1.13.2/bin/sql-client.sh
Flink SQL> help;
Flink SQL> quit;
```

在 cslave2 上进入 Scala 交互式命令行接口。执行如下程序，首先使用 fromElements 主动生产数据，然后使用 flatMap 函数、map 函数、sum 函数完成 WordCount 程序，具体程序如下。

```
[joe@cslave2 ~]$   /home/joe/flink-1.13.2/bin/start-scala-shell.sh remote cmaster 8081
scala> val text = benv.fromElements("gg ff ee dd cc bb aa","aa bb 77 66","77 66 55 44 33 22 11")
scala> val counts=text.flatMap{_.toLowerCase.split("\\W+")}.map{(_,1)}.groupBy(0).sum(1)
scala> counts.print()
scala> :q
```

执行过程中，在浏览器中打开"http://cmaster:8081"，从 Running Jobs 栏目可看到正在执行的 Flink 任务。若看不到则说明任务已执行结束，可从 Completed Jobs 栏目查找。

2.6.10　Flume

Flume 是一个分布式高性能、高可靠的数据传输工具，它可用简单的方式将不同数据源的数据导入某个或多个数据中心，典型应用是将众多生产机器的日志数据实时导入 HDFS。除了简单的数据传输功能，Flume 更像一个智能的路由器，内部提供了强大的分用、复用、断网续存功能。

这里以 Flume 1.9.0 版本为例介绍 Flume。

1. Flume 定义

1）Flume 逻辑结构

Flume 的核心思想是数据流，即数据从哪儿来、到哪儿去，中间需不需要经过谁。比如将生产机器 WebA 和 WebB 的日志数据实时导入 HDFS，须在 WebA、WebB 和集群中部署 Flume，WebA 与 WebB 上的 Flume 负责读取并实时发送日志，集群中的 Flume 则负责接收数据并将数据写入 HDFS（见图 2-49）。

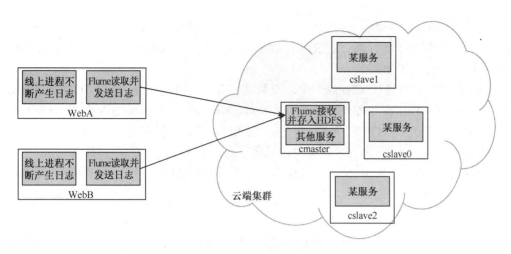

图 2-49　Flume 典型应用

用户可以将 Flume 看成两台机器之间通过网络互相传送数据，甚至用户自己可以使用 netty 写一个类似程序（实际上 Flume 内部也是封装 netty 实现的），不同之处在于 Flume 定制了大量的数据源（如 Thrift、Shell）与数据汇（如 Thrift、HDFS、HBase），用户只要简单配置即可使用。此外，通过使用"管道"，Flume 能够确保不丢失一条数据，提供了数据的高可靠性，即使在断网的情况下，Flume 也会将数据先存入"管道"，待网络恢复后重新发送。图 2-50 是 Flume 逻辑图。

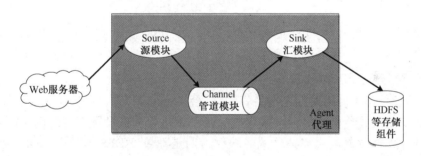

图 2-50　Flume 逻辑图

2）Flume 组成

Flume 包含 Source、Channel 和 Sink 三个组成部分，且这三部分是相互关联的，使用时需在配置文件里申明这三部分，并指定所属关系，下面简单介绍这三个组件。

（1）Source。它负责读取原始数据，目前 Flume 支持 Avro、Thrift、Exec、JMS、Spooling Directory、Taildir、Twitter 1% firehose (实验性)、Kafka、NetCat TCP、NetCat UDP、Sequence Generator、Syslogs、HTTP、Stress、Legacys、Scribe 等大量类型，甚至用户可以自定义 Source，使用时在配置文件里声明即可。

（2）Channel。它负责保存从 Source 端传来的数据，目前 Flume 包含 6 种类型的 Channel，即 Memory、JDBC、Kafka、File、Spillable Memory、Pseudo Transaction 类型。当传输数据量特别大时，用户应当考虑使用 File Channel，当然用户也可以自定义

Channel，同 Source 一样，使用时，在配置文件中指定即可。此外，Flume 的分用、复用和过滤功能即在于此，通过定义并控制多个相互无关的 Channel，可以实现将数据发往不同地点且互不干涉。

（3）Sink。它负责从 Channel 中取出数据并发送，Flume 当前支持 HDFS、Hive、Logger、Avro、Thrift、IRC、File Roll、Null、HBase、MorphlineSolr、ElasticSearch、Kite Dataset、Kafka、HTTP 等大量类型的 Sink。用户可以自定义 Sink 类型。其实这些 Sink 内部都是使用 netty 来发送数据的，只是发送的协议不同而已。

Flume 将 Source、Channel 和 Sink 构成的统一体称为 Agent，启动时须以 Agent 为单位启动 Flume。

2. Flume 部署

所谓的数据流向至少包括"数据源头""数据目标"两个角色，复杂的数据流量可以包括上百个处理节点。Flume 的部署和数据流向密切相关。本节以一个真实数据流向为例，介绍 Flume 部署。该实例主要实现"将 cslave2 上的数据实时导入 HDFS"。

可以采用"手工部署""Ambari 工具部署"两种方式部署 Flume，本章采用手工部署方式。Flume 的部署和数据流向密切相关，根据需求"将 cslave2 上的数据实时导入 HDFS"，则在数据源头 cslave2 上部署 Flume，在数据目标 HDFS 集群内的任意 1 台机器上部署 Flume 即可，此处选择 cmaster 机器。根据需求，还需部署 HDFS 集群。HDFS 主服务在 cmaster 上，从服务在 cslave0～cslave2 上。

1）下载软件包

依次定位到"http://archive.apache.org/dist/""flume/""1.9.0/"，下载 apache-flume-1.9.0-bin.tar.gz。

2）部署前提

一是准备集群。使用前期已准备好的 4 台 CentOS 7 虚拟机（cmaster、cslave0～cslave2）。二是设置单机。每台机器均按照例 2-3 进行单机设置。三是设置集群。按照例 2-4 进行集群设置，添加集群域名映射。四是部署 HDFS 集群。HDFS 主服务在 cmaster 上，从服务在 cslave0～cslave2 上。

3）部署规划

在 cmaster、cslave2 上部署 Flume 从服务。

4）解压 Flume

将 apache-flume-1.9.0-bin.tar.gz 分别复制到 cmaster、cslave2 上的文件夹"/home/joe"下，以 joe 用户分别解压。

```
[joe@cmaster ~]$ tar   -zxvf   /home/joe/apache-flume-1.9.0-bin.tar.gz
[joe@cslave2 ~]$ tar   -zxvf   /home/joe/apache-flume-1.9.0-bin.tar.gz
```

5）设置环境变量

将文件"/home/joe/apache-flume-1.9.0-bin/conf/flume-env.sh.template"重命名为 flume-env.sh，且依旧放在 conf 目录下。编辑该文件，将 JAVA_HOME、HADOOP_HOME 写

入该文件。编者将如下内容写入该文件。

```
export HADOOP_HOME=/home/joe/Hadoop-3.3.1/
export JAVA_HOME=/usr/java/jdk1.8.0_301-amd64/
```

其中，"/usr/java/jdk1.8.0_301-amd64"为编者的 JDK 安装目录，"/home/joe/Hadoop-3.3.1/"为 Hadoop 安装目录，若读者该目录与此不相同，请修改。注意，cmaster 与 cslave2 机器均需执行相同配置。

3. Flume 编程

Flume 提供了命令行接口和程序接口，但 Flume 使用方式比较特别，无论是命令行接口还是程序接口，都必须使用 Flume 配置文档，这也是 Flume 架构思想之一——配置型工具。

【例 2-25】按要求完成任务：①进入 Flume 命令行，查看常用命令；②要求发送端 cslave2 使用 telnet 向 cmaster 发送数据，而接收端 cmaster 开启 44444 端口接收数据，并将收到的数据显示于命令行；③要求发送端 cslave2 将本地文件"/home/joe/source.txt"发往接收端 cmaster，而接收端 cmaster 将这些数据存入 HDFS；④根据任务③，接收端 cmaster 开启接收数据的 Flume 服务，既然此服务能接收 cslave2 发来的数据，它必然也可以接收 iHacker 机器（黑客）发来的数据，请思考如何尽量减少端口攻击，并保证数据安全。

解答：对于任务①，直接在 cslave2 上执行如下命令即可。

```
[joe@cmaster ~]$ /home/joe/apache-flume-1.9.0-bin/bin/flume-ng          #查看 Flume 常用命令
```

对于任务②：首先需要在 cmaster 上按要求配置并开启 Flume（作为接收进程被动接收数据），接着在 cslave2 上使用 telnet 向 cmaster 发送数据，具体过程参见如下几步。

一是配置并开启接收端。以 joe 用户，在 cmaster 上新建文件"/home/joe/apache-flume-1.9.0-bin/conf/flume-conf.example"，并填入如下内容。写入后再查看该文件，注意除注释行外，其余行前无"#"。

```
# 命令此处 agent 名为 a1，并命名此 a1 的 sources 为 r1, channels 为 c1, sinks 为 k1
a1.sources = r1
a1.channels = c1
a1.sinks = k1
# 定义 sources 相关属性：此 sources 在 cmaster 上开启 44444 端口，接收以 netcat 协议发来的数据
a1.sources.r1.type = netcat
a1.sources.r1.bind = cmaster
a1.sources.r1.port = 44444
# 定义 channels 及其相关属性，此处指定此次服务使用 memory 暂存数据
a1.channels.c1.type = memory
a1.channels.c1.capacity = 1000
a1.channels.c1.transactionCapacity = 100
# 定义此 sink 为 logger 类型 sink，即指定 sink 直接将收到的数据输出到控制台
a1.sinks.k1.type = logger
# 将 sources 关联到 channels, channels 关联到 sinks 上
a1.sources.r1.channels = c1
a1.sinks.k1.channel = c1
```

接着在 cmaster 上使用此配置以前台方式开启 Flume 服务。

```
[joe@cmaster ~]$ /home/joe/apache-flume-1.9.0-bin/bin/flume-ng  agent  \
--conf  /home/joe/apache-flume-1.9.0-bin/conf/  \
--conf-file  /home/joe/apache-flume-1.9.0-bin/conf/flume-conf.example  \
--name a1 -Dflume.root.logger=INFO,console
```

此时，接收端 cmaster 已经配置好并开启了，接下来需要开启发送端。

二是配置并开启发送端。以 joe 用户在 cslave2 上执行如下语句。

```
[joe@cslave2 ~]# telnet  cmaster  44444
```

此时向此命令行里随意输入数据并按回车键，telnet 会将这些数据发往 cmaster，再次回到 cmaster 上执行命令的那个终端，会发现刚才在 cslave2 里输入的数据发送到了 cmaster 的终端里。如果想退出 cslave2 终端里的 telnet，按"Ctrl+]"组合键（同时按住 Ctrl 键和]键），回到 telnet 后输入"quit"命令按回车键即可。按"Ctrl+C"组合键，可退出 cmaster 上的 Flume。

对于任务③：步骤较多，分别如下。

一是配置并开启接收端。在 cmaster 上新建文件"/home/joe/apache-flume-1.9.0-bin/conf/flume-conf.hdfs"，并填入如下内容。写入后再查看下该文件，注意除注释行外，其余行前无"#"。

```
# 命令此处 agent 名为 a1，并命名此 a1 的 sources 为 r1，channels 为 c1，sinks 为 k1
a1.sources = r1
a1.sinks = k1
a1.channels = c1
# 定义 sources 类型及其相关属性
# 即此 sources 为 avro 类型，且其在 cmaster 上开启 4141 端口，接收以 avro 协议发来的数据
a1.sources.r1.type = avro
a1.sources.r1.bind = cmaster
a1.sources.r1.port = 4141
# 定义 channels 类型及其相关属性，此处指定此次服务使用 memory 暂存数据
a1.channels.c1.type = memory
# 定义此 sink 为 hdfs 类型的 sink，且此 sink 将接收的数据以文本方式存入 hdfs 指定目录
a1.sinks.k1.type = hdfs
a1.sinks.k1.hdfs.path = /user/joe/flume/cstorArchive
a1.sinks.k1.hdfs.fileType = DataStream
# 将 sources 关联到 channels，channels 关联到 sinks 上
a1.sources.r1.channels = c1
a1.sinks.k1.channel = c1
```

二是配置并开启发送端。在 cslave2 上新建文件"/home/joe/businessLog"，并填入如下内容。

```
aaaaaaaaaaaaaaaaa
bbbbbbbbbbbbbbbbb
ccccccccccccccccc
11111111111111111
22222222222222222
33333333333333333
```

在 cslave2 上还要新建文件 "/home/joe/apache-flume-1.9.0-bin/conf/flume-conf.exce"，并填入如下内容。写入后再查看该文件，注意除注释行外，其余行前无 "#"。

```
# 命令此处 agent 名为 a1，并命名此 a1 的 sources 为 r1，channels 为 c1，sinks 为 k1
a1.sources = r1
a1.channels = c1
a1.sinks = k1
# 定义 sources 类型及其相关属性，此 sources 为 exce 类型
# 其使用 Linux cat 命令读取文件/home/joe/businessLog，接着将读取到的内容写入 channels
a1.sources.r1.type = exec
a1.sources.r1.command = cat    /home/joe/businessLog
# 定义 channels 及其相关属性，此处指定此次服务使用 memory 暂存数据
a1.channels.c1.type = memory
# 定义此 sink 为 avro 类型的 sink，即其用 avro 协议将 channels 里的数据发往 cmaster 的 4141 端口
a1.sinks.k1.type = avro
a1.sinks.k1.hostname = cmaster
a1.sinks.k1.port = 4141
# 将 sources 关联到 channels，channels 关联到 sinks 上
a1.sources.r1.channels = c1
a1.sinks.k1.channel = c1
```

至此，发送端 cslave2 和接收端的 Flume 都已配置完成。现在需要做的是在 HDFS 上新建目录，并分别开启接收端 Flume 服务和发送端 Flume 服务，步骤如下。

三是新建 HDFS 目录。由于 cmaster 上的 Flume 要向 HDFS 目录写入内容，那显然就得有这个目录。注意，执行下述命令的前提是，已启动 HDFS 集群。

```
[joe@cmaster ~]$ /home/joe/Hadoop-3.3.1/bin/hdfs dfs -mkdir -p  flume  #HDFS 新建/user/joe/flume
```

四是启动接收 Flume。在 cmaster 上开启 Flume，其中 "flume-ng … a1" 命令表示使用 flume-conf.hdfs 配置启动 Flume，参数 a1 即配置文件里第一行定义的那个 a1。

```
[joe@cmaster ~]$   /home/joe/apache-flume-1.9.0-bin/bin/flume-ng   agent   \
--conf   /home/joe/apache-flume-1.9.0-bin/conf   \
--conf-file   /home/joe/apache-flume-1.9.0-bin/conf/flume-conf.hdfs   --name   a1
```

五是启动发送 Flume。在 cslave2 上开启发送进程，与上一条命令类似，这里的 a1 即 flume-conf.exce 中定义的 a1。

```
[joe@cslave2 ~]$   /home/joe/apache-flume-1.9.0-bin/bin/flume-ng   agent   \
--conf   /home/joe/apache-flume-1.9.0-bin/conf   \
--conf-file   /home/joe/apache-flume-1.9.0-bin/conf/flume-conf.exce   --name   a1
```

任务执行过程中，在浏览器中打开 "http://cmaster:9870"，接着依次定位 "Utilities" "Browse the file system" "/user/joe/flume/cstorArchive"，将会看到从 cslave2 上传送过来的文件，默认名称为 "FlumeData.时间戳"。

对于任务④，其属于开放性问题，请读者参考官方文档，讨论并解决。

2.6.11　Pig

Pig 是一个构建在 Hadoop 之上，用来处理大规模数据集的脚本语言平台。其设计思

想来源于 Google 的 Sawzall，最初由雅虎团队开发，于 2008 年 9 月被捐赠给 Apache。程序员或分析师只需要根据业务逻辑写好数据流处理脚本，Pig 会将写好的数据流处理脚本翻译成多个 HDFS、Map 和 Reduce 操作。通过这种方式，Pig 为 Hadoop 提供了更高层次的抽象，将程序员从具体的编程中解放出来。

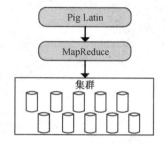

图 2-51　Pig 基本框架

1. Pig 定义

1）Pig 基本框架

Pig 相当于一个 Hadoop 的客户端，它先连接到 Hadoop 集群，之后才能在集群上进行各种操作。Pig 的基本框架如图 2-51 所示。

Pig 包括两部分：一部分是用于描述数据流的语言，称为 Pig Latin；另一部分则是用于运行 Pig Latin 程序的执行环境。Pig Latin 程序由一系列的操作和变换组成，Pig 内部解释器会将这些变换和操作转换成一系列的 HDFS 操作和 MapReduce 作业，这些操作整体上描述了一个数据流。

当需要处理海量数据时，先用 Pig Latin 语言编写 Pig Latin 数据流处理脚本，然后在 Pig 中执行 Pig Latin 程序，Pig 会自动将 Pig Latin 脚本翻译成 MapReduce 作业，上传到集群，并启动执行。对用户来说，底层的 MapReduce 工作完全是透明的，用户只需要了解 SQL-Like 的 Pig Latin 语法，就可以驱动强大的集群。但 Pig 并不适合所有的数据处理任务，和 MapReduce 一样，它是为数据批处理而设计的。如果只想查询大数据集中的一小部分数据，Pig 的实现不会很好，因为它要扫描整个数据集或绝大部分数据。

2）Pig 语法

Pig Latin 是 Pig 的专用语言，它是类似于 SQL 的面向数据流的语言，这套脚本语言提供了对数据进行排序、过滤、求和、分组、关联等各种操作。此外，用户还可以自定义一些函数，以满足某些特殊的数据处理要求。

（1）Pig Latin 数据类型如下。

基本数据类型：和大部分程序语言类似，Pig 的基本数据类型为 int、long、float、double、chararray 和 bytearray。

复杂数据类型：字符串或基本数据类型与字符串的组合，主要包含下述四种。

Filed：存放一个原子类型的数据，如一个字符串或一个数字等，如'lucy'。

Tuple：Filed 的序列，其中每个 Filed 可以是任何一种基本类型，如（'lucy'，'1234'）。

Bag：Tuple 集合。每个 Tuple 可以包含不同数目、不同类型的 Filed，如（'lucy'，'1234'）或（'jack'（'ipod', 'apple'））。

Map：一组键值对的组合，在一个关系中的键值对必须是唯一的，如 [name#Mike,phone#18362100000]。

（2）Pig Latin 运算符：Pig Latin 提供了算术、比较、关系等运算符，这些运算符的含义和用法与其他语言（C，Java）相差不大。其中，算术运算符主要包括加（+）、减

（-）、乘（*）、除（/）、取余（%）和三目运算符（?:），比较运算符主要包括等于
（==）、不等于（!=）。

（3）Pig Latin 函数：Pig Latin 是由一系列函数（命令）构成的数据处理流，这些函
数或是内置的或是用户自定义的。表 2-8 是 Pig 常用的几个命令。

表 2-8　Pig 常用命令

操作名称	功能
LOAD	载入待处理数据
FOREACH	逐行处理 Tuple
FILTER	过滤不满足条件的 Tuple
DUMP	将结果输出到屏幕
STORE	将结果保存到文件

2. Pig 部署

可以采用"手工部署""Ambari 工具部署"两种方式部署 Pig，本章采用手工部署
方式。Pig 只相当于 Hadoop 的一个客户端，用户所写的 Pig Latin 脚本经翻译器翻译后再
提交集群执行，故只要在客户机上部署 Pig 即可。Pig 依赖 Hadoop。Hadoop 主服务在
cmaster 上，从服务在 cslave0～cslave2 上。

1）下载软件包

依次定位到" http://archive.apache.org/dist/ "" pig/ "" pig-0.17.0/ "，下载 pig-
0.17.0.tar.gz。

2）部署前提

一是准备集群。使用前期已准备好的 4 台 CentOS 7 虚拟机（cmaster、cslave0～
cslave2）。二是设置单机。每台机器均按照例 2-3 进行单机设置。三是设置集群。按照
例 2-4 进行集群设置，添加集群域名映射。四是部署 Hadoop 集群。Hadoop（HDFS 和
YARN）主服务在 cmaster 上，从服务在 cslave0～cslave2 上。

3）部署规划

在 cslave2 上部署 Pig。

4）解压 Pig

将 pig-0.17.0.tar.gz 复制到 cslave2 文件夹"/home/joe"下，以 joe 用户在 cslave2 上
解压。

```
[joe@cslave2 ~]$ tar   -zxvf   /home/joe/pig-0.17.0.tar.gz
```

5）配置 Pig

编辑"/home/joe/pig-0.17.0/bin/pig"文件，将 JAVA_HOME、HADOOP_HOME 写
入该文件最前面。编者将如下内容写入 pig 文件最前面。注意是新增内容而不是覆盖，
是在开头新增而不是在结尾。

```
HADOOP_HOME=/home/joe/Hadoop-3.3.1/
JAVA_HOME=/usr/java/jdk1.8.0_301-amd64/
```

至此，完成 Pig 部署。本质上 Pig 就是 Hadoop 的一个客户端，"解压""告知其 Hadoop 与 Java 的环境位置"即可。

3. Pig 编程

Pig 提供了类 Shell 方式的访问接口，用户在 Linux Shell 下输入 pig，然后按回车键即可进入 Pig 命令行接口（grunt）。

【例 2-26】按要求完成任务：①进入 Pig 命令行接口，查看并练习常用命令；②使用 Pig Latin 实现 WordCount。

解答：对于任务①，在 Pig 命令行中输入 help 即可。对于任务②，假定 cmaster 上存在用户 joe，并且 joe 用户在 HDFS 里有文件夹 input（相对路径为 input，绝对路径为/user/joe/input），此目录下有一些文本文件，现用 Pig 实现此文件夹下所有文件里的单词计数。

以 joe 用户，使用如下命令进入 Pig 命令行模式，并指定 Pig 连接 Hadoop 集群；进入 Pig 命令行后，输入"help"列举常见命令，输入"quit"退出 Pig 命令行。

```
[joe@cslave2 ~]$ /home/joe/pig-0.17.0/bin/pig   -x   mapreduce
grunt> help;                                        #查看 Pig 操作
grunt> quit;                                        #退出 Pig 命令行
```

如下程序为使用 Pig 实现 MapReduce 版的 WordCount 任务，执行之前一是启动 HDFS 与 YARN 集群，二是将本地文件导入 HDFS，让 Pig 程序能找到。

```
[joe@cmaster ~]$ /home/joe/Hadoop-3.3.1/bin/hdfs   --daemon   start   namenode
[joe@cmaster ~]$ /home/joe/Hadoop-3.3.1/bin/yarn   --daemon   start   resourcemanager

[joe@cslave0~2 ~]$ /home/joe/Hadoop-3.3.1/bin/hdfs   --daemon   start   datanode
[joe@cslave0~2 ~]$ /home/joe/Hadoop-3.3.1/bin/yarn   --daemon   start   nodemanager

[joe@cmaster ~]$ /home/joe/Hadoop-3.3.1/bin/hdfs   dfs   -mkdir   /in
[joe@cmaster ~]$ /home/joe/Hadoop-3.3.1/bin/hdfs   dfs   -put   /home/joe/Hadoop-3.3.1/licenses-binary/*.txt   /in
```

如上前 2 条命令在 cmaster 上执行，中间 2 条分别在 cslave0～cslave2 上执行，最后 2 条为 Pig 版 WordCount 的准备输入文件，在 4 台机器的任意一台上均可执行。如下为 Pig 版 WordCount 程序。

```
[root@iClient ~]# /home/joe/pig-0.17.0/bin/pig   -x   mapreduce      #进入 joe 用户的 Pig 命令行
grunt> help;                                        #查看 Pig 操作
grunt> A = load '/in';                              #载入待处理文件夹 input
grunt> B = foreach A generate flatten(TOKENIZE((chararray)$0)) as word;   #划分单词
grunt> C = group B by word;                         #指定按单词聚合，即同一个单词到一起
grunt> D = foreach C generate COUNT(B),group;       #同一个单词的出现次数相加
grunt> store D into '/out/wc-19';                   #将处理好的文件存于 HDFS 的/out/wc-19
grunt> dump D into ;                                #将处理结果 D 输出到屏幕
grunt> quit;                                        #退出 Pig 命令行
```

用户可以将结果存入 HDFS，也可以将结果输出到屏幕上。只有最后两条语句才会触发 MapReduce 程序，这种"懒"策略有利于提高集群利用率。执行过程中，在浏览器中打

开"http://cmaster:8088"，可以看到 Pig 提交的 MapReduce 任务；打开"http://cmaster:9870"，接着依次定位"Utilities""Browse the file system""/out/wc-19"，可查看执行结果。

习题

1. 简述 Hadoop 1.0、Hadoop 2.0、Hadoop 3.0 的优缺点，思考为什么要升级。
2. 简述 Hadoop 生态圈产品的区别与联系，思考为什么会出现这些产品。
3. 简述 Hadoop 及其生态圈产品的安全机制，试着找出其风险漏洞。
4. 简述 YARN 的编程过程，简述 MapReduce、Spark 的编程过程，思考三者有何关系。
5. 简述数据"生产、收集、传输、存储、分析、应用"每个阶段的典型开源软件。
6. 简述单独部署 ZooKeeper、部署 HBase 和部署 Kafka 时，有何区别。

第 3 章　虚拟化技术

虚拟化技术是伴随着计算机的出现而产生和发展起来的，虚拟化意味着对计算机资源的抽象。在云计算概念提出以后，虚拟化技术可以用来对数据中心的各种资源进行虚拟化和管理，可以实现服务器虚拟化、存储虚拟化、网络虚拟化和桌面虚拟化。虚拟化技术已经成为构建云计算环境的一项关键技术。本章从服务器虚拟化、存储虚拟化、网络虚拟化和桌面虚拟化四个方面介绍虚拟化技术在云计算中的地位及应用，并以 VMware 公司的部分产品作为例子，介绍虚拟化的一些实现方法。

3.1　虚拟化技术简介

20 世纪 60 年代，IBM 公司推出虚拟化技术，主要用于当时的 IBM 大型机的服务器虚拟化。虚拟化技术的核心思想是利用软件或固件管理程序构成虚拟化层，把物理资源映射为虚拟资源。在虚拟资源上可以安装和部署多个虚拟机，实现多用户共享物理资源。

云计算中运用虚拟化技术主要体现在对数据中心的虚拟化上。数据中心是云计算技术的核心。近十年来，数据中心规模不断增大，成本逐渐上升，管理日趋复杂。数据中心在为运营商带来巨大利益的同时，也带来了管理和运营等方面的重大挑战。

传统的数据中心网络不能满足网络高速、扁平、虚拟化的要求。传统的数据中心采用的多种技术，以及业务之间的孤立性，使数据中心网络结构复杂，存在相对独立的三张网（数据网、存储网和高性能计算网），以及多个对外 I/O 接口。在这些对外 I/O 接口中，数据中心的前端访问接口通常采用以太网进行互连，构成高速的数据网络；数据中心后端的存储则多采用 NAS、FCSAN 等接口；服务器的并行计算和高性能计算则采用低延迟接口和架构，如 InfiniBand 接口。以上这些因素，导致服务器之间存在操作系统和上层软件异构、接口与数据格式不统一等问题。

随着云计算的发展，传统的数据中心逐渐过渡到虚拟数据中心，即采用虚拟化技术将原来数据中心的物理资源抽象整合。数据中心的虚拟化可以实现资源的动态分配和调度，提高现有资源的利用率和服务可靠性；可以提供自动化的服务开通能力，降低运维成本；具有有效的安全机制和可靠性机制，可以满足公众客户和企业客户的安全需求；方便系统升级、迁移和改造。

数据中心的虚拟化是通过服务器虚拟化、存储虚拟化和网络虚拟化实现的。服务器虚拟化在云计算中是最重要和最关键的，是将一个或多个物理服务器虚拟成多个逻辑上的服务器，集中管理，能跨越物理平台而不受物理平台的限制。存储虚拟化是把分布的异构存储设备统一为一个或几个大的存储池，方便用户使用和管理。网络虚拟化是在底层物理网络和网络用户之间增加一个抽象层，该抽象层向下对物理网络资源进行分割，向上提供虚拟网络。

3.2　服务器虚拟化

目前，服务器虚拟化的概念并不统一。实际上，服务器虚拟化技术有两个方向：一个是把一个物理的服务器虚拟成若干独立的逻辑服务器，比如分区；另一个是把若干分散的物理服务器虚拟为一个大的逻辑服务器，比如网格技术。本章主要关注第一个方向，即服务器虚拟化通过虚拟化层的实现使多个虚拟机在同一物理机上独立并行运行。每个虚拟机都有自己的一套虚拟硬件，可以在这些硬件中加载操作系统和应用程序。不同的虚拟机加载的操作系统和应用程序可以是不同的。无论实际上采用了什么样的物理硬件，操作系统都将它们视为一组一致的、标准化的硬件。

3.2.1　服务器虚拟化的层次

不同的分类角度决定了虚拟化技术不同的分类方法。根据虚拟化层实现方式的不同，本书的服务器虚拟化方式分为寄居虚拟化和裸机虚拟化两种。

1. 寄居虚拟化

寄居虚拟化的虚拟化层一般称为虚拟机监控器（VMM）。VMM 安装在已有的主机操作系统（宿主操作系统）上（见图 3-1），通过宿主操作系统来管理和访问各类资源（如文件和各类 I/O 设备等）。这类虚拟化架构系统损耗比较大。就操作系统层的虚拟化而言，没有独立的 Hypervisor 层。主机操作系统负责在多个虚拟服务器之间分配硬件资源，并且让这些服务器彼此独立。如果使用操作系统层虚拟化，所有虚拟服务器必须运行同一操作系统（不过每个实例有各自的应用程序和用户账户）。虽然操作系统层虚拟化的灵活性比较差，但本机速度性能比较好。此外，由于架构在所有虚拟服务器上，使用单一标准的操作系统，管理起来比异构环境要容易。

图 3-1　寄居虚拟化架构

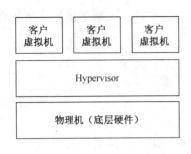

图 3-2　裸机虚拟化架构

2. 裸机虚拟化

　　裸机虚拟化不需要在服务器上先安装操作系统，而是直接将 VMM 安装在服务器硬件设备中。本质上该架构中的 VMM 可以认为是一个操作系统［一般称为 Hypervisor（见图 3-2）］，只不过是非常轻量级的操作系统（实现核心功能）。Hypervisor 实现从虚拟资源到物理资源的映射。当虚拟机中的操作系统通过特权指令访问关键系统资源时，Hypervisor 将接管其请求，并进行相应的模拟处理。为了使这种机制有效地运行，每条特权指令的执行都需要产生自陷，以便 Hypervisor 能够捕获该指令，使 VMM 能够模拟执行相应的指令。Hypervisor 模拟特权指令的执行，并将处理结果返回给指定的客户虚拟系统，实现了不同虚拟机的运行上下文保护与切换，从而虚拟出多个硬件系统，保证了各客户虚拟系统的有效隔离。

　　然而，x86 体系结构的处理器并不是完全支持虚拟化的，某些 x86 特权指令在低特权级上下文执行时不能产生自陷，导致 VMM 无法直接捕获特权指令。目前，针对这一问题的解决方案主要有基于动态指令转换或硬件辅助的完全虚拟化技术和半虚拟化技术。完全虚拟化技术是对真实物理服务器的完整模拟，在上层操作系统看来，虚拟机与物理平台没有区别，操作系统察觉不到是否运行在虚拟平台之上，也无须进行任何更改。因此，完全虚拟化技术具有很好的兼容性，在服务器虚拟化中得到广泛应用。半虚拟化技术通过修改操作系统代码使特权指令产生自陷。半虚拟化技术最初由 Denali 和 Xen 项目在 x86 体系结构上实现。通过对客户操作系统的内核进行适当的修改，其能够在 VMM 的管理下尽可能地直接访问本地硬件平台。半虚拟化技术降低了由于虚拟化而产生的系统性能损失。

3.2.2　服务器虚拟化的底层实现

1. CPU 虚拟化

　　CPU 虚拟化技术把物理 CPU 抽象成虚拟 CPU，任意时刻，一个物理 CPU 只能运行一个虚拟 CPU 指令。每个客户操作系统可以使用一个或多个虚拟 CPU，在各操作系统之间，虚拟 CPU 的运行相互隔离，互不影响。

　　CPU 虚拟化需要解决正确运行和调度两个关键问题。虚拟 CPU 的正确运行是要保证虚拟机指令正确运行，即操作系统要在虚拟化环境中执行特权指令功能，而且各虚拟机之间不能相互影响。现有的实现技术包括模拟执行和监控执行。调度问题是指 VMM 决定当前哪个虚拟 CPU 在物理 CPU 上运行，要保证隔离性、公平性和性能。

2. 内存虚拟化

　　内存虚拟化也是 VMM 的主要功能之一。内存虚拟化技术把物理内存统一管理，包装成多个虚拟的物理内存提供给若干虚拟机使用，每个虚拟机拥有各自独立的内存空间。内存虚拟化的思路主要是分块共享，内存共享的核心思想是内存页面的写时复制

（Copy on Write）。VMM 完成并维护物理机内存和虚拟机所使用的内存的映射关系。与真实的物理机相比，虚拟内存的管理包括 3 种地址：机器地址、物理地址和虚拟地址。一般来说，虚拟机与虚拟机、虚拟机与 VMM 之间的内存要相互隔离。

3. I/O 设备虚拟化

I/O 设备的异构性和多样性，导致 I/O 设备的虚拟化相较于 CPU 及内存的虚拟化要困难和复杂。I/O 设备虚拟化技术把真实的设备统一管理起来，包装成多个虚拟设备给若干个虚拟机使用，响应每个虚拟机的设备访问请求和 I/O 请求。I/O 设备虚拟化同样是由 VMM 管理的，主要有全虚拟化、半虚拟化和软件模拟三种思路。目前主流的 I/O 设备虚拟化大多是通过软件模拟方式实现的。

3.2.3　虚拟机迁移

虚拟机迁移是将虚拟机实例从源宿主机迁移到目标宿主机，并且在目标宿主机上将虚拟机运行状态恢复到与迁移之前相同的状态，以便能够继续完成应用程序的任务。虚拟机迁移对云计算具有重大的意义，可以保证云端的负载均衡，提高系统的容错率，并在发生故障时有效恢复。从是否有计划的角度看，虚拟机迁移包括有计划迁移和针对突发事件的迁移两种。从虚拟机迁移的源与目的地角度来看，虚拟机迁移包括物理机到虚拟机的迁移（Physical-to-Virtual，P2V）、虚拟机到虚拟机的迁移（Virtual-to-Virtual，V2V）、虚拟机到物理机的迁移（Virtual-to-Physical，V2P）。

1. 虚拟机动态迁移

在云计算中，虚拟机到虚拟机的迁移是人们关注的重点。实时迁移（Live Migration），就是在保持虚拟机运行的同时，把它从一个计算机迁移到另一个计算机，并在目的计算机恢复运行的技术。动态实时迁移对云计算来讲至关重要，这是因为：第一，云计算中心的物理服务器负载经常处于动态变化中，当一台物理服务器负载过大时，如某时出现一个用户请求高峰期，若此刻不可能提供额外的物理服务器，管理员可以将其上面的虚拟机迁移至其他服务器，达到负载平衡；第二，云计算中心的物理服务器有时候需要定期进行升级维护，当升级维护服务器时，管理员可以将其上面的虚拟机迁移至其他服务器，等升级维护完成之后，再把虚拟机迁移回来，如图 3-3 所示。

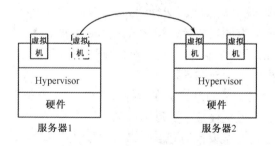

图 3-3　虚拟机迁移示意

虚拟机的迁移包括它的完整状态和资源的迁移，为了保证迁移后的虚拟机能够在新的计算机上恢复且继续运行，必须向目的计算机传送足够多的信息，如磁盘、内存、

CPU 状态、I/O 设备等。其中，内存的迁移最有难度和挑战性，因为内存中的信息必不可少且数据量比较大；CPU 状态和 I/O 设备虽然也很重要，但它们只占迁移总数据量很少的一部分；磁盘的迁移最为简单，在局域网内可以通过 NFS（Network File System）的方式共享，而非真正迁移。

2. 迁移的步骤

虚拟机的迁移是通过源计算机和目的计算机之间的交互完成的，若把迁移的发起者即源计算机记为主机 A（hostA），目的计算机记为主机 B（hostB），迁移的一般过程可以分为以下 6 个步骤。

步骤 1：预迁移（Pre-Migration）。主机 A 打算迁移其上的一个虚拟机，首先选择一个目的计算机作为此虚拟机的新主机。

步骤 2：预定资源（Reservation）。主机 A 向主机 B 发起迁移请求，先确认主机 B 是否有必需的资源，若有，则预定这些资源；若没有，则此虚拟机仍在主机 A 中运行，可以继续选择其他计算机作为目的计算机。

步骤 3：预复制（Interative Pre-Copy）。在这一阶段，此虚拟机仍然运行，主机 A 以迭代的方式将此虚拟机的内存页复制到主机 B 上。在第一轮迭代中，所有的页都要从主机 A 传送到主机 B，以后的迭代只复制前一轮传送过程中被修改过的页。

步骤 4：停机复制（Stop-and-Copy）。停止主机 A 上的虚拟机，把它的网络连接重定向到主机 B。CPU 状态和前一轮传送过程中修改过的页都在这个步骤被传送。最后，主机 A 和主机 B 上有一致的虚拟机映像。

步骤 5：提交（Commitment）。主机 B 通知主机 A 已经成功收到了虚拟机的映像，主机 A 对这个消息进行确认，然后主机 A 可以抛弃或销毁其上的此虚拟机。

步骤 6：启动（Activation）。启动迁移到主机 B 上的虚拟机，迁移后使用目的计算机的设备驱动，广播新的 IP 地址。

3. 迁移的内容

1）内存的迁移

内存的迁移是虚拟机迁移最困难的部分。理论上，为了实现虚拟机的实时迁移，一个完整的内存迁移过程可以分为以下三个阶段。

第一阶段，Push 阶段。在虚拟机运行的同时，将它的一些内存页通过网络复制到目的计算机上。为了保证内容的一致性，被修改过的页需要重传。

第二阶段，Stop-and-Copy 阶段。虚拟机停止工作，把剩下的页复制到目的计算机上，然后在目的计算机上启动新的虚拟机。

第三阶段，Pull 阶段。新的虚拟机在运行过程中，如果访问到未被复制的页，就会出现页错误并从原来的虚拟机处把该页复制过来。

实际上，迁移内存没有必要同时包含上述三个阶段，目前大部分的迁移策略只包含其中的一个或者两个阶段。

单纯的 Stop-and-Copy 阶段其实就是静态迁移（Static Migration），也就是先暂停被迁移的虚拟机，然后把内存页复制到目的计算机，最后启动新的虚拟机。这种方法比较简单，总迁移时间也最短，但太长的停机时间显然是无法接受的，停机时间和总迁移时间都与分配给被迁移虚拟机的物理内存的大小呈正比，因此这并不是一种理想的方法。

Stop-and-Copy 和 Pull 阶段结合也是一种迁移方案。首先在 Stop-and-Copy 阶段只把关键的、必要的页复制到目的计算机上，其次在目的计算机上启动虚拟机，剩下的页只有在需要使用的时候才复制过去。这种方案的停机时间很短，但总迁移时间很长，而且如果很多页都要在 Pull 阶段复制的话，那么由此造成的性能下降也是不可接受的。

Push 和 Stop-and-Copy 阶段结合是第三种内存迁移方案，Xen 采用的就是这种方案。其思想是采用预复制方法，在 Push 阶段将内存页以迭代方式一轮一轮复制到目的计算机上，第一轮复制所有的页，第二轮只复制在第一轮迭代过程中修改过的页，以此类推，第 n 轮复制的是在第 $n-1$ 轮迭代过程中修改过的页。当脏页的数目达到某个常数或者迭代达到一定次数时，预复制阶段结束，进入 Stop-and-Copy 阶段。这时停机并把剩下的脏页，以及运行状态等信息都复制过去。预复制方法很好地平衡了停机时间和总迁移时间之间的矛盾，是一种比较理想的实时迁移内存的方法。但由于每次更新的页面都要重传，因此对于那些改动比较频繁的页来说，更适合在停机阶段，而不是预复制阶段传送。这些改动频繁的页被称为工作集（Writable Working Set，WWS）。为了保证迁移的效率和整体性能，需要一种算法来测定工作集，以避免反复重传。另外，这种方法可能会占用大量的网络带宽，对其他服务造成影响。

2）网络资源的迁移

虚拟机这种系统级别的封装方式意味着迁移时虚拟机的所有网络设备，包括协议状态（如 TCP 连接状态）及 IP 地址都要随之一起迁移。在局域网内，可以通过发送 ARP 重定向包将虚拟机的 IP 地址与目的计算机的 MAC 地址绑定，之后的所有包就可以发送到目的计算机上。

3）存储设备的迁移

迁移存储设备最大的障碍在于需要占用大量时间和网络带宽，通常的解决办法是以共享的方式共享数据和文件系统，而非真正迁移。目前大多数集群使用 NAS（Network Attached Storage，网络连接存储）作为存储设备共享数据。NAS 实际上是一个带有瘦服务器的存储设备，其作用类似于一个专用的文件服务器。在局域网环境下，NAS 已经完全可以实现异构平台之间，如 NT、UNIX 等的数据级共享。基于以上考虑，Xen 并没有实现存储设备的迁移，实时迁移的对象必须共享文件系统。

3.2.4　隔离技术

虚拟机隔离是指虚拟机之间在没有授权许可的情况下，互相之间不可通信、不可联系的一种技术。从软件角度讲，互相隔离的虚拟机之间保持独立，如同一个完整的计算机；从硬件角度讲，被隔离的虚拟机相当于一台物理机，有自己的 CPU、内存、硬盘、I/O 等，它与宿主机之间保持互相独立的状态；从网络角度讲，被隔离的虚拟机如同物理机一样，既可以对外提供网络服务，也可以从外界接受网络服务。

虚拟机隔离是确保虚拟机之间安全与可靠性的一种重要手段，现有虚拟机隔离机制主要包括：网络隔离；构建虚拟机安全文件防护网；基于访问控制的逻辑隔离机制；通过硬件虚拟，让每个虚拟机无法突破 VMM 给出的资源限制；硬件提供的内存保护机制；进程地址空间的保护机制；IP 地址隔离。

1. 内存隔离

内存管理单元（Memory Management Unit，MMU）是 CPU 中用来管理虚拟存储器、物理存储器的控制线路，同时也负责将虚拟地址映射为物理地址，以及提供硬件机制的内存访问授权。以 Xen 为例，Xen 为了让内存可以被不同的虚拟机共享，在虚拟内存（也称虚拟地址）到机器内存（也称物理地址）之间引入了一层中间地址。客户操作系统看到的是这层中间地址，不是机器的实际地址，因此客户操作系统感觉自己的物理地址是从 0 开始的、"连续"的地址。实际上，Xen 将这层中间地址真正地映射到机器内存上却可以是不连续的，这样保证了所有的物理内存可被任意分配给不同的客户操作系统，其关系如图 3-4 所示。

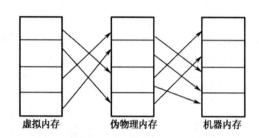

虚拟内存　　　　伪物理内存　　　　机器内存

图 3-4　虚拟内存与机器内存的映射关系

为了区分这层中间地址，将这层中间地址称为伪物理地址或伪物理内存，而机器的实际地址（没有虚拟化时的物理地址）称为机器内存或机器地址。对于整个伪物理内存而言，在引入虚拟化技术后，其就不再属于 Xen 或任何一个操作系统了，在运行过程中也只能够使用其中的一部分，且不互相重叠，以达到隔离的目的。

VMM 使用分段和分页机制对自身的物理内存进行保护。x86 体系结构提供了支持分段机制的虚拟内存，这能够提供另一种形式的特权级分离。每个段包括基址、段限和一些属性位。基址和虚拟地址相加形成线性地址，段限决定了这个段中所能访问的线性空间的长度，属性位则标记了该段是否可读写、可执行，是代码段还是数据段等。代码段一般被标记为可读和可执行的，而数据段则被标记为可读和可写的。段的装载是经由段描述符完成的。段描述符存放在两张系统表中。装载的内容会被缓存直到下一次段的装载，这一属性被称为段缓存。

在虚拟化环境下，中断会打断客户操作系统的运行，接下来在 VMM 中执行中断处理程序。在中断处理程序执行完之后，VMM 必须能够重建客户机的初始状态。因为 VMM 和客户操作系统共用同一地址空间，必须有一种机制来保证 VMM 所占据的那部分地址空间不被客户操作系统所访问。通过设定段描述符中的相关标记位，可以限定访问该段的特权级。

2．网络隔离

网络隔离技术的目标是确保把有害的攻击隔离，在可信网络之外和保证可信网络内部信息不外泄的前提下，完成网间数据的安全交换。网络隔离技术是在原有安全技术的基础上发展起来的，它弥补了原有安全技术的不足，突出了自己的优势。

网络隔离的关键在于系统对通信数据的控制，即通过不可路由的协议来完成网间的数据交换。由于通信硬件设备工作在网络七层结构的最下层，并不能感知交换数据的机密性、完整性、可用性、可控性、抗抵赖性等安全要素，因此要通过访问控制、身份认证、加密签名等安全机制来实现，而这些机制的实现都是通过软件来实现的。

最新第五代隔离技术的实现原理是通过专用通信设备、专有安全协议和加密验证机制及应用层数据提取和鉴别认证技术，进行不同安全级别网络之间的数据交换，彻底阻断网络间的直接 TCP/IP 连接，同时对网间通信的双方、内容、过程施以严格的身份认证、内容过滤、安全审计等多种安全防护机制，从而保证了网间数据交换的安全、可控，杜绝了由于操作系统和网络协议自身漏洞带来的安全风险。

3.2.5　案例分析

VMware 公司推出了面向云计算的一系列产品和解决方案。基于已有的虚拟化技术和优势，VMware 提供了云基础架构及管理、云应用平台和终端用户计算等多个层次上的解决方案，主要支持企业级组织机构利用服务器虚拟化技术实现从目前的数据中心向云计算环境的转变。VMware 推出的 ESX 服务器属于裸金属架构的虚拟机。ESX 服务器直接安装在服务器硬件上，在硬件和操作系统之间插入了一个稳固的虚拟化层。下面介绍一下 VMware 开发的虚拟机迁移工具 VMotion 和存储迁移工具 Storage VMotion。

1．VMotion

VMotion 是 VMware 用于在数据中心的服务器之间进行虚拟机迁移的技术。利用VMotion 将服务器、存储和网络设备完全虚拟化，能够将正在运行的整个虚拟机实时从一台服务器移到另一台服务器上。虚拟机的全部状态由存储在共享存储器上的一组文件进行封装，而 VMware 的群集文件系统允许源 ESX 服务器和目标 ESX 服务器同时访问这些虚拟机文件。虚拟机的活动内存和精确的执行状态可通过高速网络迅速传输。由于网络也被 ESX 服务器虚拟化；因此，虚拟机保留其网络标识和连接，从而确保实现无缝迁移。

虚拟机迁移过程中主要采用三项技术：①将虚拟机状态信息压缩存储在共享存储器的文件中；②将虚拟机的动态内存和执行状态通过高速网络在源 ESX 服务器和目标 ESX 服务器之间快速传输；③虚拟化网络以确保在迁移后虚拟机的网络身份和连接能保留。

2．Storage VMotion

Storage VMotion 用于实时迁移虚拟机的磁盘文件，以便满足对虚拟机磁盘文件的升级、维护和备份。Storage VMotion 的原理很简单，就是存储之间的转移。其在操作过程中采用 VMware 所开发的核心技术，如磁盘快照、REDO 记录、父/子磁盘关系，以及快照整合。

3.3　存储虚拟化

存储虚拟化是指将存储网络中的各分散且异构的存储设备按照一定的策略映射成一个统一的连续编址的逻辑存储空间（称为虚拟存储池）。虚拟存储池可跨多个存储子系统，并将访问接口提供给应用系统。逻辑卷与物理存储设备之间的映射操作是由置入存储网络中的专门的虚拟化引擎来实现和管理的。虚拟化引擎可以屏蔽所有存储设备的物理特性，使存储网络中的所有存储设备对应用服务器是透明的，应用服务器只与分配给它们的逻辑卷打交道，而不需要关心数据在哪个物理存储设备上。

存储虚拟化将系统中分散的存储资源整合起来，利用有限的物理资源提供大的虚拟存储空间，提高了存储资源利用率，降低了单位存储空间的成本，降低了存储管理的复杂性。在虚拟层通过使用数据镜像、数据校验和多路径等技术，提高了数据的可靠性及系统的可用性。同时，还可以利用负载均衡、数据迁移、数据块重组等技术提升系统的潜在性能。另外，存储虚拟化技术可以通过整合和重组底层物理资源，得到多种不同性能和可靠性的新的虚拟设备，以满足多种存储应用的需求。

3.3.1　存储虚拟化的一般模型

一般来说，虚拟化存储系统在原有存储系统的结构上增加了虚拟化层，将多个存储单元抽象成一个虚拟存储池。存储单元可以是异构的，也可以是直接的存储设备，还可以是基于网络的存储设备或系统。存储虚拟化的一般模型如图 3-5 所示。存储用户通过虚拟化层提供的接口向虚拟存储池提出虚拟请求，虚拟化层对这些请求进行处理后将相应的请求映射到具体的存储单元。使用虚拟化的存储系统的优势在于可以减少存储系统的管理开销，实现存储系统的数据共享，提供透明的高可靠性和可扩展性等。

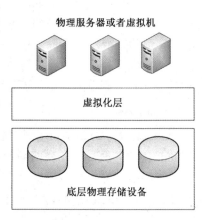

图 3-5　存储虚拟化的一般模型

3.3.2　存储虚拟化的实现方式

目前，实现存储虚拟化的方式主要有三种：基于主机的存储虚拟化、基于存储设备的存储虚拟化、基于网络的存储虚拟化。

1. 基于主机的存储虚拟化

基于主机的存储虚拟化，也称基于服务器的存储虚拟化或者基于系统卷管理器的存储虚拟化，其一般是通过逻辑卷管理来实现的。虚拟机为物理卷映射到逻辑卷提供了一个虚拟层。虚拟机的主要功能是在系统和应用级上完成多台主机之间的数据存储共享、存储资源管理（存储媒介、卷及文件管理）、数据复制及迁移、远程备份及灾难恢复等存储管理任务。基于主机的存储虚拟化不需要任何附加硬件。虚拟化层作为扩展的驱动模块，以软件的形式嵌入操作系统中，为连接到各种存储设备，如磁盘、磁盘阵列等，提供必要的控制功能。主机的操作系统就好像与一个单一的存储设备直接通信一样。

目前，已经有比较成熟的基于主机的存储虚拟化的软件产品，这些软件一般都提供了非常方便的图形化管理界面，可以很方便地进行存储虚拟化管理。从这一点上看，基于主机的存储虚拟化是一种性价比比较高的方式，但是，这种虚拟化方式往往具有可扩展性差、不支持异构平台等缺点。对于支持集群的虚拟化方式，为了确保元数据的一致性和完整性，往往需要在各主机间进行频繁的通信和采用锁机制，这就使性能下降，可扩展性也比较差。同时，由于其一般采用对称式的结构，很难支持异构平台，比如CLVM 就只能支持特定版本的 Linux 平台。

2．基于存储设备的存储虚拟化

基于存储设备的存储虚拟化，也称基于存储控制器的存储虚拟化。它主要是在存储设备的磁盘、适配器或者控制器上实现虚拟化功能。目前，有很多的存储设备（如磁盘阵列等）的内部都有功能比较强的处理器，且都带有专门的嵌入式系统，可以在存储子系统的内部进行存储虚拟化，对外提供虚拟化磁盘，比如支持 RAID 的磁盘阵列等。这类存储子系统与主机无关，对系统性能的影响比较小，也比较容易管理；同时，其对用户和管理人员都是透明的。

基于存储设备的存储虚拟化依赖提供相关功能的存储模块，往往需要第三方的虚拟软件，否则，其通常只能提供一种且不完全的存储虚拟化方式。对于由多家厂商提供异构的存储设备的 SAN 存储系统，基于存储设备的存储虚拟化方式的效果不是很好，而且这种设备往往规模有限且不能进行级连，这就使虚拟存储设备的可扩展性比较差。

3．基于网络的存储虚拟化

基于网络的存储虚拟化方式是在网络设备上实现存储虚拟化功能，包括基于互联设备和基于路由器两种方式。基于互联设备的虚拟化方式能够在专用服务器上运行，它在标准操作系统中运行，和主机的虚拟存储一样具有易使用、设备便宜等优点。同样，它也具有一些缺点：由于基于互联设备的虚拟化方式需要一个运行在主机上的代理软件或基于主机的适配器，因此主机发生故障或者主机配置不合适都可能导致访问到不被保护的数据。基于路由器的虚拟化方式指的是在路由器固件上实现虚拟存储功能。为了截取网络中所有从主机到存储系统的命令，需要将路由器放置在每个主机与存储网络的数据通道之间。由于路由器能够为每台主机服务，大部分控制模块存储在路由器的固件里面。相对于上述几种方式，基于路由器的虚拟化方式在性能、效果和安全方面都要好一些。当然，基于路由器的虚拟化方式也有缺点：如果连接主机到存储网络的路由器出现故障，也可能使主机上的数据不能被访问。但是，只有与故障路由器连接在一起的主机才会受到影响，其余的主机还可以用其他路由器访问存储系统，且路由器的冗余还能够支持动态多路径。

3.3.3　案例分析

VMware 的 vSphere 产品支持多种不同的本地存储和网络存储的虚拟化，前面讲到的 VMotion、Storage VMotion 都用到了 VMware 的虚拟化共享存储技术。vSphere 提出了虚拟机文件系统（Virtual Machine File System，VMFS），允许来自多个不同主机服务器的并发访问，即允许多个物理主机同时读写同一存储器。VMFS 的功能主要包括以下三个。

（1）磁盘锁定技术。磁盘锁定技术是指锁定已启动的虚拟机的磁盘，以避免多台服务器同时启动同一虚拟机。如果物理主机出现故障，系统就释放该物理主机上每个虚拟机的磁盘锁定，以便这些虚拟机能够在其他物理主机上重新启动。

（2）故障一致性和恢复机制。故障一致性和恢复机制可以用于快速识别故障的根本原因，帮助虚拟机、物理主机和存储子系统从故障中恢复。该机制中包括了分布式日志、故障一致的虚拟机 I/O 路径和计算机状况快照等。

（3）裸机映射（RDM）。RDM 使虚拟机能够直接访问物理存储子系统（iSCSI 或光纤通道）上的 LUN（Logical Unit Number）。RDM 可以用于支持虚拟机中运行的 SAN 快照或其他分层应用程序，以及 Microsoft 群集服务。

VMware vSphere 存储架构由各种抽象层组成，这些抽象层隐藏并管理物理存储子系统之间的复杂性和差异，如图 3-6 所示。

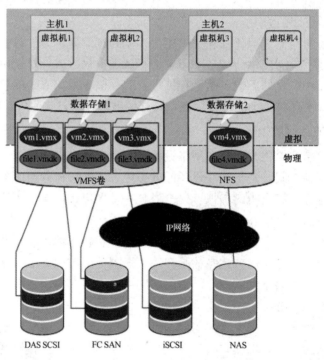

图 3-6 VMware vSphere 存储架构

对于每个虚拟机内的应用程序和客户操作系统，存储子系统显示为与一个或多个虚拟 SCSI 磁盘相连的虚拟 SCSI 控制器。虚拟机只能发现并访问这些类型的 SCSI 控制器，包括 BusLogic 并行、LSI 逻辑并行、LSI 逻辑 SAS 和 VMware 准虚拟。虚拟 SCSI 磁盘通过数据中心的数据存储元素置备。数据存储就像一个存储设备，为多个物理主机上的虚拟机提供存储空间。数据存储抽象概念是一种模型，可将存储空间分配到虚拟机，使客户机不必使用复杂的基础物理存储技术。客户机虚拟机不对光纤通道 SAN、iSCSI SAN、直接连接存储器和 NAS 公开。

　　每个虚拟机被作为一组文件存储在数据存储的目录中。这类文件可以作为普通文件在客户机磁盘上进行操作，包括复制、移动、备份等。在无须关闭虚拟机的情况下，可向虚拟机添加新虚拟磁盘。此时，系统将在 VMFS 中创建虚拟磁盘文件（.vmdk 文件），从而为添加的虚拟磁盘或与虚拟机关联的现有虚拟磁盘文件提供新存储。每个数据存储都是存储设备上的物理 VMFS 卷。NAS 数据存储是带有 VMFS 特征的 NFS 卷，数据存储可以跨多个物理存储子系统。单个 VMFS 卷可包含物理主机上的本地 SCSI 磁盘阵列、光纤通道 SAN 磁盘场或 iSCSI SAN 磁盘场中的一个或多个 LUN。添加到任何物理存储子系统的新 LUN 可被检测到，并可供所有的现有数据存储或新数据存储使用。先前创建的存储器容量可以扩展，此时不必关闭物理主机或存储子系统。如果 VMFS 卷内的任何 LUN 出现故障或不可用，则只有那些与该 LUN 关联的虚拟机才受影响。

3.4　网络虚拟化

3.4.1　网络虚拟化简介

　　目前传统的数据中心由于多种技术和业务之间的孤立性，网络结构复杂。另外，数据中心内网络传输效率低。由于云计算技术的使用，虚拟数据中心中业务的集中度、服务的客户数量远超过传统的数据中心，因此对网络的高带宽、低拥塞提出更高的要求。

　　在使用云计算后，数据中心的网络需要解决数据中心内部数据同步传送的大流量、备份大流量、虚拟机迁移大流量等问题。同时，还需要采用统一的交换网络减少布线、维护工作量和扩容的成本。引入虚拟化技术之后，在不改变传统数据中心网络设计的物理拓扑和布线方式的前提下，可以实现网络各层的横向整合，形成一个统一的交换架构。数据中心网络虚拟化分为核心层、接入层和虚拟机三个方面的网络虚拟化。

1. 核心层网络虚拟化

　　核心层网络虚拟化，主要指的是数据中心核心网络设备的虚拟化。它要求核心层网络具备超大规模的数据交换能力，以及足够的万兆网络接入能力；提供虚拟机箱技术，简化设备管理，提高资源利用率，提高交换系统的灵活性和扩展性，为资源的灵活调度和动态伸缩提供支撑。其中，VPC（Virtual Port Channel）技术可以实现跨交换机的端口捆绑，这样在下级交换机上连属于不同机箱的虚拟交换机时，可以把分别连向不同机箱的万兆链路用于与 IEEE802.3ad 兼容的技术，从而实现以太网链路捆绑，提高冗余能力和链路互连带宽，简化网络维护。

2. 接入层网络虚拟化

　　接入层网络虚拟化可以实现数据中心接入层的分级设计。根据数据中心的走线要求，接入层交换机要求能够支持各种灵活的部署方式和新的以太网技术。目前无损以太网技术标准发展很快，包括拥塞通知（IEEE802.1Qau）、增强传输选择（ETS，IEEE802.1Qaz）、优先级流量控制（PFC，IEEE802.1Qbb）和链路发现协议（LLDP，IEEE802.1AB）。

3. 虚拟机网络虚拟化

虚拟机网络虚拟化包括虚拟网卡和虚拟交换机，在服务器内部虚拟出相应的交换机和网卡功能。虚拟网卡是在一个物理网卡上虚拟出多个逻辑独立的网卡，使得每个虚拟网卡具有独立的 MAC 地址、IP 地址，同时还可以在虚拟网卡之间实现一定的流量调度策略。虚拟交换机在主机内部提供了多个网卡的互联，以及为不同的网卡流量设定不同的 VLAN 标签功能，使得主机内部如同存在一台交换机，可以方便地将不同的网卡连接到不同的端口。因此，虚拟机网络虚拟化需要实现以下功能。

（1）虚拟机的双向访问控制和流量监控，包括深度包检测、端口镜像、端口远程镜像、流量统计。

（2）虚拟机的网络属性应包括 VLAN、QoS、ACL、带宽等。

（3）虚拟机的网络属性可以跟随虚拟机的迁移而动态迁移，不需要人工干预或静态配置，从而在虚拟机扩展和迁移过程中保障业务的持续性。

（4）虚拟机迁移时，与虚拟机相关的资源配置，如存储、网络配置也随之迁移；同时，保证迁移过程中业务不中断。

IEEE 802.1QbgEVB（Edge Virtual Bridging）和 802.1QbhBPE（Bridge Port Extension）是为扩展虚拟数据中心中的交换机和网卡的功能而制定的，也称边缘网络虚拟化技术标准。802.1QbgEVB 要求所有虚拟机数据的交换（即使位于同一物理服务器内部）都通过外部网络进行，即外部网络能够支持虚拟交换功能，对于虚拟交换网络范围内的虚拟机动态迁移、调度信息，均通过 LLDP 扩展协议同步以简化运维。802.1QbhBPE 可以将远程交换机部署为虚拟环境中的策略控制交换机，而不是部署成邻近服务器机架的交换机，通过多个虚拟通道，让边缘虚拟桥将帧复制到一组远程端口，可以利用瀑布式的串联端口灵活地设计网络，从而更有效地为多播、广播和单播帧分配带宽。

3.4.2 案例分析：VMware 网络虚拟化

VMware 的网络虚拟化技术主要是通过 VMware vSphere 中的 vNetwork 网络元素实现的，其虚拟网络架构如图 3-7 所示。通过这些元素，部署在数据中心物理主机上的虚拟机可以像物理环境一样进行网络互连。vNetwork 的组件主要包括虚拟网络接口卡 vNIC、vNetwork 标准交换机 vSwitch 和 vNetwork 分布式交换机 dvSwitch。

1. vNIC

每个虚拟机都可以配置一个或者多个 vNIC。安装在虚拟机上的客户操作系统和应用程序利用通用的设备驱动程序与 vNIC 进行通信。从虚拟机的角度来看，客户操作系统中的通信过程就像真实的物理设备通信一样。而在虚拟机的外部，vNIC 拥有独立的 MAC 地址及一个或多个 IP 地址，且遵守标准的以太网协议。

2. vSwitch

vSwitch 用来满足不同的虚拟机与管理界面进行互连。vSwitch 的工作原理与以太网中第 2 层的物理交换机一样。每台服务器都有自己的 vSwitch。vSwitch 的一端是与虚拟机相连的端口组，另一端是与虚拟机所在服务器上的物理以太网适配器相连的上行链

路。虚拟机通过与 vSwitch 上行链路相连的物理以太网适配器同外部环境连接。vSwitch
可将其上行链路连接到多个物理以太网适配器以启用网卡绑定。通过网卡绑定，两个或
多个物理以太网适配器可用于分摊流量负载，或在出现物理以太网适配器硬件故障或网
络故障时提供被动故障切换。

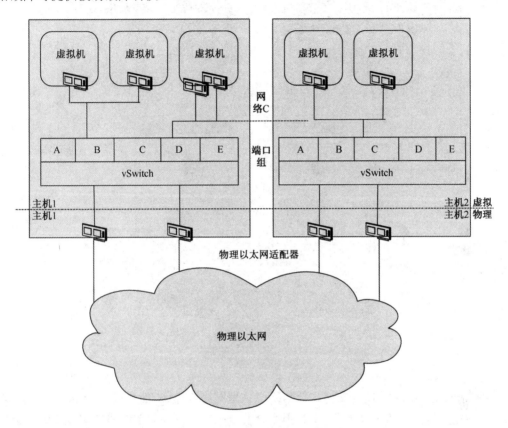

图 3-7　VMware 虚拟网络架构

3. dvSwitch

dvSwitch 是 vSphere 的新功能，如图 3-8 所示。dvSwitch 将原来分布在一台 ESX 主
机上的交换机进行集成，成为一个单一的管理界面，在所有关联主机之间作为单个虚拟
交换机使用。这使虚拟机可在跨多个主机进行迁移时确保其网络配置一致。与 vSwitch
一样，每个 dvSwitch 都是一种可供虚拟机使用的网络集线器。dvSwitch 可在虚拟机之间
进行内部流量路由，或通过连接物理以太网适配器连接外部网络。可以为每个 vSwitch
分配一个或多个 dvPort 组，dvPort 组将多个端口聚合在一个通用配置下，并为连接标定
网络的虚拟机提供稳定的定位点。

4. 端口组

端口组是虚拟环境特有的概念。端口组是一种策略设置机制，这些策略用于管理与
端口组相连的网络。一个 vSwitch 可以有多个端口组。虚拟机不是将其 vNIC 连接到
vSwitch 上的特定端口，而是连接到端口组。与同一端口组相连的所有虚拟机均属于虚

拟环境内的同一网络，即使它们属于不同的物理服务器。可将端口组配置为执行策略，以提供增强的网络安全、网络分段、更佳的性能、高可用性及流量管理。

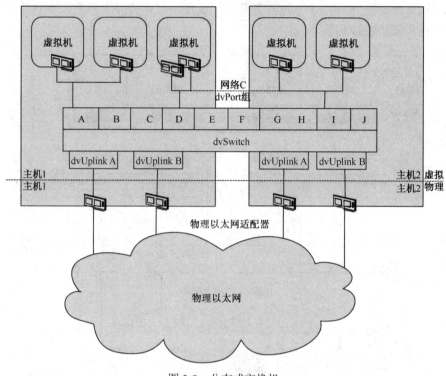

图 3-8　分布式交换机

5. VLAN

VMware 的 VLAN 技术支持虚拟网络与物理网络 VLAN 的集成。专用 VLAN 可以在专用网络中使用 VLANID，而不必担心 VLANID 在较大型的网络中重复。流量调整定义平均带宽、峰值带宽和流量突发大小的 QoS 策略，设置策略以改进流量管理。网卡绑定为个别端口组或网络设置网卡绑定策略，以分摊流量负载或在出现硬件故障时提供故障切换。

3.5　桌面虚拟化

桌面虚拟化是指利用虚拟化技术将用户桌面的镜像文件存放到数据中心。从用户的角度看，每个桌面就像一个带有应用程序的操作系统，终端用户通过一个虚拟显示协议访问其桌面系统。当用户关闭系统的时候，通过第三方配置文件管理软件，可以做到用户个性化定制及保留用户的任何设置。桌面虚拟化对云计算用户来说是非常实用的，推动了云计算的发展。

3.5.1　桌面虚拟化简介

桌面虚拟化是一种基于中心服务器的计算机运作模型，沿用了传统瘦客户端模型，将所有桌面虚拟机在数据中心进行托管并统一管理，同时用户能够获得完整的 PC 使用体验。网络管理员仅维护部署在中心服务器的系统即可，不需要再为客户端计算机的程序更新及软件升级带来的问题而担心。

桌面虚拟化技术和传统的远程桌面技术是有区别的，传统的远程桌面技术是接入一个真正安装在物理机器上的操作系统，仅能作为远程控制和远程访问的一种工具。虚拟化技术允许一台物理硬件同时安装多个操作系统，可以降低整体采购成本和运作维护成本，很大程度上提高了计算机的安全性及硬件系统的利用率。桌面虚拟化技术做到了收益大过采购成本，这也使得其逐渐推广成为必然。

第一代桌面虚拟化技术实现了在同一个独立的计算机硬件平台上同时安装多个操作系统，并同时运行这些操作系统，使得桌面虚拟化技术的大规模应用成为可能。桌面虚拟化的核心与关键，不是后台服务器虚拟化技术，而是让用户通过各种手段、在任何时间和任何地点、通过任何设备都能够访问自己的桌面，即远程网络访问的能力。

从用户角度讲，第一代桌面虚拟化技术使操作系统与硬件环境理想地实现了脱离，用户使用的计算环境不受物理机器的制约，每个人可能都会拥有多个桌面，而且随时随地都可以访问。对于网络管理员而言，其则实现了集中的控制。为了提高管理性，第二代桌面虚拟化技术进一步将桌面系统的运行环境与安装环境、应用与桌面配置文件进行了拆分，从而大大降低了管理复杂度与成本，提高了管理效率。

3.5.2　技术现状

伴随着虚拟化技术的蓬勃发展和用户需求的逐渐兴起，桌面虚拟化技术得到了极大的发展，给用户带来桌面应用的革命。但是，现阶段的桌面虚拟化技术并非完美，其部署仍然面临一定的风险。

桌面虚拟化技术还面临以下问题。

（1）集中管理问题。多个系统整合在一台服务器中，一旦服务器出现硬件故障，其上运行的多个系统都将停止运行，对其用户造成的影响和损失是巨大的。虚拟化的服务器合并程度越高，此风险也越大。

（2）集中存储问题。默认情况下，用户的数据保存在集中的服务器上，系统不知每个虚拟桌面会占用多少存储空间，这给服务器带来的存储压力是非常大的；不管分多少个虚拟机，每个虚拟机都还是建立在一台硬件服务器上的，互相之间再怎么隔离，用的还是同一个 CPU、同一个主板、同一个内存，如果其中一个环节出错，很可能就会导致"全盘皆输"。总的来说，使用虚拟机并不比使用物理主机具有更高的安全性和可靠性。若是服务器出现了致命的故障，用户的数据可能丢失，整个平台将面临灾难。

（3）虚拟化产品缺乏统一标准问题。由于各软件厂商在桌面虚拟化技术的标准上尚未达成共识，至今尚无虚拟化格式标准出现。各厂商的虚拟化产品间无法互通，一旦某个产品系列停止研发或其厂商倒闭，对应用户系统的持续运行、迁移和升级将会极其困难。

（4）网络负载压力问题。局域网一般不会存在太大问题，但是如果使用互联网就会出现很多技术难题。由于桌面虚拟化技术的实时性很强，如何减轻传输压力，是很重要的问题。虽然千兆以太网对数据中心来说是一项标准，但还没有广泛部署到桌面，目前的网络还达不到 VDI 对高带宽的要求。而且，如果用户使用的网络出现问题，通过桌面虚拟化发布的应用程序不能运行，则直接影响应用程序的使用，其对用户的影响也是无法估计的。

3.5.3　案例分析

VMware View 是 VMware 桌面虚拟化产品，通过 VMware View 能够在一台普通的物理服务器上虚拟出很多个虚拟桌面（Virtual Desktop）供远端的用户使用。

VMware View 的主要部件如下。

（1）View Connection Server：View 连接服务器，View 客户端通过它连接 View 代理，将接收到的远程桌面用户请求重定向到相应的虚拟桌面、物理桌面或终端服务器。

（2）View Manager Security Server：View 安全连接服务器，是可选组件。

（3）View Administrator Interface：View 管理接口程序，用于配置 View Connection Server、部署和管理虚拟桌面、控制用户身份验证。

（4）View 代理：View 代理程序，安装在虚拟桌面依托的虚拟机、物理机或终端服务器上，安装后提供服务，可由 View Manager 管理。该代理具备多种功能，如打印、远程 USB 运行和单点登录。因为 VMware vSphere Server 提供的虚拟机不包括声卡、USB 接口支持等，所以必须安装该软件，才可以将 VMware vSphere Server 提供的虚拟机连接到 View Client 相应设备上并显示、应用在客户端。

（5）View Client：View 客户端程序，安装在需要使用虚拟桌面的计算机上，通过它可以与 View Connection Server 通信，从而允许用户连接到虚拟桌面。

（6）View Client with Offline Desktop：也是 View 客户端程序，但该软件支持 View 脱机桌面，可以让用户下载 vSphere Server 中的虚拟机到本地运行。

（7）View Composer：安装在 vCenter Server 上的软件服务，可以通过 View Manager 使用"克隆链接"的虚拟机，这是 View 4 提供的新功能。在以前的 View 3 版本中，每个虚拟桌面只能使用一个独立的虚拟机，而添加该组件后，虚拟桌面可以使用"克隆链接"的虚拟机，这不仅提高了部署虚拟桌面的速度，也减少了 vSphere Server 的空间占用。

3.6　OpenStack 开源虚拟化平台

OpenStack 既是一个社区，也是一个项目和一个开源软件，提供了一个部署云的操作平台或工具集。用 OpenStack 易于构建虚拟计算或存储服务的云，既可以为公有云、私有云，也可以为大云、小云，提供可扩展、灵活的云计算。

Rackspace 公司和美国 NASA 是最早的主要的贡献者，Rackspace 公司贡献了自己的"云文件"平台（Swift）作为 OpenStack 对象存储部分，而美国 NASA 贡献了自己的"星云"平台（Nova）作为计算部分。

3.6.1　OpenStack 背景介绍

OpenStack 是一个免费的开源平台，帮助服务提供商实现类似于 Amazon EC2 和 S3 的基础设施服务。

1. OpenStack 定义

OpenStack 官方给出的定义：OpenStack 是一个管理计算、存储和网络资源的数据中心云计算开放平台，通过一个仪表板，为管理员提供了所有的管理控制，同时通过 Web 界面为其用户提供资源。OpenStack 是一个可以管理整个数据中心里大量资源池的云操作系统，包括计算、存储及网络资源。

2. OpenStack 的主要服务

OpenStack 有三个主要的服务成员：计算服务（Nova）、对象存储服务（Swift）、镜像服务（Glance）。图 3-9 描述了 OpenStack 的核心部件是如何工作的。

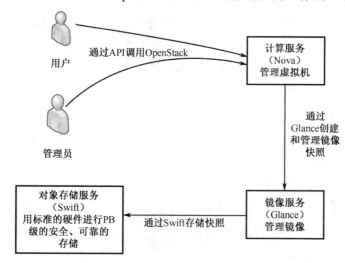

图 3-9　OpenStack 核心部件的工作流图

1）Nova

Nova 是 OpenStack 云计算架构的控制器，支持处理 OpenStack 云内实例生命周期所需的所有活动。Nova 作为管理平台管理着 OpenStack 云里的计算资源、网络、授权和扩展需求。

2）Swift

Swift 提供的对象存储服务，允许对文件进行存储或者检索（但不通过挂载文件服务器上目录的方式来实现）。Swift 为 OpenStack 提供了分布式的、最终一致的虚拟对象存储。Swift 有能力存储数十亿的对象，Swift 具有内置冗余、容错管理、存档、流媒体的功能。

3）Glance

Glance 提供了一个虚拟磁盘镜像的目录和存储仓库，可以提供对虚拟机镜像的存储和检索。这些磁盘镜像广泛应用于 Nova 组件中。Glance 能进行多个数据中心的镜像管理和租户私有镜像管理。目前，Glance 的镜像存储支持本地存储、NFS、Swift、Sheepdog 和 Ceph。

3.6.2　Nova

1. Nova 组件介绍

Nova 云架构包括以下主要组件。

1）APIServer（Nova-Api）

APIServer 对外提供一个与云基础设施交互的接口，也是外部可用于管理基础设施的唯一组件。其管理使用 EC2API，通过 Web Services 调用实现。APIServer 通过消息队列轮流与云基础设施的相关组件通信。

2）消息队列（RabbitMQ Server）

OpenStack 节点之间通过消息队列使用 AMQP（Advanced Message Queue Protocol）完成通信。Nova 通过异步调用请求响应，使用回调函数在收到响应时触发。因为使用了异步通信，所以不会有用户长时间卡在等待状态。这是有效的，因为许多 API 调用预期的行为都非常耗时，如加载一个实例，或者上传一个镜像。

3）Compute Worker（Nova-Compute）

Compute Worker 管理实例生命周期，通过消息队列接收实例生命周期管理的请求，并承担操作工作。一个典型生产环境的云部署中有一些 Compute Worker。一个实例部署在哪个可用的 Compute Worker 上取决于调度算法。

4）Network Controller（Nova-Network）

Network Controller 处理主机的网络配置，包括 IP 地址分配、为项目配置 VLAN、实现安全组、配置计算节点网络。

2. Libvirt 简介

Nova 通过独立的软件管理模块实现 XenServer、Hyper-V 和 VMWareESX 的调用与管理，同时对于其他的 Hypervisor，如 KVM、LXC、QEMU、UML 和 Xen 则通过 Libvirt 标准接口统一实现，其中 KVM 是 Nova-Compute 中 Libvirt 默认调用的底层虚拟化平台。为了更好地理解在 Nova 环境下 Libvirt 如何管理底层的 Hypervisor，先要了解 Libvirt 的体系结构与实现方法。

Libvirt 管理虚拟机和其他虚拟化功能，比如包含存储管理、网络管理的软件集合。它包括一个 API 库、一个守护程序（libvirtd）和一个命令行工具（virsh）。

1）Libvirt 主要支持的功能

- 虚拟机管理：包括不同的领域生命周期操作，比如启动、停止、暂停、保存、恢复和迁移，支持多种设备类型的热插拔操作，包括磁盘、网卡、内存和 CPU。

- 远程机器支持：只要机器上运行了 Libvirt Daemon，包括远程机器，所有的 Libvirt 功能就都可以访问和使用；支持多种网络远程传输；使用最简单的 SSH，不需要额外配置工作。
- 存储管理：任何运行了 Libvirt Daemon 的主机都可以用来管理不同类型的存储，创建不同格式的文件镜像（qcow2、vmdk、raw 等），挂接 NFS 共享，列出现有的 LVM 卷组，创建新的 LVM 卷组和逻辑卷，对未处理过的磁盘设备分区，挂接 iSCSI 共享等。

2）Libvirt 体系结构

为支持各种虚拟机监控程序的可扩展性，Libvirt 实施一种基于驱动程序的结构，该结构允许一种通用的 API 以通用方式为大量潜在的虚拟机监控程序提供服务。图 3-10 展示了 LibvirtAPI 与相关驱动程序的层次结构。

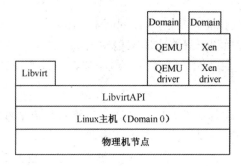

图 3-10　Libvirt 与相关驱动程序的层次结构

3）Libvirt 的控制方式

- 管理位于同一节点上的应用程序和域。管理应用程序通过 Libvirt 工作，以控制本地域，如图 3-11 所示。

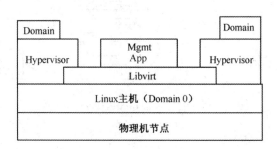

图 3-11　管理位于同一节点上的应用程序和域

- 管理位于不同节点上的应用程序和域。该模式使用一种运行于远程节点上，名为 Libvirt 的特殊守护进程。当在新节点上安装 Libvirt 时，该程序会自动启动，且可自动确定本地虚拟机监控程序，并为其安装驱动程序。该管理应用程序通过一种通用协议从本地 Libvirt 连接到远程 Libvirt，如图 3-12 所示。

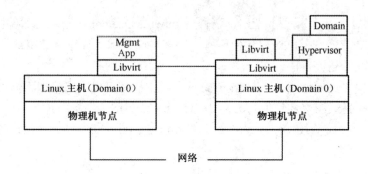

图 3-12　管理位于不同节点上的应用程序和域

3. Nova 中的 RabbitMQ 解析

1）RabbitMQ

OpenStack Nova 系统目前主要采用 RabbitMQ 作为信息交换中枢。RabbitMQ 是一种处理消息验证、消息转换和消息路由的架构模式，它协调应用程序之间的信息通信，并使应用程序或者软件模块之间的相互意识最小化，有效实现解耦。

2）AMQP

AMQP 的目标是实现端到端的通信，那么必然涉及两个基本问题：AMQP 实现通信的因素是什么，以及 AMQP 实现通信的实体和机制是什么。

AMQP 是面向消息的一种应用程序之间的通信方法，也就是说，"消息"是 AMQP 实现通信的基本因素。AMQP 有两个核心要素——交换器（Exchange）与队列（Queue），通过消息的绑定与转发机制实现通信。

构成 AMQP 的三个关键要素的工作方式如图 3-13 所示。

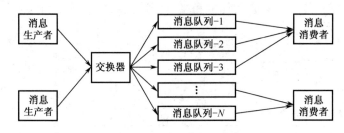

图 3-13　消息、队列和交换器的工作方式

3）Nova 中的 RabbitMQ 应用

RabbitMQ 是 Nova 系统的信息中枢，目前 Nova 中的各模块通过 RabbitMQ 服务器以 RPC 的方式实现通信，而且各模块之间形成松耦合关联关系，在扩展性、安全性及性能方面均有优势。

4）RabbitMQ 的三种类型的交换器

（1）广播式（Fanout）交换器类型：该类交换器不分析所接收到消息中的 RoutingKey，默认将消息转发到所有与该交换器绑定的队列中去。广播式交换器转发效率最高，但是安全性较低，消费者应用程序可获取本不属于自己的消息。

广播式交换器的工作方式如图 3-14 所示。

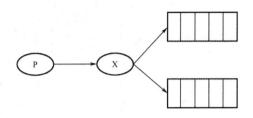

图 3-14　广播式交换器的工作方式

在程序中申明一个广播式交换器的代码如下。

```
channel.exchange_declare（exchange='Fanout',type='Fanout'）
```

（2）直接式（Direct）交换器类型：直接式交换器的转发效率较高，安全性较好，但是缺乏灵活性，系统配置量较大。

图 3-15 说明了直接式交换器的工作方式。Q1、Q2 两个队列与直接式交换器 X 绑定，Q1 的 BindingKey 是"orange"；Q2 有两个绑定，一个 BindingKey 是 black，另一个 BindingKey 是 green。在这样的关系下，一个带有"orange" RoutingKey 的消息发送到 X 交换器之后将会被 X 路由到队列 Q1，另一个带有"black"或者"green" RoutingKey 的消息发送到 X 交换器之后会被路由到 Q2，而所有其他消息将会被丢掉。

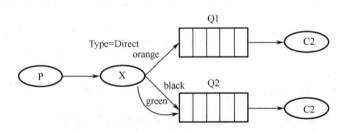

图 3-15　直接式交换器的工作方式

（3）主题式（Topic）交换器类型：主题式交换器通过消息的 RoutingKey 与 BindingKey 的模式匹配，将消息转发至所有符合绑定规则的队列中（见图 3-16）。BindingKey 支持通配符，其中"*"匹配一个词组，"#"匹配多个词组（包括零个）。例如，BindingKey="*.Cloud.#"可转发 RoutingKey 为"OpenStack.Cloud.GD.GZ"、"OpenStack.Cloud.Beijing"及"OpenStack.Cloud"的消息，但是对于 RoutingKey="Cloud.GZ"的消息是无法匹配的。

Nova 基于 RabbitMQ 实现两种 RPC 调用：RPC.CALL 和 RPC.CAST。其中 RPC.CALL 基于请求与响应方式，RPC.CAST 只提供单向请求。

Nova 的各模块在逻辑功能上可以划分为两种：Invoker 和 Worker。其中，Invoker 模块的主要功能是向消息队列中发送系统请求消息，如 Nova-API 和 Nova-Scheduler；Worker 模块则从消息队列中获取 Invoker 模块发送的系统请求消息及向 Invoker 模块回复系统响应消息，如 Nova-Compute、Nova-Volume 和 Nova-Network。Invoker、Worker 与 RabbitMQ 中两种类型的交换器和队列之间的通信关系如图 3-17 所示。

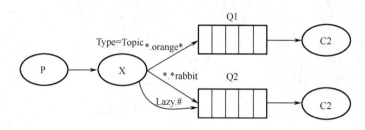

图 3-16　主题式交换器的工作方式

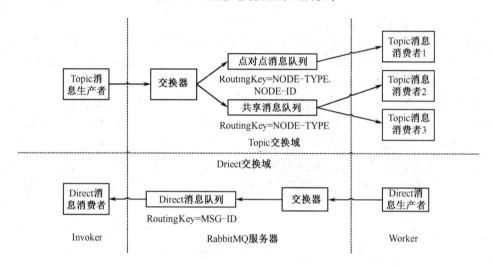

图 3-17　Invoker、Worker 与两种类型的交换器和队列之间的通信关系

　　根据 Invoker 和 Worker 之间的通信关系可将 Nova 逻辑划分为两个交换域：Topic 交换域与 Direct 交换域，两个交换域之间并不是严格割裂的，在通信的流程上是深度嵌入的关系。Topic 交换域中的 Topic 消息生产者（Nova-API 或者 Nova-Scheduler）与 Topic 交换器生成逻辑链接，通过 RPC.CALL 或者 RPC.CAST 进程将系统请求消息发往 Topic 交换器。

　　RPC.CALL 的调用流程如下（见图 3-18）。

- Invoker 端生成一个 Topic 消息生产者和一个 Direct 消息消费者。其中，Topic 消息生产者发送系统请求消息到 Topic 交换器，Direct 消息消费者等待响应消息。
- Topic 交换器根据消息的 RoutingKey 转发消息，Topic 消息消费者从相应的消息队列中接收消息，并传递给负责执行相关任务的 Worker。
- Worker 根据请求消息执行完任务之后，分配一个 Direct 消息生产者，Direct 消息生产者将响应消息发送到 Direct 交换器。
- Direct 交换器根据响应消息的 RoutingKey 将其转发至相应的消息队列，Direct 消息消费者接收并把它传递给 Invoker。

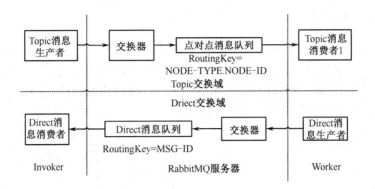

图 3-18　RPC.CALL 的调用流程

RPC.CAST 的调用流程与 RPC.CALL 类似，只是缺少了系统消息响应流程。一个 Topic 消息生产者发送系统请求消息到 Topic 交换器，Topic 交换器根据消息的 RoutingKey 将消息转发至共享消息队列，与共享消息队列相连的所有 Topic 消息消费者接收该系统请求消息，并把它传递给响应的 Worker 进行处理，其调用流程如图 3-19 所示。

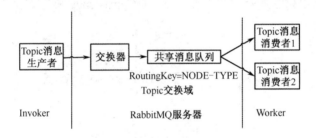

图 3-19　RPC.CAST 的调用流程

3.6.3　Swift

Swift 是 OpenStack 开源云计算项目的子项目之一，是一个可扩展的对象存储系统，提供了强大的扩展性、冗余性和持久性。对象存储支持多种应用，如复制和存档数据、图像或视频服务、存储次级静态数据、开发数据存储整合的新应用、存储容量难以估计的数据，以及为 Web 应用创建基于云的弹性存储。本节将从架构、原理和实践等几方面介绍 Swift。

1. Swift 特性

OpenStack 官网中列举了 Swift 的 20 多个特性，其中最引人关注的是以下几个。

1）高数据持久性

我们从理论上测算过，Swift 在 5 个 Zone、5×10 个存储节点的环境下，数据复制份数为 3，数据持久性的 SLA 能达到 10 个 9。

2）完全对称的系统架构

"对称"意味着 Swift 中各节点可以完全对等，能极大地降低系统维护成本。

3）无限的可扩展性

这里的扩展性分为两方面：一是数据存储容量无限可扩展；二是 Swift 性能（如 QPS、吞吐量等）可线性提升。因为 Swift 是完全对称的架构，所以扩容只需要简单地新增机器，系统会自动完成数据迁移等工作，使各存储节点重新达到平衡状态。

4）无单点故障

Swift 的元数据存储是完全均匀随机分布的，并且与对象文件存储一样，元数据也会存储多份。整个 Swift 集群中没有一个角色是单点的，并且在架构和设计上保证无单点业务是有效的。

2. 应用场景

Swift 提供的服务与 Amazon S3 相同，适用于许多应用场景。最典型的应用是作为网盘类产品的存储引擎，还可以与镜像服务结合，为其存储镜像文件。另外，由于 Swift 的无限扩展能力，其也非常适于存储日志文件和数据备份仓库。

Swift 主要有三个组成部分：Proxy Server、Storage Server 和 Consistency Server。Swift 部署架构如图 3-20 所示，其中 Storage 和 Consistency 服务均允许在存储节点上。

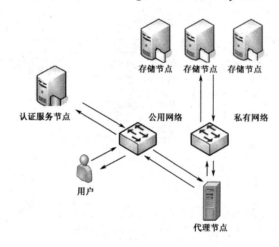

图 3-20 Swift 部署架构

3. Swift 主要组件

1）Ring

Ring 是 Swift 最重要的组件，用于记录存储对象与物理位置间的映射关系。在涉及查询账户（Account）、容器（Container）、对象（Object）信息时，就需要查询集群的 Ring 信息。Ring 使用 Zone、Device、Partition 和 Replica 来维护这些映射信息。Ring 文件在系统初始化时创建，之后每次增减存储节点时，需要重新平衡一下 Ring 文件中的项目，以保证增减节点时，系统因此而发生迁移的文件数量最少。

2）Proxy Server

Proxy Server 是提供 Swift API 的服务器进程，负责 Swift 其余组件间的相互通信。

对于每个客户端的请求，它将在 Ring 中查询账户、容器或对象的位置，并且相应地转发请求。

3）Storage Server

Storage Server 提供了磁盘设备上的存储服务。Swift 中有三类存储服务器：账户、容器和对象。其中，容器服务器负责处理对象的列表，这些对象信息以 SQLite 数据库文件的形式存储。

4）Consistency Server

Swift 的 Consistency Server 可查找并解决由数据损坏和硬件故障引起的错误，主要存在三个服务器：Auditor、Updater 和 Replicator。Auditor 运行在每个 Swift 服务器的后台，持续地扫描磁盘来检测对象、容器和账号的完整性。如果发现数据损坏，Auditor 就会将该文件移动到隔离区域，然后由 Replicator 负责用一个完好的副本来替代该数据。图 3-21 给出了隔离对象的处理流图。

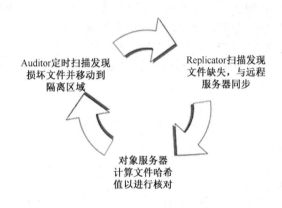

图 3-21　隔离对象的处理流图

4. Swift 基本原理

Swift 用到的算法和存储理论并不复杂，主要涉及以下几个概念。

1）数据一致性模型（Consistency Model）

按照 Eric Brewer 的 CAP（Consistency，Availability，Partition Tolerance）理论，因无法同时满足 3 个方面，Swift 放弃严格一致性（满足 ACID 事务级别），而采用最终一致性（Eventual Consistency）模型来达到高可用性和无限水平扩展能力。为了实现这一目标，Swift 采用 Quorum 协议。

（1）定义 N 为数据的副本总数，W 为写操作被确认接受的副本数量，R 为读操作的副本数量。

（2）强一致性：$R+W>N$，以保证对副本的读写操作会产生交集，从而保证可以读取最新版本；如果 $W=N$，$R=1$，则需要全部更新，适合大量读、少量写操作场景下的强一致性；如果 $R=N$，$W=1$，则只更新一个副本，通过读取全部副本来得到最新版本，适合大量写、少量读场景下的强一致性。

（3）弱一致性：$R+W<=N$，如果读写操作的副本集合不产生交集，就可能会读到脏数据；适合对一致性要求比较低的场景。

Swift 针对的是读写都比较频繁的场景，所以采用了比较折中的策略，即写操作需要满足至少一半成功（$W>N/2$），再保证读操作与写操作的副本集合至少产生一个交集，即 $R+W>N$。Swift 默认配置是 $N=3$，$W=2>N/2$，R 为 1 或 2，即每个对象会存在 3 个副本，这些副本会尽量被存储在不同区域的节点上；$W=2$ 表示至少需要更新两个副本才算写成功；当 $R=1$ 时，意味着某一个读操作成功便立刻返回，此种情况下可能会读取到旧版本（弱一致性模型）；当 $R=2$ 时，需要通过在读操作请求头中增加 x-newest=true 参数来同时读取两个副本的元数据信息，然后比较时间戳来确定哪个是最新版本（强一致性模型）。如果数据中出现了不一致，后台服务进程会在一定的时间窗口内通过检测和复制协议来完成数据同步，从而保证达到最终一致性，如图 3-22 所示。

2）一致性散列（Consistent Hashing）

Swift 基于一致性散列技术，通过计算可将对象均匀分布到虚拟空间的虚拟节点上，在增加或删除节点时可大大减少需要移动的数据量。

如图 3-23 所示，以逆时针方向递增的散列空间长 4 字节，共 32 位，因此整数范围是$[0, 2^{32}-1]$；将散列结果右移 m 位，可产生 2^{32-m} 个虚拟节点，如 $m=29$ 时可产生 8 个虚拟节点。

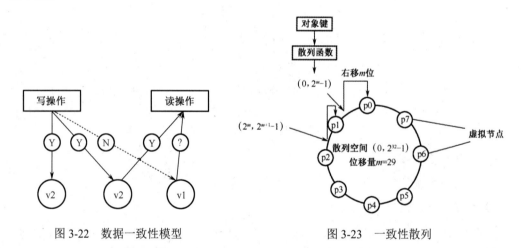

图 3-22　数据一致性模型　　　　　图 3-23　一致性散列

3）数据模型

Swift 采用层次数据模型，共设三层逻辑结构：账户/容器/对象，每层节点数均没有限制，可以任意扩展。这里的账户和个人账户不是一个概念，可理解为租户，用来做顶层的隔离机制，可以被多个个人账户共同使用；容器代表封装一组对象，类似文件夹或目录；叶子节点代表对象，由元数据和内容两部分组成，如图 3-24 所示。

4）环的数据结构

环是为了将虚拟节点（分区）映射到一组物理存储设备上，并提供一定的冗余度而设计的（见图 3-25），其数据结构由以下信息组成。

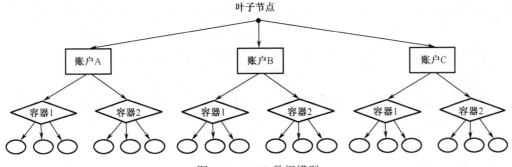

图 3-24　Swift 数据模型

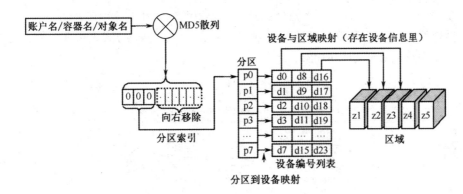

图 3-25　环的数据结构

（1）存储设备列表，设备信息包括唯一标识号（id）、区域号（zone）、权重（weight）、IP 地址（ip）、端口（port）、设备名称（device）、元数据（metadata）。

（2）分区到设备的映射关系（replica2part2dev_id，数组）。

（3）计算分区号的位移（part_shift，整数）。

下面以查找一个对象的计算过程为例。

使用对象的层次结构账户/容器/对象作为键，使用 MD5 散列算法得到一个散列值，对该散列值的前 4 字节进行右移操作得到分区索引号，移动位数由 part_shift 指定；按照分区索引号在分区的设备映射表（replica2part2dev_id）里查找该对象所在分区对应的所有设备编号，这些设备会被尽量选择部署在不同区域内。区域只是个抽象概念，它可以是某台机器、某个机架，甚至是某个建筑内的机群，以提供最高级别的冗余性，建议至少部署 5 个区域。权重参数是个相对值，可以根据磁盘的大小来调节，权重越大表示可分配的空间越多，可部署更多的分区。

5）Replica

Swift 中引入了 Replica 的概念，其默认值为 3，理论依据主要来源于 NWR 策略（也叫 Quorum 协议）。N 越高，系统的维护成本和整体成本就越高，工业界通常把 N 设置为 3（3 个副本）。

6）区域

如果所有的节点都在一个机架或一个机房中，那么一旦发生断电、网络故障等事

143

故，将导致用户无法访问，因此，需要一种机制对机器的物理位置进行隔离，以满足分区容忍性（CAP 理论中的 P）。环中引入了区域的概念，把集群的节点分配到每个区域中，其中，同一个分区的 Replica 不能同时放在同一个节点上或同一个区域内。

7）权重

环引入权重是为了当添加存储能力更大的节点时，分配到更多的分区。例如，2TB容量的节点的分区数为 1TB 的两倍，那么就可以设置 2TB 的权重为 200，而 1TB 的权重为 100。

8）系统架构

如图 3-26 所示，Swift 采用完全对称、面向资源的分布式系统架构设计，所有组件都可扩展，避免因单点失效而扩散并影响整个系统运转；通信方式采用非阻塞式 I/O 模式，提高了系统的吞吐和响应能力。

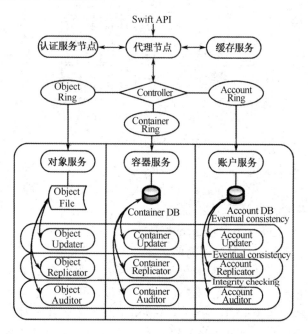

图 3-26　Swift 系统架构

5. 实例分析

图 3-27 是一种部署的 Swift 集群，集群中又分为 4 个区域，每个区域是一台存储服务器，每台服务器上由 12 块 2TB 的 SATA 磁盘组成，只有操作系统安装盘需要RAID，其他盘作为存储节点，不需要 RAID。

Swift 采用完全对称的系统架构，在这个部署案例中得到了很好的体现。图 3-27 中每个存储服务器的角色是完全对等的，系统配置完全一样，均安装了所有 Swift 服务软件包，如 Proxy Server、Container Server 和 Account Server 等。上面的负载均衡器（Load Balancer）并不属于 Swift 的软件包，出于安全和性能的考虑，一般会在业务之前挡一层负载均衡器。当然可以去掉这层代理，由 Proxy Server 直接接收用户的请求，但这可能不太适合在生产环境中使用。

图 3-27 中分别表示了上传文件 PUT 和下载文件 GET 请求的数据流，两个请求操作的是同一个对象。上传文件时，PUT 请求通过负载均衡随机挑选一台 Proxy Server，将请求转发到后者，后者通过查询本地的 Ring 文件，选择 3 个不同区域中的后端来存储这个文件，同时将该文件向这三个存储节点发送。

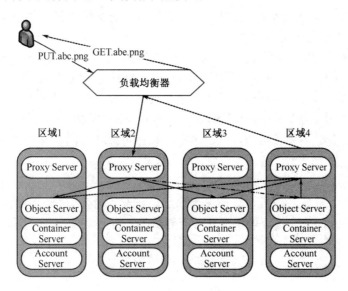

图 3-27　一种部署的 Swift 集群

3.6.4　Glance

Glance 提供了一个虚拟磁盘镜像的目录和存储仓库，并且可以提供对虚拟机镜像的存储和检索。

1. Glance 的作用

Glance 作为 OpenStack 虚拟机的镜像（Image）服务，提供了一系列的 RESTAPI，用来管理、查询虚拟机的镜像。它支持多种后端存储介质，如用本地文件系统作为存储介质、用 Swift 作为存储介质或者用 S3 兼容的 API 作为存储介质。

图 3-28 描述了 Glance 与 Nova、Swift 的关系。

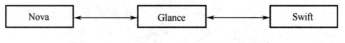

图 3-28　Glance 与 Nova、Swift 的关系

2. Glance 的组成部分

Glance 包括两个主要的部分，分别是 API Server 和 Registry Server。Glance 的设计，尽可能适合各种后端仓储和注册数据库方案。

glance-api 主要用来接收各种 API 调用请求，并提供相应的操作。

glacne-registry 用来和 MySQL 数据库进行交互，存储或者获取镜像的元数据。

3.7 超融合技术

3.7.1 概念

超融合是 2009 年由 Nutanix（路坦力）公司提出的。2011 年，Nutanix 推出首代超融合产品。2013 年，Nutanix、联想、华三等公司纷纷在中国推出超融合产品，超融合作为独立产品开始出现在中国市场。

超融合基础架构（简称超融合架构）是从英文 Hyper Converged Infrastructure（HCI）翻译而来的，其中"Hyper"即 Hypervisor 的缩写，虽然翻译为"超"，但实际上是虚拟化的意思。超融合架构指通过软件定义实现计算、存储、网络融合，实现以虚拟化为中心的软件定义数据中心的技术架构。超整合架构中，不仅一套单元设备具备计算、网络、存储虚拟化等资源和技术，多套设备还可以通过网络聚合实现模块化的无缝扩展，形成统一的资源池。

超融合架构通常在商用 x86 服务器上运行，近年来已成为 IT 基础架构领域最具颠覆性的架构之一。然而，超融合架构也有缺点：在业务量变大时，超融合架构中的计算和存储会争抢资源，一方资源需求骤升，会导致另一方资源枯竭，进而影响整体性能。

3.7.2 产生背景

1. 传统架构

传统的数据中心基础架构分为三层，采用集中式存储，如图 3-29 所示。

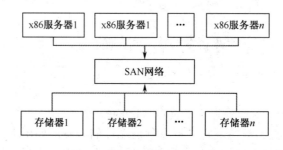

图 3-29 传统数据中心基础架构

由于服务器、网络和存储器分属不同厂商，各种设备的配置相互独立，管理割裂，缺少统一的集中化 IT 构建策略，无法对数据中心内的基础设施进行统一的监控、管理、报告和远程访问，传统架构维护和升级困难。

随着业务规模扩大，虚拟机和数据大量增加，传统架构的存储系统难以升级，如传统存储根据机头控制器的能力分为高、中、低三档存储，低端存储通常支持 200 块硬盘左右的扩展能力，中端存储通常支持 1000 块硬盘左右的扩展能力，高端存储通常支持 5000 块硬盘左右的扩展能力。集中式存储扩展性受限，低端存储无法升级为中高端存储，不能实现随着计算资源扩展而自由地横向扩展。

随着数据处理能力的加大，传统架构中的网络也成为传输的瓶颈。

2. 超融合架构

从 2012 年前后开始，企业级 SSD 逐渐成熟。10Gbit/s 的以太网普及成本下降，使分布式存储访问远程节点的性能与访问本地节点的性能差距大大缩小。8 核甚至 10 核以上的 CPU 也开始普及（截至 2022 年年底，市场上单核 CPU 核心可达 64 核），使服务器除了运行服务器虚拟化计算，还有能力运行分布式存储软件。

在此背景下，超融合架构应运而生，并不断演进，逐渐成为被越来越多人接受的主流基础架构建设方案。超融合架构将传统的三层架构变为两层，如图 3-30 所示。

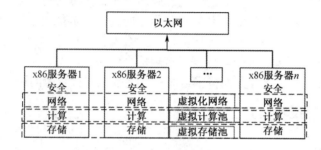

图 3-30　超融合架构

在超融合架构中，以通用的 x86 服务器为标准载体，包含 CPU、内存、固态硬盘、机械硬盘等基本配件，为上层技术实现提供硬件资源。所有的 x86 服务器集成了安全、网络、计算、存储的功能，使用超融合虚拟化平台，把所有服务器上的网络、计算和存储资源组织在一起，形成虚拟化网络、虚拟计算池和虚拟存储池。服务器之间通过高速以太网连接在一起（如 10GE 交换机），通过计算、存储、网络、安全和管理的完全软件定义，即可替代复杂的传统基础架构，实现架构的极简化。

3. 二者对比

对比超融合架构与传统架构的投入成本，包括硬件成本、部署时间、资源利用率、维护和升级等几个方面，如表 3-1 所示。

表 3-1　超融合架构和传统架构对比

项目	传统架构	超融合架构
硬件成本	高	比传统架构降低 40%左右
部署时间	需要多厂商联调，至少一周	30 分钟部署，业务上线只需要 1 分钟
资源利用率	计算高，存储和网络低	高
维护和升级	工作量大，需要花费较大的精力和时间来排除故障；扩容节点受限	资源统一管理，操作简单，按需线性扩容，不受限制

由于超融合架构无须专用 SAN 存储及 SAN 存储设备，也无须使用大量 HDD 硬盘来堆叠所需要的 I/O 性能，因此在同样的性能要求下，超融合产品一般只需传统架构 60%的硬件设备；超融合架构实施快捷，时间成本和人力成本相对传统存储节省 80%左右；运维成本方面，超融合架构采用极其简便的运维方式，相对传统架构运维成本甚至

可以降低 80%以上。另外，在相同业务需求下，超融合架构需要更少的硬件，超融合一体机服务器甚至可以做到高密度整合、模块化配置，从而大幅度节省机柜占用空间，电能节省最高可达 40%。

超融合架构精简了传统 IT 系统的三层架构，采用标准服务器高速互联，即可同时实现计算、存储网络、存储设备的功能，不仅大幅降低了设备的使用量，同时使 IT 系统的建设运维更简单。用户只需部署好符合要求的服务器或者超融合一体机，很快就可以部署业务并上线。

超融合架构采用无中心的分布式架构，任意一个节点均可被无差别地替换；虚拟机 HA、数据多副本机制、系统自检自愈功能能够及时恢复因故障缺失的数据副本，使上层应用可以抵御多次多样的故障，获得持续不断的稳定服务能力。因此在可靠性方面，超融合架构具有明显的优势。在业务层面，超融合架构集成了虚拟化集群的虚拟机高可用优势，可以在保证存储安全的前提下，实现原生的跨主机故障切换转移；同时，可以基于虚拟化层的快照、克隆、导入技术，对业务虚拟机进行有效的逻辑备份。

3.7.3 超融合技术简介

1．超融合单元

一个最小的超融合单元至少是 3 个服务器节点。分布式存储通过软件定义，采用投票算法来保证数据冗余和最终一致性，要求半数以上节点获得支持时才可以更新数据，也就是半数以上的服务器存活，这个集群才可以正常工作。

2．分布式存储

业界典型的分布式存储技术主要有分布式文件系统存储、分布式对象存储和分布式块设备存储等几种形式。分布式存储技术及其相关产品已经日趋成熟，并在 IT 行业得到了广泛的使用和验证。简单来说，分布式存储就是将数据分散存储到多个数据存储服务器上。

传统架构需要集中式存储，要用到专门的存储网络（FC-SAN、NAS、DAS），要用到 RAID。在分布式超融合存储技术中，取而代之的是硬盘簇（Just a Bunch of Disks，JBOD），可使用 SSD 进行缓存以提高速度。数据先读写到 SSD 中，再写入机械硬盘区。最新的超融合技术使用 NVMe（支持更多的队列和指令，远远多于 SSD）或 PMEM（傲腾持久性内存，插在内存插槽上的闪存盘，在 2019 年由 Intel 提出）作为缓存盘，IOPS 有了质的提升。随着缓存盘的加入，数据有了压缩、快照、重删等特性。

分布式存储系统特点如下。

- 高性能：数据分散存放，通过全局负载均衡和分布式缓存技术提高 I/O 性能，采用 SSD 作为加速缓存，将虚拟机所有数据都实现本地化吞吐，因此单业务系统即可实现高速的 I/O 吞吐，多业务并发时的总体性能更是传统 IT 架构无法比拟的。
- 高可靠：采用集群管理方式，灵活配置多数据副本，不同数据副本存放在不同的机架、服务器和硬盘上，单个物理设备故障不影响业务的使用，系统检测到设备故障后可以自动重建数据副本。
- 高扩展：没有集中式存储控制器，支持平滑扩容，容量几乎不受限制。

- 易管理：存储软件直接部署在服务器上，没有单独的存储专用硬件设备，通过 Web 页面的方式进行存储管理，配置和维护简单。

3. 技术派系

从超融合技术的实现思路来看，可以分为两大派系，分别是软件派和软硬结合派。

软件派：使用纯软件实现超融合，使用分布式存储技术把所有服务器的磁盘集中到一起提供存储，代表厂商有 VMware、微软。这两家厂商自身不生产硬件，在标准 x86 服务器上安装其超融合软件，授权费用相对比较贵，开源的软件有 Proxmox 虚拟环境（PVE）。PVE 是一个开源免费的基于 Linux 的企业级虚拟化方案，内置了一套虚拟机管理工具，并提供了 Web 管理页面，如图 3-31 所示。

图 3-31　PVE 管理页面截图（部分）

软硬结合派：将硬件和超融合软件集成在一起。代表厂商有 Nutanix、戴尔、惠普、华为、联想、新华三、Smartx、深信服等，这些厂商之间的硬件互相不兼容。

4. 超融合架构部署

当用户需要进行新软件系统开发的时候，或者当传统的 IT 架构无法满足用户需求时，超融合架构逐渐进入企业，成为新选择。如果想要利用企业原来的多个服务器搭建超融合架构，则需选择软件派搭建。如果从头搭建超融合架构，则软件派和软硬结合派都可以选择。

部署前，需要根据业务发展预期确定硬件和软件的性能参数，然后对比不同厂商的产品。可以邀请不同厂商搭建测试环境，对比测试结果，最终选定符合要求的产品。

部署时，需要规划所需服务器（包括服务器个数及 CPU、内存、存储、网络等参数），安装虚拟化环境，设置网络，搭建集群，安装文件系统，创建虚拟机等。

环境搭建之后，若存在原有业务系统，则需要考虑对原有业务系统进行迁移。

最后是对超融合架构进行维护和监控。

习题

1．虚拟化技术在云计算中的哪些地方发挥了关键作用？

2．比较 VMware、Xen 等虚拟化产品的关键技术，以及其对云计算技术提供的支持。

3．服务器虚拟化、存储虚拟化和网络虚拟化都有哪些实现方式？

4．讨论桌面虚拟化的实现和作用。

5．OpenStack 是什么？

6．总结 OpenStack 的主要组件及其功能。

7．请根据学过的知识总结 OpenStack 各服务模块之间如何协同工作。

8．请根据学过的知识概括 OpenStack 与 AWS 的异同。

9．请对比超融合架构和传统架构的优缺点。

第 4 章 容器技术

近年来，容器技术及相关应用得到了国内外越来越多的关注。在国外，容器技术已经形成了较成熟的生态圈；在国内，金融企业、互联网企业、IT 企业积极投入容器技术的研发和应用推广，其发展势头迅猛。

容器技术通过在操作系统内核创建虚拟执行环境，打造共享 Host OS 的方法来实现取代多个 Guest OS 的功能，它能够有效地将操作系统资源进行划分，并在多个独立的分组之间平衡冲突资源使用需求问题。容器技术作为一种虚拟化沙盒技术，实现了应用程序与外界环境的隔离。这就好比一个装应用软件的箱子，箱子里面有软件所需要和依赖的库及各种配置，我们可以将这个箱子迁移至任何机器中且不影响应用软件的使用。传统虚拟化技术从操作系统层下手，目标是建立一个可以用来执行整套操作系统的沙盒独立执行环境，而容器技术则是通过整体打包应用程序所需要的相关程序代码、函数库、环境配置文件来建立沙盒执行环境。通俗地讲，虚拟化技术需要安装操作系统才能执行应用程序，容器技术则不需要安装操作系统就能执行应用程序。

本章将介绍容器技术发展进化的风雨历程，阐述容器的组织架构和技术基础，对比容器技术和虚拟机技术，探寻 Docker 和 Rkt 等典型容器技术案例及当下主流的容器编排技术应用。希望读者在学习后能够掌握容器技术的运行机理和典型应用。

4.1 容器技术简介

我们知道，海边码头利用标准化集装箱运载货物。集装箱的特色在于其格式划一，并可以层层重叠，所以可以大量放置在特别设计的远洋轮船中（早期航运是没有集装箱概念的，那时候货物堆放杂乱无章，很影响出货和运输效率）。有了集装箱，就可以更加快捷方便地为生产商提供廉价的运输服务。IT 世界里借鉴了这一理念。容器技术译自英文单词 Container，Container 一词意为集装箱、容器，翻译成"容器技术"更符合中文使用习惯。

容器是一种轻量级操作系统层面的虚拟机，它为应用软件及其依赖组件提供了一个资源独立的运行环境。本节将从容器技术的关键技术要点、优劣势、典型应用等角度全面介绍容器技术，并通过与虚拟机技术的对比更深入介绍容器技术的技术优势。

4.1.1 容器技术的发展历程

容器技术最早可以追溯到 1979 年 UNIX 系统中的 chroot，最初是为了方便切换 root 目录，为每个进程提供文件系统资源的隔离，这也是操作系统虚拟化思想的起源。

2000 年，BSD 吸收并改进了 chroot 技术，发布了 FreeBSD Jails。FreeBSD Jails 除

了有文件系统隔离，还添加了用户和网络资源等的隔离。每个 Jail 还能有一个独立 IP，进行一些相对独立的软件安装和配置操作。

2001 年，Linux 发布了 Linux Vserver，Linux VServer 依旧延续了 FreeBSD Jails 的思想，在一个操作系统上隔离文件系统、CPU 时间、网络地址和内存等资源，每个分区都称为一个 Security Context，内部的虚拟化系统称为 VPS。

2004 年，原 SUN 公司发布了 Solaris Containers，Solaris Containers 作为 Solaris 10 中的特性发布，包含了系统资源控制和 Zones 提供的二进制隔离。Zones 作为在操作系统实例内一个完全隔离的虚拟服务器存在。

2005 年，SWsoft 公司发布了 OpenVZ，OpenVZ 和 Solaris Containers 非常类似，通过打了补丁的 Linux 内核来提供虚拟化、隔离、资源管理和检查点。OpenVZ 标志着内核级别的虚拟化真正成为主流，之后不断有相关的技术被加入内核。

2006 年，Google 发布了 Process Containers，Process Containers 记录和隔离每个进程的资源使用（包括 CPU、内存、硬盘 I/O、网络等），后改名为 cgroups（Control Groups），并在 2007 年被加入 Linux 内核 2.6.24 版本中。

2008 年，出现了第一个比较完善的 LXC 容器技术，其基于已经被加入内核的 cgroups 和 Linux Namespace 实现。LXC 不需要打补丁，就能运行在任意 Vanilla 内核的 Linux 上，具备了 Linux 容器的雏形。

2011 年，CloudFoundry 发布了 Warden，与 LXC 不同，Warden 可以工作在任何操作系统上，作为守护进程运行，还提供了管理容器的 API，形成了较为完善的容器管理系统原型。

2013 年，Google 建立了开源的容器技术栈 lmctfy。Google 开启这个项目是为了通过容器实现高性能、高资源利用率，同时接近零开销的虚拟化技术。目前 Kubernetes 中的监控工具 cAdvisor 就起源于 lmctfy 项目。2015 年，Google 将 lmctfy 的核心技术贡献给了 Libcontainer。2013 年，Docker 诞生，Docker 最早是 dotCloud（Docker 公司的前身，是一家 PaaS 公司）内部的项目，和 Warden 类似，Docker 最初也用了 LXC，后来才用 Libcontainer 替换了 LXC。和其他容器技术不同的是，Docker 围绕容器构建了一套完整的生态，包括容器镜像标准、容器 Registry、REST API、CLI、容器集群管理工具 Docker Swarm 等。

2014 年，CoreOS 创建了 Rkt。它是为了改进 Docker 在安全方面的缺陷重写的一个容器引擎，相关容器工具产品包括：服务发现工具 etcd 和网络工具 Flannel 等。同年，Kubernetes 项目正式发布，容器技术开始和编排系统齐头并进。

2016 年，微软发布基于 Windows 的容器技术 Hyper-V Container，Hyper-V Container 原理和 Linux 下的容器技术类似，可以保证在某个容器里运行的进程与外界是隔离的，兼顾虚拟机的安全性和容器的轻量级。

2017—2018 年，容器生态开始规模化、规范化、商业化，AWS ECS，Google EKS，阿里 ACK、ASK 和 ECI，华为 CCI，Oracle Container Engine for Kubernetes，VMware，Red Hat 及 Rancher 开始提供基于 Kubernetes 的商业服务产品。

2017—2019 年，容器引擎技术飞速发展，新技术不断涌现。2017 年年底，Kata

Containers 社区成立；2018 年，Google 开源 gVisor 代码，AWS 开源 Firecracker，阿里云发布安全沙盒 1.0。

2020 年，容器引擎技术升级，Kata Containers 开始 2.0 版的架构升级完善，阿里云发布安全沙盒 2.0。

4.1.2 容器技术的架构

容器技术的基本架构如图 4-1 所示。

图 4-1 容器技术的基本架构

1. 服务器层

当运行容器镜像时，容器本身需要运行在传统操作系统之上，而这个操作系统既可以基于物理机，也可以基于虚拟机。服务器层包含了这两种场景，泛指容器运行的环境，同时容器并不关心服务器层如何提供和管理资源，它只期望能获得这些服务器资源。

2. 资源管理层

资源管理层包含了服务器、操作系统等资源的管理。其中，如果是物理服务器，则需要涉及物理机管理系统（如 Rocks 等）；如果是虚拟机，则需要使用虚拟化平台。

3. 运行引擎层

容器运行引擎层主要指常见的容器系统，包括 Docker、Rkt、Hyper、CRI-O。这些容器系统的共同作用包括启动容器镜像、运行容器应用和管理容器实例。运行引擎又可以分为管理程序和运行时环境两个模块。需要注意的是，运行引擎是单机程序，类似虚拟化软件的 KVM 和 Xen，不是集群分布式系统。引擎运行于服务器操作系统之上，接受上层集群系统的管理。

4. 集群管理

可以把容器的集群管理系统和针对虚拟机的集群管理系统画等号，它们都是通过一组服务器运行分布式应用。这两者的细微区别在于，虚拟机的集群管理系统需要运行在物理服务器上，而容器集群管理系统既可以运行在物理服务器上，也可以运行在虚拟机上。

5. 应用层

应用层泛指所有运行于容器上的应用程序，以及所需的辅助系统，包括监控、日志、安全、编排、镜像仓库等。

4.1.3 容器的底层技术

容器底层的核心技术包括 Linux 上的命名空间、控制组、切根。

1. 命名空间（Namespaces）

命名空间是 Linux 内核的一个强大特性。每个容器都有自己单独的命名空间，运行在其中的应用都像是在独立的操作系统中运行一样。命名空间保证了容器之间彼此互不影响。

（1）pid：不同用户的进程就是通过 pid 命名空间隔离开的，且不同命名空间可以有相同的 pid。

（2）Net：网络隔离是通过 Net 实现的，每个 Net 有独立的网络设备、IP 地址、路由表、/proc/net 目录。这样每个容器的网络就能隔离开。

（3）IPC：容器中的进程交互还是采用了 Linux 常见的进程间交互（Interprocess Communication，IPC）方法，包括信号量、消息队列和共享内存等。然而，同虚拟机不同的是，容器的进程间交互实际上还是 host 上具有相同 pid 命名空间中的进程间交互，因此需要在 IPC 资源申请时加入命名空间信息，每个 IPC 资源有唯一的 32 位 id。

（4）Mount：类似 chroot，将一个进程放到一个特定的目录执行。Mount 允许不同命名空间的进程看到的文件结构不同，这样每个命名空间中的进程所看到的文件目录就被隔离开了。与 chroot 不同，每个命名空间中的容器在/proc/mounts 的信息只包含当前命名空间的挂载点。

（5）UTS：UTS 允许每个容器拥有独立的 hostname 和 domain name，使其在网络上可以被视作一个独立的节点而非主机上的一个进程。

（6）User：每个容器可以有不同的用户和组 id，也就是说可以在容器内用容器内部的用户执行程序而非主机上的用户。

2. 控制组（cgroups）

cgroups 是 Linux 内核提供的一种可以限制、记录、隔离进程组（Process Groups）所使用的物理资源的机制。

（1）任务（Task）：在 cgroups 中，任务就是系统的一个进程。

（2）控制族群（Control Group）：控制族群就是一组按照某种标准划分的进程。cgroups 中的资源控制都是以控制族群为单位实现的。一个进程可以加入某个控制族群，也可以从一个进程组迁移到另一个控制族群。一个进程组的进程可以使用 cgroups 以控制族群为单位分配的资源，同时受 cgroups 以控制族群为单位设定的限制。

（3）层级（Hierarchy）：控制族群可以组织成 Hierarchical 的形式，即一棵控制族群树。控制族群树上的子节点控制族群是父节点控制族群的孩子，继承父控制族群的特定属性。

（4）子系统（Subsystem）：一个子系统就是一个资源控制器。子系统必须附加到一个层级上才能起作用，一个子系统附加到某个层级以后，这个层级上的所有控制族群都受到这个子系统的控制。

3. 切根（chroot）

chroot（change to root）可以改变一个程序运行时参考的根目录的位置。chroot 机制是因为安全问题才被引入的，但在 LXC 中起到了举足轻重的作用，因为 chroot 机制可以指定虚拟根目录，让不同的容器在不同的根目录下工作。

4.1.4　容器的关键技术

1. 镜像

容器的镜像通常包括操作系统文件、应用本身的文件、应用所依赖的软件包和库文件。为了提高容器镜像的管理效率，容器的镜像采用分层的形式存放。容器的镜像底层通常是 Linux 的 rootfs 和系统文件，再往上是各种软件包层。这些文件层在叠加后成为完整的只读文件系统，最终挂载到容器里面。在运行过程中，容器应用往往需要写入文件数据，容器引擎为此需再创建一个可写层，加在镜像的只读文件系统上面。使用分层的容器镜像之后，镜像的下载和传输更加便利，因为只需要在宿主机上把缺少的镜像文件层次下载即可，无须传送整个镜像。

在 Linux 中，联合文件系统（UnionFS）能够把多个文件层叠加在一起，并透明地展现成一个完整的文件系统。常见的联合文件系统有 AUFS（Another Union File System）、Btrfs、OverlayFS 和 Device Mapper 等。

2. 运行时引擎

容器运行时引擎和容器镜像的关系类似于虚拟化软件和虚拟机镜像的关系。容器运行时引擎的技术标准主要由 OCI（Open Container Initiative）领导社区制定。目前，OCI 已经发布了容器运行时引擎的技术规范，并认可了 runC（Docker 公司提供）和 runV（Hyper 公司提供）两种合规的运行引擎。

3. 容器编排

容器编排工具通过对容器服务的编排，决定容器服务之间如何进行交互。容器编排工具一般要处理以下几方面内容。

（1）容器的启动：选择启动的机器、镜像和启动参数等。

（2）容器的应用部署：提供方法对应用进行部署。

（3）容器应用的在线升级：提供方法可以平滑地切换到应用新版本。

容器编排一般是通过描述性语言 YAML 或者 JSON 来定义编排内容的。目前，主要的编排工具有 Google Kubernetes、Docker Swarm、Apache Mesos 和 CoreOS Fleet 等。

4. 容器集群

容器集群是将多台物理机抽象为逻辑上单一调度实体的技术，为容器化的应用提供资源调度、服务发现、弹性伸缩、负载均衡等功能，同时监控和管理整个服务器集群，提供高质量、不间断的应用服务。容器集群主要包含以下技术。

（1）资源调度：主要以集中化的方式管理和调度资源，按需为容器提供 CPU、内存等资源。

（2）服务发现：通过全局可访问的注册中心使任何一个应用都能够获取当前环境的细节，自动加入当前的应用集群中。

（3）弹性伸缩：在资源层面，监控集群资源使用情况，自动增减主机资源；在应用层面，可通过策略自动增减应用实例来实现业务能力的弹性伸缩。

（4）负载均衡：当应用压力增加时，集群自动扩展服务，将负载均衡至每个运行节点；当某个节点出现故障时，应用实例重新部署运行到健康的节点上。

5. 服务注册和发现

在容器技术构建自动化运维场景中，服务注册和发现是重要的两个环节，一般通过一个全局性的配置服务来实现。其基本原理类似公告牌信息发布系统，A 服务（容器应用或者普通应用）启动后在配置服务器（公告牌）上注册一些对外信息（比如 IP 和端口），B 服务通过查询配置服务器（公告牌）来获取 A 服务注册的信息（IP 和端口）。

6. 热迁移

热迁移（Live Migration），又称为动态迁移或者实时迁移，是指将整个容器的运行时状态完整保存下来，同时可以快速地在其他主机或平台上恢复运行。容器热迁移主要应用在两个方面：一是当多个操作单元执行任务时，热迁移能迅速地复制与迁移容器，做到无感知运行作业；二是可以处理数据中心中集群的负载均衡，当大量数据涌来无法运行计算时，可利用热迁移创建多个容器处理运算任务，调节信息数据处理峰谷，配置管理负载均衡比例，降低应用延迟。

4.1.5 容器技术的优势和局限性

1. 容器技术的优势

（1）敏捷开发：容器技术最大的优势在于其快速的生成效率，轻量级的打包方式使其具有更好的性能和更小的规模，同时容器解决了应用程序的平台依赖和平台冲突问题，从而帮助开发人员更快地开发程序。每个容器可看作一个微服务，因此可以单独进行升级，不必担心同步问题。

（2）版本管理：容器中的镜像可被单独管理，因此可以追踪、记录、生成不同的容器版本，进而分析容器版本的差异。

（3）计算环境可移植：容器封装了与应用相关的依赖组件及操作系统信息，因此减少了应用在不同计算环境下的配置需求。例如，同一个镜像可应用于不同版本的 Linux 操作系统中，甚至可以在 Windows 或 Linux 环境之间轻松移植。

（4）标准化：容器通常基于开放标准设计，由 Google、Docker、CoreOS、IBM、微软、Red Hat 等厂商联合发起成立的 OCI 于 2016 年 4 月推出了第一个开放容器标准，该标准主要包括运行时标准和镜像标准。这极大地促进了容器技术和各类工具的标准化发展。

（5）安全性：容器间的进程及容器内外的进程是相互独立的。因此，每个容器的升级或修改对其他容器都是没有影响的。

（6）弹性伸缩：由于容器单元间相互独立，由统一的编排工具管理，且编排工具具备发现容器节点的功能，因此容器的弹性扩容可以在短时间内自动完成；同时，由于每个容器均为独立的个体，容器调用的资源和容器的使用由编排工具管理，因此减少某一个容器节点不影响整个容器系统的使用。

（7）高可用性：与弹性伸缩类似，在某一个容器节点出现故障时，容器编排工具能够及时发现节点的变化，并根据外部请求情况及时做出调整，不影响整个容器系统的使用，从而实现系统的高可用性。

（8）管理便利：容器技术可通过简单的命令行完成对单一容器的管理，完成对镜像的快速打包和迁移；同时能通过 Apache Mesos、Google Kubernetes 及 Docker Swarm 等工具实现对大规模容器集群的管理。

2. 容器技术的局限性

（1）性能：不管是虚拟机还是容器，都运用不同的技术对应用本身进行了一定程度的封装和隔离，在降低应用和应用之间及应用和环境之间的耦合性上做了很多努力。但是，随之而来的是产生了更多的网络连接转发及数据交互，这在低并发系统上表现不会太明显，而且往往不会成为一个应用的瓶颈（可能会分散在不同的虚拟机或者服务器上），但当同一虚拟机或者服务器下面的容器需要更高并发量支撑的时候，也就是并发问题成为应用瓶颈的时候，容器会将这个问题放大，所以，并不是所有的应用场景都适用容器技术。

（2）存储：容器的诞生并不是为操作系统抽象服务的，这是它和虚拟机最大的区别，这意味着容器天生为应用环境做更多的努力，容器的伸缩也基于容器的 disposable 特性。除了弹性伸缩，持久化存储是容器的另一个关键功能，用于确保容器中的数据可以长期保存而不会丢失或损坏。例如，Docker 容器提供的解决方案利用 Volume 接口形成数据的映射和转移，以实现数据持久化的目的。但是，这样也会造成一部分资源的浪费和更多交互的发生，不管是映射到宿主机上还是网络磁盘上，都是退而求其次的解决方案。

（3）兼容：容器版本在快速更新中，以 Docker 相关技术为例，每隔 1～3 个月就有版本的升级，一些核心模块依赖高版本内核，运维时存在版本兼容问题。

（4）管理：管理容器环境和应用也较为复杂，不仅需要多类技术支撑，包括容器管理、编排、应用打包、容器间的网络、数据快照等，还需要增加对容器的监控。

（5）安全：容器在应用过程中还需要考虑容器间、容器与系统间的性能隔离，考虑内核共享带来的安全隔离问题。

（6）使用习惯：容器使用习惯有别于主机或虚拟机，在应用过程中，大部分用户需要逐步引导才能适应容器的使用方式。

4.1.6　容器技术的典型应用

1. 容器与云计算

虚拟化是云计算的重要基础，容器定义了一套从构建到执行的标准化体系，改变了传统的虚拟化技术，深度影响了云计算领域，容器是云计算的未来。以 Docker 为代表的容器技术越来越深刻地影响云计算，也改变了日常的开发、运维和测试。相比于虚拟机，容器的轻量、快速启动和低开销，以及基于此的按业务打包和微服务模式，被用来改进 DevOps，很多场景下更适合做大规模集群管理和搭建灵活的分布式系统。通过深度整合 IaaS、PaaS 及容器技术，提供弹性计算、DevOps 工具链及微服务基础设施等服务，可帮助企业解决 IT、架构及运维等问题，使企业更聚焦于业务。

2. 容器与大数据

大数据平台如果能采用容器方式发布，与 Spark、Hadoop、Cassandra 等相关技术集成与对接，可降低整个系统的搭建难度，缩短交付和安装周期，减小安装失败的风险。容器化后，各类大数据平台组件可以轻松迁移，也能实现多复本控制和高可用。

3. 容器与物联网

物联网技术发展日新月异，而容器技术刚好遇到这样的机遇，将在几个方面促进物联网的发展。

首先，运用容器技术后，通过容器封装，可简化下载、安装部署、启动和后续应用更新，这将大大加速物联网应用的开发部署；其次，容器技术还可以满足物联网在自动监控、集中式维护管理方面的需求；最后，数据采集端环境千变万化，如果需要手动适配，工作量巨大，而采用容器技术，只要打包几类典型的容器镜像，如 ARM、x86/64 等，就可以事半功倍地实现终端的发布工作。

4. 容器与 SDN

随着容器部署规模的增大，跨主机、跨网络的容器迁移成为常态。而容器更多地关注轻量化本身，对于网络架构并没有太多关注。过于复杂的体系结构和管理过程，容易让整个容器网络和系统陷入不可控的非稳定状态。通过把 SDN 和 Overlay 网络结合，将控制转发分离、集中控制管理理念应用于容器网络，可以最大限度地增强容器网络的弹性伸缩能力和简化网络管理。

另外，SDN 与容器的配合，是相得益彰、互相促进的。业界的 SDN 控制器和系统一般都比较庞大，安装运行都极为复杂。通过 Docker 技术，能够实现 SDN 控制器的轻量级快速部署、安装、运行。

4.1.7　容器和虚拟机对比

容器技术一度被认为是虚拟化技术的替代品，容器作为"虚拟化 2.0"的概念获得企业和开发者的广泛关注。容器和虚拟机各具优势，二者或将形成一种互为补充的姿态，优化企业的 IT 体系。相关机构调查显示，超过 40%的企业选择用容器（以 Docker 为代表）是因为它们比虚拟机更便宜。而虚拟机能形成一个有效的、独立的真实机器的副本，相较传统物理机更节约资源，进而节约企业 TCO（总拥有成本），同样受到很多企业的欢迎。

总体而言，容器为应用程序提供了隔离的运行空间：每个容器内都包含一个独享的完整用户环境空间，并且一个容器内的变动不会影响其他容器的运行环境。为了能达到这种效果，容器技术使用了一系列的系统级别的机制，如利用 Linux Namespaces 来进行空间隔离，通过文件系统的挂载点来决定容器可以访问哪些文件，通过 cgroups 来确定每个容器可以利用多少资源。此外，容器之间共享同一个系统内核，这样当同一个库被多个容器使用时，内存的使用效率会得到提升。

对于系统虚拟化技术来说，虚拟层为用户提供了一个完整的虚拟机：包括内核在内的一个完整的系统镜像。CPU 虚拟化技术可以为每个用户提供一个独享且和其他用户隔离的系统环境，虚拟层可以为每个用户分配虚拟化后的 CPU、内存和 I/O 设备资源。

容器和虚拟机的区别体现在以下几个方面。

1）应用程序与操作系统

容器和虚拟机，一个运用于应用程序，另一个运用于操作系统，因此经常会看到一些企业应用程序运行在容器上而不是其虚拟机上。在虚拟机上使用容器有一些优点。

容器的优点之一是可以预留比虚拟机少的资源。请记住，容器本质上是单个应用程序，而虚拟机需要更多资源来运行整个操作系统。

如果需要运行 MySQL、Nginx 或其他服务，使用容器是非常有必要的。但是，如果需要在自己的服务器上运行完整的 LAMP 堆栈，则运行虚拟机更好。虚拟机有着更好的灵活性，可以供用户选择操作系统，并在用户认为合适的情况下进行升级。

2）用例场景

容器广受欢迎的重要原因之一就是使用 Linux 库版本。例如，假设用 Python 的特定版本来开发应用程序，当在运行应用程序的盒子上更新时，会突然发现 Python 版本发生了变化，导致应用程序无法正常工作。

使用容器还有一个好处是可以把一个应用程序放到一个容器中，然后在任何支持正在运行的容器类型的操作系统上运行它。例如，当在一个 Linux 发行版上运行某个应用程序时，通过使用容器，可以在各种不同的发行版环境中运行类似的应用程序。容器具有可移植性，可用于实现快速的跨发行版操作系统的部署操作。

3）安全性

相较于真实物理机，虚拟机因 Hypervisor 层的存在，让普通用户也可以对虚拟机进行任何操作，无须担心对机器本身造成任何损害。对于企业而言，虚拟机经过四十余年的发展，已经成为一种成熟的 IT 技术，在隔离性、安全性上，虚拟机也显得更无可挑剔。

与容器相比，虚拟机能够提供更高的安全性。这并不是说容器不能被保护，而是说，默认地，虚拟机提供了更大的隔离。在运行容器时，可以采取一些措施来降低风险，包括避免超级用户权限，确保从可信来源获取容器，并且保持最新状态。有些容器是数字签名的，这有助于确定用户从可信来源获取容器。

4）敏捷性

当敏捷开发、微服务等概念逐渐深入时，轻量化已经成为一种新风向。容器直接建立在操作系统上，让秒级启动成为新常态，获得很多企业的认可。而模块化让扩展和迁移都更迅速、可靠，容器允许轻松将应用程序的功能拆分成多个独立容器，让容器轻量化的特点进一步凸显。

5）应用情况

从应用上看，容器和虚拟机都被用于提供一个"独立的机器"，但实际上不同用户是在同一台机器上运行操作的，只不过从一开始就进行了资源划分，各用户之间互不干扰。两者的不同点在于实现方法不同，虚拟机是在宿主机上运行一个操作系统，最小系统就是内核、文件系统等；而容器是在主机内核中进行资源的划分，如用户进程、网络、文件系统等。所有的容器都运行在一个操作系统上，因此与虚拟机相比，效率更高。

容器和虚拟机的区别如表 4-1 所示。

表 4-1　容器和虚拟机的区别

对比项	容器	虚拟机
启动速度	秒级	分钟级
复杂度	基于内核 Namespaces 技术，对现有基础设施侵入较少	部署复杂度较高，并且很多基础设施不兼容
执行性能	在内核中实现，所以性能几乎与原生一致	对比内核级实现，性能较差
可控性	依赖简单，与进程无本质区别	依赖复杂，并且存在跨部门问题
体积	与业务代码发布版本大小相当，MB 级别	GB 级别
并发性	可以启动几百、几千个容器	最多几十个虚拟机
资源利用率	高	低

4.2　Docker 技术

要将 Docker 技术的优势最大限度地发挥到大规模、大数据计算中，必须先了解 Docker 技术的本质、优势和使用方法，这样才能举一反三，充分挖掘 Docker 和容器技术的精髓，并创造性地应用到未来的分布式计算场景中。本节从开发者的角度介绍 Docker 的原理，并从使用者的角度介绍 Docker 的使用流程，以便帮助读者建立对 Docker 的感性认识。

4.2.1　Docker 是什么

2013 年，美国 DotCloud 公司推出了一款基于 Linux 内核容器技术的产品——Docker。这款基于开源项目的产品在 2015 年就已经风靡全球，得到了诸如 Google、Red Hat、IBM、微软、AWS、Pivotal 等知名互联网和云计算公司的大力支持与合作。Docker 以其轻便的计算、敏捷的发布、简易的管理特性，在美国已经获得了众多企业的广泛尝试和生产使用。2016 年，聊到大数据或云计算，Docker 已是必不可少的一个话题。在业界，Docker 技术也成为各云计算厂商（如 Google 云计算、AWS、阿里云等）的"必争之地"。

Docker 开源项目旨在为软件提供运行时的封装，以及资源分割和调度的基本单元。Docker 容器的本质是宿主机上的进程，通过一些 Linux 内核 API 的调用来实现操作系统级虚拟化。为了更好地了解 Docker，下面简要介绍 Docker 的内核原理。

1. 资源隔离

Docker 通过对应用程序的封装，实现了操作系统级虚拟化，一个运行在 Docker 中的应用程序无法看到宿主机上其他程序的运行状况、使用的文件、网络通信情况等。具体来说，Docker 实现了 5 种封装。

（1）文件系统挂载点的隔离：Docker 通过 Linux 内核的 Mount Namespace，使得不同 Mount Namespace 中的文件系统的根目录挂载在宿主机上的不同位置。

（2）pid 隔离：Docker 利用 pid Namespace 对进程实现 pid 的重新标号，两个不同 Namespace 下的进程可以有同样的 pid。每个 Namespace 会根据自己的计数程序为 Namespace 中的进程命名。

（3）网络隔离：Docker 通过 Network Namespace 技术提供了关于网络资源的隔离，包括网络设备、IP 协议栈、防火墙、/prod/net 目录等。Docker 通过创建虚拟 veth pair 的方式实现跨容器、主机与容器之间的通信。

（4）主机名和域名的隔离：通过使用 UTS Namespace，Docker 实现了主机名和域名的隔离。因此，每个 Docker 容器在运行时会有不同的主机名和域名，在网络上以一个独立的节点存在，而不是宿主机上的进程。

（5）IPC 的隔离：IPC 的资源包括信号量、共享内存和消息队列等，在同一个 IPC Namespace 下的进程彼此可见，但一个 IPC Namespace 下的进程看不到其他 Namespace 下的 IPC。

2. 资源分配与配额

通过使用 Namespace，Docker 将容器进行隔离，使得每个容器认为自己运行在一个单独的主机上。除此之外，Docker 利用 Linux 内核中的 cgroups 技术来限制在不同容器间的资源分配。具体来说，一个控制组就是一些进程的集合，这些进程都会被同样的资源分配策略限制。这些控制组会组成一个树形结构，子控制组会继承父控制组的策略约束。cgroups 提供如下功能。

（1）资源限制。cgroups 可以对某个控制组或容器设定内存使用上限。

（2）优先级控制。cgroups 可以为不同的控制组分配优先级，使用 CPU 或者硬盘 I/O。

（3）资源统计。cgroups 可以用来测量和监测系统的资源使用量。

（4）控制。cgroups 可以用来对容器和任务进行冻结、启停等。

3. 网络模型

大规模、大数据计算的分布式系统需要不同组件之间相互通信来协同作战，因此，基于 Docker 构建的大数据系统依赖 Docker 底层的网络通信模块。在 Docker 1.9 版本以前，Docker 的网络模型较为简单：Docker 会自动在宿主机上生成默认名为 docker0 的网桥，然后为每个运行的容器创建一个 vetch pair，并通过在宿主机上运行 Proxy 和修改 iptables 的规则来实现及控制容器与容器、容器与宿主机、容器与外界的通信。

由于 Docker 的网络隔离特性，在默认情况下，每个容器都运行在自己独立的网络空间里。需要在容器运行时或定义镜像规范时进行特殊的配置，这样才能使容器内部应用监听的端口同时暴露在宿主机上。在这个过程中，通过端口映射，可将容器内部网络命名空间中的应用程序监听端口（如 80）映射为宿主机上的任意（还未被占用的）端口（如 80 或 8080 等）。

从 Docker 1.9 版本开始，Docker 引入了更灵活的、可定制化的网络模块。例如，除了 Docker 自定义的、连接所有容器的网桥 docker0，用户可以通过命令行生成新的网桥，同时指定哪个容器与哪个网桥连接，从而可以更细粒度地进行容器间的链接控制。此外，Docker 还自带了 Overlay 网络模型，可以很好地与 Docker Swarm 工具（一种分布式 Docker 管理工具，具体请参见后续章节）整合。

4.2.2 Docker 的架构和流程

在了解了 Docker 的工作原理后，我们来看看 Docker 的系统架构和基于 Docker 进行开发、发布与计算的工作流程。

1. Docker 的系统架构简介

Docker 系统主要由 Docker Daemon、Docker Client、Docker Registry、Docker 镜像和 Docker 容器组成，如图 4-2 所示。

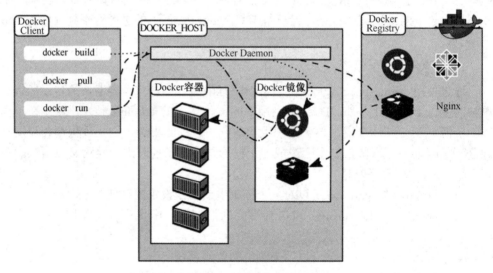

图 4-2　Docker 系统架构

（1）Docker Daemon：Docker Daemon 运行在每个宿主机中，负责对宿主机上的每个容器、镜像进行管理。

（2）Docker Client：Docker Client 体现为一个命令行工具，是用户与宿主机上的 Docker Daemon 及远程的 Docker Registry 进行交互的主要入口。

（3）Docker 镜像：一个 Docker 镜像是一个只读的模板（如 Ubuntu 镜像、Python 镜像、Tomcat 镜像等），它类似于传统的一个软件安装文件。通过 Docker 镜像可以产生具体的、运行的 Docker 容器。

（4）Docker Registry：Docker Registry 提供了存储和分发 Docker 镜像的仓库及服

务。Docker 官方提供一个公开的镜像仓库，企业可以根据自己的需求搭建私有的、本地化的镜像仓库。新开发的 Docker 镜像可以发布并存储到指定的 Docker Registry 中，供其他的用户或机器"下载"使用。

（5）Docker 容器：Docker 容器为应用程序的运行提供了一个载体，它包含了一个应用程序在运行时所需要的所有环境。每个 Docker 容器都是由一个 Docker 镜像生成的，被 Docker Daemon 所管理（启动、停止、删除等）。

2. Docker 的基本使用流程

下面通过一个简单的开发、发布和运行 Java Web 应用的例子来简要介绍基于 Docker 的工作流程。

（1）应用程序开发：开发者基于任意的语言开发应用逻辑，其结果是一个可以交付的代码或者二进制文件。以 Java 为例，一般以编译后生成的 WAR 包作为交付单元。

（2）书写 Dockerfile：在围绕 Docker 所设定的工作流程中，应用程序将不再直接运行在宿主机上，而是通过 Docker 进行封装，运行在 Docker 容器中（Docker 容器直接运行在宿主机上）。这个封装（或 Docker 化）的过程一般通过书写 Dockerfile 来完成。以 Java Web 应用为例，一个简单的 Dockerfile 的内容如下。

```
FROM jetty:latest
ADD ../app.war   /var/lib/jetty/webapps/
```

Dockerfile 是一系列的打包指令，表明该镜像中的应用在运行时所需要的所有环境和依赖（如这里所指明的 jetty 中间件）。具体的语法可参见 Docker 官方文档。

（3）构建 Docker 镜像：在有了 Dockerfile 之后，利用 Docker Client 命令行，根据 Dockerfile 生成对应的应用 Docker 镜像。例如：

```
docker build –t my-registry.domain.com/username/app:v1
```

运行上述命令后，会生成一个名为 my-registry.domain.com/username/app:v1 的 Docker 镜像，并存储在本地。具体的 Docker Client 命令行使用方法可参见 Docker 官方文档。

（4）发布 Docker 镜像：除非构建的 Docker 应用只需要在本地运行，一般情况下需要将 Docker 镜像上传到 Docker Registry 中（通过 Docker push 命令），以便于其在其他地方下载和运行。例如：

```
docker push my-registry.domain.com/username/app:v1
```

（5）下载并运行 Docker 镜像：在目标机器上，通过 Docker run 命令可以下载 Docker 镜像到本地并将其运行。此时所构建的一个 Docker 镜像将会衍生一个活跃的 Docker 容器。Docker run 命令中有非常多的参数来控制容器运行时的状态，具体可参考 Docker 的官方文档。例如：

```
docker run –d –P my-registry.domain.com/username/app:v1
```

4.2.3　Docker 的优势和局限性

1. Docker 的优势

在了解了 Docker 的基本起源、工作原理和使用流程之后，下面来总结一下 Docker 能为大数据提供哪些便利，以及为何容器技术在工业界大数据处理中获得了成功使用

（如 Google 和美国数据处理公司 BlueData）。

1）Docker 的隔离性

由于 Docker 会对容器内运行的应用程序进行资源限制（cgroups）和众多隔离（Namespaces），因此可以利用 Docker 来将多个大数据框架（如 Hadoop 或 Spark 等）同其他业务运行在一起。

以 Google 为例，Google 采用容器技术来运行其内部的所有应用，包括搜索、地图、邮件、视频等业务。而 Google 的大数据处理任务则以容器为载体，与众多面向用户的实时业务运行在同样的物理机集群中。通过对每个容器应用所能使用的 CPU、内存资源和优先级进行设置，可以保证实时面向用户的业务可以拥有绝对高的优先级和资源配额，而批处理的大数据任务会利用实时业务的低潮期"见缝插针"，从而完成分析任务。这样极大地节省了底层物理资源的成本，提高了资源使用率。

可以想象，如果没有面向容器的资源配额限制和容器间的隔离，如果将极耗物理资源的大数据业务与线上面向用户的业务运行在同样的物理主机或集群中，那么线上的业务将无法得到足够的资源，必将在性能和稳定性方面受到负面的影响。

2）Docker 的轻便性

在 Docker 问世之前，使用虚拟化技术也可以实现应用程序的隔离，因此，将应用和业务都运行在虚拟机中也可以实现上述物理资源共享和细粒度切分。然而，传统的虚拟化技术需要引入 Hypervisor 对虚拟机进行管理，同时在每个虚拟机中需要包含整个客户操作系统（见图 4-3），使得虚拟化或者虚拟机本身对物理资源的损耗是明显的。

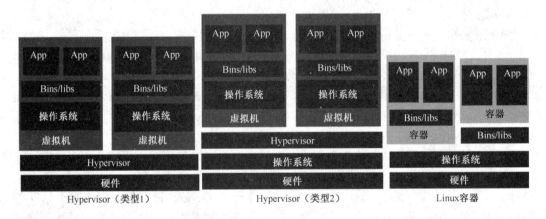

图 4-3　虚拟机与容器的架构对比

相比之下，Docker 无须使用 Hypervisor 层，而是原生态地调用 Linux 内核 API。同时，不同的 Docker 容器间共享宿主机的内核，无须为每个容器复制一整套操作系统。这些特性使 Docker 对宿主机内存、CPU 的损耗相比于传统的虚拟机有了极大的改进，使得更多的宿主机资源可以更有效地服务于大数据分析业务。

3）Docker 的一致性

由于 Docker 将一个应用程序及它所需要的运行环境都打包封装到一个镜像或容器

里，因此，Docker 化的应用程序在一处打包好，便可稳定、可靠地运行在任何地方（具有 Linux 内核 3.10 版本的操作系统或主机上），而无须关心不同主机的操作系统和软件版本兼容性问题，也无须在不同的主机上都配置应用程序运行所需的环境。

这个特性使原本较难配置的大数据处理框架（如 Hadoop、Spark 等）现在可以先Docker 化，进而以 Docker 应用的形式快速部署在任何场景。因此，可以想象，借助Docker，用户可以先在本地的小规模机器集群中搭建整个大数据框架，然后快速地部署在生产级系统设施或者公有云上。

此外，Docker 的镜像封装和基于 Registry 的发布流程，使得开发、测试、发布流程可以变得异常敏捷，这也极大地帮助了开发者快速开发迭代大数据应用。

4）Docker 的快速性

由于 Docker 容器的本质就是宿主机上的进程，因此，启动 Docker 容器的速度是毫秒级（假设 Docker 镜像已经存在于本地）。相比之下，启动一个虚拟机则需要启动整个新的操作系统，其速度相比启动 Docker 要慢若干量级。

这个特性使大数据计算系统变得更加富有弹性和敏捷。对于实时大数据处理系统如Spark，当业务量或数据量变大时，Docker 使秒级扩容成为可能：大数据调度管理系统可以快速在新的机器上启用新的计算实例来应对突发的计算任务。而传统的虚拟机启动慢、体积大，使得它的启动和传输都十分笨重。

2. Docker 的局限性

虽然 Docker 的上述特性为大数据处理带来了很多新的优势和使用场景，但 Docker的本质仅仅是应用程序的一种封装格式、运行载体，是宿主机上的一个进程。在使用Docker 进行大规模大数据分析时，不可避免地会遇到如下几类问题。

（1）跨主机的 Docker 容器如何协同作战、统一调度来为大数据服务？

（2）基于 Docker 的应用和分布式框架是否安全？

（3）基于 Docker 的系统应该如何运维和管理？

这些问题的答案都不在 Docker 本身，而是需要一个 Docker 上层的分布式管理框架来解决。后续章节会介绍这样的管理框架，下面先介绍 Docker 自身的局限性。

1）安全隐患

Docker 是"操作系统级虚拟化"，宿主机上的不同容器都会在底层共享宿主机上的系统内核、网络设备、硬件驱动等。相比之下，传统的虚拟化技术是"硬件虚拟化"，不同的虚拟机受到底层 Hypervisor 的管理，各自拥有一套完整的硬件驱动、操作系统等，因此，从理论上来讲可以提供更强的应用隔离性。下面列举当前 Docker 的主要隔离漏洞和隐患。

（1）磁盘使用隔离：Docker 容器内部的存储是不持久的，它会随着容器的停止而消失。为了解决这个问题，容器可以"外挂"使用宿主机的硬盘资源，而 Docker 对这个资源的隔离往往是缺失的。因此，一个恶意的或未经仔细设计的容器应用有可能会过度侵噬宿主机的硬盘资源而影响宿主机上的其他应用程序。

（2）网络流量隔离：Docker 容器最终使用的是宿主机的网络设备，而 Docker 对于容器网络流量使用量的控制较为缺失。因此，一个容器中的应用可以通过过度使用宿主机的网络带宽来对宿主机上的其他应用程序进行拒绝服务攻击，使其他程序无法正常使用宿主机网络。

（3）用户权限问题：出于技术原因，Docker 在 1.9 及之前版本尚不支持 User Namespace，因此，容器中的 root 就是宿主机上的 root。一旦容器应用的漏洞被开采，就会发生"容器逃逸"现象，这时被攻破的容器就可以通过其内部的 root 权限对整个宿主机系统造成影响。

最后需要注意的是，Docker 作为一项较新的技术，其发展是日新月异的。Docker 社区对安全问题也十分关注，很多新技术如 SELinux、AppArmor 等已经和 Docker 结合来不断提高其安全性。此外，在大数据应用中，所有的系统一般都运行在企业内部的网络和集群中，因此，减小了在系统中运行恶意程序的概率。最后，Docker 可以与上层的管理系统如 Kubernetes、Caicloud 等相结合来补足其自身安全机制的不足。

2）分布式应用的容器化

Docker 的理念是"一进程一镜像"，将一个系统按照细粒度的功能切分成若干模块（微服务），每个模块对应一个 Docker 镜像（容器）。这样为系统开发带来了极大的灵活性，不同的模块可以用不同的技术栈实现，由不同的技术人员维护，可以独立地进行快速升级和发布。然而，这样的架构也带来了额外的问题，诸如不同的模块之间如何通信、如何相连。

3）运维体系的改变

Docker 对应用程序进行了一层封装，因此，会在不少方面打破原来的运维方式。下面以广为使用的开源数据缓存服务 Redis 集群为例，列举一些在 Docker 化后管理 Redis 集群所需注意的事项，起到抛砖引玉的作用。

基于 Docker 的 Redis 组件的使用注意事项如下。

（1）Redis 容器的外部存储挂载：若 Redis 的 Persistence 模式开启，Redis 会定期将内存中的数据在硬盘上进行存储（以 Redis 的 RDB 模式为例，会自动在本地硬盘上生成一个名为 dump.rdb 的文件）。如果没有挂载外部存储，这些数据在 Docker 销毁后会消失。因此，如果需要数据持久化，必须使用外部存储挂载。

（2）Redis 不能运行在守护进程模式：Docker 的容器需要其中的主进程一直在前端运行，使用 Daemonize 模式会使容器在运行后立即退出。幸运的是，在 Redis 的配置文件中，Daemonize 模式默认关闭。如需运行 Daemon 模式，应在 Docker 层面通过-d 命令来进行。

（3）Redis 的日志文件目录应置为空：Docker 的容器所产生的日志会被系统自动接收和管理；若应用程序还按照传统方式直接写到文件中，该文件会被实际存储在 Docker 容器内。由于 Docker 容器内的数据并非持久化，该日志数据会在容器停止运行后消失。

（4）Redis 的端口映射：Docker 的容器在运行时默认会将容器内的应用端口映射成一个随机的主机端口，但这样会打破一些 Redis 服务。例如，Sentinel 需要根据默认端口规则（26379）进行自动发现。因此，在 Docker 下运行 Redis 一定要使用-p port:port 的格式来明确使用默认的 Redis 端口规则。

4.2.4　分布式 Docker 网络环境搭建

如前所述，Docker 的原生态网络通信是通过 NAT 和 Docker Proxy 来实现的；利用端口映射和修改宿主机的 iptables 规则实现了不同容器间、容器与外界的互相访问。然而，这样的 NAT 方式（SNAT 和 DNAT）不仅影响效率，同时还使容器内所看到的自己的 IP 地址和外部所见的该容器的 IP 地址不一致，阻碍了很多集群化功能的实现（如 Redis 集群、ElasticSearch 集群的自动组播发现需要基于默认端口规则），使一些现有的工具无法正常工作。例如，在一些自动服务注册和发现的应用中，容器中的应用在进行自动注册时只能看到自己内部的 IP 并将此 IP 注册，但其他外部的模块无法通过此 IP 访问该容器应用。

然而，大数据系统由于数据量大、计算量大的特性，必然需要通过由多个主机组成的一个集群来完成计算分析任务。因此，基于 Docker 来搭建一个大数据分析系统的必要前提就是保证多个 Docker 的跨主机通信能够畅通无阻、保持高效。为了解决 Docker 原生态网络通信的上述问题，云计算生态圈里涌现了一些优秀的分布式 Docker 网络配置和管理工具，如 Flannel、Weave、SocketPlane 等，其总体思想是基于物理网络在容器间构造一个 Overlay 网络。如前所述，从 Docker 1.9 版本开始，Docker 的网络部分自成一体（Libnetwork），并支持复杂的 Overlay 模式。

Overlay 网络的总体思想是对原生态的网络数据包进行封装，这里又可分为在用户层进行封装（如 Weave、Flannel）和在内核层进行封装（如 SocketPlane）。下面以 Flannel 为例介绍。

1. Flannel 的 Overlay 设计

Flannel 在每个节点（主机）上运行一个守护进程（flanneld）。这个守护进程负责为每个节点分配一个子网段。该分配信息存储在 etcd 中（一种分布式存储方案）。同时，每个节点上的 Docker Daemon 会从该子网段中为主机上运行的容器分配一个 IP 地址。因此，容器中的应用所看到的 IP 地址和外部所看到的该容器的 IP 地址是一致的。

在转发报文时，Flannel 支持不同的后端策略，如主机网管模式、UDP 模式等。以 UDP 模式为例，Flannel 形成了一个 Overlay 网络，通过 TUN 设备对每个 IP 分片进行 UDP 包头封装（具体流程如图 4-4 所示）。

2. 容器 Overlay 网络系统设计原理

下面介绍设计一个 Overlay 网络系统的原理和要点。

（1）ARP：在经典的物理网络中，当一个主机 S 访问另一个主机 D 的时候，主机 S 发出的第一个报文就是一个 ARP 请求的广播报文，交换机会在同一个子网内广播这个报文给所有的子网内节点。如果主机 D 在同一个子网内，它会接收这个请求并做出回复，使主机 S 和主机 D 后续可以通信。

在容器环境下，可以如实地把报文广播出去，并通过生成树等算法来避免广播回路。此外，还可以通过 IP 组播的功能来处理 ARP 请求和响应。最后，还可以基于 SDN

对全局网络拓扑信息的把握，通过 SDN 控制器来实现 ARP 协议。

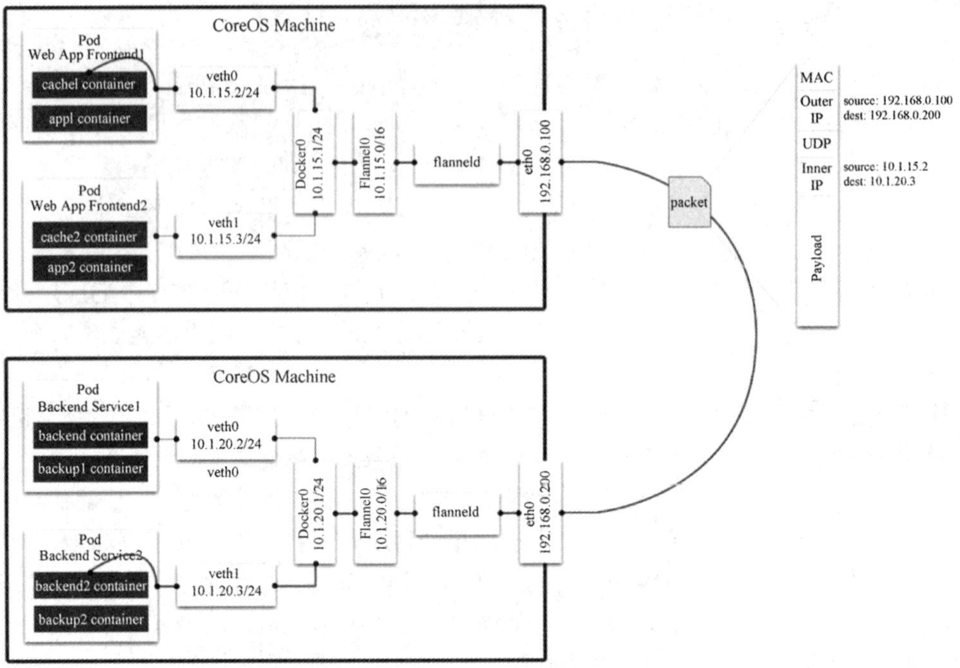

图 4-4　Flannel 的 Overlay 网络实现模式

（2）IP 层互通：在解决了两层网络的通信问题后，还需要解决容器与容器之间、容器与外网的互通问题。对于容器内的应用访问容器外的外网，一般可以采用 NAT 方式，使容器最终使用物理宿主机的网关。为了保证容器能够对外提供服务，可以采用类似 Docker 的端口映射方式实现 DNAT，并通过将容器连接到负载均衡设备对外提供服务。

4.3　Rocket（Rkt）技术简介

Docker 作为最成熟的跨平台、可移植且简单易用的容器解决方案，在容器发展进程中具有举足轻重的技术高度和市场份额，但随着版本的不断迭代和在开源社区的广泛应用开发，Docker 容器越发臃肿，系统设计的安全性和容器行业的标准化问题也日益突出，各类新兴容器技术应运而生，各互联网巨头不断推出自己的容器计划。

Docker 容器单元的成功推动了云计算和大数据产业的技术变革与进步，CoreOS 公司推出基于 Linux 内核的轻量级容器化操作系统，该操作系统专为云计算时代计算机集群基础设施建设而设计，同时具有一个显著的标签——专为容器设计的操作系统。一时间，Docker + CoreOS 成为云计算领域容器部署的黄金标杆。CoreOS 是 Docker 容器生态圈的重要一员，而 Docker 公司从基础单元到容器生态平台的发展野心促使 CoreOS 公司打造自己的容器引擎。2014 年 12 月，CoreOS 公司在 GitHub 上发布了一款容器引擎产品原型 Rocket（后来更名为 Rkt），其成为 Docker 的直接竞争者。

从容器生态圈的合作者到竞争者，Rkt 容器引擎的横空问世无疑撼动了如日中天的

Docker，Rkt 从 Docker 上继承了什么特性？针对安全性问题 Rkt 是如何改进的？CoreOS 公司在容器行业标准建立的过程中做了哪些努力？Rkt 和 Docker 到底孰优孰劣？Rkt 是否真的能够打破 Docker 在容器生态圈的垄断？本节将为读者解开这些疑惑。

4.3.1　Rkt 的标准化尝试

早在 Web 时代，整个行业围绕单独的 Web 浏览器转动，其占据了统治地位。一开始有 Netscape 的 Web，然后是 IE 的 Web，它们都没有过真的开放性和可互操作性。直到诸如 Firefox、Chrome、Safari 等其他浏览器涌现并占据不少的市场份额——此时，Web 标准才开始真正起作用。同理，随着标准化在容器生态中出现，Rkt 的存在变得更加重要：标准需要多样实现才会走向成功。

在容器技术发展和产业标准制定的过程中，CoreOS 公司始终是坚定的支持者和推动者，该公司致力于推动建立更加开放和中立的容器标准，其主导推行的开放容器标准 AppC 得到了 Red Hat、Google、VMware 等产业巨头的大力支持。CoreOS 公司在容器标准建立进程中的努力极大地促进了容器行业的规范发展。2015 年，由 Docker、IBM、微软、Red Hat 及 Google 等厂商组成的 OCI 联盟成立，并于 2016 年 4 月推出了第一个开放容器标准。

逐步发展壮大的 Docker 正在从一个单纯的容器工具成为自成一体的生态圈，而 Docker 的中心式管理方式对于绝大多数第三方的任务编排工具并不友好。正因如此，CoreOS 公司结合社区的容器实现，制定了开放容器规范，即 AppC，全称是 "Application Container Specification"（标准应用容器规范），旨在设计一种新式的跨平台容器在镜像格式、运行方式和服务发现机制等方面的标准。Rkt 是 AppC 规范的一个具体实现。

AppC 设计目标有以下特征。

（1）组件式工具：用于下载、安装和运行容器的操作工具应该相互独立可替换且可良好集成。

（2）镜像安全性：传输需要使用加密协议，容器工具应当含有验证机制和应用标识，避免来源不安全的镜像。

（3）去中心化：镜像发现应该使用分布式的检索和命名空间；支持多种协议，如 BitTorrent 协议，在私有环境中可以不用注册。

（4）开放性标准：容器镜像的格式与运行应该由社区制定和开发，不同的工具实现都能够运行此镜像文件。

AppC 约定的内容主要包括以下 4 个方面。

1. 容器的镜像格式

本质上说，容器镜像就是符合特定目录结构的文件压缩包。镜像中的内容在容器启动后被展开，然后复制到一个独立的命名空间内，并通过 cgroups 限制容器能够使用的系统资源。后面会详细介绍 AppC 规定的镜像目录结构，这里先指出一点，AppC 的镜像不支持像 Docker 那样的分层结构，这种设计简化了容器运行时的一些操作，但带来的弊端也是很明显的：无法复用镜像相同的部分。因此，其在磁盘空间的利用上造成了浪费，也增加了容器镜像在网络上的传输成本。

除了目录结构，镜像还需要一个描述镜像内容的文件，称为"镜像属性清单文件"（Image Manifest），其中定义的内容包括：镜像的作者信息、容器暴露的端口、暴露的挂载点、所需的系统资源（CPU/内存）等。此外，AppC 约定的属性清单中还会包含许多编排调度所需的信息，如容器运行所依赖的其他容器、容器的标签。

从这方面来说，AppC 镜像的信息量远远多于 Docker 镜像，相当于囊括了 Docker 镜像本身、Compose 编排配置及一部分 Docker 运行参数。

此外，AppC 也约定了镜像 ID 和签名的生成方法，后面会详细介绍镜像签名的生成方法。

2. 镜像的分发协议

镜像的分发协议主要是约定镜像下载使用的协议类型和 URL 的样式。AppC 的镜像 URL 采用类似 Docker 的 domain.com/image-name 的格式，但其实际处理方式有些不同。此外，在没有指定域名时，Docker 会默认在官方的 Docker Hub 寻找镜像；AppC 的镜像没有所谓"官方源"，因此也没有这样的规则。

Rkt/AppC 目前支持以下几种 URL 格式：

- <域名>/<镜像名>；
- <本地文件路径>；
- https://<完整网络路径>；
- http://<完整网络路径>；
- docker://<与 Docker 一样的镜像 URL>。

第一种方式是 AppC 推荐的镜像分发 URL，这种方式有点像 Docker Repository，但实际上只是 HTTPS 协议的简写方式。AppC 会根据指导的域名和路径依照约定的方式转换为完整 URL 地址，然后下载指定的镜像。

第二种方式相当于导入本地镜像。值得一提的是，即便使用本地镜像，AppC 同样要求镜像有签名认证，关于签名文件的细节在后面的内容里会详细讨论。

第三种和第四种方式都是直接通过完整 URL 获取镜像，规范中并不推荐直接这样使用裸的 HTTPS 协议的 URL，因为这种命名过于随意的镜像地址不利于镜像的管理和统一，特别是 HTTP 协议的 URL 更只应该在内网的环境中出现。

第五种方式不是 AppC 支持的协议类型，目前只有 Rkt 支持这种协议（本质上还是 HTTP 协议或 HTTPS 协议）。兼容 Docker 镜像的 URL，只需要在前面加上 docker:// 即可，下载后会自动转换为 AppC 镜像格式。由于 Docker 的镜像仓库不支持签名认证，使用这种 URL 时，用户需要显式地加上参数--insecure-skip-verify，允许使用未认证的镜像来源。

3. 容器的编排结构

AppC 中的容器编排和集群描述方式与 Kubernetes 十分相似，采用"容器组属性清单文件"（Pod Manifest）描述。其中沿用了 Kubernetes 中诸如 Pod、Label 等在集群中进行调度策略的规划和管理时使用的概念。

Pod 直译便是"豆荚",它指的是由一系列相互关联的容器组成的,能够对外提供独立服务功能的容器集合。例如,将用于数据收集功能的容器、用于缓存服务的容器及用于搜索服务的容器组合在一起,作为一个 Pod 提供完整的数据查询服务,暴露给外部用户。Pod 可以作为容器参与集群调度的单独集合提供给集群管理器,在如 Kubernetes 这样的集群管理模型中,Pod 实际上就是进行服务跨节点调度的最小单位。

Label 用于标示具有同一类特性的容器,为容器的过滤和选择提供了十分灵活的策略。许多集群管理器都能够在调度时利用指定标签对 Pod 进行筛选。

考虑到 CoreOS 公司与 Google 共同合作的背景(已经推出了 Tectonic CaaS 平台),这样的设计为 Kubernetes 未来与符合 AppC 的容器进行深度集成提供了良好的技术基础。

4. 容器的执行器

执行器,也就是像 Rkt 这样的容器工具。这个部分规范了设计符合 AppC 的容器执行器所需要遵循的原则和应该具备的功能。

例如,必须为每个容器提供唯一的 UUID;在容器的运行上下文中必须至少提供一个本地 Loopback 网卡,以及 0 个至多个其他 TCP/IP 网卡;应该将容器中的程序打印到 Stdout 和 Stderr 的日志来进行收集和展示等。

这个部分还详细约定了,对于镜像属性清单文件中的诸多属性,执行器应当如何处理。这些内容对大部分的使用者而言都只能作为参考,还是需要以具体实现的容器产品文档为准。

4.3.2 Rkt 是什么

Rkt 是一款与 Docker 具有相同的基础框架的容器引擎,两者都能帮助开发者将应用和依赖包打包到可移植容器中,简化搭建环境等烦琐的部署工作。Rkt 更加专注于解决安全、兼容、执行效率等方面的问题,在安全性、可组合性方面较 Docker 有较大的改进。而 Rkt 没有 Docker 那些为企业用户提供云服务加速工具、集群系统等"友好功能",从 Rkt 的角度出发,CoreOS 公司想做的是一个更纯粹的业界容器标准。

1. Rkt 的主要特征

Rkt 是一个专注于安全和开放标准的应用程序容器引擎,以其快速、可组合和安全地提供功能而闻名。Rkt 是一个占用空间小且高度稳定的应用平台,它引入的最初构想是为了与 CoreOS 操作系统进行协调,同时针对 Docker 的安全性和扩张性做出改进和权衡。

(1) 应用程序容器:根据维基百科,"应用程序虚拟化是一种软件技术,它将计算机程序从其执行的底层操作系统中进行封装"。完全虚拟化的应用程序并不是按照传统的意义来安装的,尽管它仍然像以前一样被执行。应用程序在运行时表现得像直接与原始操作系统及其管理的所有资源进行交互,但可以在不同程度上进行隔离或沙盒处理。在这种情况下,术语"虚拟化"是指被封装的工件(应用程序),它与硬件虚拟化中"虚拟化"的含义[被抽象的物件(物理硬件)]完全不同。

Rkt 是一个典型的应用程序容器,它将服务作为单个进程打包和运行,从敏捷性角度来看,应用程序容器的设计模式让 Rkt 变得更加快速。从安全性角度来看,Rkt 将一个容器的进程与另一个容器及底层基础架构隔离开来，使得一个容器中的任何升级或更改都不会影响另一个容器。

（2）原生支持 Pod：Kubernetes 可管理云平台中多个主机上的容器化开源应用，它提供了应用部署、规划、更新、维护的相关机制，让部署容器化的应用变得简单且高效。在 Kubernetes 集群中，Pod 是所有业务类型的基础，它是一个或多个容器的组合。这些容器共享存储、网络和命名空间，以及运行的规范。在 Pod 中，所有容器都被统一安排和调度，并运行在共享的上下文中。对于具体应用而言，Pod 是它们的逻辑主机，Pod 包含与业务相关的多个应用容器。

Rkt 和 Kubernetes 联系更紧密，其基本执行单元是 Kubernetes 中的 Pod，将资源和用户应用连接在一起，这极大地促进了 Rkt 在主流容器平台上的推广与应用。

（3）安全性：Rkt 的开发原则是默认安全，具有一系列安全特征，如支持 SELinux、TPM 和在硬件隔离的虚拟机中运行。Rkt 包含权限拆分功能，旨在避免不必要的以 root 权限运行的操作，同时提供默认的签名验证与其他出于安全性考虑的先进功能。

（4）可组合性：Rkt 采用了无后台守护程序模式，意味着能够轻松集成到 systemd 与 upstart 等标准 init 系统中，或者 Nomad 与 Kubernetes 等集群编排系统中。

（5）开放标准和兼容性：Rkt 实现了 AppC，支持 CNI（Container Networking Interface）规范，规范了镜像格式 ACI（App Container Image）。

2. 与 Docker 一较高下

Rkt 和 Docker 之间的关键区别主要体现在以下方面。

（1）守护程序：Rocket 没有任何关联的守护程序，因此当用户运行"rocket run coreos/etcd"时，它将直接在启动它的进程下执行。Docker 守护程序是在主机操作系统上运行的服务，而该特定守护程序可以在 Linux 上运行，也可以在 macOS 和 Windows 上运行。

由于 Rkt 是应用程序容器运行时，因此其与 Docker 的另一个主要区别是 Rkt 可以在容器中运行多个应用程序。因此，可使用一个主动的监视初始化系统，该系统可确保在不止一次处理共享同一个容器时重新启动进程。

（2）容器图像安全性：在 Docker 中，有一个公共映像注册表，可以供下载和自定义。因此，有可能用一种恶意软件替换服务器映像，这将是巨大的隔离。但是，在 Rkt 中，签名验证已完成，因此一旦下载服务器映像，它将立即检查签名以验证其是否已被篡改。

Docker 从根目录运行其容器，这将成为超级用户特权，许多服务器所有者认为这会使事情变得复杂。在 Rkt 中，永远不会从 root 特权进程创建新容器，因此，即使发生容器中断，攻击者也将无法获得 root 特权。

（3）使用方便性：CoreOS 公司提供了一个构造平台，可对容器进行可视化管理，并为用户提供更好的易用性。Docker 具有用于管理 Docker 容器的基于 GUI 的管理器，称为 Kitematic。

（4）API 和可扩展性：Rkt 使用的 API 服务被设计为在没有 root 特权的情况下运行，并且具有只读接口。用于运行 Pod 的 API 服务是可选的，API 的启动或停止或崩溃不会影响任何 Pod 甚至图像。

　　Docker 有用于与 Docker 守护程序进行交互的 API，以及用于 Go 和 Python 的 SDK（称为 Docker Engine API）。通过 SDK，可以快速轻松地扩展和构建 Docker 应用程序。Docker Engine API 还是一个安静的 API，可以由 HTTP 客户端（如 curl 或 weget）访问。

　　（5）能力集：在容器平台中，Docker 和 Rkt 是主要参与者。Rkt 是更注重安全性的容器解决方案，它是基于 Linux 内核的开源轻量级 Linux 操作系统。在具有高级功能的 Docker 中，Docker 数据中心解决方案提供了企业容器编排或分级安全功能或增强的应用程序管理功能。

　　（6）社区支持：由于其受欢迎程度和优势，Rkt 在用户和开源开发人员社区中发展了强大的力量，使大多数问题都得以解决。其有通用的文档支持。#Coseos IRC 频道上也有 CoreOS 用户论坛。Docker 由于拥有大量用户，也具有通用的社区支持。在 Docker 官方网站上，可以了解有关 Docker 的更多信息，并了解很多问题及其社区支持。

　　（7）安全性：Rkt 借助 KVM 容器隔离、TPM 集成、SELinux 支持、镜像签名验证及权限拆分等功能，成为高安全要求使用场景下的重要容器引擎选项之一。在共用内核的前提下，Docker 主要通过内核的命名空间和 cgroups 两大特性达到容器隔离与资源限制的目的，命名空间实现轻量级的系统资源隔离，而 cgroups 可为每个容器公平分配系统资源，如 CPU 和内存等。在 Docker 中，每个容器还具有自己的网络堆栈，这意味着出错的容器将无法访问外部网络及另一个容器的接口。

4.3.3　Rkt 的基本使用方法

　　Rkt 预装在 CoreOS 系统中，也可以安装在其他 Linux 发行版中，下面以 CentOS 系统为例介绍 Rkt 容器的基本使用方法。安装时可以从 GitHub 网站下载软件包安装，也可以选择压缩包方式安装。

　　1）下载 Rkt 软件

```
wget https://github.com/rkt/rkt/releases/download/v1.29.0/rkt-v1.29.0.tar.gz
```

　　2）安装软件

　　绿色安装，将软件包解压至本地后就可以使用。

```
tar xzvf rkt-v1.29.0.tar.gz
cd rkt-v1.29.0
```

　　3）检查版本

```
rkt version
rkt Version: 1.29.0
appc Version: 0.8.11
Go Version: go1.8.3
Go OS/Arch: linux/amd64
```

　　执行 rkt version 命令后程序返回了 Rkt 工具和 AppC 的版本信息，表示软件已经正确安装了。

4）下载镜像

Rkt 对镜像的安全性要求较高，在镜像下载和运行前，需要添加镜像发布者的公共密钥，用来验证镜像信息，避免不安全的镜像来源。

下面的命令用于添加 CoreOS 的签名信息。

```
rkt trust --prefix=coreos.com/etcd
Prefix: "coreos.com/etcd"
Key: "https://coreos.com/dist/pubkeys/aci-pubkeys.gpg"
GPG key fingerprint is: 8B86 DE38 890D DB72 9186    7B02 5210 BD88 8818 2190
CoreOS ACI Builder
Are you sure you want to trust this key (yes/no)? yes
Trusting "https://coreos.com/dist/pubkeys/aci-pubkeys.gpg" for prefix "coreos.com/etcd".
Added key for prefix "coreos.com/etcd" at "/etc/rkt/trustedkeys/prefix.d/coreos.com/etcd/8b86de38890ddb7291867b025210bd8888182190"
```

Rkt 使用 Content Addressable Storage（CAS）来在本地存放镜像。下载后的镜像会存放在/var/lib/rkt/cas/blob/sha512/仓库目录中，并以 SHA512 哈希值作为镜像的文件名。对于私有仓库，需要提供用户名和密码等认证信息；Rkt 支持通过配置文件提供多种认证信息。如下代码为在/etc/rkt/auth.d/目录下添加一个认证信息配置文件。

```
/etc/rkt/auth.d/coreos-basic.json:
{
"rktKind": "auth",
"rktVersion": "v1",
"domains": ["coreos.com", "tectonic.com"],
"type": "basic",
"credentials": {
"user": "foo",
"password": "bar"
}
}
```

Rkt 也可以支持下载运行 Docker 镜像，需要在镜像路径前面加上 docker://。由于 Docker 镜像是没有签名认证机制的，因此需要添加--insecure-options=image 参数。下面的命令为下载 Ubuntu 的 Docker 镜像。

```
rkt fetch --insecure-options=image docker://ubuntu
```

5）查询下载的镜像

使用"rkt image list"命令可以显示本地的镜像信息。

```
rkt image list
ID         NAME          SIZE     IMPORT TIME        LAST USED
sha512-e78ef9eacd30       registry-1.docker.io/library/ubuntu:latest        86MiB    27 seconds ago
27 seconds ago
```

6）运行容器

运行容器的命令是"rkt run"，参数是镜像的命名或者镜像的哈希值或者镜像的完整地址。

```
rkt run --interactive docker://ubuntu
root@rkt-05575170-463c-480e-bc69-54f964f85d1a:/#        Container        rkt-05575170-463c-480e-bc69-
54f964f85d1a terminated by signal KILL.
```

容器启动后会自动运行镜像制作时指定的入口程序，按 3 次"Ctrl+]"组合键会退出当前容器。"--interactive"表示启用交互模式，后台运行镜像需要使用"&"。

7）查询容器运行信息

查询容器运行信息的命令是"rkt list"。

```
rkt list
UUID        APP        IMAGE NAME STATE       CREATED STARTED        NETWORKS
4fa62eee               ubuntu     registry-1.docker.io/library/ubuntu:latest        running 23 seconds ago   23
seconds ago     default:ip4=172.16.28.7
```

8）更多功能

通过"rkt help"命令可以查询支持的命令和参数，常用的命令如下。

enter：进入容器的命名空间。

export：将容器内容输出至 ACI 文件中。

image rm：删除镜像。

rm：删除容器相关的资源和文件。

status：检查容器的状态。

stop：停止容器的运行。

4.4　其他容器技术

4.4.1　Garden 容器技术

2011 年，Cloud Foundry 启动了 Warden 项目。Warden 可以作为守护进程运行，并为容器管理提供高级 API，从而在任何操作系统上隔离环境。其以"Client/Server"模型开发，用于跨多个主机管理容器集合。Warden 还包括一个管理 cgroups、命名空间和进程生命周期的服务。

在 Cloud Foundry 的下一代 PaaS 项目 Diego 中，Pivotal 团队对于 Warden 进行了基于 Golang 的重构，并建立了一个独立的项目 Garden。在 Garden 中，容器管理的功能从 Server 代码里分离出来，即 Server 部分只负责接收协议请求，而原先的容器管理则交给 Backend 组件，包括将接收到的请求映射为 Linux 操作。

1．Garden 的基本架构

Garden 的基本架构如图 4-5 所示。

Garden 以 Go 语言对 Warden 进行重新编码，并为 Diego 提供容器技术。Garden 是一个与平台无关的高级 API，用于容器创建和管理，具有可插入的后端，可用于许多不同的平台和运行时。Docker 最成功的一点正是友好的 API 和以此为基础的扩展能力，值得注意的是，RESTful 风格的 API 也被引入 Garden 中。

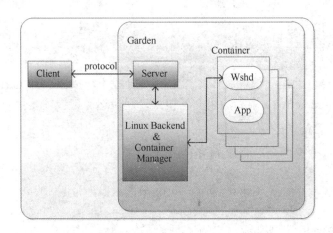

图 4-5　Garden 的基本架构

2. Garden 的内部组件

（1）Namespace：容器化应用依然通过 Namespace 来定义它所能使用的资源。最简单的例子是，应用的运行需要监听指定的端口，而传统方法中这个端口必须在全局的 host 网络 Namespace 上可见。为了避免应用互相之间出现端口冲突，Garden 服务需要设置一组 Namepace 来隔离每个应用的 IP 和 port（网络 Namespace）。需要再次强调，容器化的应用资源隔离不同于传统的虚拟化技术，虽然我们在说容器，但我们并没有去创建什么，而是为实实在在运行着的应用进程划分了属于自己的"命名空间"。

Garden 使用了除用户 Namespace 之外的所有 Namespace 技术。具体实现是使用挂载 Namespace 的方法来用用户目录替换原 host 的 root 文件系统（使用 pivot_root 指令），然后卸载这个 root 文件系统，使得从容器不会直接访问该目录。

（2）ResourceControl：被限制运行在 Namespace 中的应用可以在这个"匿名的操作系统"环境中自由地使用类似于 CPU 和 MEM 这样的资源，但应用仍然是直接访问系统设备的。Linux 提供了一系列 cgroups 来将进程划分为层级结构的组，然后将它们限制到不同的约束中。这些约束由 cgroups 中的 Resource Controllers 来实现并负责与 kernel 子系统进行交互。例如，Memory Resource Controller 可以限制 cgroups 中的进程在真实内存中使用的页数，从而确保这些进程在超出限制后被停止。

Garden 使用了五种资源控制：cpuset（CPUs and memory nodes）、cpu（CPU bandwidth）、cpuacct（CPU accounting）、devices（device access）和 memory（memoryusage），并通过这些资源控制堆为每一个容器设置一个 cgroups。所以，容器中的进程将被限制在 Resource Controllers 指定的资源数下运行。

此外，Garden 还使用 setrlimit 系统调用来控制容器中进程的资源使用；使用 setquota 来为容器中的用户设置配额。

（3）NetworkingFacilities：简单来说，每个容器都运行在独立的网络 Namespace 中，Garden 负责控制进出容器的网络流量。首先，Garden 会创建一对 veth（虚拟网卡）设备，为它们分配 IP。其次，将其中的一个放到容器的网络 Namespace 中。再次，Garden 会设置 IP 路由表来保证 IP 包能够正确地传入或传出容器。最后，网络包过滤规则会为容器创建防火墙来限制 inbound 和 outbound 的流量。

4.4.2 Kata 容器技术

Kata 容器是一个由 OpenStack 基金会管理，但独立于 OpenStack 的开源项目，其整合了 Intel Clear Containers 和 Hyper runV 容器技术及相关资源，能够支持不同平台的硬件（x86、x64、ARM 等），并符合 OCI 规范，同时可以兼容 Kubernetes 的 CRI（Container Runtime Interface）规范。

Kata 最大的亮点是解决了传统容器共享内核的安全和隔离问题，办法是让每个容器运行在一个轻量级的虚拟机中，使用单独的内核。每个容器可以运行在自己的虚拟机中，并拥有自己的 Linux 内核。Kata 使用轻量级虚拟机来构建安全的容器运行时环境，这些虚拟机的性能如同容器，Kata 使用硬件虚拟化技术作为第二层防御，提供更强大的工作负载隔离，一个容器无法访问另一个容器的内存。

1. Kata 的基本架构

从 Docker 架构上看，Kata 和 runC 是平级的。Docker 只是管理容器生命周期的框架，最早使用 LXC 启动容器，然后使用的是 runC，现在也可以通过 Kata 完成此项工作。所以，Kata 可以当作 Docker 的一个插件，并可以通过 Docker 命令启动 Kata。

runC 是 Linux 上的运行时规范参考实现，它在生成容器时使用标准的 Linux 内核功能，比如 AppArmor、capabilities、控制组、seccomp、SELinux 和命名空间，以控制权限和进出容器的数据流动。Kata 容器通过将容器包装在虚拟机中对此进行了扩展。

Kata 和 runC 架构对比如图 4-6 所示。

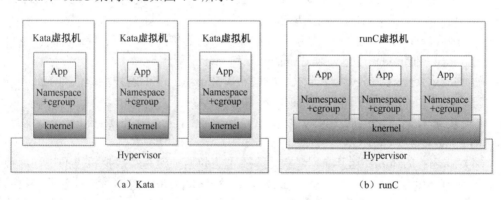

（a）Kata　　　　　　　　　　　　　（b）runC

图 4-6　Kata 和 runC 架构对比

2. Kata 的内部组件

下面介绍 Kata 的四个组件：Agent、Shim、Proxy 和 Runtime，每创建一个容器就会创建一个 Proxy、Agent 和 Shim，而 Runtime 只有一个。

（1）Agent：Kata-Agent 运行在 guest 中，管理容器和处理容器的运行。Kata-Agent 的执行单元是定义了一系列命名空间的沙盒。每个虚拟机可以运行多个容器，支持 Kubernetes 一个 Pod 运行多个容器的需求。不过在目前的 Docker 中，Kata-Runtime 只支持一个 Pod 运行一个容器。Kata-Agent 通过 gRPC 和其他 Kata 组件通信。Kata-Agent 使用 libcontainer 管理容器的生命周期，也就复用了 runC 的大部分代码。

（2）Runtime：Kata-Runtime 是一个 OCI 兼容的容器运行时，负责处理 OCI 运行时规范指定的所有命令并启动 Kata-Shim 实例。Kata-Runtime 的配置文件是/usr/share/defaults/kata-containers/configuration.toml，可以根据实际需求修改，以下摘取了一部分参数。

```
[hypervisor.qemu]
path = "/usr/bin/qemu-lite-system-x86_64"
kernel = "/usr/share/kata-containers/vmlinuz.container"
initrd = "/usr/share/kata-containers/kata-containers-initrd.img"
machine_type = "pc"
kernel_params = ""
firmware = ""
machine_accelerators=""
default_vcpus = 1
default_maxvcpus = 0
default_bridges = 1
block_device_driver = "virtio-scsi"
[proxy.kata]
path = "/usr/libexec/kata-containers/kata-proxy"
[shim.kata]
path = "/usr/libexec/kata-containers/kata-shim"
[runtime]
internetworking_model="macvtap"
```

① machine_type：Kata 容器支持多种机器类型，如 x86 上的 pc、q35，ARM 上的 virt，IBM Power 上的 pseries，默认是 pc。

② internetworking_model：虚拟机和容器之间的连接方式，除了 macvtap，也可以配置成 bridge，但 bridge 不能工作在 macvlan 和 ipvlan 场景下。

（3）Proxy：Kata-Proxy 给多个 Kata-Shim 和 Kata-Runtime 客户端提供对 Kata-Agent 的访问，它的主要作用是在每个 Kata-Shim 和 Kata-Agent 之间路由 I/O 流和信号。Kata-Proxy 连接到 Kata-Agent 的 UNIX 域套接字上，这个套接字是在 Kata-Proxy 启动时由 Kata-Runtime 提供的。

（4）Shim：Runtime 运行在宿主机上，不能直接监控运行在虚拟机里的进程，最多只能看到 QEMU 进程。所以，对 Kata 容器来说，Kata-Shim 扮演了监控容器进程的角色。Kata-Shim 需要处理容器的所有 I/O 流，包括 stdout、stdin 和 stderr，以及转发所有要发送出去的信号。

4.5 容器编排系统

在现代开发中，整体式的应用早已成为过去时，如今的应用由数十乃至数百个松散结合的容器式组件构成，而这些组件需要通过相互间的协同合作来使既定的应用按照设计运作。Docker 等主流容器工具都包含很多工具来满足单个主机的容器生命周期管理需求，但面对容器集群化管理显得办法不多，容器编排工具应运而生。

容器编排是指对单独组件和应用层的工作进行组织的流程。容器编排工具通过对容器服务的编排，决定容器服务之间如何进行交互，允许用户指导容器部署与自动更新、运行状况监控及故障转移等步骤。虽然诸如 Apache Mesos、Google Kubernetes 及 Docker Swarm 等容器编排平台均有其特定的容器管理方法，但所有的容器编排引擎均可让用户控制容器启动和停止的时间、将其分组合到集群中，以及协调应用组合的流程。

本节将一一介绍当前主流的容器编排工具。

4.5.1　Google Kubernetes

Docker 解决了打包和隔离的问题，但在 Docker 集群中仍需要解决调度、生命周期、健康状况、服务发现和容器的监控、认证、聚合等问题，Google Kubernetes 的出现为这些问题提供了解决方案。Google 于 2014 年开始了 Kubernetes 开源项目，并立刻获得了诸如 Red Hat、Cisco、华为等大公司的支持。当前，Kubernetes 支持 GCE、vSphere、CoreOS、OpenShift、Azure 等平台，也可以直接运行在物理机上。我国还出现了以 Kubernetes 为技术基础的"集群即服务"大数据云平台（如 Caicloud）。Kubernetes 将多个主机和在它们上面运行的 Docker 组成一个集群，并在集群内部提供了诸多机制来进行应用部署、调度、更新、维护和伸缩。同时，Kubernetes 是一个开放的容器调度管理平台，不限定任何一种言语，支持 Java、C++、Go、Python 等各类应用程序，能够提供应用部署、维护、扩展机制等功能，方便开发者管理跨机器运行的容器化应用。

Kubernetes 已然成为容器编排工具中的重要一员，它支持多层安全防护、准入机制、多租户应用支撑、透明的服务注册、服务发现、内建负载均衡、强大的故障发现和自我修复机制、服务滚动升级和在线扩容、可扩展的资源自动调度机制、多粒度的资源配额管理能力，具备完善的管理工具，包括开发、测试、部署、运维监控，是一站式的完备的分布式系统开发和支撑平台。

1. Kubernetes 的发展历史与核心功能

在 2000 年年初，Google 开始使用容器技术，同时意识到应用程序容器化后的核心瓶颈在于大规模的容器管理。Google 因此在十年间研发了 Borg 集群管理系统，用于管理 Google 内部近百个数据中心和逾百万台服务器。2014 年年初，随着云计算市场的火爆和 Docker 开源项目的兴起，Google 决定将其"秘密武器"Borg 系统进行重新实现并开源，以此来吸引技术圈的认可和个人、企业开发者对于 Google 云计算的追捧。作为重要的里程碑，Kubernetes 于 2015 年 7 月实现了可付诸生产使用的 1.0 版本，至今已经积累了诸如美国高盛、eBay、华为等大批龙头企业用户。

Kubernetes 提供了如下分布式系统所需的核心功能。

（1）动态任务调度。在一个 Kubernetes 集群内部，调度器会动态、自动、智能地为不同的应用选择合适的机器来运行。调度算法会根据每个主机当前的物理资源情况进行优化，实现物理资源利用率最大化，并保证各主机的流量平均分配，不会造成局部热点。

（2）模块、服务间的自动服务发现。当多个应用如 Redis、Mongo、Nginx 等通过 Kubernetes 调度器自动部署在集群中运行时，Kubernetes 集群管理平台会自动为这些组件进行"服务注册"，冠以诸如"redis-cluster""mongo-cluster"等名称。其他应用（如Java、Golang 等）如需访问 Redis 或 Mongo，只需要引用"rcdis-cluster""mongo-cluster"即可，而无须使用其真实 IP 地址。因此，在不同的环境切换时（如从测试到生产），以及随着主机的重启或更换导致底层 IP 地址变化时，应用程序也无须做任何修改就可做到无缝迁移，极大地减少了环境配置和人工操作带来的成本与风险。

（3）多副本负载均衡与弹性伸缩。为了应对互联网应用的突发情况和难以预测的用户流量，通过 Kubernetes 部署应用时可指定所需要的副本数量，如运行 10 个 Nginx 实例。Kubernetes 平台会自动创建指定个数的应用实例，并且：

① 对应用进行实时监测，保证任何时候都有指定数量的实例在运行。如果由于主机故障导致两个 Nginx 实例失效，Kubernetes 会主动创建两个新的 Nginx 实例来保证高可用性。

② 当其他服务需要访问 Nginx 时，无须直接绑定 10 个实例中的任何一个 IP 地址，而是可以通过上述服务名称（如"Nginx"）来访问。Kubernetes 平台会自动将请求按照一定的负载均衡策略转发至 10 个实例中的合适实例。

③ 用户还可以通过 Kubernetes 接口配置自动伸缩策略。例如，当 CPU 利用率超过60％时，自动将 Nginx 从 10 个实例扩展到 20 个实例。

（4）自我修复与故障应对。Kubernetes 成功的一个原因是它的自动化故障转移和自愈能力，这些功能使它成为云原生应用开发的优选平台之一。自动化故障转移功能使Kubernetes 可以检测容器、节点、Pod 和整个集群环境中出现故障的情况。一旦检测到故障，它会自动重启容器或重新调度 Pod 以确保应用可用。这种自动化的故障转移机制大大提高了系统的可靠性，减少了应用程序的宕机时间。此外，Kubernetes 有一些自愈机制，可以自动检测和修复 Pod 中的故障或异常情况。这些机制包括 Liveness 和Readiness 探针、Pod 健康检查等。

（5）配置管理。一个复杂的生产系统中存在诸多配置，除了不同组件的 IP 地址、端口，还有应用程序的配置文件、中间件的配置文件等。Kubernetes 提供配置管理服务，实现应用与配置的分离。用户可以将不同环境下的 Jetty 配置文件、数据库密码、环境变量等配置放入每个集群内统一的配置服务中，并为每个配置项取名字（如"JETTY_CONFIG_FILE""DB_PASSWORD"等），而后应用可通过这些名字在运行时获取与环境相关的配置信息。

2. Kubernetes 的设计理念

（1）声明性设计：Kubernetes 采用了"声明式"（Declarative）而非"祈使式"（Imperative）的管理方法，让系统的配置和管理变得更简单、一致和可控。Kubernetes的用户只需要通过高层的语言对系统所要达到的效果进行描述，Kubernetes 系统自身就能读懂用户的需求并保证用户的目标得以满足。

（2）追求简单化：吸取了 Google 从其内部工具 Borg 中获得的教训，Kubernetes 追求简单的 API 设计和系统架构，让用户和开发者可以更好地对系统进行深度理解并进行二次开发或定制。

（3）用标签代替层级：一个复杂的系统中存在诸多资源，这些资源之间往往存在错综复杂的关系。传统方法往往通过引入层级或树状结构来表示资源之间的相互关系，但这种方法不灵活且实现复杂。Kubernetes 采用了标签的方式，用户或管理员可以灵活地为系统中的资源、组件（节点、容器等）打任意的"标签"，而一个标签是一个 key:value 键值组，如 environment: production。Kubernetes 同时提供标签搜索的 API，让用户可以按照自己的需求通过标签对资源进行分组、筛选。

（4）可扩展、模块化：Kubernetes 秉承模块化设计理念，其中的众多核心模块都可以以接口匹配的形式进行插拔、替换。例如，在不同的场景、业务流量下，可以使用不同的调度器和调度算法；在不同的网络环境下，可以采用不同的容器之间的互联方案；在不同存储环境下，可以为应用容器提供不同的存储后端。

（5）以服务为中心：Kubernetes 奉行"以服务为中心"，系统中的容器、应用被抽象为一个个"服务"，后续的众多管理都以服务为中心，并为服务管理提供众多便利，如自动服务注册、服务发现等。

3. Kubernetes 的架构组成

一个 Kubernetes 集群主要包含控制层和集群节点两部分（见图 4-7），其中主要的模块如下。

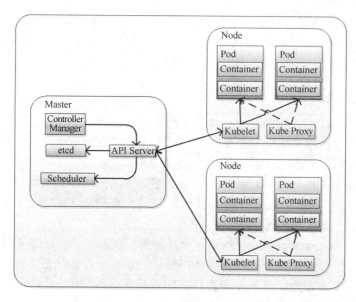

图 4-7　Kubernetes 的集群架构

（1）Kubernetes 控制层（Master）：Kubernetes 控制面板包含众多组件，以保证集群的节点之间形成一个有机的整体。控制层主要包含如下组件，这些组件既可以运行在同一个物理节点上，也可以分布式地运行在多个节点上，实现高可用性。

① etcd：Kubernetes 采用开源的 etcd 模块负责持久化存储集群中的控制状态和数据，如集群中的服务列表、任务调度状态等。由于集群中的核心数据都持久化存储在 etcd 中，因此其他的模块实现了"无状态化"，即因故障重新启动后仍可以快速恢复到重启前的状态。同时，etcd 还提供 watch 功能，使得集群中的各协作的组件可以在集群

数据、状态发生更改时很快被通知到。

② API Server：Kubernetes 提供基于 HTTP 的 RESTful API，这些 API 由 API Server 提供服务。Kubernetes API 提供简单的"增、删、改、查"接口，便于用户和 Kubernetes 自身的内部组件对系统状态进行查询与修改。API Server 还负责系统的安全认证和准入机制把控。

③ 任务调度器 Scheduler：Kubernetes 实现了对任务的自动优化调度，而无须人工指定哪个应用运行在哪个节点上。Kubernetes 支持自定义的调度器 Scheduler，开发者可以根据不同的业务类型和场景编写最优的调度器，只要满足 Kubernetes 的 Scheduler 接口即可。

④ Controller Manager：Kubernetes 中的 Controller Manager 用来管理众多的内部控制器，如节点控制器（Node Controller）、冗余控制器（Replication Controller）等。节点控制器负责管理 Kubernetes 中的节点健康，冗余控制器可保证系统中的应用、服务的后台有足够数量的实例个数来支持高并发和高可用。

（2）集群节点（Node）： Kubernetes 的集群节点负责真正的运行容器应用并承载系统业务。每个节点运行着 Docker，Docker 负责处理下载镜像，运行容器的细节。除此之外，集群节点还包含 Kubelet、Kube Proxy 等组件。

① Kubelet：负责管理 Pod 和它们的容器、镜像、数据卷等。它会定期从 etcd 获取分配到本机的 Pod，并根据 Pod 信息启动或停止相应的容器。同时，它也会接收 API Server 的 HTTP 请求，汇报 Pod 的运行状态。

② Kube Proxy：每个节点上运行着一个简单的网络代理和负载均衡器，负责为 Pod 提供代理。它会定期从 etcd 获取所有的服务，并根据服务信息创建代理。当某个客户 Pod 要访问其他 Pod 时，访问请求会经过本机 Proxy 转发。这反映了定义在 Kubernetes API 中的每个节点的服务能通过简单的 TCP 和 UDP 流转发（轮流的方式）到一组后端。服务的端点现在是通过 DNS 或者环境变量来发现的。

（3）操作单元（Pod）：Pod 是 Kubernetes 最基本的操作单元，包括一个或多个紧密相关的容器，一个 Pod 可以被一个容器化的环境看作应用层的"逻辑宿主机"。一个 Pod 中的多个容器应用通常是紧耦合的。Pod 在节点上被创建、启动或者销毁。

为什么 Kubernetes 使用 Pod 在容器之上再封装一层呢？一个很重要的原因是 Docker 容器之间的通信受到 Docker 网络机制的限制。在 Docker 容器生态中，一个容器需要通过链接（Link）方式才能访问另一个容器提供的服务（端口），大量容器链接是一项非常繁重的工作。通过 Pod 的概念将多个容器组合在一个虚拟的"主机"内，容器之间仅通过 localhost 就能相互通信了。

一个 Pod 中的应用容器共享一组资源，包括：

① pid 命名空间：Pod 中的不同应用程序可以看到其他的进程 pid；

② 网络命名空间：Pod 中的多个容器能够访问同一个 IP 和端口范围；

③ IPC 命名空间：Pod 中的多个容器能够使用 systemV IPC 或 POSIX 消息队列进行通信；

④ UTS 命名空间：Pod 中的多个容器共享一个主机名；

⑤ Volumes（共享存储卷）：Pod 中的各容器可以访问在 Pod 级别定义的 Volumes。

Label 是 Kubernetes 系统中的一个核心概念。Label 以 key/value 键值对的形式附加到各种对象上，如 Pod、Service、RC、Node 等。Label 定义了这些对象的可识别属性，用来对它们进行管理和选择。Label 可以在创建对象时附加到对象上，也可以在对象创建后通过 API 进行管理。

4. 基于 Kubernetes 容器集群的大数据平台搭建

下面以在 Kubenretes 上搭建一个有主从结构的 Spark 集群为例，简要介绍 Kubernetes 的核心概念、运行高可用性应用的基本方法，以及基于 Kubernetes 搭建大数据平台的实践。

（1）为 Spark 应用创建命名空间：Kubernetes 通过命名空间将底层的物理资源划分成若干逻辑的"分区"，而后续所有的应用、容器都被部署在一个具体的命名空间中。每个命名空间可以设置独立的资源配额，保证不同命名空间中的应用不会相互抢占资源。此外，命名空间对命名域实现了隔离，因此，两个不同命名空间中的应用可以起同样的名字。创建命名空间需要编写一个 yaml 文件，为 Spark 集群应用创建命名空间所需要的 namespace-spark-cluster.yaml 文件可参考如下代码。

```
apiVersion: v1
kind: Namespace
metadata:
    name: "spark-cluster"
    labels:
        name: "spark-cluster"
```

随后，可以通过如下命令来实际创建命名空间 （kubectl 是 Kubernetes 自带的命令行工具）。

```
kubectl create -f namespace-spark-cluster.yaml
```

（2）为 Spark Master 创建 Replication Controller: Kubernetes 追求高可用性设计，通过 Replication Controller 来保证每个应用时时刻刻会有指定数量的副本在运行。例如，通过编写一个 Replication Controller 来运行一个 Nginx 应用，就可以在 yaml 中指定 5 个默认副本。Kubernetes 会自动运行 5 个 Nginx 副本，并在后期对每个副本进行健康检查（可以支持自定义的检查策略）。当发现有副本不健康时，Kubernetes 会通过自动重启、迁移等方法保证 Nginx 会时刻有 5 个健康的副本在运行。Spark Master 节点的 Replication Controller 的 spark-master-controller.yaml 文件（通过"replicas: 1"指定一个副本）可参考如下代码。

```
kind: ReplicationController
apiVersion: v1
metadata:
name: spark-master-controller
spec:
    replicas: 1
    selector:
        component: spark-master
    template:
```

```
        metadata:
          labels:
            component: spark-master
      spec:
        containers:
          - name: spark-master
            image: index.caicloud.io/spark:1.5.2_v1
            command: ["/start-master"]
            ports:
              - containerPort: 7077
              - containerPort: 8080
            resources:
              requests:
                cpu: 100m
```

随后，可以通过如下命令来实际创建 Replication Controller。

```
kubectl create –f spark-master-controller.yaml
```

（3）为 Spark Master 创建 Service：Kubernetes 追求以服务为中心，并推荐为系统中的应用创建对应的 Service。以 Nginx 应用为例，当通过 Replication Controller 创建了多个 Nginx 实例（容器）后，这些不同的实例可能运行在不同的节点上，并且随着故障和自动修复，其 IP 可能会动态变化。为了保证其他应用可以稳定地访问 Nginx 服务，可以通过编写 yaml 文件为 Nginx 创建一个 Service，并指定该 Service 的名称（如 nginx-service）；此时，Kubernetes 会自动在其内部一个 DNS 系统中（基于 SkyDNS 和 etcd 实现）为其添加一个 A Record，名字就是"nginx-service"。随后，其他的应用可以通过 nginx-service 自动寻址到 Nginx 的一个实例（用户可以配置负载均衡策略）。

Spark Master 节点的 spark-master-service.yaml 文件可参考如下代码。

```
kind: Service
apiVersion: v1
metadata:
name: spark-master
spec:
  ports:
    - port: 7077
      targetPort: 7077
  selector:
    component: spark-master
```

随后，可以通过如下命令来实际创建 Service。

```
kubectl create –f spark-master-service.yaml
```

（4）创建 Spark WebUI：如上所述，Service 会被映射到后端的实际容器应用上，而这个映射是通过 Kubernetes 的标签及 Service 的标签选择器实现的。例如，可以通过 spark-web-ui.yaml 文件（代码如下）来创建一个 WebUI 的 Service，而这个 Service 会通过"selector: component: spark-master"把 WebUI 的实际业务映射到 Master 节点上。

```
kind: Service
```

```
apiVersion: v1
metadata:
    name: spark-webui
    namespace: spark-cluster
spec:
    ports:
      - port: 8080
        targetPort: 8080
    selector:
        component: spark-master
```

随后，可以通过如下命令来实际创建 Spark WebUI。

```
kubectl create –f spark-web-ui.yaml
```

（5）创建 Spark Worker：通过一个 Replication Controller 来建立 5 个 Spark Worker（代码如下）。其中，注意为每个 Worker 节点设置 CPU 和内存的配额，保证 Spark 的 Worker 应用不会过度抢占集群中其他应用的资源。

```
kind: ReplicationController
apiVersion: v1
metadata:
    name: spark-worker-controller
spec:
    replicas: 5
    selector:
      component: spark-worker
    template:
      metadata:
        labels:
            component: spark-worker
      spec:
        containers:
          - name: spark-worker
            image: index.caicloud.io/spark:1.5.2_v1
            command: ["/start-worker"]
            ports:
              - containerPort: 8081
            resources:
              requests:
                cpu: 100m
```

随后，可以通过如下命令来实际创建 Spark Worker。

```
kubectl create -f spark-worker.yaml
```

至此，一个单 Master、多 Worker 的 Spark 集群就配置完成了。

4.5.2　Docker Swarm

Docker Swarm 是 Docker 官方原生容器编排工具，使用标准的 Docker API，能够提供 Docker 容器集群服务，是 Docker 官方对容器云生态进行支持的核心方案。通过 Swarm，用户可以将多个 Docker 主机封装为单个大型的虚拟 Docker 主机，快速打造一套容器云平台。在 Docker 1.12.0 之后的版本中，Swarm 被内嵌入 Docker 引擎，变成了 Docker 的子命令 Docker Swarm，同时这些版本中内置了 KV 存储功能，提供了众多新特性，采用具有容错能力的去中心化设计，内置服务发现、负载均衡、路由网络、动态伸缩、滚动更新、安全传输等功能。

1. Swarm 的基本架构

Swarm 的基本架构很简单：每个主机运行一个 Swarm 代理，一个主机运行 Swarm 管理器（在测试的集群中，这个主机也可以运行代理），这个管理器负责主机上容器的编排和调度。Swarm 能以高可用性模式（etcd、Consul 或 ZooKeeper 中任何一个都可以用来将故障转移给后备管理器处理）运行。当有新主机加入集群时，有几种不同的方式来发现新加的主机：在 Swarm 中是 discovery，默认情况下使用的是 token，也就是在 Docker Hub 上会存储一个主机地址的列表。

Swarm 的系统架构如图 4-8 所示。

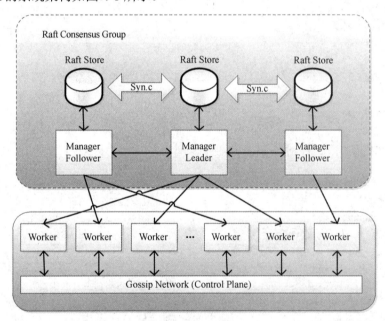

图 4-8　Swarm 的系统架构

2. Swarm 的核心概念

1）节点（Nodes）

Swarm 是一系列节点的集合，而节点可以是一台裸机或者一台虚拟机。每台加入 Docker Swarm 的主机即一个节点，管理节点（Manager 节点）可以是执行节点（Worker 节点），也可以兼具这两个角色。当部署服务到 Swarm 集群时，将一个 Service 提交到 Manager 节点，Manager 节点会被 Service 拆分成 Task（Swarm 中最小的粒度，可能仅包含一个容器），分发到 Worker 节点，Worker 节点执行接收到的 Task，完成部署，

Manager 节点监听 Service 的状态。

（1）Manager 节点。Docker Swarm 集群需要至少一个 Manager 节点，节点之间使用 Raft Consensus 协议进行协同工作。

通常，第一个启用 Docker Swarm 的节点将成为 Leader，后来加入的都是 Follower。当前的 Leader 如果失效，剩余的节点将重新选举一个新的 Leader。

每个 Manager 节点都有一个完整的当前集群状态的副本，可以保证 Manager 节点的高可用性。

（2）Worker 节点。Worker 节点是运行实际应用服务的容器所在地。理论上，一个 Manager 节点也能同时成为 Worker 节点，但在生产环境中，我们不建议这样做。

Worker 节点之间通过 Control Plane 进行通信，这种通信使用 Gossip 协议，并且是异步的。

2）Service、Task 和 Stack

在集群中，一个 Service 定义了很多执行在 Worker 节点与 Manager 节点上的 Task。Service、Task 和 Stack 之间的关系如图 4-9 所示。

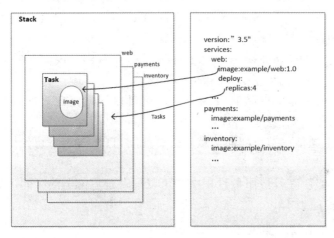

图 4-9　Service、Task 和 Stack 之间的关系

（1）Service。Swarm Service 是一个抽象的概念，它只是一个对运行在 Swarm 集群上的应用服务所期望状态的描述。创建一个 Service 时需要指定 Docker 镜像，以及执行的命令或参数，当使用 Replicated Services 模式时，Manager 节点分发指定的 Scale 因子数的复制 Task 到一个 Worker 节点上；当使用 Global Services 模式时，则为集群中每个 Worker 节点创建指定数量的复制 Task。

（2）Task。在 Docker Swarm 中，Task 是一个部署的最小单元，Task 与容器是一对一的关系。每个 Task 承载着一个运行着应用服务的容器，Manager 节点通过设置的 Scale 因子数分配 Task 到执行节点上，一个 Task 只能运行在一个 Worker 节点中，只有运行与失败两个状态。

（3）Stack。Stack 是描述一系列相关 Service 的集合。在一个 yaml 文件中定义一个 Stack。

3）负载均衡（Load Balancing）

Swarm Manager 通过入口负载均衡（Ingress Load Balancing）暴露的端口作为负载均衡策略。它默认会为 Service 分配一个未被占用的端口，称为 Published Port（也可自行指定），范围在 30000～32767，外部服务访问 Published Port 以访问运行中的 Task。同时，Swarm 会将所有集群内的请求转发到正常运行的节点上。

3. Swarm 的设计特性

（1）集群管理与 Docker 集成：在 Docker 1.12 版本之后，Docker Swarm 不再作为单独的集群管理软件，而是直接集成到 Docker Engine 中。

（2）去中心化：用户可以将 Docker 镜像部署到一台或多台服务器上。

（3）声明式服务模式：用户可以使用声明式的方法定义一套应用 Stack。

（4）扩展：用户可以指定 Task（Swarm 的最小粒度）的数量，简单理解就是容器数。

（5）状态自动调节（Desired State Reconciliation）：Swarm Manager 角色会不断地检查服务与其副本的状态，当有副本不可用时，会创建新的副本替换不可用副本，以保证可用性。

（6）多主机网络：当为 Swarm 集群指定 Overlay 网络时，Swarm 自动为容器指定 Overlay 网络的 IP。

（7）服务发现：Docker Swarm 的 Manager 节点会为 Service 分配唯一 DNS 名称与负载均衡，Docker Swarm 内置了 DNS Server。

（8）负载均衡：除了自动的负载均衡，还可以使用自定义的负载均衡器转发各 Service 对外暴露的端口。

（9）默认安全通信：节点间通信默认强制使用 TLS 加密，可使用自签发的密钥或 CA 组织发的证书。

（10）滚动升级：在升级服务过程中，可以配置延迟部署的时间，如果出现问题，可以快速还原之前的版本。

4. Swarm 的集群管理实践

使用 Docker Machine 结合 VirtualBox 来创建多台 Docker 虚拟机，基本步骤如下。

1）创建虚拟机

创建 Docker 虚拟机，代码如下。

```
# for NODE in `seq 1 5`; do docker-machine create --driver virtualbox "node-${NODE}"; done
```

创建完成后可以通过"docker-machine ls"命令查看。

2）创建 Swarm 集群

按照下面的脚本创建 Swarm 集群，当然也可以用命令手动逐个创建。

```
#!/bin/bash

# 这个脚本用于在创建了 5 个 docker 虚拟机之后，创建 swarm 集群
# 集群内配置如下：node-1 为 manager leader，node-2 和 node-3 为 manager follower
# node-4 和 node-5 为 worker
```

```
export IP=$(docker-machine ip node-1)
#ssh 登录到 node-1，让它成为 swarm leader
docker-machine ssh node-1 docker swarm init --advertise-addr $IP
#获取 leader 的 token，方便后面其他主机加入
export JOIN_TOKEN=$(docker-machine ssh node-1 docker swarm join-token worker -q)
for NODE in 'seq 2 5'
do
    docker-machine ssh node-${NODE} docker swarm join --token ${JOIN_TOKEN} ${IP}:2377
done
#将 node-2 和 node-3 主机提权为 manager
docker-machine ssh node-1 docker node promote node-2 node-3
```

完成后，可以使用"docker-machine ssh node-1 docker node ls"命令在 node-1 上查看当前集群节点的信息。

3）在集群上部署一个单 Service 的 Stack

通过使用这 5 台虚拟机组成的集群来实践一个集群管理案例。一个 Stack 是所有相关 Service 的集合，它组成了一个完整的应用服务。可以通过 yaml 文本来定义一个 Stack，代码如下。

```
version: "3.5"
services:
  Fuwu:    #服务的名称
    image: training/whoami:latest    #使用的镜像
    networks:
      - test-net    #使用了一个自定义的网络
    ports:
      - 81:8000    #将主机端口 81 映射至容器内的 8000 端口
    deploy:
      replicas: 6    #运行 6 个副本（也就是 task，对应 6 个容器）
      update_config:    # 升级策略
        parallelism: 2    #每 2 个 task 为一组进行升级
        delay: 10s    #当前组升级成功后，延迟 10 秒才开始升级下一组
      labels: #定义了 2 个标签
        app: sample-app
        enviroment: prod-south

networks:
  test-net:
    driver: overlay
```

下面，使用上述配置文件来部署一个集群服务。

```
[root]# docker-machine ssh node-1
# 在 manager leader 上创建上面的 yaml 文件
docker@node-1:~$ vi stack.yaml
```

```
docker@node-1:~$ docker stack deploy -c stack.yaml samle-stack
# 创建过程需要一定的时间，请耐心等待
docker@node-1:~$ docker stack ls
NAME                SERVICES            ORCHESTRATOR
samle-stack         1                   Swarm
docker@node-1:~$ docker service ls
ID      NAME              MODE        REPLICAS  IMAGE               PORTS
Train1  samle-stack_Fuwu  replicated  6/6       training/ Fuwu:latest  *:81->8000/tcp
```

可以通过"docker@node-1:~$ docker service logs samle-stack_ Fuwu"命令查看 Service 日志。

4）在集群上部署一个多 Service 的 Stack

上面的示例只有一个 Service，下面实践一个多 Service 的 Stack。Stack 配置文件如下。

```
version: "3.5"
services:
  web:
    image: fundamentalsofdocker/ch08-web:1.0
    networks:
      - pets-net
    ports:
      - 3000:3000
    deploy:
      replicas: 3
  db:
    image: fundamentalsofdocker/ch08-db:1.0
    networks:
      - pets-net
    volumes:
      - pets-data:/var/lib/postgresql/data

volumes:
  pets-data:

networks:
  pets-net:
    driver: overlay
```

4.5.3 Apache Mesos

Apache Mesos 是由加州大学伯克利分校的 AMPLab 开发的一款开源集群管理软件，支持各种微服务应用和包括 Hadoop、ElasticSearch、Spark、Kafka 在内的多种大数据分布式应用，提供失败侦测、任务发布、任务跟踪、任务监控、低层次资源管理和细粒度的资源共享能力。目前，Mesos 已经被 Twitter 作为统一资源调度层来管理数据中心。

Mesos 的构造使用了与 Linux 内核相似的规则，仅存在抽象层级的差别。Mesos 从设备（物理机或虚拟机）抽取 CPU、内存、存储和其他物理计算资源，让容错和弹性分布式系统更容易使用。Mesos 能够在同样的集群机器上运行多种分布式系统类型，实现更加动态、更加高效的资源共享。在数据中心应用中，通过 Mesos 可以将整个物理资源整合在同一个虚拟资源池中，并根据上层应用需求动态地调整资源分配。Mesos 内核运行在每台机器上，在整个数据中心和云环境内向应用程序（Hadoop、Spark、Kafka、ElasticSerarch 等）提供资源管理及资源负载的 API。

1. Mesos 的设计特性

（1）可扩展到 10000 个节点。

（2）使用 ZooKeeper 实现 Master 和 Slave 的容错。

（3）支持 Docker 容器。

（4）使用 Linux 容器实现本地任务隔离。

（5）基于多资源（内存、CPU、磁盘、端口）调度。

（6）提供 Java、Python、C++等多种语言 API。

（7）通过 Web 界面查看集群状态。

2. Mesos 的基本架构

Apache Mesos 由四个组件组成，分别是 Mesos-Master、Mesos-Slave、Framework 和 Executor（见图 4-10）。

（1）Mesos-Master：Mesos-Master 是整个系统的核心，负责管理接入 Mesos 的各 Framework（由 Frameworks_Manager 管理）和 Slave（由 Slaves_Manager 管理），并将 Slave 上的资源按照某种策略分配给 Framework（由独立插拔模块 Allocator 管理）。

（2）Mesos-Slave：Mesos-Slave 负责接收并执行来自 Mesos-Master 的命令、管理节点上的 Mesos-Task，并为各 Task 分配资源。Mesos-Slave 将自己的资源量发送给 Mesos-Master，由 Mesos-Master 中的 Allocator 模块决定将资源分配给哪个 Framework。当前考虑的资源有 CPU 和内存两种，也就是说，Mesos-Slave 会将 CPU 个数和内存量发送给 Mesos-Master，而用户提交作业时，需要指定每个任务需要的 CPU 个数和内存量，这样，当任务运行时，Mesos-Slave 会将任务放到包含固定资源的 Linux Container 中运行，以达到资源隔离的效果。很明显，Master 存在单点故障问题，为此，Mesos 采用了 ZooKeeper 解决该问题。

（3）Framework：Framework 是指外部的计算框架，如 Hadoop 等，这些计算框架可通过注册的方式接入 Mesos，以便 Mesos 进行统一管理和资源分配。Mesos 要求可接入的 Framework 必须有一个调度器模块，该调度器负责框架内部的任务调度。当一个 Framework 想要接入 Mesos 时，需要修改自己的调度器，以便向 Mesos 注册，并获取 Mesos 分配给自己的资源，再由自己的调度器将这些资源分配给自己内部的任务。也就是说，整个 Mesos 系统采用了双层调度框架：第一层，由 Mesos 将资源分配给 Framework；第二层，Framework 自己的调度器将资源分配给自己内部的任务。当前 Mesos 支持三种语言编写的调度器，分别是 C++、Java 和 Python。为了向各种调度器提供统一的接入方式，Mesos 内部采用 C++实现了一个 Mesos Scheduler Driver（调度器驱动器），Framework 的调度器可调用该 Driver 中的接口与 Mesos-Master 交互，完成一系列功能（如注册、资源分配等）。

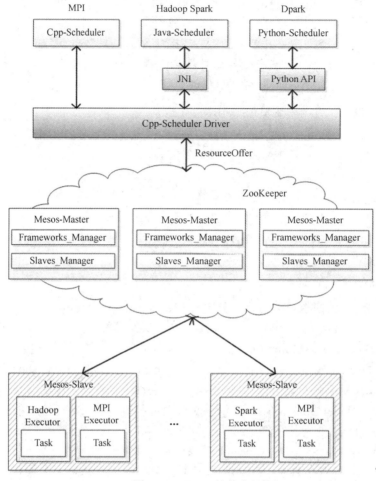

图 4-10　Mesos 的基本架构

（4）Executor：Executor 主要用于启动 Framework 内部的 Task。由于不同的 Framework 启动 Task 的接口或者方式不同，当一个新的 Framework 要接入 Mesos 时，需要编写一个 Executor，告诉 Mesos 如何启动该 Framework 中的 Task。为了向各种 Framework 提供统一的执行器编写方式，Mesos 内部采用 C++实现了一个 Mesos Executor Diver（执行器驱动器），Framework 可通过该驱动器的相关接口告诉 Mesos 启动 Task 的方法。

3. 基于 Kubernetes 的 Mesos 安装部署实践

Kubernetes 可以作为一个框架被集成到 Mesos 中，通过 Mesos 来获得底层物理资源，并管理容器集群中的微服务应用。下面介绍如何在一个 3 节点的集群上安装部署 Mesos，以及如何在 Mesos 中集成 Kubernetes。具体实践步骤如下。

1）安装部署 Mesos

（1）下载安装文件。

```
#安装 mesos yum 源，这个源是 rpm 包格式，直接安装就行了，不用配置
rpm -Uvh http://repos.mesosphere.com/el/7/noarch/RPMS/mesosphere-el-repo-7-1.noarch.rpm

#安装 yum 下载工具
yum install -y yum-utils

#创建安装文件夹
mkdir -p /opt/mesos-download
cd /opt/mesos-download
mkdir mesos marathon zookeeper

#依次执行如下命令，下载安装包
cd /opt/mesos-download/mesos
yumdownloader --resolve mesos
cd /opt/mesos-download/marathon
yumdownloader --resolve marathon
cd /opt/mesos-download/zookeeper
yumdownloader --resolve mesosphere-zookeeper

#最后将下载好的安装文件复制到集群另外两个节点上
scp     -r /opt/mesos-download/*    root@xxxx:/opt/mesos-download/
```

（2）配置主机名列表。

```
hostnamectl --static set-hostname master
```

（3）安装 ZooKeeper。

```
cd /opt/mesos-download/zookeeper
sudo yum localinstall -y *.rpm
```

将 Master 节点上的/var/lib/zookeeper/myid 设置为 1，如果安装多个 Master 节点，依次设置为 2、3，同时将 ZooKeeper 地址信息配置到/etc/zookeeper/conf/zoo.cfg 文件中。

（4）安装 Master。

```
#依次进入各文件夹执行本地 rpm 安装
cd /opt/mesos-download/mesos
yum localinstall -y *.rpm
cd /opt/mesos-download/marathon
yum localinstall -y *.rpm

#启动 master 节点相关服务
sudo systemctl enable mesos-slave
sudo systemctl restart mesos-slave
sudo systemctl enable mesos-master marathon
sudo systemctl restart mesos-master
sudo systemctl restart marathon
```

193

（5）安装 Slave。

```
#把 master 节点的安装文件夹/mesos-download 复制至所有 slave 节点，进入本地安装包执行安装
cd /opt/mesos-download/mesos
sudo yum localinstall -y *.rpm


#将 zookeeper 地址信息配置到 mesos 配置文件/etc/mesos/zk 中
#启动 slave 节点上的相关服务，这时需要关闭 slave 节点的 master 服务
sudo systemctl disable mesos-master
sudo systemctl stop mesos-master
sudo systemctl enable mesos-slave
sudo systemctl restart mesos-slave
```

（6）安装成功。

登录 Mesos 监控界面，验证安装完是否正常。

2）Kubernetes 集成安装

（1）下载安装文件。

```
yum –y install git
mkdir –p /opt/kubernetes-download
cd /opt/kubernetes-download
git clone https://github.com/kubernetes/kubernetes
```

（2）安装 Go 语言环境。

```
mkdir –p /opt/kubernetes-download/golang
cd /opt/mesos-download/golang
yumdownloader --resolve golang
yum -y localinstall *.rpm
```

（3）安装 etcd 数据库。

```
cd opt/etcd-v2.3.2
cp etcd etcdctl /usr/bin
cp etcd.service /usr/lib/systemd/system
mkdir /var/lib/etcd
mkdir /etc/etcd
vi /etc/etcd/etcd.conf


#启动 etcd 后台服务
systemctl daemon-reload
systemctl start/restart etcd
systemctl enable etcd


#检查 etcd 运行状态，通过节点信息列表能看到现在有一台 etcd
etcdctl cluster-health
etcdctl member list
```

（4）编译 Kubernetes。

```
cd /opt/kubernetes-download/kubernetes
```

```
export KUBERNETES_CONTRIB=mesos
make
make test
```

（5）配置运行环境变量。

Kubernetes 集成安装时没有用自己的配置文件，所有的配置参数都需要在运行后台服务的时候通过环境变量注入，所以需要把环境变量都配置到系统里。

```
vi /etc/profile
export KUBERNETES_MASTER_IP=$(hostname -i)
export KUBERNETES_MASTER=http://${KUBERNETES_MASTER_IP}:8888
export PATH="/opt/kubernetes-download/kubernetes/_output/local/go/bin:$PATH"
export MESOS_MASTER=zk://10.1.24.170/mesos

#配置完了再执行 source
source /etc/profile
```

（6）创建 mesos-cloud.conf 文件。

```
cd /opt/kubernetes-download/kubernetes
vi   mesos-cloud.conf
[mesos-cloud]
mesos-master = zk://10.1.24.24:2181/mesos
```

（7）配置 Docker。

```
#所有安装 docker 的节点都需要改
vi /etc/sysconfig/docker
#OPTIONS='--selinux-enabled'
DOCKER_CERT_PATH=/etc/docker
OPTIONS='--exec-opt native.cgroupdriver=cgroupfs'

#登录每个安装 docker 的节点，从公共库上下载 google pause 镜像
docker pull docker.io/google/pause
docker images

#查看新的 pause 镜像的 imageid，根据这个 id 给镜像重新打 tag
docker tag   imageid  gcr.io/google_containers/pause:2.0

#重启 docker
systemctl restart docker
```

（8）Mesos Slave 节点配置。

```
#这个操作可以使 kubernetes slave 使用 ip 而不是 hostname 作为 ip 信息
#避免了 docker 跨节点无法通信的问题
cd /etc/mesos-slave
hostname -i > ip
echo false > hostname_lookup
systemctl restart mesos-slave
```

（9）启动 Kubernetes 服务。

这是最关键的一步，要启动 Kubernetes 的三个守护进程，分别是 api server、controller、scheduler，在启动前首先显示${KUBERNETES_MASTER_IP}这些环境变量，看都配置对了没有，然后逐一启动，如果有失败的再去查看对应的 log 文件，如 api server 的/var/log/kubenetes-mesos/apiserver.log 文件。

```
cd /opt/kubernetes-download/kubernetes
    nohup  km  apiserver        --address=${KUBERNETES_MASTER_IP}        --etcd-servers=http://
${KUBERNETES_MASTER_IP}:2379        --service-cluster-ip-range=10.10.10.0/24        --port=8888        --
cloud-provider=mesos    --cloud-config=mesos-cloud.conf    --secure-port=0    --v=1 >/var/log/kubenetes-
mesos/apiserver.log 2>&1 &
    nohup km controller-manager --master=${KUBERNETES_MASTER_IP}:8888 --cloud-provider=mesos --
cloud-config=./mesos-cloud.conf --v=1 >/var/log/kubenetes-mesos/controller.log 2>&1 &
    nohup    km    scheduler            --address=${KUBERNETES_MASTER_IP}            --mesos-
master=${MESOS_MASTER}    --etcd-servers=http://${KUBERNETES_MASTER_IP}:2379        --mesos-
user=root    --api-servers=${KUBERNETES_MASTER_IP}:8888    --cluster-dns=10.10.10.10    --cluster-
domain=cluster.local    --v=2 >/var/log/kubenetes-mesos/scheduler.log 2>&1 &
```

（10）验证启动是否正常。

```
kubectl get pod
```

4.5.4 CoreOS Fleet

Fleet 是一个对 CoreOS 集群进行控制和管理的工具，具备可靠的管理 CoreOS 集群的能力，同时能够提供丰富的功能和扩展性，包括查看集群中服务器的状态、启动或终止 Docker 容器、读取日志内容等。Fleet 最显著的特点是基于 systemd 建立，systemd 能够提供单个机器的系统和服务初始化服务，Fleet 通过读取 systemd 单元文件来实现集群化调度。

Fleet 的基本架构如图 4-11 所示。

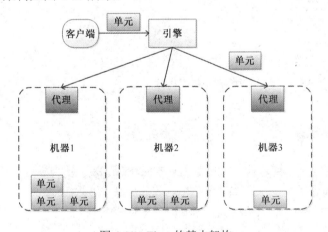

图 4-11 Fleet 的基本架构

　　每个机器运行一个引擎（Engine）和一个代理（Agent），任何时候在集群中只激活一个引擎，但是所有代理会一直运行，systemd 单元文件被提交给引擎，然后在 least-loaded 机器上调度任务，单元文件会简单运行一个容器，代理会启动单元和报告状态，etcd 用来激活机器间的通信及存储集群和单元的状态。这使得 Fleet 可以确保集群中的服务一直处于可用状态，当出现某个通过 Fleet 创建的服务在集群中不可用时（如某台主机因为硬件或网络故障脱离集群），原本运行在这台服务器中的一系列服务将通过 Fleet 被重新分配到其他可用服务器中。同时，Fleet 也支持 Socket Activation 概念，容器可以绑定到一个指定端口的连接响应上，这样做的主要优点在于进程可以即时创建，而不是闲置等待某些任务。

　　Fleet 支持各种调度提示与约束。在最基本的层面，单元的调度可以是全局的：一个实例将在所有机器上运行，或者作为一个单独的单元运行在一台机器上。全局调度对于日志和监控等容器任务非常实用。Fleet 支持各种关联类型的约束，如规定在应用服务器上运行健康检查的容器。元数据也可以连接到主机用于调度，可以让容器在某一区域或某些硬件设备上运行。

　　下面对几种容器编排系统做一个小结：编排、集群及容器管理显然有多种选择，这些选择一般都是高度分化的。

　　（1）使用标准 Docker 接口使 Swarm 使用简单，容易集成到现有系统，也使 Swarm 很难支持更复杂的调度，如以定制接口方式定义的调度任务。

　　（2）Fleet 是相当简单的底层集群管理工具，可以在其上运行更高级别的编排工具，如 Kubernetes。

　　（3）Kubernetes 具有完备的集群管理能力，包括多层次的安全防护和准入机制/多租户应用支撑能力、透明的服务注册和服务发现机制、内建智能负载均衡器、强大的故障发现和自我修复功能、服务滚动升级和在线扩容能力、可扩展的资源自动调度机制，以及多粒度的资源配额管理能力。同时，Kubernetes 提供了完善的管理工具。

　　（4）Mesos 是一种已被广泛应用的底层调度器，对于容器的编排，它支持多种框架，包括 Marathon、Kubernetes 和 Swarm。

习题

1．简述容器的概念及与虚拟机的区别。
2．容器化的关键技术及其优势是什么？
3．简述 Docker 的系统架构及基本使用流程。
4．Docker 有哪些自身局限性？
5．Rkt 容器与 Docker 容器有哪些差别？
6．Garden 容器是如何实现资源控制的？
7．当前比较流行的容器技术有哪些？各自具有什么特点？
8．简述 Kubernetes 的系统架构。

9．主流容器编排系统有哪些？它们的特点是什么？

10．Kubernetes 采用了哪些理念来满足基于 Docker 的大规模、大数据计算场景的需求？

11．如何基于 Docker 和 Kubernetes 构建一个 Hadoop 大数据系统？

12．如何使用 Docker Swarm 结合 VirtualBox 实现集群管理？

13．尝试基于 Kubernetes 实现 Mesos 的安装部署实践。

14．Rkt 容器实现了怎样的容器标准化？

第5章 云原生技术

云计算的发展已进入成熟期，后云计算时代的需求从资源优化转向效能提升。过去十年，云计算技术风起云涌，云的形态也在不断演进。虚拟化技术助推物理资源上云，然而基于传统技术栈构建的应用包含了太多开发需求，但传统的虚拟化平台只能提供基本运行的资源，云端强大的服务能力红利并没有完全得到释放。当前在云平台日益发展丰富的同时，应用开发架构也应逐渐演进去适应云平台，以便充分发挥云平台的能力。为了使云上的应用适应现有的云计算架构，云原生技术应运而生。经过几年的发展，云原生的理念不断丰富和落地。基于云原生的技术和管理方法可以更好地让业务生于云或迁移到云平台，从而享受云的高效和持续的服务能力。

5.1 云原生简介

云原生（Cloud Native）是由 Pivotal 公司的 Matt Stine 于 2013 年提出的一个概念，是由他多年的架构和咨询总结出来的一个思想的集合；它包括微服务（Micro Services）、敏捷基础设施（Agile Infrastructure）、DevOps、持续交付（Continuous Delivery）等内容。国际云原生计算基金会（CNCF）给出了云原生应用的三大特征。

- 容器化包装：软件应用的进程应该包装在容器中独立运行；
- 动态管理：通过集中式的编排调度系统来动态管理和调度；
- 微服务化：明确服务间的依赖，互相解耦。

云原生技术的核心内容如图 5-1 所示。

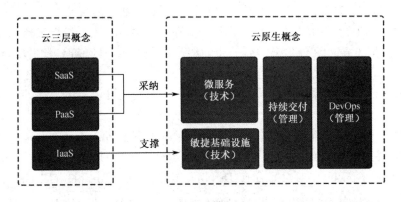

图 5-1　云原生技术的核心内容

云原生是面向云应用设计的，可以充分发挥云效能，帮助企业构建弹性、可靠、松耦合、易管理、可观测的应用系统，提高交付效率，降低运维复杂度。云原生是更好的工具、自我修复系统和自动化系统的集合，可以让应用和基础设施的部署及故障修复更加快速、敏捷，极大地降低了企业在云计算方面的部署成本。

云原生是一系列云计算技术体系和企业管理方法的集合，既包含了实现应用云原生化的方法论，也包含了落地实践的关键技术。云原生应用利用容器、服务网格、微服务、不可变基础设施和开放式 API 等代表性技术来构建容错性好、易于管理和便于观测的松耦合系统，结合可靠的自动化手段对系统做出频繁、可预测的重大变更，让应用随时处于待发布状态。云原生技术有利于各组织在公有云、私有云和混合云等新型动态环境中构建及运行可弹性扩展的应用，借助平台的全面自动化能力，跨多云构建微服务，持续交付部署业务生产系统。

快速响应市场需求已经成为企业竞争的决胜因素，持续交付使开发人员可以在短时间存在的特性分支上工作，定期向主干合并，同时始终让主干保持可发布状态，从而在正常工作时段按需进行一键式发布，提高开发的效率。但是，复杂传统应用的单体架构模式在代码维护与集成编译方面困难重重，难以做到持续交付。微服务架构的引入使复杂应用的持续交付成为可能，服务拆分是多个业务团队并行开发的基础，微服务把同一个小业务的人员汇聚在一起，进一步提高了开发效率。

在部署方面，虚拟机分钟级的弹性不再满足快速扩缩容的需求，更加轻量级的容器技术成为微服务部署的最佳载体。容器技术很好地解决了应用移植过程的环境一致性问题，使微服务实现快速弹性部署。敏捷开发带来应用的快速迭代，同时也增加了版本发布的风险与业务运维的复杂度。DevOps 理念提倡开发、测试、运维之间的高度协同，从而在完成高频率部署的同时，提高生产环境的可靠性、稳定性、弹性及安全性，这在很大程度上消除了频繁发布的风险。

云原生已成为新常态，容器化需求从行业头部企业下沉到中小规模企业，从领先企业尝鲜变为主流企业必备。通过使用容器、Kubernetes、DevOps、微服务等这些先进的技术，能够大大加快软件开发迭代速度，提升应用架构敏捷度，提高 IT 资源的弹性和可用性，帮助企业客户加速实现价值。

云原生理念在国内经过几年的推广普及，已经逐步被企业接受，云原生产业已步入快速发展期。华为云、阿里云、腾讯云等云服务商巨头以强大的综合云服务能力推动云原生技术的发展变革，细分生态领域的企业级产品服务也不断涌现，以提供更加聚焦的精细化服务。

近年来，云原生开源软件及框架层出不穷，中国企业开源贡献显著。在容器及编排方面，国际上有 Docker、Swarm、Kubernetes 等项目，国内企业发起的容器镜像仓库 Harbor 已经进入 CNCF 孵化。在微服务方面，国际上有 Spring Cloud 和 Istio 等项目，腾讯的开源微服务框架 TARS、阿里巴巴的开源分布式服务框架 Dubbo 分别捐赠给了 Linux 基金会和 Apache 基金会。而在 DevOps 方面，则有 Ansible、Jenkins 和 SaltStack 等国外项目，还有腾讯的 BlueKing 蓝鲸容器管理平台。在过去几年，中国企业的开源社区贡献率持续增长，不断有新的开源项目反哺社区，已成为国际开源社区的重要力量。

5.2　微服务

云原生架构离不开微服务。2013 年，Martin Flower 对微服务概念进行了比较系统的理论阐述，总结了相关的技术特征，加速了微服务的应用普及。微服务解决的是软件开发中一直追求的低耦合和高内聚问题。什么样的服务才算微服务呢？首先，微服务是一种架构风格，也是一种服务；其次，微服务的颗粒比较小，一个大型复杂软件应用由多个微服务组成，如 Netflix 目前由 500 多个微服务组成；最后，它采用 UNIX 设计的哲学，每种服务只做一件事，是一种松耦合的能够被独立开发和部署的无状态化服务。

微服务是指将大型复杂软件应用拆分成多个简单应用，每个简单应用描述一个小业务，系统中的各简单应用可被独立部署。各微服务之间是松耦合的，可以独立地对每个服务进行升级、部署、扩展和重新启动等流程，从而实现频繁更新而不会对最终用户产生任何影响。

微服务架构解决应用微服务化之后的服务治理问题，作为微服务开发和运行治理的必要支撑，帮助实现微服务注册、发现、治理等能力。相比传统的单体架构，微服务架构具有降低系统复杂度、独立部署、独立扩展、跨语言编程等特点。微服务架构风格是一种将单一应用程序开发为一组小型服务的方法，每个服务运行在自己的进程中，服务间通信采用轻量级通信机制，通常用 HTTP 资源 API。这些服务围绕业务能力构建且可通过全自动部署机制独立部署。这些服务共用一个集中式管理，服务可用不同的语言开发，使用不同的数据存储技术。

微服务架构的应用具有很多优点。一个微服务只会关注一个特定的业务功能，所以它业务清晰、代码量较少，易于开发和维护。单个微服务代码量较少，所以启动会比较快。单体应用只要有修改，就得重新部署整个应用，微服务解决了这样的问题，局部修改容易部署。在微服务架构中，技术栈不受限，可以结合项目业务及团队的特点，合理地选择技术栈。它可按需伸缩，实现细粒度的扩展。

微服务架构也面临不少技术挑战。微服务架构有更多的服务，意味着更多的运维投入。微服务架构是分布式系统，分布式固有的复杂性给系统容错、网络延迟、分布式事务等带来巨大的挑战。微服务之间通过接口进行通信，如果修改某个微服务的 API，可能所有使用了该接口的微服务都需要调整。很多服务可能都会使用某个相同的功能，而这个功能并没有达到分解为一个微服务的程度，这个时候可能各服务都会开发这一功能，从而导致代码重复。

目前，在微服务架构实践中，主要有侵入式架构和非侵入式架构两种实现形式。侵入式架构是指服务框架嵌入程序代码，实现类的继承，其中以 Spring Cloud 最为常见。非侵入式架构则是以代理的形式，与应用程序部署在一起，接管应用程序的网络且对其透明，以服务网格（Service Mesh）为代表。

5.2.1　Spring Cloud 架构

Spring Cloud 是基于 Spring Boot 的一整套实现微服务的框架。它利用 Spring Boot 的

开发便利性巧妙地简化了分布式系统基础设施的开发，如服务注册发现、配置中心、消息总线、负载均衡、断路器、数据监控等，都可以用 Spring Boot 的开发风格做到一键启动和部署。Spring Cloud 并没有重复制造"轮子"，它只是将目前各家公司开发的比较成熟、经得起实际考验的服务框架组合起来，通过 Spring Boot 风格再封装，屏蔽掉了复杂的配置和实现原理，最终给开发者留出了一套简单易懂、易部署和易维护的分布式系统开发工具包。

Spring Cloud 微服务总体架构如图 5-2 所示。

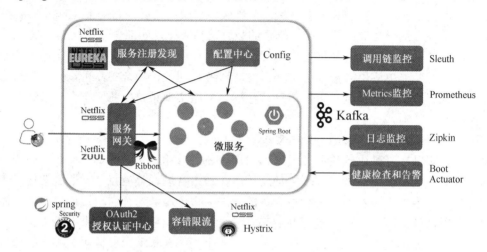

图 5-2　Spring Cloud 微服务总体架构

Spring Cloud 具有以下核心子项目。

- Spring Cloud Netflix：核心组件，可以对多个 Netflix OSS 开源套件进行整合，包括以下几个组件。
  - Eureka：服务治理组件，包含服务注册与发现。
  - Hystrix：容错管理组件，实现了熔断器。
  - Ribbon：客户端负载均衡的服务调用组件。
  - Feign：基于 Ribbon 和 Hystrix 的声明式服务调用组件。
  - Zuul：网关组件，提供智能路由、访问过滤等功能。
  - Archaius：外部化配置组件。
- Spring Cloud Config：配置管理工具，实现应用配置的外部化存储，支持客户端配置信息刷新、加密/解密配置内容等。
- Spring Cloud Bus：事件、消息总线，用于传播集群中的状态变化或事件，以及触发后续的处理。
- Spring Cloud Sleuth：日志收集工具包，封装了 Dapper、Zipkin 和 HTrace 操作。
- Spring Cloud Security：基于 Spring Security 的安全工具包，为应用程序添加安全控制，主要是指 OAuth2。
- Spring Cloud for Cloud Foundry：通过 OAuth2 协议绑定服务到 Cloud Foundry，

Cloud Foundry 是 VMware 推出的开源 PaaS 云平台。

- Spring Cloud Consul：封装了 Consul 操作，Consul 是一个服务发现与配置工具（与 Eureka 作用类似），与 Docker 容器可以无缝集成。
- Spring Cloud Data Flow：大数据操作工具，通过命令行方式操作数据流。
- Spring Cloud ZooKeeper：操作 ZooKeeper 的工具包，用于使用 ZooKeeper 方式的服务注册和发现。
- Spring Cloud Stream：数据流操作开发包，封装了与 Redis、Rabbit、Kafka 等发送/接收消息相关的操作。
- Spring Cloud CLI：基于 Spring Boot CLI，可以以命令行方式快速建立云组件。

Spring Cloud 的特点：约定优于配置；开箱即用、快速启动；适用于各种环境；轻量级的组件；组件支持丰富，功能齐全。

1. Feign

微服务之间通过 REST 接口通信，Spring Cloud 提供 Feign 框架来支持 REST 接口的调用，Feign 使不同进程的 REST 接口调用得以用优雅的方式进行，这种优雅表现得就像同一个进程调用一样。

有了 Eureka、RestTemplate、Ribbon，就可以愉快地进行服务间的调用了，但使用 RestTemplate 还是不方便，每次都要进行这样的调用：

```
@Autowired
private RestTemplate restTemplate;
// 这里是提供者 A 的 ip 地址，但是如果使用了 Eureka，那么就应该是提供者 A 的名称
private static final String SERVICE_PROVIDER_A = "http://localhost:8081";

@PostMapping("/judge")
public boolean judge(@RequestBody Request request) {
    String url = SERVICE_PROVIDER_A + "/service1";
    // 是不是太麻烦了？？？每次都要 url、请求、返回类型
    return restTemplate.postForObject(url, request, Boolean.class);
}
```

这样每次都调用 RestRemplate 的 API 太麻烦，能不能像调用原来代码一样进行各服务间的调用呢？我们可以将被调用的服务代码映射到消费者端。

Feign 是运行在消费者端的，使用 Ribbon 进行负载均衡，所以 Feign 直接内置了 Ribbon。在导入 Feign 之后，就可以愉快地编写消费者端的代码了。

```
// 使用@FeignClient 注解来指定提供者的名字
@FeignClient(value = "eureka-client-provider")
public interface TestClient {
    // 这里一定要注意，需要使用的是提供者那端的请求相对路径，这里就相当于映射了
    @RequestMapping(value = "/provider/xxx",
    method = RequestMethod.POST)
    CommonResponse<List<Plan>> getPlans(@RequestBody planGetRequest request);
}
```

203

然后 Controller 就可以像原来调用 Service 层代码一样调用服务了。

```
@RestController
public class TestController {
    // 这里就相当于原来自动注入的 Service
    @Autowired
    private TestClient testClient;
    // Controller 调用 Service 层代码
    @RequestMapping(value = "/test", method = RequestMethod.POST)
    public CommonResponse<List<Plan>> get(@RequestBody planGetRequest request) {
        return testClient.getPlans(request);
    }
}
```

2. Netflix Eureka

Spring Cloud 的服务发现框架 Eureka 是基于 REST 的服务，主要在 AWS 云中用于定位服务，以实现负载均衡和中间层服务器的故障转移。我们称此服务器为 Eureka 服务器。Eureka 还有一个基于 Java 的客户端组件，即 Eureka 客户端，它使与服务的交互变得更加容易。客户端还具有一个内置的负载平衡器，可以执行基本的循环负载平衡。在 Netflix 中，更复杂的负载均衡器将 Eureka 包装起来，基于流量、资源使用、错误条件等多种因素提供加权负载均衡，以提供出色的弹性。

总的来说，Eureka 就是一个服务发现框架，如图 5-3 所示。下面对 Eureka 中的角色和重要功能模块做出解释。

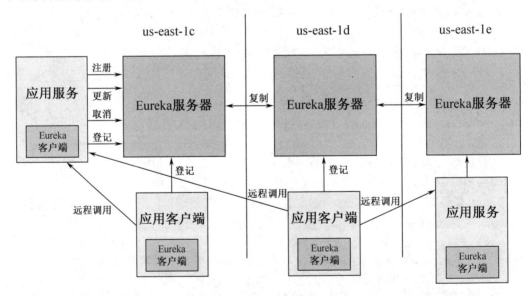

图 5-3　Eureka 架构图

- 服务发现：其实就是一个"中介"，整个过程中有三个角色，即服务提供者（出租房子的）、服务消费者（租客）、服务中介（房屋中介）。
- 服务提供者：提供自己能够执行的一些服务给外界。

- 服务消费者：就是需要使用一些服务的"用户"。
- 服务中介：其实就是服务提供者和服务消费者之间的"桥梁"，服务提供者可以把自己注册到服务中介那里，而服务消费者如需要消费一些服务（使用一些功能），就可以在服务中介中寻找注册在服务中介那里的服务提供者。
- 服务注册：当 Eureka 客户端向 Eureka 服务器注册时，它提供自身的元数据，比如，IP 地址、端口、运行状况指示符 URL、主页等。
- 服务续约：Eureka 客户会每隔 30s（默认情况下）发送一次心跳来续约，通过续约来告知 Eureka 服务器该 Eureka 客户仍然存在，没有出现问题。正常情况下，如果 Eureka 服务器在 90s 内没有收到 Eureka 客户的续约，它会将实例从其注册表中删除。
- 获取注册表信息：Eureka 客户端从 Eureka 服务器获取注册表信息，并将其缓存在本地。Eureka 客户端会使用该信息查找其他服务，从而进行远程调用。该注册表信息定期（每 30s）更新一次。每次返回的注册表信息可能与 Eureka 客户端的缓存信息不同，Eureka 客户端自动处理。如果某种原因导致注册表信息不能及时匹配，Eureka 客户端会重新获取整个注册表信息。Eureka 服务器缓存注册表信息，整个注册表及每个应用程序的信息进行了压缩，压缩内容和没有压缩的内容完全相同。Eureka 客户端和 Eureka 服务器可以使用 JSON/XML 格式进行通信。默认情况下 Eureka 客户端使用压缩 JSON 格式来获取注册表的信息。
- 服务下线：Eureka 客户端在程序关闭时向 Eureka 服务器发送取消请求。发送取消请求后，该客户端实例信息将从服务器的实例注册表中删除。
- 服务剔除：在默认的情况下，当 Eureka 客户端连续 90s（3 个续约周期）没有向 Eureka 服务器发送服务续约，即心跳时，Eureka 服务器会将该服务实例从服务注册表删除，即服务剔除。

3. Ribbon

Ribbon 是 Netflix 发布的负载均衡器，它有助于控制 HTTP 和 TCP 客户端的行为。为 Ribbon 配置服务提供者的地址列表后，Ribbon 就可基于某种负载均衡算法自动地帮助服务消费者去请求。Ribbon 默认提供了很多负载均衡算法，如轮询、随机等。当然，也可为 Ribbon 实现自定义的负载均衡算法。在 Spring Cloud 中，当 Ribbon 与 Eureka 配合使用时，Ribbon 可自动从 Eureka 服务器中获取服务提供者的地址列表，并基于负载均衡算法请求其中一个服务提供者的实例。为了服务的可靠性，一个微服务可能部署多个实例。

RestTemplate 是 Spring 提供的一个访问 HTTP 服务的客户端类。微服务之间的调用使用 RestTemplate。Eureka 框架中的注册、续约等，底层都是使用的 RestTemplate。例如，消费者 B 需要调用提供者 A 所提供的服务，伪代码如下。

```
@Autowired
private RestTemplate restTemplate;
// 这里是提供者 A 的 ip 地址，但是如果使用了 Eureka，那么就应该是提供者 A 的名称
private static final String SERVICE_PROVIDER_A = "http://localhost:8081";
```

```
@PostMapping("/judge")
public boolean judge(@RequestBody Request request) {
    String url = SERVICE_PROVIDER_A + "/service1";
    return restTemplate.postForObject(url, request, Boolean.class);
}
```

Ribbon 与 Nignx 的负载均衡机制不同。Nignx 是一种集中式的负载均衡器，它接收了所有的请求后才进行负载均衡，而 Ribbon 是在消费者端进行的负载均衡。在 Nginx 中，请求是先进入负载均衡器的；而在 Ribbon 中，是先在客户端进行负载均衡然后才进行请求的。不管是 Nginx 还是 Ribbon，都需要其算法的支持，在 Nginx 中使用的是轮询和加权轮询算法，而在 Ribbon 中有更多的负载均衡调度算法，默认使用的是 RoundRobinRule 轮询策略。

- RoundRobinRule 轮询策略：Ribbon 默认采用的策略。若经过一轮轮询没有找到可用的服务提供者，最多轮询 10 轮；若最终还没有找到，则返回 Null。
- RandomRule 随机策略：从所有可用的服务提供者中随机选择一个。
- RetryRule 重试策略：先按照 RoundRobinRule 轮询策略获取服务提供者，若获取失败，则在指定的时限内重试；默认的时限为 500ms。

还有很多调度算法，并且可以更换默认的负载均衡算法，只需要在配置文件中做出修改就行：

```
providerName:
  ribbon:
    NFLoadBalancerRuleClassName: com.netflix.loadbalancer.RandomRule
```

当然，在 Ribbon 中还可以自定义负载均衡算法，只需要实现 IRule 接口，然后修改配置文件或者自定义 Java Config 类。

4. Hystrix

当服务提供者响应非常缓慢时，服务消费者对服务提供者的请求就会被强制等待，直到服务提供者响应或超时。在高负载场景下，如果不做任何处理，此类问题可能会导致服务消费者的资源耗竭甚至整个系统崩溃。Hystrix 正是为了防止此类问题发生而出现的。Hystrix 是由 Netflix 开源的一个延迟和容错库，用于隔离访问远程系统、服务或者第三方库，防止级联失败，从而提升系统的可用性与容错性。Hystrix 主要通过以下几点实现延迟和容错。

- 包裹请求：使用 HystrixCommand（或 HystrixObservableCommand）包裹对依赖的调用逻辑，每个命令在独立线程中执行。这使用设计模式中的"命令模式"。
- 跳闸机制：当某服务的错误率超过一定阈值时，Hystrix 可以自动或者手动跳闸，停止请求该服务一段时间。
- 资源隔离：Hystrix 为每个依赖都维护了一个小型的线程池（或者信号量）。如果该线程池已满，发往该依赖的请求就被立即拒绝，而不是排队等候，从而加速失败判定。
- 监控：Hystrix 可以近乎实时地监控运行指标和配置的变化，如成功、失败、超时和被拒绝的请求等。

- 回退机制：当请求失败、超时、被拒绝，或者当断路器打开时，执行回退逻辑。回退逻辑可由开发人员指定。

在分布式环境中，不可避免地会有一些服务依赖项失败。Hystrix 通过隔离服务之间的访问点，停止服务之间的级联故障并提供后备选项来解决该问题，所有这些都可以提高系统的整体弹性。服务 A 调用服务 B，服务 B 再调用服务 C，但是因为某些原因，服务 C 扛不住，这个时候大量请求会在服务 C 阻塞。服务 C 阻塞还好，毕竟只是一个系统崩溃。但是请注意，这个时候因为服务 C 不能返回响应，那么服务 B 调用服务 C 的请求就会阻塞，同理如果服务 B 阻塞，那么服务 A 也会阻塞崩溃。为什么阻塞会崩溃？因为这些请求会占用并消耗系统的线程、I/O 等资源，消耗完系统资源，服务器就崩溃，这就叫服务雪崩。

所谓熔断就是服务雪崩的一种有效解决方案。当指定时间窗内的请求失败率达到设定阈值时，系统会通过断路器直接将此请求链路断开。如上面服务 B 调用服务 C，在指定时间窗内调用的失败率达到了一定的阈值，那么 Hystrix 会自动将服务 B 与服务 C 之间的请求都断了，以免导致服务雪崩。

其实这里所说的熔断就是 Hystrix 中的断路器模式，可以使用简单的@HystrixCommand 注解来标注某个方法，这样 Hystrix 就会使用断路器来"包装"这个方法，每当调用时间超过指定时间时（默认为 1000ms），断路器将会中断对这个方法的调用。当然可以对这个注解的很多属性进行设置，如设置超时时间：

```
@HystrixCommand(
    commandProperties = {@HystrixProperty(name = "execution.isolation.thread.timeoutInMilliseconds",
value = "1200")}
)
public List<Xxx> getXxxx() {
    // ...省略代码逻辑
}
```

降级是为了更好的用户体验，当一个方法调用异常时，通过执行另一种代码逻辑来给用户友好的回复。这也就对应着 Hystrix 的后备处理模式。可以通过设置 fallback-Method 来给一个方法设置备用的代码逻辑。例如，当出现一个热点新闻时，我们会推荐用户查看详情，然后用户会通过 ID 去查询新闻的详情，但是这条新闻太火了，大量用户同时访问，可能会导致系统崩溃，那么我们就需要进行服务降级，对一些请求做一些降级处理，如"当前人数太多，请稍后查看"等：

```
// 指定了后备方法调用
@HystrixCommand(fallbackMethod = "getHystrixNews")
@GetMapping("/get/news")
public News getNews(@PathVariable("id") int id) {
    // 调用新闻系统的获取新闻 api，代码逻辑省略
}
//
public News getHystrixNews(@PathVariable("id") int id) {
```

```
    // 做服务降级
    // 返回当前人数太多，请稍后查看
}
```

还有一个舱壁模式的概念。在不使用舱壁模式的情况下，服务 A 调用服务 B，这种调用默认是使用同一批线程来执行的，而在一个服务出现性能问题时，所有线程可能被刷爆并等待处理工作，同时阻塞新请求，最终导致程序崩溃。舱壁模式会将远程资源调用隔离在其自己的线程池中，以便控制单个表现不佳的服务，而不会使该程序崩溃。

5. Zuul

不同的微服务一般会有不同的网络地址，而外部客户端可能需要调用多个服务的接口才能完成一个业务需求。例如，一个购买电影票的手机 App 可能调用多个微服务的接口才能完成一次购票的业务流程，如果让客户端直接与各微服务通信，会有以下问题：

- 客户端会多次请求不同的微服务，增加了客户端的复杂性。
- 存在跨域请求，在一定场景下处理相对复杂。
- 认证复杂，每个服务都需要独立认证。
- 难以重构，随着项目的迭代，可能需要重新划分微服务。例如，可能将多个服务合并成一个或者将一个服务拆分成多个。如果客户端直接与微服务通信，那么重构将很难实施。
- 某些微服务可能使用了对防火墙/浏览器不友好的协议，直接访问时会有一定的困难。

以上问题可借助微服务网关 Zuul 解决。微服务网关 Zuul 是介于客户端和服务器端的中间层，所有的外部请求都会先经过微服务网关 Zuul。使用微服务网关 Zuul 后，微服务网关 Zuul 将封装应用程序的内部结构，客户端只与网关交互，而无须直接调用特定微服务的接口。这样，开发就可以简化。不仅如此，使用微服务网关 Zuul 还有以下优点。

- 易于监控。可在微服务网关 Zuul 收集监控数据并将其推送到外部系统进行分析。
- 易于认证。可在微服务网关 Zuul 上进行认证，然后将请求转发到后端的微服务，而无须在每个微服务中进行认证。
- 减少了客户端与各微服务之间的交互次数。

Zuul 是从设备和 Web 站点到 Netflix 流应用后端的所有请求的前门。作为边界服务应用，Zuul 是为了实现动态路由、监视、弹性和安全性而构建的。它还具有根据情况将请求路由到多个亚马逊自动缩放组的能力。

服务提供者是服务消费者通过 Eureka 服务器进行访问的，即 Eureka 服务器是服务提供者的统一入口。那么整个应用中用户需要调用那么多服务消费者，这个时候用户该怎样访问这些消费者工程呢？当然可以像之前那样直接访问这些工程，但这种方式没有统一的消费者工程调用入口，不便于访问与管理，而 Zuul 就是一个服务消费者的统一入口。网关是系统唯一对外的入口，介于客户端与服务器端之间，用于对请求进行鉴权、限流、路由、监控等。网关有的功能，Zuul 基本都有。而 Zuul 中最关键的就是路由和过滤器。

Zuul 需要向 Eureka 注册，只要注册就能拿到所有服务消费者的信息（名称、IP、端口），然后可以直接做路由映射。通过 Zuul 访问服务时，URL 地址默认格式为：http://zuulHostIp:port/要访问的服务名称/服务中的 URL。其中，服务名称为 Properties 配置文件中的 spring.application.name，而服务中的 URL 就是对应的服务对外提供的 URL 路径监听。网关配置方式有多种：默认、URL、服务名称、排除/忽略、前缀。网关配置没有优劣好坏，应该在不同的情况下选择合适的配置方案。

Zuul 网关过滤器可以用来过滤代理请求，提供额外的功能逻辑，如权限验证、日志记录等。Zuul 提供的网关过滤器是一个父类，即 ZuulFilter，通过父类中定义的抽象方法 filterType 来决定当前的过滤器种类是前置过滤、路由后过滤、后置过滤还是异常过滤。

- 前置过滤：是请求进入 Zuul 之后立刻执行的过滤逻辑。
- 路由后过滤：是请求进入 Zuul 之后，且 Zuul 实现了请求路由后执行的过滤逻辑，路由后过滤是在远程服务调用之前进行过滤的。
- 后置过滤：是远程服务调用结束后执行的过滤逻辑。
- 异常过滤：是任意一个过滤器发生异常或远程服务调用无结果反馈的时候执行的过滤逻辑。无结果反馈，就是远程服务调用超时。

6. Spring Cloud Bus

对于传统的单体应用，常使用配置文件管理所有配置。例如，一个 Spring Boot 开发的单体应用，可将配置内容放在 application.yml 文件中。如果需要切换环境，可设置多个 Profile，并在启动应用时指定 spring.profiles.active={profile}。然而，在微服务架构中，微服务的配置管理一般有以下需求。

- 集中管理配置。一个使用微服务架构的应用系统可能会包含成百上千个微服务，因此集中管理配置是非常有必要的。
- 不同环境，不同配置。例如，数据源配置在不同的环境（开发、测试、预发布、生产等）中是不同的。
- 运行期间可动态调整。例如，可根据各微服务的负载情况，动态调整数据源连接池的大小或熔断阈值，并且在调整配置时不停止微服务。
- 配置修改后可自动更新。如果配置内容发生变化，微服务能够自动更新配置。

综上所述，对于微服务架构而言，一个通用的配置管理机制是必不可少的，常见做法是使用配置服务器管理配置。Spring Cloud Bus 利用 Git 或 SVN 等管理配置，采用 Kafka 或者 RabbitMQ 等消息总线通知所有应用，从而实现配置的自动更新并刷新所有微服务实例的配置。

Spring Cloud Bus 是用于将服务和服务实例与分布式消息系统链接在一起的事件总线。Spring Cloud Bus 的作用就是管理和广播分布式系统中的消息，也就是消息引擎系统中的广播模式。当然，作为消息总线的 Spring Cloud Bus 可以做很多事，而不只是配置、刷新客户端。

拥有 Spring Cloud Bus 之后，只需要创建一个简单的请求，并且加上@ResfreshScope 注解就能进行配置的动态修改。Spring Cloud Bus 工作原理如图 5-4 所示。

7. Spring Cloud Config

Spring Cloud Config 为分布式系统中的外部化配置提供服务器和客户端支持。使用

Config 服务器，可以在中心位置管理所有环境中应用程序的外部属性。简单来说，Spring Cloud Config 能将各应用/系统/模块的配置文件存放到统一的地方，然后进行管理（Git 或者 SVN）。一般使用 Spring Cloud Bus + Spring Cloud Config 进行配置的动态刷新。

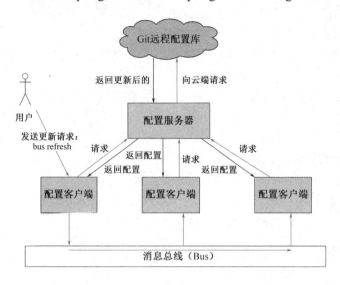

图 5-4　Spring Cloud Bus 工作原理

8. Sleuth+Zipkin

Spring Cloud Sleuth 为 Spring Cloud 实现了分布式跟踪解决方案，且兼容 Zipkin，结合 Zipkin 做链路跟踪。Spring Cloud Sleuth 服务链路跟踪功能有助于快速发现错误根源及监控分析每条请求链路上的性能。Spring Cloud Sleuth 实现分布式链路监控，主要包括以下内容。

（1）基础整合 Spring Cloud Sleuth：位于 user-service-trace 与 movie-service-trace 项目中，主要查看控制台的输出日志。

（2）Spring Cloud Sleuth 与 Zipkin 配合使用：位于 zipkin-service-server、user-service-trace-zipkin 与 movie-service-trace-zipkin 三个项目中。

Zipkin 是 Twitter 开源的分布式跟踪系统，基于 Dapper 论文设计，主要功能是收集系统的时序数据，从而追踪微服务架构的系统延时问题，还提供非常友好的界面来帮助追踪和分析数据。

结合使用 Sleuth 和 Zipkin，就可以通过图形化的界面查看微服务请求的延迟情况及各微服务的依赖情况。需要注意的是，Spring Boot 2 及以上版本不再支持 Zipkin 的自定义，需要到官方网站下载 Zipkin 相关的 jar 包。

5.2.2　服务网格架构

服务网格负责处理服务间请求/响应的可靠传递，并可用于服务治理、遗留系统的零侵入接入及异构框架开发的微服务。服务网格作为服务间通信的基础设施层，是应用程序间通信的中间层，实现了轻量级网络代理，对应用程序透明，解耦了应用程序的重试/

超时、监控、追踪和服务发现。服务网格的开源软件包括 Istio、Linkderd、Envoy、SOFAMesh、Dubbo 等。

服务网格是一个用于管理、观测、支持工作负载实例之间安全通信的管理层。服务网格通常以轻量级网络代理阵列的形式实现，这些代理与应用程序代码部署在一起，而对应用程序来说，无须感知代理的存在。服务网格通常由控制平面和数据平面两部分组成。数据平面运行在 Sidecar 中，Sidecar 作为一个独立的容器，与业务系统运行在同一个 Kubernetes 的 Pod 中，或者作为一个独立的进程与应用程序进程运行在同一个虚拟机上，其主要充当业务系统的网络流量代理。传统 RPC 中的服务发现、限流、熔断、链路追踪等能力都会下沉到 Sidecar 中。Sidecar 为应用程序提供了一个透明的网络基础设施，让业务在低侵入或者零侵入的情况获得更健壮的网络通信能力。

服务网格为微服务带来新的变革，主要体现在：服务治理与业务逻辑解耦，服务网格把 SDK 中的大部分能力从应用中剥离出来，拆解为独立进程，以 Sidecar 的模式部署，将服务通信及相关管控功能从业务程序中分离并下沉到基础设施层，使其和业务系统完全解耦，使开发人员更加专注于业务本身；异构系统的统一治理，通过服务网格技术将主体的服务治理能力下沉到基础设施层，可方便地实现多语言、多协议的统一流量管控、监控等需求。

服务网格相对于传统微服务框架拥有较多优势：超强的通信线路数据观察性，服务网格是一个专用的管理层，鉴于它在技术堆栈中处于独特的位置，所有的服务间通信都要经由服务网格，以便在服务调用级别上提供统一的遥测指标；面向目的地的流量控制能力，由于服务网格的设计目的是有效地将来源请求调用连接到其最优目标服务实例，因此这些流量控制特性是面向目的地的，而这也正是服务网格流量控制能力的一大特点。通过服务网格，可以为服务提供智能路由（蓝绿部署、金丝雀发布、A/B 测试）、超时重试、熔断、故障注入、流量镜像等各种控制能力；还提供微服务网络的增强安全特性，在某种程度上，单体架构应用受其单地址空间保护。一旦单体架构应用被分解为多个微服务，网络就会成为一个重要的攻击面，更多的服务意味着更多的网络流量，这对黑客来说意味着有更多的机会来攻击信息流，而服务网格恰恰提供了保护网络调用的能力。服务网格与安全相关的好处主要体现在以下三个核心领域：服务的认证、服务间通信的加密、安全相关策略的强制执行。

服务网格带来了巨大变革，拥有强大的技术优势，被称为第二代"微服务架构"。然而服务网格也有它的局限性：网络复杂性大幅增加，服务网格将 Sidecar 代理和其他组件引入已经很复杂的分布式环境中，会极大地增加整体链路和操作运维的复杂性；学习曲线较为陡峭，当前的服务网格几乎都建立在以 Kubernetes 为基础的云原生环境上，服务网格的运维人员需要同时掌握 Kubernetes 和服务网格两种技术，才能应对使用中的问题，增加了用户的学习成本；系统调用存在额外性能开销，服务网格在服务链路中引入了 Sidecar Proxy，因在系统调用中增加了跳转而带来了延迟。虽然该延迟是毫秒级别的，在大多数场景下是可以接受的，但是在某些需要高性能、低延迟的业务场景下，可能是难以容忍的。

下面介绍一个流行的服务网格框架 Dubbo。

Dubbo 是阿里巴巴公司开源的一个高性能优秀的服务框架，使得应用可通过高性能的 RPC 实现服务的输出和输入功能，可以和 Spring 框架无缝集成。Dubbo 是一款高性能、轻量级的开源 Java RPC 框架，它提供了六大核心能力：面向接口代理的高性能 RPC 调用，智能容错和负载均衡，服务自动注册和发现，高度可扩展能力，运行期流量调度，可视化的服务治理与运维。

- 面向接口代理的高性能 RPC 调用：提供高性能的基于代理的远程调用能力，服务以接口为粒度，为开发者屏蔽远程调用的底层细节。
- 智能容错和负载均衡：内置多种负载均衡策略，智能感知下游节点的健康状况，显著减少调用延迟，提高系统吞吐量。
- 服务自动注册和发现：支持多种注册中心服务，实时感知服务实例上下线。
- 高度可扩展能力：遵循微内核+插件的设计原则，所有核心能力如 Protocol、Transport、Serialization 被设计为扩展点，平等对待内置实现和第三方实现。
- 运行期流量调度：内置条件、脚本等路由策略，通过配置不同的路由规则，轻松实现灰度发布、同机房优先等功能。
- 可视化的服务治理与运维：提供丰富的服务治理、运维工具，如随时查询服务元数据、服务健康状态及调用统计，实时下发路由策略、调整配置参数。

Dubbo 架构的基本原理如图 5-5 所示。服务提供者先启动，然后注册服务。服务消费者订阅服务，如果没有订阅到自己想获得的服务，它会不断地尝试订阅。新的服务注册到注册中心以后，注册中心会将这些服务通知服务消费者。Monitor 是一个监控，图 5-5 中的虚线表明服务消费者和服务提供者通过异步的方式发送消息至 Monitor，服务消费者和服务提供者会将信息存放在本地磁盘，平均 1 分钟会发送一次消息。Monitor 在整个架构中是可选的（图中的虚线并不是可选的意思），Monitor 功能需要单独配置，不配置或者配置以后，Monitor 不工作并不会影响服务的调用。

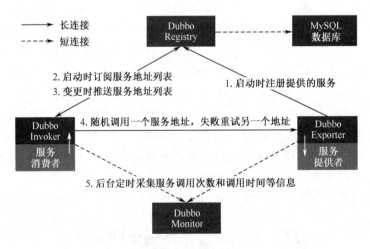

图 5-5　Dubbo 架构的基本原理

Dubbo 默认协议采用单一长连接和 NIO 异步通信，适合小数据量、大并发的服务调用，以及服务消费者机器数远大于服务提供者机器数的情况。通过分析源代码，总结

Dubbo 协议远离机制的基本工作原理如下：

（1）客户端是一个线程调用远程接口，生成一个唯一的 ID（如一段随机字符串、UUID 等），Dubbo 是使用 AtomicLong 从 0 开始累计数字的；

（2）将打包的方法调用信息（如调用的接口名称、方法名称、参数值列表等）和处理结果的回调对象 Callback 全部封装在一起，组成一个对象 Object；

（3）向专门存放调用信息的全局 ConcurrentHashMap 里面存放（ID, Object）；

（4）将 ID 和打包的方法调用信息封装成对象 connRequest，使用 IoSession.write（connRequest）异步发送出去；

（5）当前线程使用 Callback 的 Get()方法试图获取远程返回的结果，在 Get()方法内部，则使用 Synchronized 获取回调对象 Callback 的锁，然后先检测是否已经获取到结果，如果没有，调用 Callback 的 Wait()方法，释放 Callback 上的锁，让当前线程处于等待状态；

（6）服务端接收到请求并处理后，将结果（此结果中包含了前面的 ID，即回传）发送给客户端，客户端 Socket 连接上专门监听消息的线程收到消息，分析结果，取到 ID，再从前面的 ConcurrentHashMap 中获取 ID，从而找到 Callback，将方法调用结果设置到 Callback 对象里；

（7）监听线程接着使用 Synchronized 获取回调对象 Callback 的锁［因为前面调用过 Wait()，那个线程已释放 Callback 的锁了］，再使用 notifyAll()方法，唤醒前面处于等待状态的线程并继续执行［Callback 的 Get()方法继续执行就能得到调用结果了］，至此，整个过程结束。

Dubbox 是 Dubbo 的扩展，主要在 Dubbo 的基础上进行了以下改进。

● 支持 REST 风格的远程调用（HTTP+JSON/XML）：基于非常成熟的 JBoss Rest Easy 框架，在 Dubbo 中实现了 REST 风格（HTTP+JSON/XML）的远程调用，以显著简化企业内部的跨语言交互，同时显著简化企业对外的 Open API、无线 API 甚至 AJAX 服务端等的开发。事实上，这个 REST 调用也使 Dubbo 可以对当今流行的"微服务"架构提供基础性支持。另外，REST 调用也达到了比较高的性能，在基准测试下，HTTP + JSON 与 Dubbo 2.x 默认的 RPC 协议（TCP + Hessian 2 二进制序列化）之间只有 1.5 倍左右的差距。

● 支持基于 Kryo 和 FST 的 Java 高效序列化实现：基于知名的 Kryo 和 FST 高性能序列化库，为 Dubbo 默认的 RPC 协议添加新的序列化实现，并优化调整了其序列化体系，比较显著地提高了 Dubbo RPC 的性能。

● 支持基于 Jackson 的 JSON 序列化：基于业界应用广泛的 Jackson 序列化库，为 Dubbo 默认的 RPC 协议添加新的 JSON 序列化实现。

● 支持基于嵌入式 Tomcat 的 HTTP remoting 体系：基于嵌入式 Tomcat 实现 Dubbo 的 HTTP remoting 体系（dubbo-remoting-http），用以逐步取代 Dubbo 旧版本中的嵌入式 Jetty，可以显著地提高 REST 等的远程调用性能，并将 Servlet API 的支持从 2.5 升级到 3.1。（注：除 REST，Dubbo 中的 WebServices、Hessian、HTTP Invoker 等协议都基于这个 HTTP remoting 体系）。

- 升级 Spring：将 Dubbo 中的 Spring 由 2.x 升级到目前最常用的 3.x 版本，减少版本冲突带来的麻烦。
- 升级 ZooKeeper 客户端：将 Dubbo 中的 ZooKeeper 客户端升级到最新的版本，以修正老版本中包含的 bug。
- 支持完全基于 Java 代码的 Dubbo 配置：基于 Spring 的 Java Config，实现以完全无 XML 的纯 Java 代码方式来配置 Dubbo。
- 调整 Demo 应用：暂时将 Dubbo 的 Demo 应用调整并改写，以主要演示 REST 功能、Dubbo 协议的新序列化方式、基于 Java 代码的 Spring 配置等。
- 修正了 Dubbo 的 bug：包括配置、序列化、管理界面等的 bug。

5.3 敏捷基础设施

敏捷基础设施及公共基础服务是微服务架构的有力支撑，也是云原生的基石，能够简化业务开发，提升架构能力的基线。敏捷基础设施通过容器封装环境，开发人员可以直接将所有软件和依赖直接封装到容器中，打包成镜像，生产环境直接部署镜像，通过容器化实现开发、测试、生产环境的一致。

敏捷基础设施实际上并不是一个全新的术语，是指使用脚本或文件配置计算基础设施环境，而非手动配置计算基础设施环境的方法。敏捷基础设施也可称为基础设施即代码（Infrastructure as Code）或者可编程基础设施（Programmable Infrastructure），基础设施即代码可以将基础设施配置完全当作软件编程来进行。实际上，这已经开始让编写应用和创建其运行环境之间的界限变得逐渐模糊起来。应用可能包含用于创建和协调其自身虚拟机或容器的脚本。这是云计算的基础，并且对 DevOps 至关重要。

云计算基础设施运维发展大致分为以下四个阶段。

第一阶段：纯手动阶段。全部人工给物理机安装软件，有专门的运维团队负责部署。A 物理机是给订单用的，B 物理机是给登录用的，绝对不能互相干扰。常常因为敲错命令出现故障。标准化通过规范约束，效果甚微，效率十分低下。

第二阶段：半自动脚本阶段。内部制定规范，要求必须严格执行。通过部分脚本实现部署、启停。部署还是通过运维人员操作、配置，采用半自动化方式，仍然需要敲命令。使用虚拟机隔离，虚拟机数量很多，运维人员在窗口中来回切换，可能会看错窗口，执行错误的命令。申请机器需要提前，每年都要做服务器需求计划，中间加机器非常麻烦。

第三阶段：自动化工具阶段。少数运维人员通过私有云管理虚拟机。通过持续集成工具实现持续部署。运维人员通过虚拟机镜像来封装常用的依赖环境。但是，开发环境和测试环境、生产环境差距很大，可能会出现开发人员本地测试通过，但测试人员说有问题，或者测试人员在测试环境测试通过，一上线就有问题的现象。

第四阶段：敏捷基础设施阶段。无须运维人员，全部自动化，通过容器封装环境，开发人员可以直接将所有软件和依赖环境直接封装到容器中，打包成镜像，生产环境直接部署镜像。可以实现所有环境都一样。容器调度平台管理容器，资源利用率更高，通过配置文件描述环境。例如，要部署 8 台 Nginx，端口是什么，镜像用哪个，日志放在什么地方，配置文件用哪个，部署在什么地方等，都可以直接描述出来。这个描述文件以前是运维人员实现的，现在开发人员就能搞定。

敏捷基础设施的价值体现在与传统的配置管理有一个非常大的区别：整个过程由开发人员负责，无须运维人员参与。开发人员不仅可以写业务服务的代码，还可以定义运行业务服务的基础设施。

敏捷基础设施的目标如下。

- 标准化：所有的基础设施最好都是标准的。
- 可替换：任意节点都能够被轻易地创建、销毁、替换。
- 自动化：所有的操作都通过工具自动化完成，无须人工干预。
- 可视化：当前环境要做到可控，就需要对当前的环境状况可视。
- 可追溯：所有的配置统一作为代码进行版本化管理，所有的操作都可以追溯。
- 快速：资源申请及释放要求秒级完成，以适应弹性伸缩和故障切换的要求。

平台化可利用公共基础服务提升整体架构能力。敏捷基础设施需要依靠与业务无关的、通用的公共基础服务，包括监控服务、缓存服务、消息服务、数据库服务、负载均衡、分布式协调、分布式任务调度等。常见的平台服务有分布式消息中间件服务 Kafka、分布式缓存服务 Memcached 和 Redis、分布式任务调度服务 TBSchedule 和 Elastic-Job 及监控告警服务 Prometheus。

5.3.1　分布式消息中间件服务

消息中间件是支持在分布式系统中发送和接收消息的硬件或软件基础设施。任何中间件必然要去解决特定领域的某个问题，消息中间件解决的就是分布式系统之间消息传递的问题。消息传递是分布式系统必然面对的一个问题。

假设一个电商交易的场景，用户下单之后调用库存系统减库存，然后需要调用物流系统进行发货，如果交易、库存、物流是属于一个系统的，那么就是接口调用。但是，随着系统的发展，各模块越来越庞大、业务逻辑越来越复杂，必然做服务化和业务拆分。这个时候就需要考虑这些系统之间如何交互，第一反应就是 RPC（Remote Procedure Call）。系统继续发展，可能一笔交易后续需要调用几十个接口来执行业务，如调用风控系统、短信通知服务等。这个时候就需要消息中间件来解决问题了。

消息中间件出现以后，对于交易场景，可能先调用库存中心等强依赖系统执行业务，之后发布一条消息，这条消息存储于消息中间件中。像短信通知服务、数据统计服务等都依赖消息中间件去消费这条消息来完成自己的业务逻辑。消息中间件其实就是对系统进行解耦，同时带来了异步化等好处。

消息中间件的应用场景大致如下。

- 业务解耦：交易系统不需要知道短信通知服务的存在，只需要发布消息。
- 削峰填谷：如上游系统的吞吐能力高于下游系统，流量在洪峰时可能会冲垮下游系统，而消息中间件可以在峰值时堆积消息，待峰值过去后，再由下游系统慢慢消费消息，从而解决流量洪峰的问题。

- 事件驱动：系统与系统之间可以通过消息传递的形式驱动业务，以流式的模型处理。

消息中间件还要设定具体的传输协议，即用什么方法把消息传输出去。目前主流的两种模型如下。

（1）点对点模型：也叫消息队列模型，系统 A 发送的消息只能被系统 B 接收，其他任何系统都不能读取系统 A 发送的消息；消息从一个生产者传送至一个消费者。在此传送模型中，目标是一个队列。消息首先被传送至队列目标，然后根据队列传送策略，从该队列将消息传送至向此队列注册的某一个消费者，一次只传送一条消息。可以向队列目标发送消息的生产者的数量没有限制，但每条消息只能发送至一个消费者并由其成功使用。如果没有已经向队列目标注册的消费者，队列将保留它收到的消息，并在某个消费者向该队列进行注册时将消息传送给该消费者。

（2）发布/订阅模型：可以把一个主题理解为消息容器。多个发布者向相同的主题发送消息，而订阅者也可能存在多个，它们都能接收到相同主题的消息。消息从一个生产者传送至任意数量的消费者。在此传送模型中，目标是一个主题。消息首先被传送至主题目标，然后传送至所有已订阅此主题的活动消费者。可以向主题目标发送消息的生产者的数量没有限制，并且每个消息可以发送至任意数量的订阅消费者。主题目标也支持持久订阅的概念。持久订阅表示消费者已向主题目标进行注册，但在消息传送时此消费者可以处于非活动状态。当此消费者再次处于活动状态时，它将接收此信息。如果没有已经向主题目标注册的消费者，主题不保留其接收到的消息，除非有非活动消费者注册了持久订阅。

分布式消息中间件其实就是指消息中间件本身也是一个分布式系统。分布式消息中间件有一个 SDK，提供业务系统发送、消费消息的接口，还有一批服务器节点用于接收和存储消息，并在合适的时候发送给下游的系统进行消费。常见的分布式消息中间件服务有 Kafka、ActiveMQ、RabbitMQ 及 RocketMQ 等。

1. Kafka

Kafka 是分布式发布/订阅消息系统。它最初由 LinkedIn 公司开发，使用 Scala 语言编写，之后成为 Apache 的顶级项目框架。Kafka 是一个分布式的、可划分的、多订阅者的、冗余备份的持久性的服务。伴随大数据计算，Kafka 作为重要的数据缓冲者，将 Flume 收集的数据缓冲提供给 Storm 进行实时计算。针对实时性、流式计算的系统也是 Kafka 的主要应用。它主要用于处理活跃的流式数据。Kafka 同时支持点对点和发布/订阅这两种消息传输模型。

Kafka 的特点如下。

（1）同时为发布和订阅提供高吞吐量。Kafka 每秒可以生产约 25 万条消息（50MB），每秒处理 55 万条消息（110MB）。

（2）可持久化操作。将消息持久化到磁盘，因此可用于批量消费，通过将数据持久化到硬盘及复制来防止数据丢失。

（3）分布式系统，易于向外扩展。有多个生产者、消费者、实例，均为分布式的。无须停机即可扩展机器。

（4）Kafka 的每个实例都是无状态的，只管消息的增减，不管谁来消费，消息被处理的状态是由消费者主动从主题分区中抽取消息，也就是说消息由谁消费由消费者决定，而不是由服务器的实例决定。

Kafka 的主要功能是提供一套完备的消息发布与订阅解决方案。在 Kafka 中，发布与订阅的对象是主题（Topic），用户可以为每个业务、每个应用甚至是每类数据都创建专属的主题。在 Kafka 系统中，把生产者（Producer）和消费者（Consumer）统称为客户端（Client），可以同时运行多个生产者和消费者实例，这些实例会不断地向 Kafka 集群中的多个主题生产和消费消息。生产者向主题发布消息的客户端应用程序，生产者程序通常持续不断地向一个或多个主题发送消息。消费者订阅主题消息的客户端应用程序，消费者能够同时订阅多个主题的消息。Kafka 的服务器端由被称为 Broker 的服务进程构成，即一个 Kafka 集群由多个 Broker 组成，Broker 负责接收和处理客户端发送过来的请求，以及对消息进行持久化。

虽然多个 Broker 进程能够运行在同一台机器上，但更常见的做法是将不同的 Broker 分散运行在不同的机器上，这样如果集群中某一台机器宕机，即使在它上面运行的所有 Broker 进程都不能正常工作了，其他机器上的 Broker 也依然能够对外提供服务。这其实就是 Kafka 提供高可用的手段之一。实现高可用的另一个手段是备份机制，就是把相同的数据复制到多台机器上，而这些相同的数据复制在 Kafka 中被称为副本（Replica）。副本的数量是可以配置的，这些副本虽然保存着相同的数据，但有不同的角色和作用。

Kafka 定义了两类副本：领导者副本（Leader Replica）和追随者副本（Follower Replica）。前者对外提供服务，这里的对外指的是与客户端程序进行交互；而后者只是被动地追随领导者副本而已，不能与外界进行交互。生产者总是向领导者副本写消息；而消费者总是从领导者副本读消息。至于追随者副本，只做一件事，就是向领导者副本发送请求，请求领导者副本把最新生产的消息发给它，这样它就能保持与领导者副本同步。

扩展性是分布式系统中非常重要且必须要谨慎对待的问题。Kafka 虽然有了领导者副本和追随者副本，但如果领导者副本积累了太多的数据，以至于单台 Broker 机器无法容纳，此时该怎么办？一个很自然的想法就是把数据分割成多份保存在不同的 Broker 上，Kafka 就是这么设计的，这种机制就是所谓的分区（Partitioning）。

Kafka 中的分区机制指的是将每个主题划分成多个分区，每个分区是一组有序的消息日志。生产者生成的每条消息只会被发送到一个分区中，也就是说如果向一个双分区的主题发送一条消息，这条消息要么在分区 0 中，要么在分区 1 中。Kafka 的分区编号是从 0 开始的，如果主题有 100 个分区，那么它的分区号就是从 0 到 99。

实际上，副本是在分区这个层级定义的。每个分区下可以配置若干个副本（如 N 个副本），其中只能有一个领导者副本和 $N-1$ 个追随者副本。生产者向分区写入消息，每条消息在分区中的位置信息由一个叫位移（Offset）的数据来表征。分区位移总是从 0 开始的，假设一个生产者向一个空分区写入了 10 条消息，那么这 10 条消息的位移依次是 $0, 1, 2, \cdots, 9$。

如图 5-6 所示，Kafka 的三层消息架构如下。

- 第一层是主题层，每个主题可以配置 M 个分区，而每个分区又可以配置 N 个副本。
- 第二层是分区层，每个分区的 N 个副本只能有一个领导者副本，对外提供服务；其他 $N-1$ 个副本是追随者副本，只是提供数据冗余作用。
- 第三层是消息层，分区中包含若干条消息，每条消息的位移从 0 开始，依次递增。客户端程序只能与分区的领导者副本进行交互。

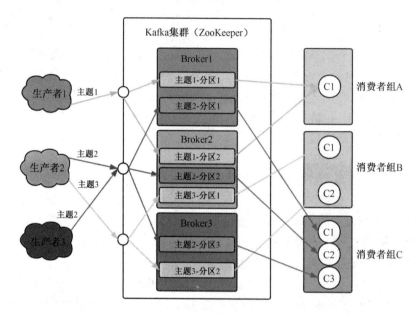

图 5-6　Kafka 的三层消息架构

Kafka 使用消息日志来保存数据，一个日志就是磁盘上一个只能追加写消息的物理文件。因为只能追加写入，所以避免了缓慢的随机 I/O 操作，改为性能较好的顺序 I/O 写操作，这也是实现 Kafka 高吞吐量特性的一个重要手段。如果不停地向一个日志写入消息，最终也会耗尽所有磁盘空间，因此 Kafka 必然定期地删除消息以回收磁盘。

Kafka 通过日志段机制删除消息。在 Kafka 底层，一个日志又进一步细分成多个日志段，消息被追加写到当前最新的日志段中，当写满一个日志段后，Kafka 会自动切分出一个新的日志段，并将老的日志段封存起来。Kafka 在后台还有定时任务，会定期地检查是否能够删除老的日志段，从而达到回收磁盘空间的目的。

在 Kafka 中实现点对点模型的方法是引入消费者组。所谓的消费者组，指的是多个消费者实例（可以是运行消费者应用的进程，也可以是一个线程，它们都称为一个消费者实例）共同组成一个组来消费一组主题。这组主题中的每个分区都只会被组内的一个消费者实例消费，其他消费者实例不能消费它。引入消费者组主要是为了提升消费者端的吞吐量，多个消费者实例同时消费，加速整个消费者端的吞吐量。

消费者组里面的所有消费者实例不仅瓜分订阅主题的数据，而且还能彼此协助。假设某个实例不能工作了，Kafka 会自动检测到，然后把这个实例之前负责的分区转移给其他消费者。但是，由于重平衡引发的消费者问题比比皆是，目前社区上很多的重平衡 bug 都无法解决。

　　每个消费者在消费消息的过程中必然需要一个字段记录它当前消费到了分区的哪个位置上，这个字段就是消费者位移（Consumer Offset）。注意，这和前面所说的位移完全不是一个概念。前面的位移表征的是分区内的消息位置，它是不变的，即一旦消息被成功写入一个分区，它的位移值就是固定的；而消费者位移则不同，它可能是随时变化的，毕竟它是消费者消费进度的指示器。每个消费者都有自己的消费者位移，因此一定要区分两个位移。编者把消息在分区中的位置称为分区位移，而把消费者端的位移称为消费者位移。

2. ActiveMQ

　　ActiveMQ 是 Apache 出品的、最流行的、能力强劲的开源消息总线。ActiveMQ 是一个完全支持 JMS1.1 和 J2EE1.4 规范的 JMS Provider 实现，尽管 JMS 规范已经出台很久了，但是 JMS 在当今的 J2EE 应用中仍然处于特殊的地位。ActiveMQ 支持两种消息传送模型：PTP（点对点模型）和 Pub/Sub（发布/订阅模型），分别称作 PTP Domain 和 Pub/Sub Domain。

　　ActiveMQ 特性：

　　（1）客户端使用多种语言编写：Java、C、C++、C#、Ruby、Perl、Python、PHP；

　　（2）客户端使用多种应用协议：OpenWire、Stomp REST、WS Notification、XMPP、AMQP；

　　（3）完全支持 JMS1.1 和 J2EE1.4 规范；

　　（4）虚拟主题、组合目的、镜像队列。

　　1）服务器工作模型

　　该模型通过 ActiveMQ 消息服务交换消息。消息生产者将消息发送至消息服务，消息消费者则从消息服务接收这些消息。这些消息的传送操作是使用一组实现 ActiveMQ 应用编程接口（API）的对象来执行的。

　　ActiveMQ 客户端使用 ConnectionFactory 对象创建一个链接，向消息服务发送消息及从消息服务接收消息均通过此链接来进行。Connection 是客户端与消息服务的活动链接。创建链接时，将分配通信资源及验证客户端。这是一个相当重要的对象，大多数客户端均使用一个链接来进行所有的消息传送。链接用于创建会话。Session 是一个用于生成和使用消息的单线程上下文，它用于创建发送的生产者和接收消息的消费者，并为所发送的消息定义发送顺序。Session 通过大量确认选项或通过事务来支持可靠传送。

　　客户端使用 MessageProducer 向指定的物理目标（在 API 中表示为目标身份对象）发送消息。生产者可指定一个默认传送模式（PERSISTENT 或 NON_PERSISTENT）、优先级和有效期值，以控制生产者向物理目标发送的所有消息。同样地，客户端使用 MessageConsumer 对象从指定的物理目标（在 API 中表示为目标对象）接收消息。消费者可使用消息选择器，借助它，消息服务可以只向消费者发送与选择标准匹配的那些消息。消费者可以支持同步或异步接收消息。异步接收可通过向消费者注册 MessageListener 来实现。当 Session 线程调用 MessageListener 对象的 onMessage 方法时，客户端将使用消息。

2）消息选择器

ActiveMQ 提供了一种消息选择机制。消息服务可根据消息选择器中的标准来执行消息过滤。生产者可在消息中放入应用程序特有的属性，而消费者可使用基于这些属性的选择标准来表明对消息是否感兴趣。这就简化了客户端的工作，并避免向不需要这些消息的消费者传送消息的开销。然而，它也使处理标准的消息服务增加了一些额外开销。消息选择器是用于 MessageConsumer 的过滤器，可以用来过滤传入消息的属性和消息头部分（但不过滤消息体），并确定是否实际消费该消息。消息选择器是一些字符串，它们基于某种语法，而这种语法是 SQL-92 的子集。可以将消息选择器作为 MessageConsumer 创建的一部分。

3）消息签收设置

在不带事务的 Session 中，一条消息何时和如何被签收取决于 Session 的设置。

（1）Session.AUTO_ACKNOWLEDGE。当客户端从 receive 或 onMessage 成功返回时，Session 自动签收客户端的这条消息的收条。在 AUTO_ACKNOWLEDGE 的 Session 中，收条和签收紧随在处理消息之后发生。

（2）Session.CLIENT_ACKNOWLEDGE。客户端通过调用消息的 acknowledge 方法签收消息。在这种情况下，签收发生在 Session 层面：签收一个已消费的消息会自动地签收这个 Session 所有已消费消息的收条。

（3）Session.DUPS_OK_ACKNOWLEDGE。此选项指示 Session 不必确保对传送消息的签收。它可能引起消息的重复，但是降低了 Session 的开销，所以只有当客户端能容忍重复的消息时才可使用（如 ActiveMQ 再次传送同一消息，那么消息头中的 JMSRedelivered 将被设置为 true）。客户端成功接收一条消息的标志是这条消息被签收。成功接收一条消息一般包括如下三个阶段：客户端接收消息、客户端处理消息、消息被签收。签收可以由 ActiveMQ 发起，也可以由客户端发起，取决于 Session 签收模式的设置。在带事务的 Session 中，签收自动发生在事务提交时。如果事务回滚，所有已经接收的消息将会被再次传送。

4）消息传送模式

ActiveMQ 支持两种消息传送模式：PERSISTENT 和 NON_PERSISTENT。

（1）PERSISTENT。这是 ActiveMQ 的默认传送模式，此模式保证这些消息只被传送一次和成功使用一次。对于这些消息，可靠性是优先考虑的因素。可靠性的一个重要方面是确保持久性消息传送至目标后，消息服务在向消费者传送这些消息之前不会丢失它们。这意味着在持久性消息传送至目标时，消息服务将其放入持久性数据存储。如果消息服务失败了，它也可以恢复此消息并将此消息传送至相应的消费者。虽然这样增加了消息传送的开销，但增加了可靠性。

（2）NON_PERSISTENT。此模式保证这些消息最多被传送一次。对于这些消息，可靠性并非主要的考虑因素。此模式并不要求持久性的数据存储，也不保证消息服务失败后消息不会丢失。

有两种方法指定传送模式：一种是使用 setDeliveryMode 方法，这样所有的消息都采用此传送模式；另一种是使用 send 方法为每条消息设置传送模式。消息优先级分为 0~9 十个级别，0~4 是普通消息，5~9 是加急消息。如果不指定优先级，则默认为 4。JMS 不要求严格按照这十个优先级发送消息，但必须保证加急消息要先于普通消息到达。

5）消息过期设置

ActiveMQ 允许消息过期。默认情况下，消息永不过期。如果消息在特定周期内失去意义，那么可以设置过期时间。有两种方法设置消息的过期时间（时间单位为毫秒）：

（1）使用 setTimeToLive 方法为所有的消息设置过期时间；

（2）使用 send 方法为每条消息设置过期时间。

消息过期时间等于 send 方法中的 timeToLive 值加上发送时刻的 GMT 时间值。如果 timeToLive 值等于零，则 JMSExpiration 被设为零，表示该消息永不过期。如果发送后，在消息过期后消息还没有被发送到目的地，则该消息被清除。

6）异步发送消息

ActiveMQ 支持生产者以同步或异步模式发送消息。使用不同的模式对 send 方法的反应时间有巨大的影响，反应时间是衡量 ActiveMQ 吞吐量的重要因素，使用异步发送可以提高系统的性能。在默认的大多数情况下，AcitveMQ 是以异步模式发送消息的。例外的情况：在没有使用事务的情况下，生产者以 PERSISTENT 传送模式发送消息。在这种情况下，send 方法都是同步的，并且一直阻塞直到 ActiveMQ 发回确认消息：消息已经存储在持久性数据存储中。这种确认机制保证消息不会丢失，但会造成生产者阻塞，从而影响反应时间。高性能的程序一般都能容忍在故障情况下丢失少量数据。如果编写这样的程序，可以通过使用异步发送来提高吞吐量。

7）消息预取机制

ActiveMQ 的目标之一就是高性能的数据传送，所以 ActiveMQ 使用预取机制来控制有多少消息能及时地传送给任何地方的消费者。一旦预取数量达到限制，那么就不会有消息被分派给这个消费者，直到它发回签收消息（用来标识所有的消息已经被处理）。可以为每个消费者指定消息预取。如果有大量的消息且希望更高的性能，那么可以为这个消费者增大预取值。如果有少量的消息且每条消息的处理都要花费很长的时间，那么可以设置预取值为 1，这样同一时间，ActiveMQ 只会为这个消费者分派一条消息。

3. RabbitMQ

RabbitMQ 是一个开源的 AMQP 实现，服务器端用 Erlang 语言编写，用于在分布式系统中存储转发消息，在易用性、扩展性、高可用性等方面表现不俗。消费者订阅某个队列。生产者首先创建消息，然后发布到队列中，最后将消息发送至监听的消费者。

RabbitMQ 的特性：

（1）支持多种客户端，如 Python、Ruby、.NET、Java、JMS、C、PHP、ActionScript 等；

（2）AMQP 的完整实现，如 vHost、Exchange、Binding、Routing Key 等；

（3）事务支持/发布确认；

（4）消息持久化。

AMQP 中消息的路由过程和 Java 开发者熟悉的 JMS 存在一些差别，AMQP 中增加了 Exchange 和 Binding 的角色。生产者把消息发布到 Exchange 上，消息最终到达队列并被消费者接收，而 Binding 决定交换器的消息应该发送到哪个队列。

Exchange 分发消息时根据类型的不同分发策略有区别，目前共四种类型：Direct、Fanout、Topic、Headers。Headers 匹配 AMQP 消息的 Header 而不是路由键，此外 Headers 交换器目前几乎用不到，所以下面直接介绍另外三种类型。

- Direct 交换器。如果消息中的路由键（RoutingKey）和 Binding 中的绑定键（BindingKey）一致，交换器就将消息发到对应的队列中。路由键与队列名完全匹配，如果一个队列绑定到交换机，要求路由键为"dog"，则只转发路由键标记为"dog"的消息，不会转发"dog.puppy"，也不会转发"dog.guard"等。它是完全匹配、单播的模式。

- Fanout 交换器。Fanout 交换器不处理路由键，只是简单地将队列绑定到交换器上，每个发送到交换器的消息都会被转发到与该交换器绑定的所有队列上。其很像子网广播，子网内的每台主机都获得了一份复制的消息。Fanout 交换器转发消息是最快的。

- Topic 交换器。通过模式匹配分配消息的路由键属性，将路由键和某个模式进行匹配，此时队列需要绑定到一个模式上。它将路由键和绑定键的字符串切分成单词，这些单词之间用点隔开。它同样会识别两个通配符：符号"#"和符号"*"。符号"#"匹配 0 个或多个单词，符号"*"匹配一个单词。

4. RocketMQ

RocketMQ 是阿里巴巴开源的一款分布式的消息中间件，它源于 JMS 规范但不遵守 JMS 规范。对于分布式这一点，如果用过其他 MQ 且了解过 RocketMQ，就会知道 RocketMQ 天生就是分布式的，可以说是 Broker、生产者、消费者等各种分布式。RocketMQ 的特点如下：

- 保证严格的消息顺序；
- 提供丰富的消息拉取模式；
- 高效的订阅者水平扩展能力；
- 实时的消息订阅机制；
- 亿级消息堆积能力。

RocketMQ 最初由阿里巴巴消息中间件团队研发并大规模应用于生产系统，满足线上海量消息堆积的需求，在 2016 年年底被捐赠给 Apache 开源基金会成为孵化项目，经过不到一年时间正式成了 Apache 的顶级项目。阿里巴巴早期曾经基于 ActiveMQ 研发消息系统，随着业务消息的规模增大，瓶颈逐渐显现；后来也考虑过 Kafka，但因为在低延迟和高可靠性方面没有选择，最后才自主研发了 RocketMQ。其各方面的性能都比目前已有的消息队列要好，RocketMQ 和 Kafka 在概念及原理上都非常相似，所以经常被拿来对比。RocketMQ 默认采用长轮询的拉取模式，单机支持千万级别的消息堆积，可以非常好地应用在海量消息系统中。

RocketMQ 用一个 NameServer 进行分布式协调。NameServer 可以部署多个，相互之间独立，其他角色同时向多个 NameServer 上报状态信息，从而达到热备份的目的。NameServer 本身是无状态的，也就是说 NameServer 中的 Broker、主题等状态信息不会持久存储，都是由各角色定时上报并存储到内存中的。

为何不用 ZooKeeper？ZooKeeper 的功能很强大，包括自动 Master 选举等，RocketMQ 的架构设计决定了它不需要进行 Master 选举，用不到这些复杂的功能，只需要一个轻量级的元数据服务器就足够了。值得注意的是，NameServer 并没有提供类似 ZooKeeper 的 watcher 机制，而是采用了每 30s 心跳机制。单个 Broker 跟所有 NameServer 保持心跳请求，心跳间隔为 30s，心跳请求中包括当前 Broker 所有的主题信息。NameServer 会反查 Broker 的心跳信息，如果某个 Broker 在 2 分钟内都没有心跳，则认为该 Broker 下线，其将调整主题跟 Broker 的对应关系。但此时 NameServer 不会主动通知生产者、消费者有 Broker 宕机。

每个主题可设置队列个数，自动创建主题时默认有 4 个队列，需要顺序消费的消息发往同一队列，如同一订单号相关的几条需要顺序消费的消息发往同一队列。顺序消费的特点是，不会有两个消费者共同消费任意一个队列，且当消费者数量小于队列数时，消费者会消费多个队列。至于消息重复，在消费者端处理。RocketMQ 4.3+支持事务消息，可用于分布式事务场景。

如表 5-1 所示为常用分布式消息中间件对比。

表 5-1 常用分布式消息中间件对比

对比项	ActiveMQ	RabbitMQ	Kafka	RocketMQ
支持协议	OpenWire/AMQP/MQTT 等	AMQP/MQTT 等	Kafka	Open Message
持久化方式	文件/数据库	文件	文件	文件
发布订阅	☑	☑	☑	☑
轮询分发	☑	☑	☑	
公平分发		☑	☑	
支持失败重发	☑	☑		☑
消息拉取		☑	☑	☑

5.3.2 分布式缓存服务

互联网或电商应用系统中，业务需求复杂，必须对整个业务系统进行垂直拆分，以保证各业务模块清晰并对外提供服务。用户群体广泛就必然存在高并发的问题，如果将应用系统部署在单节点服务器上，势必对单服务器造成巨大的访问压力，因此需要将系统部署到不同的节点上，同时也要将不同的数据分散到不同的节点上。互联网时代的数据量大，所以要对数据进行分布式处理。

分布式缓存可以解决数据库服务器和 Web 服务器之间的瓶颈。如果一个网站流量很大，这个瓶颈将会非常明显，每次数据库查询耗费的时间将不容乐观。对于更新速度不是很快的站点，可以采用静态化来避免过多的数据查询，可使用 Freemaker 或 Velocity 来实现页面静态化。对于数据以秒级更新的站点，静态化也不会太理想，可通过分布式缓存系统来解决问题。

实际开发中经常使用的分布式缓存系统主要有 Memcached 和 Redis，这两者都是 KV 存储方案，各有优缺点，但 Redis 相比较而言实用性更强。Redis 特点突出，支持多种数据类型，如 String、Hash、Set、List、StoredSet，并且有高可用的解决方案和集群方案，支持水平扩容，满足了大部分企业的需求；而 Memcached 相对来说解决方案并不算很完善。

分布式缓存有如下考虑：首先是缓存本身的水平线性扩展问题，其次是缓存在大并发下本身的性能问题，最后是避免缓存的单点故障问题。分布式缓存的核心技术包括：内存本身的管理，包括了内存的分配、管理和回收机制；分布式管理和分布式算法；缓存键值管理和路由。

1. Memcached

许多 Web 应用程序都将数据保存到关系型数据库中，应用服务器从中读取数据并在浏览器中显示。但随着数据量的增大、访问的集中，关系型数据库的负担加重，数据库响应恶化，网站显示延迟。如图 5-7 所示为 Memcached 运行图，Memcached 是高性能的分布式内存缓存服务器。其一般的使用目的是通过缓存数据库来查询结果，减少数据库的访问次数，以提高动态 Web 应用的速度和扩展性。

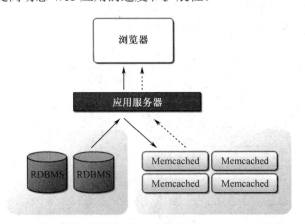

图 5-7　Memcached 运行图

Memcached 作为高速运行的分布式缓存服务器，具有以下特点。

- 协议简单。Memcached 的服务器和客户端通信并不使用复杂的 MXL 等格式，而是使用简单的基于文本的协议。
- 基于 Libevent 的事件处理。Libevent 是个程序库，它将 Linux 的 epoll、BSD 类操作系统的 KQueue 等时间处理功能封装成统一的接口。Memcached 使用这个 Libevent 库，因此能在 Linux、BSD、Solaris 等操作系统上发挥其高性能。
- 内置内存存储方式。为了提高性能，Memcached 中保存的数据都存储在 Memcached 内置的内存存储空间中。由于数据仅存在内存中，因此重启 Memcached 和重启操作系统会导致全部数据消失。另外，内容容量达到指定的值后，

Memcached 会自动删除不适用的缓存。

- Memcached 不互通信的分布式。Memcached 尽管是"分布式"缓存服务器，但服务器端并没有分布式功能。各 Memcached 不会互相通信以共享信息。它的分布式主要是通过客户端实现的。

Memcached 默认情况下采用了名为 Slab Allocation 的机制分配、管理内存。在该机制出现以前，内存的分配是通过对所有记录简单地通过 Malloc 和 Free 来进行的，但是这样会导致内存碎片，加重操作系统中内存管理器的负担。

Slab Allocation 的基本原理是按照预先规定的大小，将分配的内存分割成特定长度的块，以完全解决内存碎片问题。Slab Allocation 的原理相当简单。将分配的内存分割成各种尺寸的块（Chunk），并把尺寸相同的块分成组（Chunk 的集合）。Slab Allocation 还会重复使用已分配的内存。也就是说，分配到的内存不会释放，而是重复利用。Memcached 根据收到的数据的大小，选择最合适数据大小的 Slab。Memcached 中保存着 Slab 内空闲 Chunk 的列表，根据该列表选择 Chunk，然后将数据缓存其中。

2. Redis

Redis 是一个开源的面向键值对类型数据的分布式 NoSQL 数据库系统，它的特点是高性能，适用于高并发的应用场景。可以说 Redis 纯粹是为应用而产生的。Redis 是一个高性能的 KV 数据库，并提供多种语言的 API。Redis 的缺点也很明显：对事务的处理能力很弱，也无法作为太复杂的关系型数据库中的模型。

Redis 支持存储的 Value 类型相对更多，典型的如字符串（String）、链表（List）、集合（Set）、有序集合（Sorted Set，Zset）、哈希类型（Hash），这些数据类型都支持 Push、Pop、Add 和 Remove，以及取交集、并集、差集等更为复杂的操作。这些操作都是原子性的，在此基础上，Redis 支持各种不同方式的排序。

与 Memcached 一样，为了保证效率，数据都被缓存在内存中，区别在于，Redis 会周期性地把更新的数据写入磁盘，或把修改操作写入追加的记录文件中，并且在此基础上实现主从同步策略（见图 5-8），也就是数据可以从主服务器向任意数量的从服务器上同步，从服务器可以关联其他类型的主服务器。因此，Redis 的出现很大程度上弥补了 Memcahed KV 存储的不足，在部分场合可以对关系型数据库起到很好的补充作用。

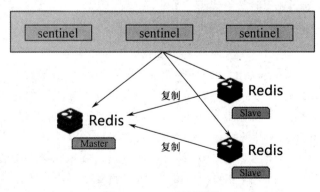

图 5-8　Redis 系统架构

Redis 与 Memcached 存在以下区别。

- 线程操作。Redis 使用单核而 Memcached 使用多核，也就是说，Redis 属于单线程操作，Memcached 属于多线程操作。在多个用户同时请求时，Redis 是处理完一个请求后再去处理下一个请求，而 Memcached 可以同时处理多个请求。
- 数据结构。Redis 不仅支持简单的 KV 类型的数据存储，同时支持链表、集合等类型的数据存储。
- 数据安全性。Redis 和 Memcached 都将数据存储在内存中，都属于内存数据库。但是 Memcached 服务宕机或重启后数据是不可恢复的，而 Redis 服务宕机或重启后数据可以恢复。因此 Redis 可以做持久化，它会将内存数据定期同步到磁盘中。Redis 提供两种持久化策略，默认支持的是 RDB 持久化及需要手工开启的 AOF 持久化。而 Memcached 仅将数据存储在内存中。
- 数据备份。Redis 支持数据备份，需开启主从同步策略。
- 过期策略。Memcached 在设置时就指定了过期时间，而 Redis 可以通过 Expire 设置 Key 的过期时间。
- 内存回收。Memcached 有内存回收机制，当程序中为它设置的内存太小时，一旦存储的数据超过阈值，它会自动回收内存，也就是释放内存，不然会出现内存溢出的情况。这是因为 Memcached 的数据都是存储在内存中的。Redis 不会出现这种情况，因为 Redis 可以将数据持久化到磁盘上。

5.3.3　分布式任务调度服务

分布式任务调度就是在集群中多台调度、多台执行，当一台调度机器或者执行机器出问题时，能够立刻进行故障转移，不影响后续任务的执行，从而提高整体的可用性。

常见的分布式任务调度框架一般有以下 5 个部分。

（1）控制台：负责调度任务的配置，以及任务状态、信息的展示。

（2）接入：将控制台的任务转化下发给调度器，并且向注册中心注册任务。

（3）调度器：接收接入下发的调度任务，进行任务拆分下发，在注册中心找执行器，然后把任务下发到执行器执行，同时注册到注册中心。

（4）执行器：接收调度任务，并且上报状态给注册中心。

（5）注册中心：实现机器、任务状态的同步、协调。

1. Quartz

Quartz 是 Java 领域最著名的开源任务调度工具，也是目前事实上的定时任务标准。但 Quartz 关注点在于定时任务而非数据，并无一套根据数据处理而定制化的流程。虽然 Quartz 可以基于数据库实现作业的高可用性，但缺少分布式并行执行作业的功能。Quartz 是 OpenSymphony 开源组织在任务调度领域的一个开源项目，完全基于 Java 实现。作为一个优秀的开源框架，Quartz 具有以下特点：强大的调度功能、灵活的应用方式、分布式和集群能力。另外，作为 Spring 默认的调度框架，其很容易实现与 Spring 集成，实现灵活可配置的调度功能。

Quartz 框架的核心对象：

- Scheduler——核心调度器，就是任务调度、分配的控制器；
- Job——任务，代表具体要执行的任务，是个接口，里面有默认方法，开发者需要实现该接口，并且业务逻辑被写在默认的 Execute 方法中；
- JobDetail——任务描述，描述 Job 的静态消息，是调度器需要的数据，跟 Job 区分开来，主要是为了使一个 Job 可以在多台机器上并行，每个调度器新建一个 Job 的实现类；
- Trigger——触发器，用于定义任务调度的时间规则。

简单来说，Quartz 的分布式调度策略是以数据库为边界的一种异步策略。各调度器都遵守一个基于数据库锁的操作规则，从而保证了操作的唯一性，同时多个节点的异步运行保证了服务的可靠性。但这种策略有局限性：集群特性对于高 CPU 使用率的任务效果特别好，但是对于大量的短任务，各节点都会抢占数据库锁，这样就出现了大量的线程等待资源的现象。

因此，Quartz 的分布式只解决了任务高可用性的问题，处理能力的瓶颈在数据库，而且没有执行层面的任务分片，无法最大化效率，只能依靠 Shedulex 调度层做分片，但是调度层做并行分片时难以结合实际的运行资源情况做最优的分片。

Quartz 通过数据库锁的方式来保证分布式环境下定时任务调度的同步，解决了单点故障，只引入了数据库，整体的结构简单；但是在效率上，由于数据库锁带来的竞争冲突，在短任务较多时效率较低，并且没有在执行时对任务分片，无法充分利用集群性能，也就是说没法真正做到水平扩展，瓶颈被数据库锁限制住了。

2. Elastic-Job

Elastic-Job 原本是当当 Java 应用框架 ddframe（见图 5-9）的一部分。ddframe 包括编码规范、开发框架、技术规范、监控及分布式组件。ddframe 规划分为 4 个演进阶段，目前处于第 2 阶段。第 3、4 阶段涉及的技术组件不代表当当没有使用，只是 ddframe 还未统一规划。ddframe 由各种模块组成，均以 dd-开头，如 dd-Container、dd-SOA、dd-RDB、dd-Job 等。当当希望将 ddframe 的各模块与公司环境解耦并开源以反馈社区。之前开源的 Dubbo 扩展版本 DubboX 即 dd-SOA 的核心模块。而这里介绍的 Elastic-Job 则是 dd-Job 的开源部分，其中的监控和 ddframe 核心接入等部分并未开源。

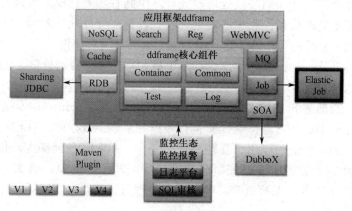

图 5-9　ddframe 应用框架

Elastic-Job 包含的功能如下。

- 分布式。这里最重要的功能，如果任务不能在分布式的环境下执行，那么直接使用 Quartz 就可以了。

- 任务分片。这是 Elastic-Job 中最重要也是最难理解的概念。任务的分布式执行，需要将一个任务拆分为 n 个独立的任务项，然后由分布式的服务器分别执行某一个或某几个分片项。

- 弹性扩容缩容。将任务拆分为 n 个任务项后，各服务器分别执行各自分配到的任务项。一旦有新的服务器加入集群，或现有服务器下线，Elastic-Job 将在保留本次任务执行不变的情况下，在下次任务开始前触发任务重分片。例如，有 3 台服务器，分为 10 个片，则分片项分配为{server1: [0,1,2], server2: [3,4,5], server3: [6,7,8,9]}。如果一台服务器崩溃，则分片项分配为{server1: [0,1,2,3,4], server2: [5,6,7,8,9]}。如果新增一台服务器，则分片项分配为{server1: [0,1], server2: [2,3]，server3: [4,5,6]，server4: [7,8,9]}。

- 稳定性。在服务器无波动的情况下，并不会重新分片；即使服务器有波动，下次分片也会根据服务器 IP 和作业名称哈希值算出稳定的分片顺序，尽量不做大的变动。

- 高性能。Elastic-Job 会将作业运行状态的必要信息更新到注册中心，但考虑性能问题，也可以牺牲一些功能，以换取性能的提升。

- 幂等性。Elastic-Job 可牺牲部分性能，以保证同一分片项不会同时在两个服务器上运行。

- 失效转移。弹性扩容缩容在下次作业运行前重分片，但本次作业执行的过程中，下线的服务器所分配的作业将不会重新被分配。失效转移功能可以在本次作业运行中通过用空闲服务器抓取孤儿作业分片来执行。同样失效转移功能也会牺牲部分性能。

- 状态监控。这个功能可以监控作业的运行状态，可以监控数据处理功能和失败次数、作业运行时间等。它是幂等性、失效转移必需的功能。

- 多作业模式。作业可分为简单处理和数据流处理两种模式，数据流处理模式又分为高吞吐处理模式和顺序性处理模式，其中高吞吐处理模式可以开启足够多的线程，快速地处理数据，而顺序性处理模式将每个分片项分配到一个独立线程，用于保证同一分片的顺序性，这点类似 Kafka 的分区顺序性。

- 其他一些功能。如错过任务重执行、单机并行处理、容错处理、Spring 命名空间支持、运维平台等。

Elastic-Job 的部署和使用：将使用 Elastic-Job 框架的 jar/war 连接在同一个基于 ZooKeeper 的注册中心即可。作业框架执行数据并不限于数据库，且作业框架本身是不对数据进行关联的。作业可以用于处理数据、文件、API 等任何操作。使用 Elastic-Job 仅需要关注将业务处理逻辑和框架所分配的分片项匹配并处理。例如，如果分片项是 1，则获取 id 以 1 结尾的数据处理。所以如果处理数据，最佳实践是将作业分片项规则和数据中间层规则对应。

通过图 5-10 可以看出，作业分片只是逻辑概念，分片和实际数据其实是不做任何匹配的。而关联分片项和实际业务，是成功使用 Elastic-Job 的关键所在。为了不让代码写起来无聊，看起来像 if(shardingItem == 1) {do XXX} else if (shardingItem == 2) {do XXX}，Elastic-Job 提供了自定义参数，可将分片项序号和实际业务做映射。例如，设置 1=北京、2=上海，那么代码中可以通过北京或上海的枚举，从业务中的北京仓库或上海仓库取数据。Elastic-Job 更多的是关注作业调度和分布式分配，处理数据还是交给数据中间层更好些。最佳实践是将作业分片项规则和数据中间层规则对应，省去作业分片时，再次适配数据中间层的分片逻辑。

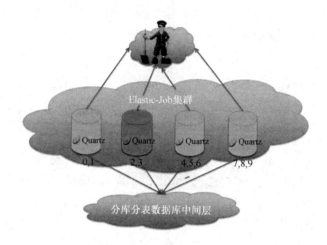

图 5-10　Elastic-Job 部署

3. TBSchedule

TBSchedule 是阿里巴巴早期开源的分布式任务调度系统，代码略陈旧，使用 Timer 而非线程池执行任务调度。众所周知，Timer 在处理异常状况时是有缺陷的，且作业类型较为单一，只能是获取/处理数据一种模式。TBSchedule 的使命就是将调度作业从业务系统中分离出来，降低或者消除与业务系统的耦合度，进行高效异步任务处理。其实在互联网和电商领域，TBSchedule 的使用非常广泛，目前被应用于阿里巴巴、京东、汽车之家、国美等很多互联网企业的流程调度系统。

传统的调度框架 Spring Task、Quartz 也是可以进行集群调度作业的，一个节点不能工作了可以将任务转移给其他节点执行，从而避免单点故障，但其不支持分布式作业，一旦达到单机处理极限也会存在问题。Elastic-Job 支持分布式，是一个很好的调度框架，但开源时间较短，还没有经历大范围的市场考验。Beanstalkd 基于 C 语言开发，使用范围较小，无法引入 PHP、Java 系统平台。

TBSchedule 的优势在于：支持集群、分布式作业，灵活的任务分片，动态的服务扩容和资源回收，支持任务监控，经历了多年市场考验，有阿里巴巴强大的技术团队支持。TBSchedule 可以宿主在多台服务器、多个线程组并行进行任务调度，或者说可以将一个大的任务拆成多个小任务分配到不同的服务器上。

TBSchedule 的分布式机制是通过灵活的 Sharding 方式实现的，比如可以将所有数据的 ID 按 10 取模分片、按月份分片等，根据不同的需求、不同的场景，由客户端配置分片规则。TBSchedule 的宿主服务器可以进行动态扩容和资源回收，这个特点主要是因为它后端依赖 ZooKeeper，这里的 ZooKeeper 对于 TBSchedule 来说是一个 NoSQL，用于存储策略、任务、心跳信息数据，它的数据结构类似文件系统的目录结构，它的节点有临时节点、持久节点之分。调度引擎上线后，随着业务量、数据量的增多，当前集群可能不能满足目前的处理需求，就需要增加服务器数量，一个新的服务器上线后会在 ZooKeeper 中创建一个代表当前服务器的唯一性路径（临时节点），并且新上线的服务器会和 ZooKeeper 保持长连接，当通信断开后，节点会自动摘除。

TBSchedule 会定时扫描当前服务器的数量，重新进行任务分配。随着宿主应用直接部署到服务器，可以通过 Web 的方式对调度的任务、策略进行监控管理，以及实时更新调整。

5.3.4 监控告警服务

监控是运维系统的基础，要衡量一个公司/部门的运维水平，看其监控系统就可以了。监控手段一般可以分为以下三种。

- 主动监控：业务上线前，按照运维制定的标准，预先埋点。具体的实现方式又有多种，可能通过日志、向本地 Agent 上报、提供 REST API 等方式实现。
- 被动监控：通常是对主动监控的补充，从外围进行黑盒监控，通过主动探测服务的功能可用性来进行监控，比如定期 ping 业务端口。
- 旁路监控：主动监控和被动监控通常都是在内部进行的监控，内部运行平稳也不能保证用户的体验都是正常的（比如用户网络出问题），所以仍然需要通过舆情监控、第三方监控工具等的数据来间接监控真实的服务质量。

主动监控是最理想的方案，后两种主要用作补充。监控实际上是一个端到端的体系，包含基础设施、服务器、业务和用户体验，本书只关注业务级别的主动监控。

Prometheus 是一款开源的业务监控和时序数据库，可以看作 Google 内部监控系统 Borgmon 的一个非官方实现。Prometheus 于 2012 年由 SoundCloud 创建，目前已经发展为最热门的分布式监控系统。Prometheus 完全开源，被很多云厂商（架构）内置，在这些厂商架构中，可以简单部署 Prometheus，用来监控整个云基础架构设施，比如 DigitalOcean 或 Docker 都以 Prometheus 作为基础监控。

Prometheus 是一个时间序列数据库。但它不仅是一个时间序列数据库，还涵盖了可以绑定的整个生态系统工具集及其功能。Prometheus 主要用于对基础设施进行监控，包括服务器、数据库、VPS，几乎所有东西都可以通过 Prometheus 进行监控。Prometheus 通过对配置中定义的某些端点执行的 HTTP 调用来检索度量标准。

Prometheus 由各种不同的组件组成，如图 5-11 所示。监控指标可以从系统中提取，可以通过以下不同的方式实现。

- 通过应用程序给定监控项，对于给定的公开 URL 上的指标，Prometheus 将其定义为目标并加入监控系统。
- 通过云厂商内置 Prometheus 程序，定义好整个监控项和监控工具集。Linux 机器监控模板、数据库的模板，以及 HTTP 代理或者负载程序的模板等都可以直接加入监控并使用。

- 通过使用 Pushgateway：应用程序或作业不会直接公开指标。某些应用程序没有合适的监控模板，对它们不能直接通过应用程序公开这些指标。如果忽略可能使用 Pushgateway 的极少数情况，Prometheus 是一个基于主动请求拉的监控系统。

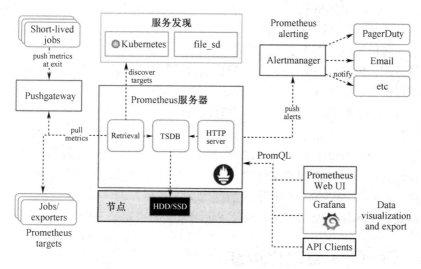

图 5-11　Prometheus 架构

Prometheus 与其他时间序列数据库之间存在明显差异：Prometheus 主动筛选目标，以便从中检索指标。这与 InfluxDB 非常不同，InfluxDB 需要直接给它推送数据。基于推和基于拉的方式各有优劣。Prometheus 使用主动拉方式，主要实现集中控制。如果 Prometheus 向其目标发起查询，则整个配置在 Prometheus 服务器端完成，而不是在各目标上完成。Prometheus 决定取值，以及取值的频率。而基于推的系统可能会导致向服务器发送过多数据，这时会使服务器崩溃。基于拉的系统能够实现速率控制，具有多级过期配置的灵活性，因此可以针对不同目标实现多种速率。

Prometheus 是一个开源的服务监控系统和时间序列数据库，它不是基于事件的系统，这与其他时间序列数据库不同。Prometheus 的目的不是去及时捕获单个事件，不会发送错误消息及具体内容，而是收集所有与预先汇总的指标相关的事件，这是它与其他收集"原始消息"的时间序列数据库的重要差异。

基于 InfluxDB 的数据库有查询语言 InfluxQL，而 TimescaleDB 数据库也有 SQL 语言。Prometheus 也内置了自己的 SQL 查询语言，用于便捷地从 Prometheus 查询和检索数据，这个内置的语言就是 PromQL。Prometheus 数据是用键值对表示的。PromQL 也用相同的语法查询和返回结果集。使用 Prometheus 和 PromQL，会处理以下两种向量。

- 即时向量：表示在最近时间戳中跟踪的指标。
- 时间范围向量：用于查看、度量随时间的演变，可以使用自定义时间范围查询 Prometheus，结果是一个向量聚合所选期间记录的值。

PromQL API 公开了一组方便查询数据操作的函数，用它可以实现排序、数学函数计算、统计预测计算等。

Prometheus 的主要功能仍然是作为时间序列数据库。但是，在使用时间序列数据库时，其实现了可视化、数据分析并通过自定义方式进行告警。Prometheus 生态系统有如下功能丰富的工具集。

- Alertmanager：Prometheus 通过配置文件中定义的自定义规则将告警信息推送到 Alertmanager。Alertmanager 可以将其导出到多个端点，如 PagerDuty 或 Slack 等。
- 数据可视化：与 Grafana、Kibana 等类似，可以直接在 Web UI 中可视化时间序列数据。轻松过滤、查看不同监控目标的信息。
- 服务发现：Prometheus 可以动态发现监控目标，并根据需要自动废弃目标。这在云架构中使用动态变更地址的容器时，尤为方便。

在处理时间序列数据库时，我们希望对数据进行处理，并对结果给出反馈，而这部分工作由告警来实现。告警在 Grafana 中非常常见，Prometheus 也通过 Alertmanager 实现告警系统。Alertmanager 是一个独立的工具，可以绑定到 Prometheus，可以运行自定义 Alertmanager。告警通过配置文件定义，定义由一组指标定义规则组成，如果数据命中这些规则，则会触发告警并将其发送到预定义的目标。与 Grafana 类似，Prometheus 的告警可以通过 Email、Slack Webhooks、PagerDuty 和自定义 HTTP 目标等发送。

5.4　DevOps 自动化运维

随着软件产业的日益发展壮大，软件的规模也在逐渐变得庞大。软件的复杂度不断攀升，开始出现了精细化分工：除了软件开发工程师，又有了软件测试工程师、软件运维工程师。分工之后，软件开发流程是这样的：软件开发人员首先花费数周或数月编写代码，然后将代码交给质量保障团队进行测试，最后将最终的发布版交给运维团队去部署。

早期所采用的软件交付模型，称为"瀑布（Waterfall）模型"。瀑布模型，简而言之，就是等一个阶段所有工作完成之后，再进入下一个阶段。这种模型适合条件比较理想化的项目，工作人员按部就班，轮流执行自己的职责即可。但是，项目不可能是单向运作的，客户也是有需求的，产品也是会有问题、需要改进的。

随着时间推移，用户对系统的需求不断增加，与此同时，用户给的时间周期却越来越短。在这个情况下，大家发现，笨重迟缓的瀑布式开发已经不合时宜了。于是，软件开发团队引入了一个新的概念，即大名鼎鼎的"敏捷开发"。敏捷开发在 2000 年前后开始被人关注，是一种能应对快速变化需求的软件开发能力。其实简单来说，敏捷开发就是把大项目变成小项目，把大时间点变成小时间点。有两个词经常会伴随敏捷开发出现，那就是持续集成（Continuous Integration，CI）和持续交付（Continuous Delivery，CD）。

敏捷开发大幅提高了开发团队的工作效率，让版本的更新速度变得更快。敏捷开发有助于更快地发现问题，产品被更快地交付到用户手中，开发团队可以更快地得到用户的反馈，从而更快地响应。而且，敏捷开发小步快跑的形式带来的版本变化是比较小的，风险也更小，即使出现问题，修复起来也会相对容易一些。虽然敏捷开发大幅提升了软件开发的效率和版本更新的速度，但是它的效果仅限于开发环节。

运维工程师和开发工程师有着完全不同的思维逻辑。运维团队的座右铭很简单，就是"稳定压倒一切"。运维团队的核心诉求就是不出问题，而发生改变的时候最容易出问题。所以说，运维团队非常排斥"改变"。矛盾就在两者之间爆发了，DevOps 就隆重"登场"了。

5.4.1　概念

DevOps 强调的是高效组织团队之间通过自动化的工具协作和沟通来完成软件的生命周期管理，从而更快、更频繁地交付更稳定的软件。DevOps 是一组过程、方法与系统的统称，其概念从 2009 年首次提出发展到现在，内容非常丰富，有理论也有实践，包括组织文化、自动化、精益、反馈和分享等不同方面。组织架构、企业文化与理念等，需要自上而下设计，用于促进开发部门、运维部门和质量保障部门之间的沟通、协作与整合。自动化是指所有的操作都不需要人工参与，全部依赖系统自动完成，比如上述的持续交付过程必须自动化才有可能完成快速迭代。DevOps 的出现是由于软件行业日益清晰地认识到，为了按时交付软件产品和服务，开发部门和运维部门必须紧密合作。

DevOps 的概念在软件开发行业中逐渐流行起来。越来越多的团队希望实现产品的敏捷开发，DevOps 使一切成为可能。有了 DevOps，团队可以定期发布代码、自动化部署，并将持续集成/持续交付作为发布过程的一部分。DevOps 旨在统一软件开发和软件操作，与业务目标紧密结合，在软件构建、集成、测试、发布、部署和基础设施管理中大力提倡自动化及监控。DevOps 的目标是缩短开发周期，提高部署频率，更可靠地发布。用户可通过完整的工具链，深度集成代码仓库、制品仓库、项目管理、自动化测试等类别中的主流工具，实现零成本迁移，快速实践 DevOps。

Devops 助力敏捷开发、持续交付。DevOps 帮助开发人员和运维人员打造了一个全新空间，构建了一种通过持续交付实践去优化资源和扩展应用程序的新方式。DevOps 和云原生架构的结合能够实现精益产品开发流程，以适应快速变化的市场，更好地服务企业的商业目的。

DevOps 对应用程序发布存在影响。与传统开发方法那种大规模的、不频繁的发布相比，敏捷开发大大提高了发布频率。在很多企业中，应用程序发布是一项涉及多个团队、压力很大、风险很高的活动。然而，在具备 DevOps 能力的组织中，应用程序发布的风险很低，原因如下。

（1）减少变更范围。与传统的瀑布模型相比，采用敏捷或迭代式开发意味着更频繁的发布、每次发布包含的变化更少。由于部署经常进行，因此每次部署不会对生产系统造成巨大影响，应用程序会以平滑的速率逐渐生长。

（2）加强发布协调。靠强有力的发布协调人来弥合开发与运维之间的技能鸿沟和沟通鸿沟；采用电子数据表、电话会议和企业门户等协作工具来确保所有相关人员理解变更的内容并全力合作。

（3）自动化。强大的部署自动化手段确保部署任务的可重复性，减少部署出错的可能性。

DevOps 有很多可使用的工具。下面将介绍三种较流行、功能较强大的 DevOps 工具：Ansible、SaltStack、Jenkins。

5.4.2 Ansible

Ansible 是一个开源配置管理工具，可以用来自动化任务，部署应用程序，实现 IT 基础架构。Ansible 可以用来自动化日常任务，如服务器的初始化配置、安全基线配置、更新和打补丁系统、安装软件包等。Ansible 架构相对比较简单，仅需通过 SSH 连接客户机执行任务即可。

Ansible 可支持的语言：Python、PowerShell、Shell 和 Ruby 等，可以帮助部署应用程序。Ansible 是用 Python 构建的，由 Red Hat 维护，但它仍然是免费和开源的。Ansible 作为一个配置管理系统，可以用来设置和构建多个服务器。Linux 是安装 Ansible 最合适的操作系统。不过，它在 MacOS 上也运行良好。对于 Windows 用户，可以通过 Linux 的 Windows 子系统 Bash Shell 使用 Ansible。

Ansible 工作原理如图 5-12 所示。Ansible 包括控制节点、受控节点、清单和主机文件等。

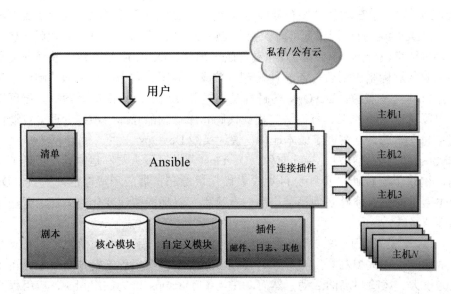

图 5-12 Ansible 工作原理

- 控制节点（Control Node）：指安装了 Ansible 的主机，也叫 Ansible 服务器端、管理机。Ansible 控制节点主要用于发布运行任务，执行控制命令。Ansible 的程序都安装在控制节点上，控制节点需要安装 Python 和 Ansible 所需的各种依赖库。
- 受控节点（Managed Node）：也叫客户机，就是想用 Ansible 执行任务的客户服务器。
- 清单（Inventory）：受控节点的列表，就是所有要管理的主机列表。
- 主机文件（Host File）：清单列表通常保存在一个名为 host 的文件中。在 host 文件中，可以使用 IP 地址或者主机名来表示具体的管理主机和认证信息，并可以根据主机的用户进行分组。默认文件为/etc/ansible/hosts，可以通过-i 指定自定义的 host 文件。

- 模块（Modules）：模块是 Ansible 执行特定任务的代码块，如添加用户、上传文件和对客户机执行 ping 操作等。Ansible 现在默认自带 450 多个模块，Ansible Galaxy 公共存储库则包含大约 1600 个模块。
- 任务（Task）：是 Ansible 客户机上执行的操作。可以使用 Ad-Hoc 单行命令执行一个任务。
- 剧本（Playbook）：是利用 YAML 标记语言编写的可重复执行的任务列表。剧本实现了任务的便捷读写和共享。例如，在 GitHub 上有大量的 Ansible 剧本共享，只要有一双善于发现的眼睛，就能找到大量的宝藏。
- 角色（Roles）：角色是 Ansible 1.2 版本引入的新特性，用于层次性、结构化地组织剧本。角色能够根据层次型结构自动装载变量文件、任务等。

Ansible 作为最受欢迎的自动化配置工具，主要得益于其设计上的优势。

- 无须客户端。与 Chef、Puppet 及 SaltStack（现在也支持 Agentless 方式）不同，Ansible 是无客户端的，所以无须在客户机上安装或配置任何程序，就可以运行 Ansible 任务。由于 Ansible 不会在客户机上安装任何软件或运行监听程序，因此消除了许多管理开销，同时 Ansible 的更新也不会影响任何客户机。
- 使用 SSH 进行通信。默认情况下，Ansible 使用 SSH 协议在管理机和客户机之间通信，可以使用 SFTP 与客户机进行安全的文件传输。
- 并行执行。Ansible 与客户机并行通信，可以更快地运行自动化任务。默认情况下，Forks 值为 5，可以按需在配置文件中增大该值。

5.4.3　SaltStack

SaltStack 是一种基于 C/S 架构的服务器基础架构集中化管理平台，管理端称为 Master，客户端称为 Minion。SaltStack 具备配置管理、远程执行、监控等功能，一般可以理解为是简化版的 Puppet 和加强版的 Func。SaltStack 本身是基于 Python 语言开发实现的，结合轻量级的消息队列软件 ZeroMQ 与 Python 第三方模块（Pyzmq、PyCrypto、Pyjinjia 2、Python-Msgpack 和 PyYAML 等）构建。通过部署 SaltStack 环境，运维人员可以在成千上万台服务器上做到批量执行命令，根据不同的业务特性进行配置集中化管理、分发文件、采集系统数据及安装与管理软件包等。SaltStack 是运维人员提高工作效率、规范业务配置与操作的利器。

SaltStack 具有以下特性。

（1）部署简单、方便。

（2）支持大部分 UNIX/Linux 及 Windows 环境。

（3）主从集中化管理。

（4）配置简单、功能强大、扩展性强。

（5）主控端（Master）和被控端（Minion）基于证书认证，安全可靠。

（6）支持 API 及自定义模块，可通过 Python 轻松扩展。

SaltStack 的工作原理如图 5-13 所示，它采用 C/S 架构来对云环境内的服务器进行操作管理及配置管理。

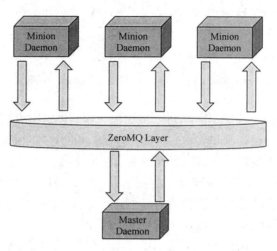

图 5-13　SaltStack 的工作原理

- Minion 是 SaltStack 需要管理的客户端安装组件，会主动连接 Master 端，并从 Master 端得到资源状态信息，同步资源管理信息。
- Master 作为控制中心运行在主机服务器上，负责 Salt 命令的运行和资源状态的管理。
- ZeroMQ 是一款开源的消息队列软件，用于在 Minion 端与 Master 端建立系统通信桥梁。
- Daemon 是运行于每个成员内的守护进程，承担着发布消息及监听通信端口的功能。

SaltStack 客户端（Minion）在启动时，会自动生成一套密钥，包含私钥和公钥。之后将公钥发送给服务器端（Master），服务器端验证并接受公钥，以此来建立可靠且加密的通信连接。同时通过消息队列 ZeroMQ 在客户端与服务器端之间建立消息发布连接。SaltStack 的所有被管理客户端节点都是通过密钥进行加密通信的，使用端口为 4506。客户端与服务器端的内容传输是通过消息队列完成的，使用端口为 4505。Master 可以发送任何指令让 Minion 执行。Salt 有很多可执行模块，比如 CMD 模块，其在安装 Minion 的时候已经自带了，通常位于 Python 库中，使用"locate salt | grep /usr/"命令可以看 Salt 自带的模块。

为了更好地理解架构用意，以下将展示主要的命令发布过程。

- SaltStack 的 Master 与 Minion 之间通过 ZeroMQ 进行消息传递，使用了 ZeroMQ 的发布/订阅模式，连接方式包括 TCP 和 IPC。
- 将 cmd.run ls 命令从 salt.client.LocalClient.cmd_cli 发布到 Master，获取一个 Jobid，根据 Jobid 获取命令执行结果。
- Master 接收到命令后，将要执行的命令发送给客户端 Minion。
- Minion 从消息总线上接收要处理的命令，交给 minion._handle_aes 处理。

- Minion._handle_aes 发起一个本地线程，调用 cmdmod 执行 ls 命令。线程执行完 ls 后，调用 Minion._return_pub 方法，将执行结果通过消息总线返回给 Master。
- Master 接收到客户端返回的结果，调用 master.handle_aes 方法将结果写入文件中。
- Salt.client.LocalClient.cmd_cli 通过轮询获取 Job 执行结果，将结果输出到终端。

5.4.4　Jenkins

持续集成强调在开发人员提交了新代码后，立刻构建测试。根据测试结果，可以确定新代码和原有代码能否正确地集成在一起。目前，持续集成已成为当前许多软件开发团队在整个软件开发生命周期内侧重于保证代码质量的常见做法。持续集成是一种实践，旨在缓和及稳固软件的构建过程，并且能够帮助开发团队应对如下挑战。

- 软件构建自动化：配置完成后，持续集成系统会依照预先制定的时间表，或者针对某特定事件对目标软件进行构建。
- 构建可持续的自动化检查：持续集成系统能持续地获取新增或修改后的源代码，也就是说，当软件开发团队需要周期性地检查新增或修改后的代码时，持续集成系统会不断确认这些新代码是否破坏了原有软件的成功构建。这减少了开发团队在检查彼此相互依存的代码中的变化情况上花费的时间和精力。
- 构建可持续的自动化测试：构建检查的扩展部分，构建后执行预先制定的一套测试规则，完成后触发通知给相关的当事人。
- 生成后后续过程的自动化：当自动化检查和测试成功完成后，软件构建的周期中可能也需要一些额外的任务，诸如生成文档、打包软件、部署构件到一个运行环境或者软件仓库。这样，构件才能被更迅速地提供给用户使用。

部署一个持续集成系统需要的最低要求是一个可获取的源代码仓库和一个包含构建脚本的项目。如图 5-14 所示，开发者检入代码到源代码仓库。持续集成系统会为每个项目创建一个单独的工作区。当预设或请求一次新的构建时，它将把源代码仓库的源代码存放到对应的工作区。持续集成系统会在对应的工作区内执行构建过程。构建完成后，持续集成系统会在一个新的构件中执行定义的一套测试，完成后触发通知给相关的当事人。如果构建成功，这个构件会被打包并转移到一个部署目标或存储为软件仓库中的一个新版本。软件仓库可以是持续集成系统的一部分，也可以是一个外部的仓库，诸如一个文件服务器或者如 Java.NET、SourceForge 之类的网站。持续集成系统通常会根据请求发起相应的操作，诸如即时构建、生成报告，或者检索一些构建好的构件。

Jenkins 起源于商用软件 Hudson，是一个可提供友好操作界面的持续集成工具，主要用于持续、自动地构建/测试软件项目、监控外部任务的运行。Jenkins 用 Java 语言编写，可在 Tomcat 等流行的 Servlet 容器中运行，也可独立运行，通常与版本管理工具、构建工具结合使用。常用的版本控制工具有 SVN、GIT，构建工具有 Maven、Ant、Gradle。

Jenkins 拥有的特性如下。

- 易于安装。只需要把 Jenkins.war 部署到 Servlet 容器，不需要数据库支持。
- 易于配置。所有配置都是通过其提供的 Web 界面实现的。

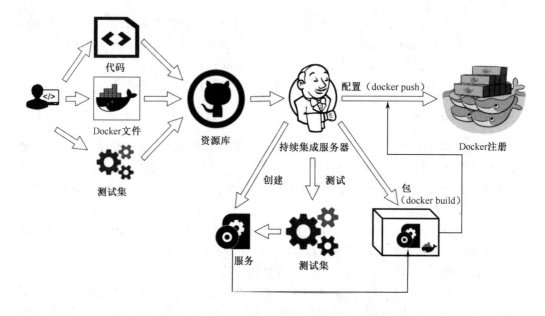

图 5-14　Jenkins 部署流程图

- 集成 RSS/Email。通过 RSS 发布构建结果或当构建完成时通过 Email 通知。
- 生成 JUnit/TestNG 测试报告。
- 分布式构建支持。Jenkins 能够让多台计算机一起构建/测试。
- 文件识别。Jenkins 能够跟踪 jar 的构建生成过程和版本等信息。
- 插件支持。支持扩展插件，可以开发适合自己团队使用的工具。

　　Jenkins 的主要目标是监控软件开发流程和快速显示问题，能保证开发人员及相关人员省时省力，提高开发效率。Jenkins 的一切配置都可以在 Web 界面完成。有些配置如 MAVEN_HOME 和 Email，只需要配置一次，所有的项目就都能用。当然也可以通过修改 XML 进行配置。Jenkins 对 Maven 做了优化，因此它能自动识别模块，每个模块可以配置成一个 Job，相当灵活。所有模块的测试报告都被聚合在一起，结果一目了然，如果使用其他持续集成工具，这几乎是不可能完成的任务。每次构建的结果构件都被很好地自动管理，无须任何配置就可以方便地浏览、下载。

　　除了上述三个主要的工具，还有两个来自 Hashicorp 公司的 DevOps 工具：Terraform 和 Packer。

　　Terraform 是一个基础设施管理工具，允许正确地构建、更改和管理基础设施，可以将 Terraform 视为一种供应工具。它帮助设置服务器、数据库和其他支持全面应用程序的基础设施。Terraform 并不局限于任何特定的云服务提供商，它可以与多个云服务提供商和环境协同工作。云服务提供商如 AWS、Azure、谷歌云都与 Terraform 无缝集成。版本控制系统托管提供商，如 GitHub 和 Bitbucket，都可以很好地使用它。Terraform 分为企业版和开源版，还可以安装在 MacOS、Linux 和 Windows 系统上。

　　Packer 是用 Golang 编写的，可以自动创建虚拟镜像。手动构建镜像的过程可能令人沮丧，因为它容易出错，但 Packer 消除了这些问题。对于单个 JSON 文件，可以使用

Packer 创建多个镜像。当它第一次工作时，由于没有任何东西会干扰它的自动化过程，因此可以保证它能百分之百地工作。许多云服务提供商都使用镜像，Packer 标准化用于云环境的镜像创建，可以无缝地与这些提供商合作。Packer 不是一个独立的工具，可以将其与 Ansible、Chef 和 Jenkins 集成，以便在部署管道中进一步使用这些镜像。

实现 DevOps 需要什么？不仅有工具准备上的硬性需求，还有企业文化和人员方面的软性需求。DevOps 工具链的打通自然需要做好工具准备。现将工具不完全列举如下。

- 代码管理（SCM）：GitHub、GitLab、Bitbucket、SubVersion。
- 构建工具：Ant、Gradle、Maven。
- 自动部署：Capistrano、CodeDeploy。
- 持续集成：Bamboo、Hudson、Jenkins。
- 配置管理：Ansible、Chef、Puppet、SaltStack、ScriptRock GuardRail。
- 容器：Docker、LXC、第三方厂商的如 AWS。
- 编排：Kubernetes、Core、Apache Mesos、DC/OS。
- 服务注册与发现：ZooKeeper、etcd、Consul。
- 脚本语言：Python、Ruby、Shell。
- 日志管理：ELK、Logentries。
- 系统监控：Datadog、Graphite、Icinga、Nagios。
- 性能监控：AppDynamics、New Relic、Splunk。
- 压力测试：JMeter、Blaze Meter、loader.io。
- 预警：PagerDuty、Pingdom、厂商自带如 AWS SNS。
- HTTP 加速器：Varnish。
- 消息总线：ActiveMQ、SQS。
- 应用服务器：Tomcat、JBoss。
- Web 服务器：Apache、Nginx、IIS。
- 数据库：MySQL、Oracle、PostgreSQL 等关系型数据库和 Cassandra、MongoDB、Redis 等 NoSQL 数据库。
- 项目管理（PM）：Jira、Asana、Taiga、Trello、Basecamp、Pivotal Tracker。

在工具的选择上，需要结合公司业务需求和技术团队情况而定。DevOps 成功与否，公司组织是关键。开发人员和运维人员可以良好沟通、互相学习。ITV 公司在 2012 年就开始落地 DevOps，其通用平台主管在谈及成功时表示，业务人员非常清楚他们希望在最小化可行产品中实现什么，工程师就按需交付，不做多余工作，这样，工程师们使用通用的平台（打通的工具链）得到更好的一致性和更高的质量。此外，DevOps 对工程师个人的要求也提高了，很多专家认为招募优秀的人才也是一个挑战。

5.5 持续交付

持续交付是一种软件工程的手段，让软件在短周期内产出，确保软件随时可以被可靠地发布。其目的在于更快、更频繁地构建、测试及发布软件，通过加强对生产环境的应用进行渐进式更新，这种手段可以降低交付变更的成本与风险。一个简单直观的与可重复的部署过程对于持续交付来说是很重要的。

持续交付分为以下四步实现。

（1）自动化。自动化流程被视为人工流程的次级。自动化减少了疲劳感，使开发人员有更多的时间关注更多有趣的工作。较新的自动化工具，如 Puppet 和 Chef，以及一些新的云服务，都对流程有帮助。

（2）DevOps。在采用 DevOps 方法之前，部署是开发人员日常工作中最难的一项任务，占据了他们 25%的开发时间。结合自动化和 DevOps 技术，可将部署时间几乎降为 0，这给开发人员在一周中带来额外的八小时，可确保他们的代码可靠、易维护。

（3）云基础设施。云基础设施机制包括虚拟化技术、自动化管理技术及弹性伸缩等方面。虚拟化技术可以将物理硬件资源抽象成虚拟的计算、存储和网络资源，实现资源的灵活分配和管理。通过自动化管理技术，可以实现对云基础设施的自动化部署、配置、监控和维护，提高资源利用率和运维效率。弹性伸缩机制可以根据业务需求自动调整云基础设施的计算、存储和网络资源，实现资源的动态分配和扩容。

（4）以软件为中心的哲学。把一切视为软件，这意味着开发团队可以在非传统的软件上使用自动化工具，使得开发人员调试并修复问题更加容易。

有很多工具可以帮助我们达到很好的持续交付，部分介绍如下。

- TeamCity 是一个用于持续交付/集成的工具。它监测源代码存储库的变化，帮助构建和部署产品。
- Octopus 有助于自动部署，如一旦 TeamCity 正常后，可以将产品部署到负载均衡器后的 10 台服务器上。
- NCrunch 是一款为 Visual Studio.NET 开发的自动化并行连续测试工具。它能够运行自动测试，并且在 IDE 里显示相应的测试信息（如代码覆盖和性能指标）。
- Azure 托管也是一个可选的解决方案。

5.5.1 持续交付与持续集成、持续部署

在传统的软件开发中，整合过程通常在每个人完成工作之后、在项目结束阶段进行。整合过程通常需要数周乃至数月的时间，可能会非常痛苦。持续集成是一种在开发周期的早期阶段进行集成的实践，以便构建、测试、整合代码可以更经常地进行。持续集成是进行持续交付所需的第一种实践。

持续部署则是持续交付的下一步，代码通过评审，自动化部署到生产环境。其目的是可以随时部署，迅速投入生产阶段。持续部署这一步意味着产品和用户见面，但是要通过重重考验，如测试、构建、部署等步骤，而且每一步都是自动的。

持续交付也容易与持续部署混淆。持续部署意味着所有的变更都会被自动部署到生产环境中。持续交付意味着所有的变更都可以被部署到生产环境中，但是出于业务考虑，可以选择不部署。如果要实施持续部署，必须先实施持续交付。

以两位开发者 Steve 和 Annie 为例。持续集成意味着一位在家里用自己的笔记本电脑写代码的开发者 Steve 和另一位在办公室用公司计算机写代码的开发者 Annie 可以分

别为同一款产品编写软件，并将他们的修改合并在一个称为源代码库的地方；然后，他们可以从各自编写并合并在一起的代码中构建软件，并测试它是否按照他们期望的方式工作。

持续交付意味着每次 Steve 或 Annie 对代码进行更改、集成和构建时，他们也会在与生产环境非常相似的状态下进行自动的代码测试，称这一系列的在不同环境下的部署、测试操作称为部署流水线。通常来说，部署流水线有一个开发环境、一个测试环境，还有一个准生产环境，但是这些阶段因团队、产品和组织各异。在每个不同的环境中，Annie 或 Steve 写的代码被分别测试。至关重要的是，代码只有在部署流水线中通过了前面的测试，才能提升到下一个测试环境。这样，Annie 和 Steve 可以从每个环境的测试中获得新的反馈。如果出现了错误，他们可以更容易地理解问题到底在哪儿，并且在代码进入生产环境之前修复它们。

持续学习（Continuously Learning，CL）意味着如果 Annie 的测试在所有的环境中通过，则她的代码在生产环境中也应该如同预期一般工作。一旦软件在所有的环境都测试通过，那么可以立即决定用户是否能够获得该软件。随着开发人员完成构建，新的、充分测试的、能工作的软件立马就能提供给客户。

持续部署（Continuous Deployment，CD）是一种实践，即 Steve 和 Annie 所做的每一项变更，在通过所有的测试阶段之后，自动地投入生产环境。想要实现持续部署，首先要实现持续交付。持续交付是有助于提升整个业务能力的事情。

5.5.2　持续交付与 DevOps

持续交付与 DevOps 的含义很相似，所以经常被混淆，但是它们是不同的两个概念：DevOps 的范围更广，它以文化变迁为中心，特别是软件交付过程涉及多个团队之间的合作（开发、运维、QA、管理等部门），并且将软件交付的过程自动化；持续交付是一种自动化交付的手段，关注点在于将不同的过程集中起来，并且更快、更频繁地执行这些过程。因此，DevOps 可以是持续交付的一个产物，持续交付直接汇入 DevOps。

持续交付只是 DevOps 工具箱中的一个工具，它是一个必不可少且有价值的工具。但要真正在设计、实施和运营持续交付构建管道方面取得成功，通常需要在整个组织中获得一定程度的支持，这就是与之相关的实践。

软件交付手工流程很容易出错且效率低下。为了实现从持续交付和 DevOps 中获得可重复、定期和成功发布软件的过程，组织必须转向自动化。DevOps 文化通常与持续交付相关联，因为它们都旨在增加开发人员和运维团队之间的协作，并且都使用自动化流程来更快速、频繁、可靠地构建、测试和发布软件。

5.6　云原生应用场景

云原生作为新型基础设施支撑数字化转型的重要支撑技术，逐渐在人工智能、大数据、边缘计算、5G 等新兴领域崭露头角，成为驱动数字基础设施的强大引擎。云原生技术涵盖的范围非常广泛，针对不同的应用场景，云原生解决的关键问题及对应的技术栈选择都各不相同。人工智能、区块链等新兴技术领域对使用者的能力要求较高，复杂的服务依赖配置使这些技术难以赢得更多受众。云原生技术在这些场景的应用很大程度上降低了技术的使用门槛，为新兴技术的快速普及与推广铺平了道路。同时，在"互联网+"和新商业业态的冲击下，传统行业正处于技术架构转型的十字路口，天然基于云服务的云原生模式无疑能给出重要参考。如何落地云原生技术正逐步成为行业用户的焦点。

5.6.1 深度学习应用场景

深度学习领域需要处理的三个核心问题是性能、效率和成本。利用云原生技术，形成以容器服务为核心，以云原生技术为基础架构的深度学习解决方案，无缝地整合了云的计算、存储、负载均衡等服务，同时贯穿了深度学习的全生命周期。

深度学习本质上是一个实验科学，需要不断地组合和尝试不同的算法与类库。深度学习软件版本迭代快速，新算法层出不穷。深度学习需要海量的计算力，但是 GPU 资源昂贵，更低成本的共享资源的高效利用方式是场景普适的瓶颈。一个深度学习的试验周期可以分为四个部分：准备数据、模型开发、模型训练和模型推理。每个阶段有不同的工作任务，用户便捷地使用深度学习平台，以便灵活地处理阶段性任务也是重要考量。借助云原生技术，上述问题在很大程度上得到解决。

云原生深度学习方案的基础架构模型如图 5-15 所示，它采用容器化封装深度学习框架，统一打包烦琐的配置文件、依赖关系，实现框架部署的环境一致，极大地提升了应用的可移植性，方便用户快速构建实验环境；利用服务目录的形式提供多种板卡驱动，能基本解决 GPU 资源驱动的问题；将驱动程序以服务方式提供，实现一键配置，降低使用门槛，增强使用体验；还采用 GPU 多机多卡的高效调度，极大降低了深度学习的成本，提升效率，将深度学习平台的普适性大大拓展；以 Kubernetes 为核心，通过

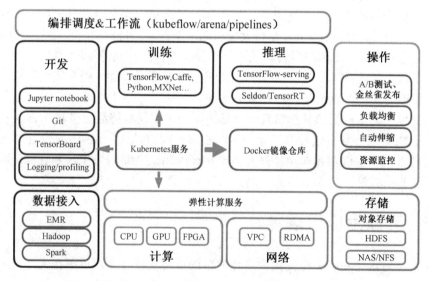

图 5-15　云原生深度学习方案的基础架构模型

Device Plugin 和 Scheduler Extender 机制整合 GPU 板卡，实现按显存或按卡的调度方式，提高系统利用率。

5.6.2　区块链应用场景

在企业级的分布式环境及云环境部署、配置区块链并非易事，这涉及区块链相关工具的配置和调用、区块链网络拓扑的设计、证书和密钥的安全分发、组件和服务的高可用性、业务处理能力的弹性扩展、数据的持久化等方面的考虑与设计，需要开发者对区块链相关技术有深入的了解，需要专业和完善的企业基础架构及资源服务的支撑。此外，区块链的配置和部署过程涉及大量的配置对象，过程烦琐且互相关联，出错概率很大，需要频繁地进行端到端测试才能确保区块链的正确配置和部署，耗费的时间以小时甚至天计。在这种情况下，开发者无法聚焦区块链上层应用的开发和业务创新的思考，极大影响了应用和解决方案的快速迭代、快速上线。

区块链业务创新面临巨大的挑战，主要包括需要对区块链底层技术有较深了解，配置部署技术复杂度高、耗时长；二次开发技术难度大，相关平台技术学习曲线陡峭，延缓迭代速度；区块链所需的基础资源和服务选型繁多，整合难度大，投入和质量难以把控；部署平台和环境安全保障薄弱，缺乏企业级安全管控和风险预防能力；服务质量难以达到生产级别要求，运维流程和手段不成熟、不统一。

云原生容器区块链解决方案的核心思想在于使用容器封装区块链节点，通过容器集群实现区块链网络的编排、创建、运维和资源管理。其具体优势表现在以下几个方面。

- 容器技术提供标准化的软件打包、分发能力，保证了运行环境的一致性，与底层环境解耦。这使企业得以在各种异构、混合云环境下实现低成本、高效的区块链系统部署。
- 依托编排调度工具为区块链实现统一的资源管理和调度。区块链系统底层依赖包括计算、存储、网络、负载均衡、域名解析、加密硬件等各种资源，云原生强大的编排调度功能极大降低了系统设计和运维流程的复杂度。还可以借助编排调度工具来充分利用底层的可信计算能力，如 Intel SGX，保障密钥签发和验证等关键信息不被篡改、窃取。
- Helm Chart 将应用部署化繁为简。区块链网络的拓扑、节点类型、创建流程、服务依赖性均非常复杂，而以 Helm Chart 为代表的应用编排技术可以实现将相关设计、部署的最佳实践集成到编排模板中，降低企业应用区块链的技术门槛，以标准化的方式实现区块链网络的自动化编排部署。
- 云原生技术完美匹配区块链安全机制。区块链网络由于涉及多家参与企业的业务逻辑和数据，以及相关智能合约的安全风险较大，需要严格的安全保障、资源隔离和权限控制等机制。而集群所提供的 Namespace 隔离机制、网络策略、Config Map 和 Secret 等机制均可无缝地与区块链安全治理机制进行整合，提供了坚实的底层安全保障。

此外，云原生技术还有助于实现区块链系统及区块链应用的持续交付能力，帮助企业更快地实现业务上链。

5.6.3 边缘计算应用场景

随着互联网智能终端设备数量的急剧增加，以及 5G 和物联网时代的到来，传统云计算中心集中存储、计算的模式已经无法满足终端设备对于时效、容量、算力的需求。将云计算的能力下沉到边缘侧、设备侧，并通过中心统一交付、运维、管控，将是云计算的重要发展趋势。

边缘计算按功能角色主要分为以下三个部分。

- 云——传统云计算的中心节点，有丰富的云计算产品形态和资源，是边缘计算的管控端，负责全网算力和数据的统一管理、调度、存储。
- 边——又称基础设施边缘（Infrastructure Edge），属于云计算的边缘节点，靠近设备和数据源，拥有充足的算力和存储容量，如传统云计算的 CDN 节点、物联网场景中的设备控制中心。
- 端——又称设备边缘（Device Edge），主要指终端设备，如手机、汽车、智能家电、工厂设备、传感器等，是边缘计算的"最后一公里"。

边缘计算目前面临的主要挑战如下。

- 云边端协同：统一的交付、运维、管控标准。
- 安全：边缘服务和边缘数据的安全风险控制难度较高。
- 网络：边缘网络的可靠性和带宽限制。
- 异构资源：对不同硬件架构、硬件规格、通信协议的支持。

云原生技术的核心价值之一是通过统一的标准实现在任何基础设施上提供与云上一致的功能和体验。借助云原生技术，可以实现云-边-端一体化的应用分发，解决在海量边、端设备上统一完成大规模应用交付、运维、管控的诉求。安全方面，云原生技术可以提供容器等更加安全的工作负载运行环境，以及流量控制、网络策略等能力，能够有效提升边缘服务和边缘数据的安全性；边缘网络环境方面，基于云原生技术的边缘容器能力，能保证弱网、断网的自治性，提供有效的自恢复能力，同时对复杂的网络接入环境有良好的兼容性；异构资源兼容性方面，云原生技术的适用性逐步提升，在物联网领域，云原生技术已经能够很好地支持多种 CPU 架构（x86-64/ARM/ARM64）和通信协议，并实现较少的资源占用。

5.6.4 传统行业互联网化应用场景

传统行业正在经历由数字业务战略推动的转型实践，在提效降本的目标下，尝试创新与发现新的营收来源。数字化转型的程度和成效，在很大程度上影响着整个行业的竞争能力。在"互联网+"的大背景下，传统企业互联网特征的业务正在快速崛起，持续交付、快速迭代成为这些应用的强烈需求。传统行业转型的瓶颈看似千差万别，但归纳起来有如下共同特点。

- 项目周期短，需求快速变化。在当前互联网快速发展的驱使下，外部环境的变化日益加快，伴随而来的是要求 IT 对业务需求快速响应，业务的快速迭代、敏捷交付等需求已经变成企业常态。

- 互联网高并发，承载需求不可预测。随着网联化的持续推进，互联网形态的业务日渐丰富。相比传统业务，网联业务具有更强的互联网业务形态，在诸如抢购、秒杀、网促等场景下，要求 IT 架构能更好地支撑高并发、高弹性的业务需求。
- 兼顾数据安全和用户体验。私有化部署在很大程度上保证了业务数据的安全，但企业自建数据中心的承载规模有限，无法应对特定场景下的访问量激增问题。为了兼顾数据安全要求与用户流畅体验保障，公有云、私有云的混合部署规划需要平衡考虑。

面对复杂的、快速变化的互联网市场竞争，云原生技术可以帮助企业构造一个可扩展的、敏捷的、高弹性的、高稳定性的业务系统：基于容器的云原生容器平台为应用提供标准化敏捷基础架构，充分满足业务的弹性需求；利用云原生平台实现跨平台资源的横向打通，提供一致的交付体验；建立全流程 DevOps 精益协作，形成以交付为核心、适配多种研发模式的一体化流程协作体系，提升交付效能。

习题

1. 云原生的概念及核心内容是什么？
2. 什么是微服务？简述微服务架构的作用及其分类。
3. 对比分析 Spring Cloud 和 Dubbo 架构的特点。
4. 什么是容器？其与虚拟机的区别是什么？
5. 如何基于容器技术构建容器云平台？
6. 消息中间件传输模型有哪两种？
7. 常见的分布式消息中间件服务有哪些？区别是什么？
8. 对比 Memcached 和 Redis 两种分布式缓存服务。
9. 分布式任务调度服务的作用是什么？
10. Promethnus 如何实现主动监控？
11. 什么是 DevOps？常用工具有哪些？
12. 简述持续交付与持续集成、持续部署的关系。
13. 云原生的典型应用场景有哪些？

第6章 云计算数据中心

信息服务的集约化、社会化和专业化发展使互联网上的应用、计算和存储资源向数据中心迁移，商业化的发展促使大型数据中心出现。自 2013 年以来，全球超大规模数据中心的数量增长了 2 倍，其中以 Amazon、Apple、Google、Facebook 和微软为首，单园区最大服务器规模已经突破 30 万台，很多大型园区的服务器规模在 2 万台到 10 万台之间。截至 2022 年 6 月，我国在用数据中心机架总规模达到 590 万架，其中大型以上数据中心数量增长较快，已达 497 个，机架规模达到 420 万架，占比超过 80%。2021年，全球数据中心市场规模超过 679 亿美元。基于"新基建"的政策导向，2021 年我国数据中心行业市场收入达 1500 亿元。针对建造运维成本、节能环保等问题，这些云计算数据中心在网络架构、绿色节能、自动化管理等方面进行了大胆革新。

6.1 云计算数据中心的特征

云计算基于互联网相关服务的增加、使用和交付模式，通常涉及通过互联网来提供动态易扩展且经常是虚拟化的资源。将云计算与数据中心有效结合，实现了优势互补。云计算数据中心应具备以下几个特征。

1. 高设备利用率

云计算数据中心广泛采用虚拟化技术进行系统和数据中心整合，通过服务器虚拟化、存储虚拟化、网络虚拟化、应用虚拟化等解决方案，帮助数据中心减少服务器数量、优化资源利用率、简化管理，从而达到降低成本和快速响应业务需求变化等目的。

2. 绿色节能

云计算数据中心将大量使用节能服务器、节能存储设备和刀片服务器，并通过先进的供电和散热技术，降低数据中心的能耗，实现供电、散热和计算资源的无缝集成与管理。

3. 高可用性

云计算数据中心特别强调系统中各部分的冗余、容错及容灾设计，使之能保证应用服务的不间断性，满足连续服务要求。当网络扩展或升级时，网络能够正常运行，对网络的性能影响不大。

4. 自动化管理

云计算数据中心应是 7×24 小时无人值守并可远程管理的。云计算数据中心管理人员只要有一个浏览器，就能通过互联网实现可视化远程管理，也能进行统一的系统漏洞与补丁管理、主动的性能管理与瓶颈分析、快速的服务器与操作系统部署、系统功率测量与调整。甚至，云计算数据中心的门禁、通风、温度、湿度、电力都能够远程调度与控制。

6.2　云计算数据中心网络部署

随着 5G 通信技术、人工智能与大数据等行业的迅猛发展，传统数据中心已经无法满足爆炸式增长的数据存储和数据计算需求。而云计算使数据的计算、网络通信和存储得到了更多的优化，具体体现在更大的数据量、更高的带宽和更低的时延，数据中心网络也在此基础上慢慢演化成云计算数据中心网络。云计算数据中心网络不仅是连接数据中心大规模服务器的桥梁，也是承载云计算和存储的基础。因此，数据中心网络性能的高低决定了云计算的服务质量。本节将详细介绍云中的数据中心网络的结构与部署。

数据中心网络是指数据中心内部通过高速链路和交换机连接大量服务器形成的网络。数据中心网络利用各类数据在服务器间的组织交互，向用户提供各种高效的信息服务。数据中心网络是数据中心硬件部分的核心基础构成，它的拓扑结构给出了数据中心所有交换机和服务器的连接关系，决定了数据中心的具体组织形式。

目前数据中心网络主要采用 3 层树形结构，采用这种树形结构的数据中心网络建造起来比较方便简单，但不便于拓展和升级。这种结构中的服务器全部集中在边缘层，而且服务器仅与各自的交换机相连，一个核心交换机故障可能导致上千台服务器失效。当网络规模较大时，对顶层网络设备的要求高，而且树形拓扑的网络带宽不足，无法较好地支持以"东西流量"为主的数据中心分布式计算。

为了适应新型应用的需求，数据中心网络需要在低成本的前提下满足高扩展性、低配置开销、健壮性和节能的要求。对目前的数据中心网络体系结构进行对比，如表 6-1 所示。

表 6-1　数据中心网络体系结构对比

网络拓扑	规模	带宽	容错性	扩展性	布线复杂性	成本	兼容性	配置开销	流量隔离	灵活性
FatTree	中	中	中	中	较高	较高	高	较高	无	低
VL2	大	大	中	中	较高	较高	中	较高	无	中
OSA	小	大	差	中	较低	较高	低	中	无	高
WDCN	小	大	较好	中	较低	中	中	中	无	高
DCell	大	较大	较好	较好	高	较高	中	较高	无	较高
FiConn	大	较大	较好	较好	较高	中	中	较高	无	较高
BCube	小	大	好	较好	高	较高	中	较高	无	较高
MDCube	大	大	较好	较好	高	高	中	较高	无	较高

6.2.1　改进型树形结构

为了解决传统数据中心树形结构上层交换网络存在的单点失效和瓶颈带宽问题，

FatTree 被引入数据中心网络，现在它已成为大型网络普遍采用的网络结构。FatTree 仍然采用 3 层级联的交换机拓扑结构为服务器之间的通信提供无阻塞网络交换，如图 6-1 所示。如果 FatTree 为一棵 k 叉树，则有 k 个 Pod，每个 Pod 中包含 k 个交换机，其中 $k/2$ 个是接入交换机，$k/2$ 个是汇聚交换机。每个接入交换机有 k 个端口，其中 $k/2$ 个连接到主机端，$k/2$ 个连接到汇聚交换机。同样每个汇聚交换机的 $k/2$ 个端口连接到接入交换机，另外 $k/2$ 个连接到核心交换机，这样就有 $(k/2)^2$ 个核心交换机，每个核心交换机的 k 个端口分别连接到 k 个 Pod 的汇聚交换机。接入交换机和汇聚交换机被划分为不同的集群，如图 6-1 中的虚线部分所示。在一个集群中，每个接入交换机与每个汇聚交换机都相连，构成一个完全二分图。每个汇聚交换机与某一部分核心交换机连接，使得每个集群与任何一个核心交换机都相连。FatTree 结构中提供足够多的核心交换机，保证 1:1 的网络超额订购率（Oversub-scription Ratio），提供服务器之间的无阻塞通信。典型 FatTree 拓扑中所有交换机均为 1Gbit/s 端口的普通商用交换机。

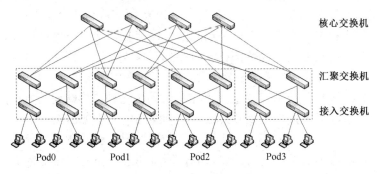

核心交换机
汇聚交换机
接入交换机

Pod0 Pod1 Pod2 Pod3

图 6-1　FatTree 网络拓扑结构

为了使 Pod 间的流量尽可能均匀地分布于核心交换机，FatTree 实现了两级路由表以允许两级前缀查询。一些路由表的表项会有个额外的指针到一个二级路由表（suffix,port）项。FatTree 的任意 2 个不同 Pod 主机之间存在 k 条路径（FatTree 为 k 叉树），从而提供了更多的路径选项，并且可以将流量在这些路径之间分散。任意给定 Pod 的低层和高层交换机对，位于本 Pod 的任意子网都有终结性表项，在全负载最坏的情况下可以实现约 87%的聚合带宽。

与传统层次结构相比，FatTree 结构消除了树形结构上层链路对吞吐量的限制，并能为内部节点间通信提供多条并行链路；其横向扩展的尝试降低了构建数据中心网络的成本，同时 FatTree 结构与现有数据中心网络使用的以太网结构和 IP 配置的服务器兼容。但是，FatTree 的扩展性受限于核心交换机的端口数量，目前比较常用的是 48 端口、10Gbit/s 的核心交换机，在 3 层树形结构中能够支持 27648 台主机。

微软数据中心采用了 VL2 架构，VL2 是一套可扩展并十分灵活的网络架构，其特点如下。

（1）扁平寻址，这可以允许服务实例被放置到网络覆盖的任何地方。

（2）负载均衡将流量统一分配到网络路径。

（3）终端系统的地址解析拓展到巨大的服务器池，并不需要将网络复杂度传递给网络控制平台。

VL2 的核心思想是使用 CLOS 拓扑结构建立扁平的第 2 层网络。在 VL2 架构中，应用程序使用服务地址通信，而底层网络使用位置信息地址进行转发，这使得虚拟机能在网络中任意迁移而不影响服务质量。

VL2 仍然采用 3 层拓扑结构进行交换机级联。但不同的是，VL2 中的各级交换机之间都采用 10Gbit/s 的端口以减小布线开销。在 VL2 方案中，若干台（通常是 20 台）服务器连接到一个机架交换机，每个接入交换机与两个汇聚交换机相连，每个汇聚交换机与所有核心交换机相连，构成一个完全二分图，形成了大量的可能路径，保证足够高的网络容量，如图 6-2 所示。

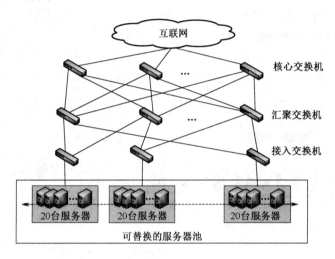

图 6-2 VL2 网络结构

在 VL2 中，由网络顶层的一个核心交换机间接转发流量，路由简单且富有弹性，采用一个随机路径到达一个随机核心交换机，然后沿一个随机路径到达目的接入交换机。

在 VL2 中，IP 地址仅作为名字使用，没有拓扑含义。VL2 的寻址机制将服务器的名字与其位置分开。VL2 使用可扩展、可靠的目录系统来维持名字和位置间的映射。当服务器发送分组时，服务器上的 VL2 代理开启目录系统以得到实际的目的位置，然后将分组发送到目的地。VL2 是目前最易用来对现有数据中心网络改造的结构，但 VL2 依赖中心化的基础设施来实现两层语义和资源整合，面临单点失效和扩展性问题。

6.2.2 递归层次结构

递归层次结构是解决数据中心网络可拓展性问题的一种较好的选择。设计递归层次结构的数据中心网络，主要是设计好最小递归单元的结构和确定好递归规律。在递归层次结构中，每个高层的网络拓扑都由多个低一层的递归单元按照递归规律相互连接构成，同时构成了组建更高层级网络拓扑的一个递归单元。当需要增加服务器数量时，就提高总的递归层次，此时整个数据中心网络的规模可增长数倍。该结构中的服务器都处于平行或并列的位置。采用这种结构，能够为数据中心网络灵活地添加大量的服务器，而不用改变已经存在的拓扑结构。而且递归层次结构对交换机的性能要求很低，通常只需要采用标准统一且价格低廉的普通商务交换机即可，大大节省了数据中心网络的建造成本。

微软亚洲研究院的郭传雄博士和研究团队发表的关于 DCell 的一篇论文，让我们有机会了解微软的云计算网络架构，随后陆续发表的关于 FiConn、BCube 和 MDCube 等的重量级论文，让我们看到了一个越来越完善的应用在数据中心的网络拓扑结构。

在 DCell 网络的构建过程中，低层网络是基本的构建单元，n 台服务器连接一个具有 n 个端口的交换机，每个 DCell 中的服务器有 1 个端口连接到交换机，称为 0 层端口，连接到 0 层端口和交换机的链路称为 0 层链路。每个低层网络中的每台服务器分别与其他每个低层网络中的某台服务器相连，因此，在构建高层网络时，需要的低层网络的个数等于每个低层网络中的服务器个数加 1，其拓扑结构如图 6-3 所示。如果将每个低层网络看成一个虚节点，则高层 DCell 网络是由若干个低层 DCell 网络构成的完全图。DCell 拓扑的优势是网络可扩展性好，但其拓扑的层数受限于服务器的端口数。

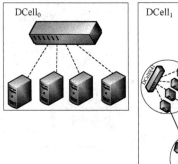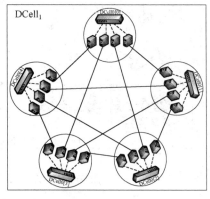

图 6-3　DCell 拓扑结构

FiConn 的网络构建方式与 DCell 网络相似，其拓扑结构如图 6-4 所示。但与 DCell 不同的是，FiConn 中的服务器使用 2 个网卡端口（一个主用端口，一个备用端口），其中主用端口用于连接低层（第 0 层）网络，备用端口用于连接高层网络。

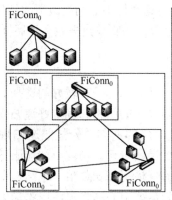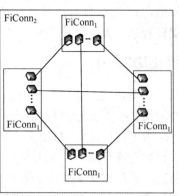

图 6-4　FiConn 拓扑结构

FiConn 是一个递归定义的结构，高层 FiConn 由一些低层 FiConn 构建，Li 等将 k 层 FiConn 标识为 $FiConn_k$。第 0 层是基本的构建单元，n 台服务器连接一个具有 n 个端口的交换机，每个 FiConn 中的服务器有 1 个端口连接到第 0 层，如果服务器的端口没有连接到其他服务器，则称其为备用端口。

在进行层次化网络互连的过程中，每个低层 FiConn 网络中备用端口空闲的一半服务器会与其他相同层次的 FiConn 网络中备用端口空闲的服务器连接，构建高层次的 FiConn 网络，即如果一个 $FiConn_k$ 中共有 b 台服务器拥有可用备用端口，那么在每个 $FiConn_k$ 中，b 台服务器中的 $b/2$ 个拥有备用端口的服务器使用其备用端口连接到其他 $FiConn_k$，这 $b/2$ 个被选择的服务器称为 k 层服务器，k 层服务器上被选择的端口称为 k 层端口，连接 k 层端口的链路称为 k 层链路。与 DCell 类似，如果将 FiConn 看成一台虚拟服务器，那么高层次的 FiConn 网络是由若干个低层次的 FiConn 网络构成的一个完全图。该拓扑方案的优点是不需要对服务器和交换机的硬件做任何修改，但每个 FiConn 对外连接的链路仍然有限，这使 FiConn 的容错性较弱，且其路径长度较大，路由效率不高。

BCube 使用交换机构建层次化网络，网络中主要包括服务器和交换机 2 种组件。BCube 采用了递归的构建方法，拓扑结构如图 6-5 所示。BCube 第 0 层就是将 n 台服务器连接到一个 n 端口的交换机，然后通过若干个交换机将多个低层 BCube 网络互连起来，其中每个高层交换机与每个低层 BCube 网络都相连。当 $n=4$ 时，BCube 第 1 层由 4 个 $BCube_0$ 和 4 个 4 端口交换机构成。更一般的情况是，$BCube_k$ 由 n 个 $BCube_{k-1}$ 和 n^k 个 n 端口交换机组成。每个 $BCube_k$ 中的服务器有 $k+1$ 个端口，标记为 level0 到 level$k$。因此，一个 $BCube_k$ 有 $N=n^{k+1}$ 台服务器和 $k+1$ 层交换机，每一层有 n^k 个 n 端口交换机。

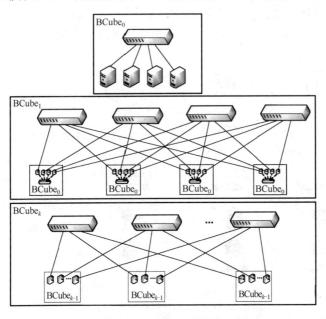

图 6-5 BCube 拓扑结构

BCube 主要为集装箱规模的数据中心设计，采用中心体系结构的服务器，充分利用了服务器和普通交换机的转发功能，在支持大量服务器的同时降低了构建成本，成为数据中心网络的重要研究方向。其最大优势是链路资源非常丰富，提供了负载均衡，不会出现明显的瓶颈链路，当发生服务器或者交换机失效时，BCube 可以做到性能的优雅下降，从而维持了服务的可用性。但 BCube 服务器间存在 $k+1$ 条路径，在探测过程中会造成较大的通信和计算开销，同时 BCube 要求每台服务器都要有 $k+1$ 个端口，这使目前很多现有服务器难以符合其要求，需要进行升级改造。

MDCube 使用 BCube 中交换机的高速接口来互连多个 BCube 集装箱。为了支持数百个集装箱，它使用光纤作为高速链路，每个交换机将其高速接口作为其 BCube 集装箱的虚拟接口。因此，如果将每个 BCube 集装箱都当作一个虚拟节点，它将拥有多个虚拟接口。MDCube 是一个多维的拓扑结构，它可以互连的数据中心集装箱的个数是所有维度上可容纳的数据中心个数的乘积。

6.2.3 光交换网络

对于以前的数据中心，大多数网络数据流量在服务器和用户之间来回传输，但现在，随着 Faccbook、Google 和 Amazon 等越来越庞大和复杂业务的出现，数据中心内部和服务器间的数据流量快速增加，传统网络设备无法处理这么多的流量，这些变化使这些网络巨头开始考虑采用可光速传播数据的设备来重新修改网络拓扑。

Helios 是 Google、Facebook 和其他技术巨头资助研发的混合电/光结构网络，它是一个 2 层的多根树结构，主要应用于集装箱规模的数据中心网络，其拓扑结构如图 6-6 所示。Helios 将所有的服务器划分为若干集群，每个集群中的服务器连接到接入交换机，每个接入交换机与一个电交换网络和一个光网络连接。电交换网络是一个 2 层或 3 层的具有特定超额订购率的树；在光网络中，每个接入交换机仅有 1 个连接到其他机架交换机的光链路。该拓扑保证了服务器之间的通信可使用分组链路，也可使用光纤链路。

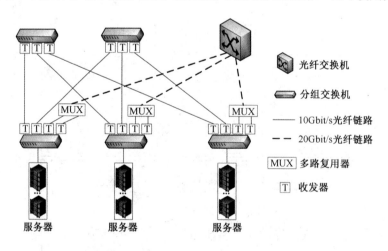

图 6-6 Helios 拓扑结构

一个集中式的拓扑管理程序实时地对网络中各服务器之间的流量进行监测，并对未来流量需求进行估算。拓扑管理程序会根据估算结果对网络资源进行动态配置，使流量大的数据流使用光纤链路进行传输，流量小的数据流仍然使用分组链路传输，从而实现网络资源的最佳利用。

OSA（Optical Switching Architecture）是 Chen 等提出的基于光交换的数据中心网络体系结构，其体系结构如图 6-7 所示。OSA 的应用场景是集装箱规模的数据中心网络。OSA 中主要引入了光交换矩阵（Optical Switching Matrix，OSM）和波长选择交换机（Wavelength Selective Switch，WSS）作为技术基础。

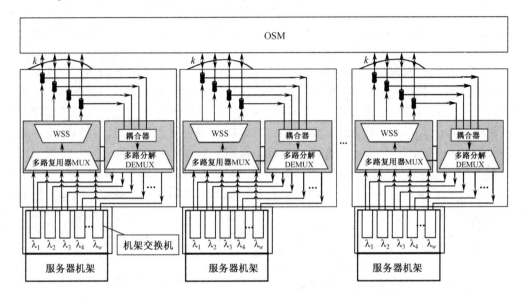

图 6-7 OSA 体系结构

大部分光交换模块是双向 $N \times N$ 矩阵，任意输入端口可以连接到任意的输出端口。目前流行的 OSM 技术使用 MEMS（Micro-Electro-Mechanical Switch）实现，它可以在 10ms 以内通过机械地调整镜子的微排列来更改输入和输出端口的连接。

一个 WSS 是一个 $1 \times N$ 交换机，由一个通用和 N 个波长端口组成。它将通用端口进入的波长集合分开在 N 个波长端口，这个过程可以在运行时以毫秒级进行配置。

OSA 在网络内部采用了全光信号传输，仅在服务器与机架交换机之间使用电信号传输。OSA 通过光交换机将所有机架交换机连接起来。由于服务器发出的都是电信号，因此 OSA 在机架交换机中放置光收发器（Optical Transceiver），用于光电转换；然后利用 WSS 将接收到的不同波长映射到不同的出端口；再通过 OSM 在不同端口之间按需实现光交换。为了更有效地利用光交换机的端口，使用光环流器（Optical Circulator）实现在同一条光纤上双向传输数据。

OSA 实现了多跳光信号传输，它使用逐跳交换来达到网络范围的连通性，不过在中间每一跳，都需要进行"光—电—光"的转换，在机架交换机进行交换。OSA 最大的特点是利用光网络配置灵活的特点，能够根据实际需求动态调整拓扑，大大提高了应用的灵活性。

光交换方式比点交换方式具有潜在的更高的传输速率、更灵活的拓扑结构，并且其制冷成本更低，因而是数据中心网络很重要的研究方向。但由于光交换网络是面向连接的网络，将不可避免引入时延，这将对搜索等对时延要求较高的应用产生影响。另外，目前光交换网络的设计针对集装箱规模的数据中心，其规模有限，如何从体系结构与管理的角度设计和构建大规模数据中心网络是一项很有挑战性的工作。

6.2.4　无线数据中心网络

由于传统数据中心普遍采用以太网静态链路和有线网络接口，大量的高突发流量和高负载服务器会降低数据中心网络的性能，而无线网络的广播机制可以克服这些缺点，而且无线网络可以在不重新布线的情况下灵活调整拓扑结构。

2009 年，美国微软的 Kandula 指出，可以增加新的"飞路"（Flyways）来缓解部分热节点的拥塞状况。Flyways 是利用无线通信技术解决网络中部分节点过热的著名设计方案，它通过在原有网络拓扑中添加一些新的连接来分流过热的交换机之间的数据流，主要思路是运用贪心算法将网络中流量最大的链路分摊至其他可行路径，由此得到效用最高的无线连接方式。Flyways 在很大程度上提高了数据中心的网络流量，缓解了部分节点过热的问题。但是无线网络很难单独满足所有针对数据中心网络的需求，包括扩展性、高容量和容错等。例如，由于干扰和高传输负载，无线链路的容量经常是受限的。因此，Cui 等提出了一个异构的以太网/无线体系结构 WDCN，其体系结构如图 6-8 所示。

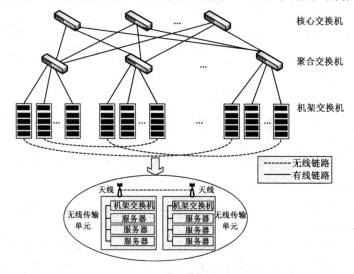

图 6-8　WDCN 体系结构

无线技术可以在不重新布线的情况下灵活调整拓扑结构，省去了复杂的布线工作，但无线技术在提供足够带宽的前提下，传输距离是有限的，因而限制了其在大规模数据中心的部署。

6.2.5　软件定义网络

软件定义网络（Software Defined Networking，SDN）作为新的网络架构成为最近学术界关注的热点，美国的 GENI 和 Internet 2、欧洲的 OFELIA 及日本的 JGN2plus 先后展开对 SDN 的研究和部署。在产业界，以 Nicira（创始人实际为 McKeown 和 Casado

等人，已被 VMware 收购）和 Big Switch 为代表的 SDN 创业公司不断涌现。当前，SDN 相关的工作主要围绕三个方面开展，包括开放网络基金会（Open Networking Foundation，ONF）定义的 OpenFlow 架构、IETF 的 Software Driven Network 架构及 ETSI 的 Network Function Virtualization 架构。

互联网的高速发展可以归结于细腰的 TCP/IP 架构和开放的应用层软件设计，但从网络核心来讲，由于专有的硬件设备和操作系统，网络在很大程度上是封闭的。

SDN 是一种新型的网络技术，它将网络的控制平面与数据转发平面分离，网络被智能地抽取到一个集中式的控制器（Controller）中，数据流的接入、路由等都由控制器来控制，而交换机只是按控制器所设定的规则进行数据的分组转发，最终通过开放可编程的软件模式来实现网络的自动化控制。SDN 架构主要分为基础设施层、控制层和应用层，如图 6-9 所示。基础设施层表示网络的底层转发设备，包含了特定的转发面抽象（如 OpenFlow 交换机中流表的匹配字段设计）。中间的控制层集中维护网络状态，并通过南向接口（控制和数据转发平面接口）获取底层基础设施信息，同时为应用层提供可扩展的北向接口。在 SDN 的这种 3 层架构下，仅需要通过软件的更新来实现网络功能的升级，网络管理者无须再针对每个硬件设备进行配置或者等待网络设备厂商的硬件发布，从而加速了网络部署周期。同时，SDN 降低了网络复杂度，使得网络设备从封闭走向开放，底层的网络设备能够专注于数据转发而使功能简化，有效降低网络构建成本。另外，SDN 通过软件来实现集中控制，使得网络具备集中协调点，因而能够通过软件形式达到最优性能，从而加速网络创新周期。

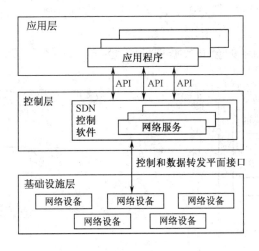

图 6-9　SDN 架构

SDN 将数据转发平面与控制平面的关系由紧耦合向松耦合演进，控制平面由分布式向集中式演进并开放北向接口，数据转发平面由特定硬件转发行为向可被定义的灵活硬件转发行为演进。目前，OpenFlow 以其良好的灵活性、规范性已被看成 SDN 通信协议事实上的标准，类似 TCP/IP 作为互联网的通信标准。OpenFlow 起源于斯坦福大学的 Clean Slate 计划（Clean Slate 计划是一个致力于研究重新设计互联网的项目），于 2008 年发布并进行推广。其研发成员由最开始的斯坦福大学高性能网络研究组（The High

Performance Networking Group），逐渐扩展为许多学术界的顶尖机构，如 MIT、加利福尼亚大学伯克利分校等，以及工业界的领头企业，如 Cisco、Juniper 等。

OpenFlow 是第一个针对 SDN 实现的标准接口，包括数据层与控制层之间的传输协议、控制器上的 API 等。OpenFlow 的基本思想是将路由器的控制平面和数据转发平面分离，将控制功能从网络设备中分离出来，在网络设备上维护流表结构，数据分组按照流表进行转发，而流表的生成、维护、配置则由中央控制器来管理。OpenFlow 的流表结构将网络处理层次扁平化，使得网络数据的处理满足细粒度的处理要求。在这种控制、转发分离的架构下，网络的逻辑控制功能和高层策略可以通过中央控制器灵活地动态管理与配置，可在不影响传统网络正常流量的情况下，在现有的网络中部署新型网络架构。

OpenFlow 主要由 OpenFlow 交换机、控制器两部分组成。OpenFlow 交换机负责数据转发功能，主要技术细节由三部分组成：流表（Flow Table）、安全信道（Secure Channel）和 OpenFlow 协议（OpenFlow Protocol），如图 6-10 所示。每个 OpenFlow 交换机的处理单元由流表构成，每个流表由许多流表项组成，流表项代表转发规则。进入交换机的数据包通过查询流表来取得对应的操作。安全信道是连接 OpenFlow 交换机和控制器的接口，控制器通过这个接口，按照 OpenFlow 协议规定的格式来配置和管理 OpenFlow 交换机。在控制器中，网络操作系统（Network Operating System，NOS）控制逻辑功能，实际上，这里的 NOS 指的是 SDN 概念中的控制软件，通过在 NOS 上运行不同的应用程序，能够实现不同的逻辑管控功能。目前 NOX 控制器成为 OpenFlow 网络控制器平台实现的基础和模板。NOX 控制器通过维护网络视图（Network View）来维护整个网络的基本信息，如拓扑、网络单元和提供的服务，运行在 NOX 之上的应用程序通过调用网络视图中的全局数据来操作 OpenFlow 交换机，以便对整个网络进行管理和控制。

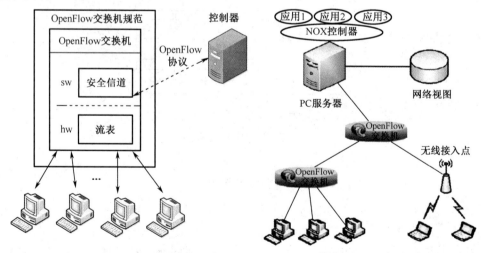

图 6-10　OpenFlow 交换机及网络

目前，Juniper、HP、IBM、Cisco、NEC、华为和中兴等传统网络设备制造商都已纷纷加入 OpenFlow 阵营，先后发布了支持 OpenFlow 的 SDN 硬件，并在 SDN 研究领

域进行了相关部署。Google 在其广域网数据中心已经大规模使用基于 OpenFlow 的 SDN
技术，通过 10Gbit/s 的网络链接分布在全球的 12 个数据中心，实现了数据中心的流量
工程和实时管控功能，使其数据中心的核心网络带宽利用率提高到了 100%，Google 将
自己的 SDN 网络命名为 B4，其网络结构如图 6-11 所示。

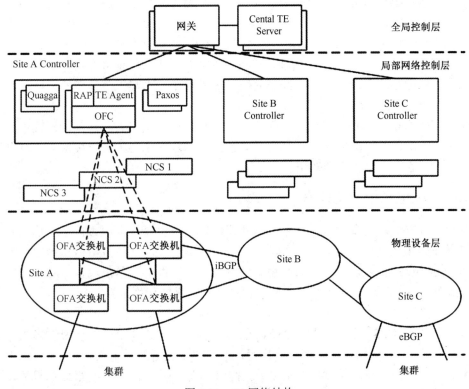

图 6-11　B4 网络结构

　　其分为 3 层：物理设备层、局部网络控制层和全局控制层。一个 Site 就是一个数据
中心。第 1 层的物理交换机是 Google 自行设计的，交换机里运行了 OpenFlow 协议，向
上提供 OpenFlow 接口，交换机把 BGP/ISIS 协议报文送到 Controller 供其处理。OSFP、
BGP、ISIS 路由协议来自开源的 Quagga 协议栈。第 2 层部署了几套网络控制器服务器
（NCS），每台服务器上都运行了一个 Controller，一个交换机可以连接多个 Controller，
但其中只有一个处于工作状态。一个 Controller 可以控制多个交换机，一个名叫 Paxos
的程序用来选出工作状态的 Controller。在 Controller 上运行了两个应用：一个是 RAP
（Routing Application Proxy），作为 SDN 应用与 Quagga 通信；另一个是 TE Agent，与全
局的 SDN 网关（Gateway）通信。第 3 层中全局的 TE Server 通过 SDN 网关从各个数据
中心的 Controller 收集链路信息，从而掌握路径信息。

　　经过上述改造之后，链路带宽利用率提高了 3 倍以上，接近 100%，链路成本大大
降低，而且网络更稳定，对路径失效的反应更快，大大简化了管理，也不再需要交换机
使用大的包缓存，降低了对交换机的要求。Google 这个基于 SDN 的网络改造项目影响
非常大，对 SDN 的推广有着良好的示范作用。

6.3 绿色节能技术

云计算基础设施中包括数以万计的计算机，伴随着云计算应用规模的扩大，云计算数据中心的能耗越来越大，已经成为日益严重的问题。在全球范围内，数据中心占全球所有电力消耗的 3%。目前，我国的数据中心约有 7.4 万个，约占全球数据中心总量的23%。全国数据中心每年度的耗电量不断攀升，2021 年数据中心耗电量为 2166 亿千瓦时，占社会用电量比例达 2.6%。目前，国内大部分数据中心的能效利用率相对较低。解决云计算数据中心的高能耗问题已经成为一个环境问题，构建绿色节能的云计算数据中心也成为一个重要的研究热点。

针对云计算数据中心的特点，下面从数据中心的配电系统、空调系统、管理系统的节能策略和算法，以及新能源应用等方面分析云计算数据中心的节能技术，并对典型的绿色节能云计算数据中心进行介绍。

6.3.1 配电系统节能技术

电力是数据中心的驱动力，稳定可靠的配电系统是保障数据中心持续运转的最重要的因素。在传统数据中心里，为了保证网络、服务器等设备稳定运行，通常使用 UPS（Uninterruptible Power Supply）系统稳定供电，在外部供电线路出现异常时，使用电池系统过渡到后备的油机发电系统，实现数据中心的可靠性和稳定性。

但是，传统的 UPS 系统存在以下问题。

（1）典型的 UPS 系统需要将 380V 的市电经过整流、逆变两个环节转换成标准的220V 交流电，供服务器机架电源模块使用，服务器电源再经过电压转换输出 12V 直流电供主板使用，转换级数过多，结构复杂。同时，为了避免 UPS 系统形成单点故障，数据中心通常采用多台 UPS 并机甚至进行 1:1 备份，这也使得数据中心的供电架构变得复杂且难以维护。

（2）由于 UPS 系统进行了多级转换，因此其自身也消耗了大量的电能。据实验分析，在实验室环境和理想负载情况下，UPS 的最高效率能达到 95%，但考虑到实际运行时的设备安全负载区间、市电波动影响和负载特性等因素，通常会增加一个供电系统安全系数，绝大部分 UPS 的单台负载通常控制在 20%~40%，UPS 的效率一般不高于90%，也就是说 UPS 的电力损耗在 10%以上。不仅如此，UPS 自身所带来的热量还会进一步增加空调系统的负载。

综合考虑 UPS 系统自身的效率和服务器自身的电源模块效率，传统数据中心配电系统的效率一般低于 77%，因此云计算数据中心如何提高配电系统的效率成为一个重要的问题。目前常见的两个方案是高压直流配电技术和市电直供配电技术。

1. 高压直流配电技术

随着将交流电（如 AC380V）直接转换成 240V 直流电源（高压直流 UPS）技术的出现，目前一些数据中心开始采用 240V 直流供电架构。由于绝大多数服务器的电源模块能够兼容 220V 交流电和 240V 直流电，因此现存服务器节点无须任何修改即可支持。直流电源一般采用模块化设计，而且蓄电池直接挂 240V 直流母线连接服务器电源，无须逆变环节，可靠性也高于交流 UPS。另外，240V 直流 UPS 在转换级数上比交流 UPS 少一级，因此实际运行效率通常在 92%以上，再综合 240V 到 12V 的直流电压转换，整个配电系统的效率可以提高到约 81%。

除此之外，还有一种更加优化的高压直流配电架构。该架构仍然使用 240V 直流 UPS 系统，但是将每台服务器节点自身的交流电源模块去除，采用机架集中式电源 PSU（Power Supply Unit）供电。机架式电源能够将 240V 直流电直接转化为 12V 直流电，并直接连接至服务器主板。另外，机架式电源采用热插拔模块设计，可维护性和更换效率得到提高。机架式电源将传统的集中供电分散到每个机架，可靠性较传统 UPS 有很大提高，能够更好地适应云计算业务场景。这种架构的配电原理如图 6-12 所示。由于去除了服务器节点的交流电源系统，因此这种配电系统在效率方面有了更大的提升，在实际测试中，这种配电系统的效率可以提高到 85.5%左右。

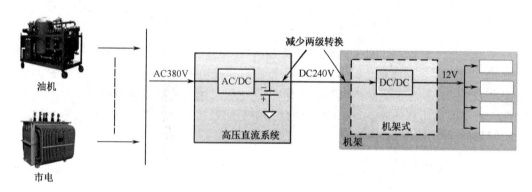

图 6-12　高压直流供电+机架式 PSU

2. 市电直供配电技术

除了高压直流配电技术，另一种得到应用的高效节能配电技术是市电直供配电技术。例如，Google 在某数据中心取消 UPS 系统，使用市电直连服务器，服务器内置 12V 电池以支撑到油机启动，避免服务器断电；Facebook 使用一路市电直供服务器，一路 48V 直流电源作为备份电源。这些架构能够将配电系统的损耗进一步降低，国外的互联网公司对此进行了大量的研究与实践。从国内来看，阿里巴巴也借鉴这种先进的市电直供配电架构，在其数据中心进行了成功的实践，如图 6-13 所示。

在市电正常时，交流输入模块经过一级直流 PFC 将 220V 交流电升高到 400V 的直流电，再经过降压变换电路将 400V 的直流电转换成 12V 的直流电供给服务器主板，逆变模块将 400V 直流电转换为 220V 交流电供给交换机使用。在市电异常时，由 240V 的蓄电池供电，直流输入模块经过一级升压电路将 240V 直流电升至 400V 直流电，再经过降压变换电路将 400V 直流电转换成 12V 直流电供给服务器主板，逆变模块将 400V 直流电转换为 220V 交流电供给交换机使用。当市电恢复正常或油机启动后，电源会自动由蓄电池直流供电切换到交流供电状态，切换由电源模块自身完成，整个过程无缝切换，保证了输出不间断。

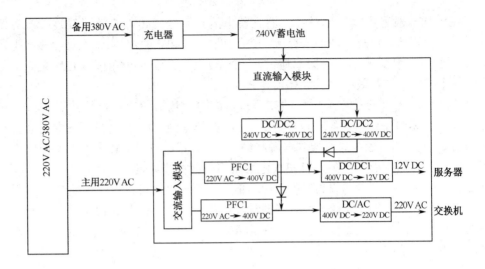

图 6-13 市电供电电源与高压直流充电后备系统

市电直供电源保留了机架式电源支持热插拔的模块化设计，也采用了机架分散供电的方式，同样适合云计算数据中心。采用市电直供配电方案，最大的特点在于最大化减少配电系统的转换环节，从市电到服务器 12V 主板只经过两级电路转换，整个配电系统的综合效率能够达到 92%左右，与传统数据中心配电技术和高压直流配电技术相比，具有较明显的优势。

6.3.2 空调系统节能技术

在数据中心运行过程中，服务器节点、网络设备、办公环境等时刻产生着热量，如果不能及时散发热量，数据中心将无法运行。数据中心常见 IT 设备的散热环节如图 6-14 所示。

空调系统是目前大部分数据中心必须具备的基础设施，它能够保证数据中心具备合适的温湿度，从而保障数据中心 IT 设施平稳运行，避免发生故障或损坏设备。同时，由于空调系统自身也需要消耗电力，因此如何提高空调系统的运行效率，甚至如何使用自然冷空调系统，成为数据中心节能方面的一个热点话题。

在传统数据中心里，空调系统主要用来满足机房内整体温湿度控制需求，基本方法是先冷却机房环境再冷却 IT 设备。机房空调系统的设计流程一般是先核算机房内的建筑负载和 IT 设备负载，选择机房的温湿度指标，然后根据机房的状况，匹配一定的气流组织方式（如风道上送风、地板下送风等）。机房专用空调设备一般会集成制冷系统、加湿系统、除湿系统、电加热系统，同时辅以复杂的逻辑和控制系统。传统数据中心的空调系统效率通常较低，采用指标能源利用率［Power Usage Effectiveness，PUE，PUE=1+（配电损耗+空调功耗+其他损耗）/IT 功耗］核算，PUE 一般在 2.0 以上。除了使用传统 UPS 损耗和散热影响，空调系统就是 PUE 高的主要原因，主要体现在数据中心中冷热通道不分、机架密封不严密造成的冷热混流、过度制冷、空调能效比不高、空调气流组织不佳等。

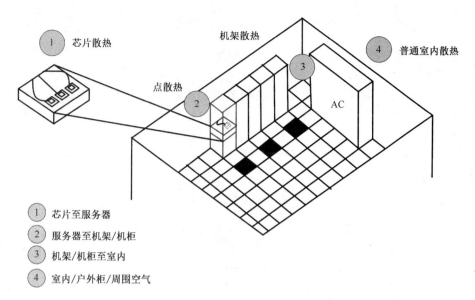

图 6-14 数据中心 IT 设备散热环节

与传统数据中心不同，云计算数据中心空调系统的核心理念是注重 IT 设备的温湿度要求，高效解决区域化的制冷，是机架级别甚至是 IT 设备级别的制冷解决方案，而非着眼机房环境的温湿度控制。在云计算时代，IT 设备在适应温湿度方面变得更强壮，目前的通用服务器设计标准为 35℃的进风温度，某些服务器还针对高温及较差环境进行优化设计，在 40～45℃的进风温度下能运行数小时，被称为高温服务器。

IT 设备的优化工作直接导致了数据中心空调温湿度标准的改变。ASHRAE（美国暖通空调协会）在其 2008 年版标准中，针对数据中心的温湿度推荐标准是，温度范围为18～27℃，湿度范围为 40～70RH%；而在 2011 年的推荐标准中，温度范围扩展为 10～35℃，湿度范围扩大到 20～80RH%。

高温服务器的出现使云计算数据中心空调系统方案得到了革新，从而取得了更好的能效比。具体而言，节能措施包括高温回风空调系统、低能耗加湿系统和自然冷空调系统等。

1. 高温回风空调系统

根据不同出水温度下的制冷和能耗，对应的出水温度（空调回风温度）提高 1℃，空调系统约节能 3%。目前的云计算数据中心中，冷冻水空调设计已经从常规的 7℃供水温度、12℃回水温度提高到 10℃供水温度、15℃回水温度，甚至更高，对应的冷通道温度或者服务器进风温度为 23～27℃，空调系统节能明显。

高送风回风温度的空调系统常见的气流组织方案是冷热通道密封，对机架用盲板密封空余处，避免冷热混合，提高回风温度，节能降耗。冷热通道密封方案主要解决小于8kW/机架的机架散热，对于功耗较大的机架，控制局部空间温湿度的区域精确制冷的空调系统是合适的选择。例如：安装在机架背面的水冷板，可直接冷却服务器设备高达35～40℃的热出风；位于机架列之间水平送风或者安装在机架上部向下送风的机架式精密空调系统，解决区域 10～30kW 的机架散热；甚至出现了针对芯片级别的解决方案，使用热管换热器或者相变制冷系统直接冷却核心发热元器件。

2. 低能耗加湿系统

云计算数据中心中的一个典型应用是湿膜加湿系统或水喷雾系统，该系统将纯净的水直接喷洒在多孔介质或者空气中，形成颗粒极小的水雾，由送风气流送出。整个加湿过程无须电能加热水，仅需水泵和风机能耗，取代了传统的将水加热成蒸汽、电能耗较大的红外加湿系统或电极式加湿器系统。以加湿 10kg 水蒸气为例，湿膜加湿系统仅需要耗能 0.6～0.8kW·h，而采用红外加湿系统或电极式加湿器系统需要耗能 8～12kW·h。

3. 自然冷空调系统

随着数据中心温湿度标准的放宽，数据中心直接引入经过过滤处理的室外低温新风或使用室外低温冷水换热变为可能。使用室外自然冷风直接带走机房的 IT 设备的散热，减少了机械制冷系统中最大的压缩耗能环节，采用压缩机制的冷系统的 EER（制冷量/制冷电能耗）由 2～3.5 提高到 10～15，节能空间巨大。

在不适合新风自然冷空调的区域，如果有较丰富的低温自然水资源，或者使用冷却塔提供低温冷却水，水自然冷空调系统也是很好的选择。水自然冷空调系统通过水泵驱动室外冷水循环，并将冷水通过板式换热器与机房内气流进行隔离换热，再由室内冷风冷却机房内的 IT 设备。不过水自然冷空调系统的 EER 为 6～8，节能效果低于直接引入新风的自然冷空调系统。

新风自然冷空调系统将外面的空气经过过滤处理后直接引入机房内以冷却 IT 设备。新风自然冷空调系统有若干关键设计，以图 6-15 中经典的 Facebook 在美国自建的新风自然冷空调系统为例，其关键设计如下。

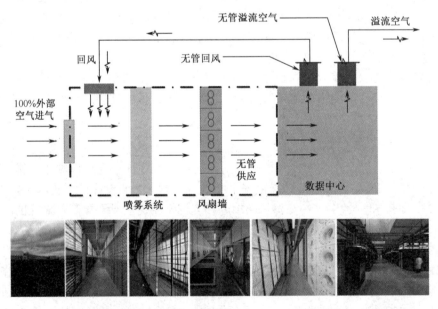

图 6-15 Facebook 新风自然冷空调系统（PUE=1.07，空调 EER 约为 15）

（1）低温和降温风系统：选择具有较长时间温度低于 IT 设备进风温度要求（如

27℃）的地区，以含较少硫氮化合物的空气为佳，使用送风系统送风至数据中心内。在温度较高的季节，可以使用水喷淋蒸发降温或者机械压缩制冷系统来降温；在室外低温季节，直接将室外新风引入机房，可能引起机房凝露，因此系统会将部分回风混合进低温新风，保证送风温度符合 IT 设备的需求，避免凝露。

（2）新风过滤系统：在室外进风口处使用防雨百叶，并使用可经常更换维护的粗效过滤器，除掉较大污染物颗粒，在新风与回风混合之后，使用中效和亚高效滤网进行二次过滤，以保证进入数据中心的空气达到相关的洁净度要求。

（3）气流组织：新风送风系统一般会选择高效气流组织设计，如地板下送风、冷热通道密封等隔绝冷热气流的措施。不同于常规数据中心的是，在新风自然冷空调系统中，热风需要排放室外或部分回风需要返回新风入口处，排风和部分回风系统需要做好匹配，保证机房整个静压，避免回风倒流入机房。

（4）智能控制：新风自然冷空调系统本身也相当于智能的机房恒温恒湿空调，而且更复杂，涵盖了温湿度、压力、风量等参数探测，运动部件驱动，阀门切换和各种逻辑编程等。这个系统的一些关键部分包括监控室外温湿度进行逻辑判断，控制阀门调节新风进入量、回风混合量、排风量，根据送风的温湿度调整喷淋水量和风机转速，还要考虑室内静压情况以调整送风量和排风量等。

6.3.3　集装箱数据中心节能技术

数据中心模块化是近年来云计算数据中心设计的热点，集装箱数据中心（Container DC）就是一个典型的案例。所谓集装箱数据中心，就是将数据中心的服务器设备、网络设备、空调设备、供电设备等高密度地装入固定尺寸的集装箱中，使其成为数据中心的标准构建模块，进而通过若干集装箱模块网络和电力的互联互通构建完整的数据中心。目前，集装箱数据中心已经得到了广泛的运用，如微软芝加哥数据中心、Google 俄勒冈州 Dalles 数据中心、Amazon 俄勒冈州 Perdix 数据中心等均采用了集装箱数据中心模块化技术。相关的集装箱数据中心模块化产品解决方案也层出不穷，如微软拖车式集装箱数据中心、Active Power 集装箱数据中心、SGI ICE Cube、惠普"金刚"集装箱数据中心、浪潮云海集装箱数据中心 SmartCloud、华为赛门铁克 Oceanspace DCS、曙光 CloudBase、世纪互联云立方等。图 6-16 给出了集装箱数据中心的部署示意。

集装箱数据中心的主要特点包括以下几个方面。

（1）高密度。集装箱数据中心模块可容纳高密度的计算设备，相同空间内可容纳 6 倍于传统数据中心的机柜数量。例如，华为赛门铁克 Oceanspace DCS 在其 $13.5m^2$ 的内部空间中可以放置包含 600 个 CPU、2880GB 内存的服务器及 1824TB 的存储系统。

（2）模块化。传统数据中心的设计支离破碎，因为不同的设备（如服务器、配电系统及供暖、通风和空调设备等）在设计时都要考虑最坏情况，所以在设计余量中存在严重的成本浪费。集装箱数据中心将有利于数据中心的模块化，可以建立一个最优的数据中心生态系统，使其具有所需的供电、冷却和计算能力等。

（3）按需快速部署。集装箱数据中心不需要企业再经过空间租用、土地申请、机房建设、硬件部署等周期，可大大缩短部署周期。以往传统数据中心至少 2 年才能完成的

事情，HP、SUN 可做到"美国 6 周、全球 12 周"交货，世纪互联也可做到"国内 1.5
个月"供货的快速反应，为企业快速增加存储和计算能力。

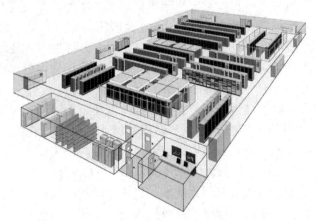

图 6-16　集装箱数据中心部署示意

（4）移动便携。集装箱数据中心的安装非常容易，只需要提供电源连接、水源连接
（用于冷却）和数据连接即可。利用集装箱数据中心可移动性的特点，可以将其灵活机
动地放到一个搞大型活动的区域，活动结束后还可以移动到其他地区继续使用。

从绿色节能的角度看，集装箱数据中心也采用了诸多良好的设计来提高数据中心的
能效比。

（1）缩短送风距离。由于集装箱空间较为密闭，因此可以将空调盘管安装到服务器
顶部，缩短送风距离，减少送风过程中的冷量损失。

（2）提高冷通道温度。将冷通道温度提高（如 24℃）后，可升高盘管供/回水温
度，减少压缩机工作时间，提高冷水机组的工作效率，达到节能环保的效果。

（3）冷、热通道完全隔离。隔离冷、热通道，可以防止冷、热空气混合，增大进、
出风温差，从而提高盘管制冷能力。

（4）隔热保温材料。在集装箱内外涂隔热保温涂料，可以做到冬季不结露、夏季冷
量不外泄。

（5）Free Cooling 功能。集装箱数据中心模块可以使用 Free Cooling，减少压缩机工
作时间，提高能源利用率。如在北京，每年有 4 个月时间可以使用 Free Cooling。

除此以外，由于集装箱数据中心不需要工作人员进驻办公，因此在正常运转过程中
可以完全关闭照明电源，从而节省了电力。

在采用各种节能设计后，集装箱数据中心模块能够获得较低的 PUE。例如，SGI 的
集装箱数据中心模块的 PUE 最低可以达到 1.05，华为赛门铁克 OceanSpace DCS 的 PUE
也能够达到 1.25 左右。

6.3.4　海底数据中心

海底数据中心（Underwater Data Center，UDC）是将服务器等 IT 设施安装在水下密
封压力容器中的数据中心。UDC 的解决方案主要由岸站、海底高压复合缆、海底分电

站及海底数据舱四部分组成。相较于传统数据中心，UDC 通过与海水进行热交换进行冷却，无须额外部署制冷系统，营运成本具有明显优势，符合"碳中和"背景下数据中心节能减排及绿色化发展的目标要求。此外，UDC 已实现模块化建设，施工周期短，通过部署在沿海发达地区，可以有效降低数据传输的延迟。在当前"双碳"背景下，UDC 可成为数据中心绿色化发展的实现路径之一。

在 2021 年政府工作报告中，"碳中和"和"碳达峰"成为政府重点工作之一。2021 年 7 月，工业和信息化部印发《新型数据中心发展三年行动计划（2021—2023 年）》，要求新建数据中心的 PUE 不得高于 1.3。据报告，在数据中心耗能环节中，制冷系统占比 40%，仅次于通信网络设备的 45%，制冷系统的节能是数据中心节能的关键环节。UDC 利用海水冷却，无须制冷设施且 PUE 表现优于传统制冷系统，未来有望迎来加速渗透。

微软是全球首个提出建设 UDC 的公司。UDC 构思提出于 2013 年微软的年度创新活动"ThinkWeek"，当时一位曾在海军潜艇上服役的微软员工提出了利用海水冷却服务器以降低能耗的想法。2014 年 7 月，微软启动代号为"Natick"的 UDC 项目，旨在降低运营数据中心带来的大量能耗，满足世界人口密集区域对云计算基础设施的大量需求。

UDC 与潜艇具有高度相似性。潜艇本质上是一种大型抗压容器，里面安装了各种基础设施，包括用于舰艇管理的复杂数据管理系统等，这些系统需要满足潜艇对于电、体积、重量、热平衡和冷却等方面的严格要求。为建造"潜艇式"数据中心，微软与产业链多方进行合作，由加拿大 Oceanworks 公司完成 UDC 的设计，法国 Naval 集团进行施工，将用于潜艇冷却的热交换系统加以改造，应用至 UDC，该系统通过管道输送海水，海水直接通过服务器机架背面的散热器，随后排回大海，从而实现数据中心散热的需求。

2015 年 8 月至 11 月，如图 6-17 所示，微软团队在加州附近部署了概念原型用于测试，测试历时 105 天，最终成功确认可以在海底环境中成功部署和运行数据中心设备，且 PUE 为 1.07，用水效率为 0（不耗水），项目可行性高。2018 年 6 月，微软在英国奥克尼群岛的欧洲海洋能源中心部署了代号为"北方群岛"（Northern Isles）的 UDC，旨在验证是否可以经济地制造全面的 UDC 模块，"北方群岛"长 40 英尺（1 英尺=30.48 厘米），拥有 12 个机架与 864 台服务器，存储空间为 2.76PB，可免维护持续运转 5 年。

图 6-17　微软 UDC

265

2020 年 7 月，微软取回 UDC 进行分析，数据中心中的 864 台服务器中只有 8 台发生了故障，故障率仅为陆地数据中心的 1/8。这表明，UDC 可成功运营和扩展，提高了数据中心的性能和可靠性。微软认为 UDC 可靠性高或与容器内充满氮气、隔绝人为干扰、无人为碰撞或推挤组件有关。

2020 年 3 月，国内企业海兰信收购加拿大 Oceanworks 公司（具有近 50 年的海洋工程经验），于同年 6 月切入 UDC 领域，现已完全具备 UDC 部署核心技术能力。2021 年 1 月，海兰信公布 UDC 样机第一阶段测试报告，珠海样机的 PUE 为 1.076，具备世界先进数据中心的能效水平，满足工业和信息化部的最新指导要求。

UDC 具有高 IT 负载、低 PUE、支持模块化部署同时兼顾安全性等特点，满足下游客户在服务器部署、低能耗、低成本、高效率等方面的要求，具体如下。

（1）高功率密度、低 PUE，同时兼顾安全性。数据舱有主动冷却与被动冷却两种规格，均可单舱容纳 24 个机柜，每个机柜的功率为 15kW，其中主动冷却数据船舱内温度可调节。数据舱采用液冷服务器，单舱最大设计功率为 1MW，设计 PUE 小于 1.10，在满足高功率的同时减少了能耗。同时罐体内充满惰性气体，防止氧气、水汽对舱体内部的侵蚀。

（2）搭载海水冷却系统，使用寿命长。UDC 舱体寿命可达 25 年。主体结构为罐体结构，电气设备、冷却系统均布置在罐体内部；罐体顶部为海水冷却系统，主要包括海水泵和冷凝系统，冷却系统利用管道将海水直接通过服务器机架背面的散热器，然后排回大海，排出的高温海水与周围水流融合冷却；入海的罐体结构采取涂层和阴极保护法，罐体外部布满牺牲阳极块，采用铝合金牺牲阳极；罐体下部为混凝土配重块；系统通过铺设的海底电缆与陆上操作中心相连。

（3）支持规模化部署。为了陆运便捷性，舱体整体大小接近集装箱，且根据不同的海底结构设计了不同的海底基座。UDC 厂站最多可以布置 25 个数据舱，并采用了模块化设计，可以通过在工厂预制、运到工地组装的方式快速部署、无限复制。

如表 6-2 所示，相较传统数据中心，UDC 因用海水冷却、无须制冷设施，营运成本低，UDC 在沿海地区选用核电直供，初步约定电价不超过 0.4 元/（kW·h），相较传统数据中心 0.8 元/（kW·h）的电费，电费成本低；施工周期短，建设成本低；部署在沿海地区，可以有效降低数据传输的延迟；无须淡水资源，绿色节能，易于通过建设审批等，有望引领数据中心基础设施的变革，使整个数据中心行业的能源、资源节约水平跨越至"碳中和"时代。

表 6-2　传统数据中心与 UDC 的比较

特征	传统数据中心	UDC
建设周期	1～2 年	90 天左右
制冷设施	需要	不需要
营运成本	高［用电量及电价相对较高；电费为 0.8 元/（kW·h）］	低［用电量及电价相对较低；电费小于 0.4 元/（kW·h）］
数据传输	高延迟	低延迟

6.3.5　数据中心节能策略和算法研究

目前常见的云计算数据中心节能策略和算法可以从功率管理和降低能耗两个角度进行分类。从功率管理来看，其主要可以分为动态功率管理（Dynamic Power Management，DPM）技术和静态功率管理（Static Power Management，SPM）技术；按照降低能耗阶段的不同，其可以分为关闭/开启技术（Resource Hibernation）、动态电压/频率调整（Dynamic Voltage & Frequency Scaling，DVFS）技术及虚拟化技术 3 类，其中关闭/开启技术主要降低空闲能耗，后两者则注重降低运行时能耗。DPM 的主要前提是数据中心所面临的负载随时间动态变化，它允许根据负载对功率进行动态调整，常见的技术主要有 DVFS 和虚拟化。SPM 则主要利用高效硬件设备（如 CPU、硬盘、网络、UPS 和能源提供设备等），通过设备结构的改变来降低能耗。

下面基于相关研究对目前常见的云计算数据中心节能技术进行介绍。

1. DVFS 技术

DVFS 是常用的控制 CPU 能耗的节能技术之一，其主要思想是：当 CPU 未被完全利用时，通过降低 CPU 的供电电压和时钟频率主动降低 CPU 性能，这样可以带来立方数量级的动态能耗降低，并且不会对性能产生影响。

有人在实时云计算虚拟化服务环境中提出了 3 种基于 DVFS 的能量感知虚拟机提供策略，用户将服务提交到虚拟机后，服务提供者能够根据不同的应用场景，利用不同策略提供虚拟机以减少能耗。有人基于 DVFS 技术提出了一种启发式调度算法，用来降低并行任务在集群环境中执行产生的能耗。该算法针对并行任务图中非关键路径上的任务，在不影响整个任务完成时间的前提下，降低非关键任务所调度 CPU 的电压来降低能耗。有人提出了集群环境中基于能量感知的任务调度算法，提出通过适当控制电压来减少能耗。也有人针对嵌入式多处理器系统提出了基于能耗感知的启发式任务调度算法 EGMS 和 EGMSIV，算法综合考虑了任务调度顺序和电压的动态调整，并利用能耗梯度作为任务调度的评价指标。

有人研究了具有 DVS 能力的多处理器平台中周期性抢占式硬件实时任务的能量最小化问题，采用分段调度机制为每个任务分配一个静态优先级，一旦任务被分配给处理器，就启动处理器速率分配机制，降低能耗，并保持灵活性。

DVFS 的目的在于降低执行能耗，由于 CMOS 电路动态功率中功率与电压频率成正比，降低 CPU 电压或频率可以降低 CPU 的执行功率。但是，这类方法的缺点在于降低 CPU 的电压或频率之后，CPU 的性能也会随之下降。

2. 虚拟化技术

虚拟化是云计算中的关键技术之一，它允许在一个主机上创建多个虚拟机，因此减少了硬件资源的使用数量，改进了资源利用率。虚拟化不仅可以使共享相同计算节点的应用之间实现性能隔离，而且还可以利用动态或离线迁移技术实现虚拟机在节点之间的迁移，进而实现节点的动态负载合并，从而转换闲置节点为节能模式。

有人将能耗管理技术与虚拟化技术结合起来，为云计算数据中心开发了一种能耗优化管理方法 VirtualPower。该方法支持虚拟机独立运行自身的能耗控制方法，并能合理协调不同虚拟化平台之间及同一虚拟化平台上不同虚拟机之间的能耗控制请求，实现对能耗的整体优化。也有人使用约束满足问题对虚拟机部署进行建模，约束条件为用户的服务等级协议，以达到最大化节省能量的目的。其实现思想是最大化空闲物理主机数，通过关闭空闲物理主机来节省能量。还有人通过将云计算环境中的虚拟资源分配问题形式化为一个路径构建问题，提出了一种高能效的分配策略 EEVARS，该策略使用带约束精华蚁群系统生成优化的资源分配方案，减少了服务器的使用数量及降低了系统能耗。

以上方法均通过减少服务器数量来达成节能目标。有人提出将虚拟机的动态迁移与关闭空闲节点相结合，以提高物理资源的利用率，平衡电量和性能间的需求。其提出了动态虚拟机再分配机制，将资源利用率进行排序，然后将资源利用率较小的物理主机上的虚拟机以最小电量增加原则迁移出去，将空闲的物理主机关闭，节省电量。也有人开发了一种分层的能耗控制系统，包含宿主级和用户级子系统。前者根据用户请求对硬件资源进行合理分配，以使每个虚拟机的能耗不超过规定上限；后者在虚拟机层重新对虚拟硬件资源进行分配，使每个用户任务产生的能耗不超过规定上限。

3. 主机关闭/开启技术

主机关闭/开启技术的节能策略可以分为随机式策略、超时式策略和预测式策略 3 类。随机式策略将服务器的关闭/开启时机视为一个随机优化模型，利用随机决策模型设计控制算法。超时式策略预先设置一系列超时阈值，若持续空闲时间超过阈值，就将服务器切换到关闭模式；同时，阈值可以固定不变，也可以随系统负载自适应调整。预测式策略在初始阶段就对本次空闲时间进行预测，一旦预测值足够大，就直接切换到关闭模式。3 类策略的目标均是最大限度地降低空闲能耗，而缺点在于当计算机启动时间较长时，会导致性能在一定程度上降低。

有人提出，由于计算机系统业务请求具有自相似性，基于关闭/开启技术的最优节能策略为超时式策略；并提出了当空闲时间长度服从 Pareto 分布时，基于截尾均值法小样本情况的 Pareto 分布形状参数的稳健有效估计算法和基于窗口大小自适应技术的非平稳业务请求下的 DPM 控制算法。

有人引入负载感知机制，提出了一种在虚拟化计算平台中的动态节能算法，利用动态提供机制关闭不需要的主机子系统来实现节能。与随机式策略和预定义的超时式策略相比，该算法在保证 QoS 的前提下提高了能耗效率。

主机关闭/开启技术可与虚拟化技术中的虚拟机迁移方法结合起来使用，当可以预知负载信息时，该方式可以极大地节约空闲主机的闲时能耗。

4. 其他节能技术

冷却系统的能耗约占云计算数据中心总能耗的 40%，计算资源的高速运行导致设备温度升高，温度过高不仅会降低数据系统的可靠性，而且会减少设备的生命周期。因此，必须对云计算数据中心的冷却设备降温，有效地减少冷却的能量，这对云计算数据中心的稳定运行和节省电量都有重要的意义。

有人提出将数据中心冷却系统考虑在内，在服务器中安装变速风扇和温度传感器，根据服务器的温度调整风扇的转速，这样既保证了安全又节省了电量。也有人提出数据中心的指令数据流包括温度传感器数据、服务器指令、数据中心空间的空调单元数据，并对这些数据流进行了分析，提出了简单灵活的模型，可以根据给定的负载分布和冷却系统配置预测数据中心的热分布，然后静态或手动配置热负载管理系统。有人提出了数据中心级的电量和热点管理（Power & Thermal Management，PTM）解决方案，PTM 引擎决定活跃服务器的数目和位置，同时调节提供的冷却温度，从而提高数据中心的能效。也有人提出了控制数据中心风扇的精细方式，每个机架上的风扇根据其自身的热系统、硬件使用率等信息调整速度。还有人综合考虑空间大小、机架和风扇的摆放及空气的流动方向等因素，提出了一种多层次的数据中心冷却设备设计思路，并对空气流和热交换进行建模与仿真，为数据中心布局提供了理论支持。

此外，数据中心建成以后可采用动态冷却策略来降低能耗，如对于处于休眠的服务器，可以适当关闭一些制冷设施或改变冷气的走向，以节约成本。有人针对云计算数据中心内部热量分配不均衡的问题，首次提出了以无线多媒体传感器网络（WMSN）实时监测局部热点，并利用任务迁移等方法降低热点区域的热负载，以"热点发现—热点定位—特征提取—热点消除"为主线，实现平衡热量分配、提高制冷效率的目的。

DPM 利用实时的资源使用状况和应用负载状况对能耗进行优化，不足之处在于若负载一直处于峰值状态，功耗并不能减少。

不同的节能技术通常拥有不同的应用场景。DVFS 节能技术的主要思想是，通过动态调整 CPU 的电压和频率，使其在不同阶段拥有不同的功率/性能，用不同的功率/性能处理不同的负载类型或不同计算量的任务，在降低执行能耗的同时保证执行性能。虚拟化技术实现了计算资源从物理实体到虚拟实体的过渡，提高了计算资源的使用率。然而，虚拟化技术本身要付出高昂的效能代价，因为虚拟化技术从底层硬件到高层服务应用进行层层虚拟，每一级的虚拟都不可避免地会造成效能的损耗。主机关闭/开启技术通常针对服务器的关闭/开启时机进行设定或预测，但对于包含大量类型的计算资源的云计算系统而言，如何根据单位时间到达的任务量决定要关闭的服务器数量，以及关闭哪些服务器等问题，都给该技术带来了难题。

综合现有的研究，在数据中心能耗管理方面仍然有以下研究重点。

（1）如何在给定的真实云计算系统中，根据任务类型、到达率及分布决策物理主机的运行状态，并结合 DVFS 和主机关闭/开启技术对系统进行能效优化。

（2）云是面向服务的，这必定要求满足一定的 QoS 需求，如何定义一种 QoS 能效模型来度量云系统的能耗优化目标，并明确它们之间的主从关系，也是未来需要进一步关注的问题。

6.3.6　新能源的应用

近年来，学术界和工业界一直通过各种方法改善数据中心的能效，如利用更好的能耗均增（Energy Proportional）计算技术（包括虚拟化、动态开关服务器、负载整合、IT 设备的深度休眠和功耗模式控制），以及更高效的电力配送及冷却系统。但是，改善能效并不等于就实现了绿色计算，因为数据中心消耗的仍然是传统的高碳排放量的能源。绿色和平组织定义实现绿色 IT 的方式是"高能效加新能源"。为了减少能耗和碳排放量以实现绿色计算，充分利用新能源才是根本途径。新能源一般指在新技术基础上加以开发利用的可再生能源，包括太阳能、生物质能、风能等。鉴于常规能源（煤炭、石油、天然气）的有限性及环境问题的日益突出，环保、可再生的新能源得到各国的重视。

能源领域对于绿色可再生能源的研究（如太阳能、生物质能的利用）从未停歇，而这股潮流随着云计算的到来，同样走向了数据中心。绿色和平组织通过对全球 IT 公司数据中心的清洁能源进行评级来倡导和激励数据中心使用新能源。同时，各国政府也纷纷制定鼓励节能减排的法规和政策。例如，美国提出多种激励补贴方式来鼓励新能源的应用，如生产税收抵免政策规定在新能源设施运营的前 10 年内，每生产 1kW·h 清洁能量将获得 2.2 美分的补贴。新能源不但能够显著减少高碳电厂的温室气体排放，而且具有光明的经济前景，是减轻未来电力价格上涨压力的一种新途径。例如，用户在安装了新能源或者购买了新能源产品之后，可以在多年内（如 20 年）拥有固定的能量价格。如果数据中心所在地区需要征收烟碳排放税，或者实行限额与交易政策（每家企业都给了一定量的排碳限额，在限额之内排碳免费；未用完限额可以将其卖给那些碳排放量超过配额的企业），那么对新能源的投资将具有较高的性价比。

现在，越来越多的 IT 企业和机构正在逐步实现完全或者部分新能源驱动的数据中心。例如，Facebook 建在俄勒冈州的太阳能数据中心，利用太阳能可以得到部分电能，如图 6-18 所示。Apple 将使用太阳能厂和燃料电池站生产 60%的电力，驱动其在南加州的数据中心。2010 年，Google 与风力发电公司 NextEra Energy 公司签订风能供电采购协议，为数据中心提供未来 20 年的风能支持，如图 6-19 所示。2011 年，Google 在芬兰 Hamina 新建的数据中心完全利用海水来冷却，通过花岗岩隧道将海水输送到数据中心，并且利用一艘微型潜水艇来保证送水隧道的畅通。海水被输送到数据中心后，Google 再利用管道系统和泵机将海水推向为服务器散热的热交换器，海水吸收了热交换器的热量后被重新排入大海。Google 还启动海上数据中心建设，依靠海水和潮汐发电，同时利用海水的流动，对数据中心的机器进行冷却，如图 6-20 所示。

为了给出标准的方法来评价数据中心的碳强度，绿色网格组织（TGG）采用碳使用效率（Carbon Usage Effectiveness，CUE）表示每度电产生的碳排放密集程度。CUE 值的计算方法为数据中心总的 CO_2 排放量除以 IT 设备能耗。

在数据中心部署使用新能源有就地电站和离站电厂两种方式。就地新能源发电厂生产的电力可直接为数据中心供能，如 Facebook 建在俄勒冈州的太阳能数据中心，其优势在于几乎没有电力传输和配送损失，但位置最好的数据中心（土地价格、水电价格、网络带宽、可用的劳动力、税收等因素）并不一定具有最佳的资源来部署就地新能源电站。还可以将新能源电厂建设在具有丰富资源（如风速大或日照强）的离站地区，然后通过电网将新能源产生的电力传送到需要用电的数据中心，尽管这种方式具有较大的传输损失和电网传送、存储的费用，但是其电产量更大，而且选址更灵活。由于新能源的不稳定性，上述两种方式均需要采用储能设备来缓解"产量/供应"与"消费/需求"之间的不匹配，因此相应的储能开销（购买费用和管理储能费用）也被纳入当前的权衡考虑之中。

图 6-18　Facebook 太阳能数据中心

图 6-19　Google 风能数据中心

图 6-20　Google 海上数据中心

目前关于新能源在数据中心应用的研究主要是考虑风能和太阳能。据统计，风能和太阳能分别占全球非水能新能源产量的 62% 和 13%。由于风能和太阳能的发电量与环境条件紧密相关，如风速和日照强度，因此可用电量是不稳定、随时间变化的。相应地，它们的容量因子也远低于传统电厂（容量因子是指实际产出与最大的额定产出的比值）。由于有稳定的化石燃料供应，传统电厂的容量因子可达 80% 甚至更高。依据年平均风速的不同，风能的容量因子在 20%～45%。风能发电的开销主要是前期的安装部署开销，其资金支出占据了生命周期总开销的 75%。

新能源最主要的优点就是一旦建设好电厂就可以源源不断地提供电能，而且管理费用较低，运营过程中不会排放碳等污染物质。尽管在生产、传输、安装、设备回收利用过程中也会产生碳污染，但是与传统电网的碳排放因子 $585gCO_2e/(kW \cdot h)$ 相比，风能 $[29gCO_2e/(kW \cdot h)]$ 和太阳能 $[53gCO_2e/(kW \cdot h)]$ 的碳排放因子仍然低得多。

有人对近年来数据中心应用新能源的策略进行了对比，将不同的策略归纳为以下四种情形。

第一种是新能源模型和预测机制，即采用风能发电或太阳能发电，根据新能源的不同特性进行建模，通过多种时间序列预测算法、机器学习和回归预测技术，根据历史数据建立能量曲线表等来预测新能源产量的变化趋势。

第二种是数据中心能源配额规划，即选择最佳的能源组合来最小化开销和碳排放量，并满足相应能耗需求。ReRack 是一个模拟优化器，通过输入新能源来源、新能源费用、碳排放量、储电设备、激励政策、服务协议等因素来评估使用新能源数据中心的能耗。ReRack 主要包含两部分：一是模拟器，用来分析新能源的效益；二是优化器，用来寻找对于给定地区和负载的开销最佳的求解空间，因地制宜地规划能源组合，优化能源组合的费用。

第三种是数据中心内作业调试机制，即根据新能源可用量来分级调度交互性和延迟容忍型作业，调节服务功耗状态以最大化利用新能源。美国罗格斯大学的研究者为绿色数据中心设计了 2 个负载调度系统：GreenSlot 和 GreenHadoop。GreenSlot 首先预测未来太阳能的可用量，在满足作业时延要求的情况下，尽可能将作业延迟到未来新能源可用的时候再执行。GreenHadoop 在 Hadoop 数据处理的框架下改进作业调度器来最大化新能源的利用。佛罗里达大学 IDEAL 实验室设计了 SolarCore，依据可用的太阳能动态地设置处理器的能耗预算，并利用 DVFS 技术根据吞吐率和能耗的比值来动态调节每个核的负载，以充分利用新能源实现最佳的性能。iSwitch 是 IDEAL 实验室的另一个研究成果，iSwitch 在两组服务器之间动态调节负载：一组服务器依靠新能源供能，另一组服务器依靠传统电网供能。根据能源波动，利用虚拟机迁移技术，当新能源不足时将任务迁移到电网服务器组；当新能源充足时将任务迁移到新能源服务器组。

第四种是数据中心间负载均衡机制，即针对不同地区数据中心的不同新能源可用量和不同碳排放量，负载均衡器将请求分发到不同的地区进行执行处理，从而最大化新能源的利用，减少能耗和碳排放量。剑桥大学的学者提出了 Free Lunch 架构。Free Lunch 根据可用能源在多个数据中心进行无缝执行和迁移虚拟机，将任务迁移至有富余新能源的数据中心。

6.3.7 典型的绿色节能数据中心

2006 年，Christian Belady 提出了数据中心 PUE 的概念，如今，PUE 已发展成为一个全球性的数据中心能耗标准。数据中心的 PUE 值等于数据中心总能耗与 IT 设备能耗的比值，基准是 2，比值越接近 1，表示数据中心的能源利用率越高。以 PUE 为衡量指标，目前全球最节能的 5 个数据中心如下。

1. 雅虎"鸡窝"式数据中心（PUE=1.08）

雅虎在纽约洛克波特的数据中心，位于纽约州北部不远的尼亚加拉大瀑布，每幢建筑看上去就像一个巨大的鸡窝，该建筑本身就是一个空气处理程序，整个建筑为了更好地"呼吸"，用一个很大的天窗和阻尼器来控制气流。

2. Facebook 数据中心（PUE=1.15）

Facebook 的数据中心采用新的配电设计，免除了传统数据中心的不间断电源（UPS）和配电单元（PDU），把数据中心的 UPS 和电池备份功能转移到机柜，每个服务器电力供应增加了一个 12V 的电池。Facebook 使用自然冷却策略，利用新鲜空气而不是凉水冷却服务器。

3. Google 比利时数据中心（PUE=1.16）

Google 比利时数据中心没有冷却装置，完全依靠纯自然冷却，即用数据中心外面的新鲜空气来支持冷却系统。比利时的气候几乎可以全年支持免费的冷却,平均每年只有 7 天气温不符合免费冷却系统的要求。夏季布鲁塞尔最高气温达到 66~71℉(19~22℃),然而 Google 数据中心的温度超过 80℉(约 27℃)。

4. 惠普英国温耶德数据中心(PUE=1.16)

惠普英国温耶德数据中心利用来自北海的凉爽海风进行冷却,不仅使用外部空气保持服务器的冷却,而且进行气流创新,使用较低楼层作为整个楼层的冷却设施。

5. 微软爱尔兰都柏林数据中心(PUE=1.25)

微软爱尔兰都柏林数据中心采用创新设计的"免费冷却"系统,使用外部空气冷却数据中心和服务器,同时采用热通道控制,以控制服务器空间内的工作温度。

下面以 Facebook 的数据中心为例,说明具体的节能措施。

位于俄勒冈州普林维尔(Prineville)的 Facebook 数据中心,是 Facebook 自行建造的首个数据中心,俄勒冈州凉爽、干燥的气候是 Facebook 决定将其数据中心放在普林维尔的关键因素。过去 50 年来,普林维尔的温度从未超过 105℉(约 40.56℃)。

Facebook 在瑞典北部城镇吕勒奥也新建了一个数据中心,该数据中心是 Facebook 在美国本土之外建立的第一个数据中心,也是 Facebook 在欧洲最大的数据中心。由于可以依赖地区电网,Facebook 数据中心在瑞典使用的备用发电机比美国少了 70%,这也是一大优势。自 1979 年以来,当地的高压电线还没有中断过一次。吕勒奥背靠吕勒河,建有瑞典最大的几座水电站。吕勒奥位于波罗的海北岸,距离北极圈只有 100km 之遥,当地的气候因素是 Facebook 选择在吕勒奥建立数据中心的重要原因之一。由于众多的服务器会产生十分大的热量,将数据中心选址在寒冷地区有助于降低电费和用于制冷系统的开支。

Facebook 采纳了双层架构,将服务器和制冷设备分开,最大化利用服务器占地面积。Facebook 选择通过数据中心的上半部分管理制冷供应,因此冷空气可以从顶部进入服务器空间,利用冷空气下降、热空气上升的自然循环,避免使用气压实现下送风。

空气通过在 2 楼的一组换气扇进入数据中心,然后经过一个混调室,在这里冷空气可以和服务器的余热混合以调整温度,之后冷空气经过一系列的空气过滤器,在最后一间过滤室,通过小型喷头进一步控制温度和湿度。空气继续通过另一个过滤器,吸收水雾,然后通过一个风扇墙,从地板的开口吹入服务器区域。整个冷却系统都位于 2 楼,空气直接吹向服务器,无须风道,如图 6-21 所示。

冷空气随后进入定制的机架,这些机架 3 个一组,每组包括 30 个 1.5U 的 Facebook 服务器。为了避免浪费,服务器也是定制的,服务器内部的英特尔和 AMD 主板被分拆成一些基本的必需部件,以节省成本。机箱体积比一般机箱大,这意味着能够容下更大的散热器和风扇,也意味着需要更少的外界空气用于降温。

Facebook 数据中心采用定制的供电设备,可以适用 277V 交流电源,而不是普通的 208V,这使得电能可以直接接入服务器,不需要经过交流到直流的转换,从而避免了电能损耗。每组服务器之间放置一套 UPS,独特的电源与 UPS 一体化设计,使得电池可以直接给电源供电,在断电时提供后备电源。机架和主板如图 6-22 所示。

图 6-21　混调室和过滤室

图 6-22　机架和主板

6.4　自动化管理

自动化管理是传统数据中心没有的功能，云计算数据中心的自动化管理使在规模较大的情况下，实现较少工作人员对数据中心的高度智能管理。数据中心自动化管理提供实现所有硬件、软件和流程协调一致工作的组合方法，能跨越技术领域帮助自动完成 IT 系统管理流程，以提高 IT 运营水平，它消除了绝大多数手工操作流程，为 IT 操作和 IT 服务管理队伍提供从设计到运行与维护的服务。

6.4.1　自动化管理的特征

云自动化，即按需分配和收回服务器、存储、网络、应用程序，是非常重要的。数据中心的管理需要资源的自动化调度和对业务的灵活响应，既需要单个业务能自治管理，也需要一个负责全局控制和协调的中心，对业务和资源进行统一监控、管理和调度。在传统的服务管理模式中，管理员需要登录若干个软件的控制台来获取信息、执行操作，这种分别针对不同软件、硬件和系统的方式缺乏面向服务的统一视图，需要通过自动化工具来提升互操作性，从而简化数据中心网络的自动化负载分配任务，或者由网络管理员以一个交换机、一个交换结构视图来管理网络基础架构，从而保证平稳地过渡到以太网结构和未来的开放网络软件。例如，IBM 的 Tivoli 软件提供了智能基础设施管理解决方案，为整个服务链提供了端到端的管理能力。Tivoli 软件利用基于策略的资源分配、安全、存储和系统管理解决方案，提供了管理和优化关键 IT 系统的集成视图。

数据中心自动化管理应具有五个主要特征：全面的可视性、自动的控制执行、多层次的无缝集成、综合与实时的报告和全生命周期支持。

（1）全面的可视性。数据中心自动化软件利用自动发现功能建立对数据中心所有层次的全面可视性，获得数据中心从基础设施层、中间件和数据库层、应用层直到业务服务层跨各个层次的运行时视图，使得数据中心自动化软件能够全面掌握数据中心资产、配置和各个层次依赖关系的现状，从而奠定自动完成各种功能的基础。

（2）自动的控制执行。将自动化全面实施于数据中心的流程管理，提高实施信息技术基础架构库的成功率。

（3）多层次的无缝集成。消除不同层次、不同组成部分间的各种障碍和间隙，连接所有数据中心和组成部分，流畅地自动执行在这些层次和组成部分间的各种处理流程，快速地协调数据中心内外的所有变更，实现端到端的流程管理。

（4）综合与实时的报告。使用自动化管理工具提供具有全面综合和透视依赖关系的报告来提高管理水平。可通过建立集中的配置管理数据库来存储所需信息，简化报告的创建和产生，并确保完整性。

（5）全生命周期支持。IT 服务管理每个流程都强调周而复始地"计划—实施—检查—更正"，利用自动化策略和技术来实现支持整个 IT 流程的生命周期，把数据中心自动化从静态的过程转变成动态的螺旋形发展过程。

自动化管理是对环境设备（如供配电系统、冷却系统、消防系统等）的智能监控，可实时动态呈现设备告警信息及设备参数，快速定位故障设备，使维护和管理从人工被动看守的方式向计算机集中控制与管理的模式转变。另外，数据中心在采用虚拟化技术降低物理成本的同时，会提升运维成本，使 IT 管理更加复杂，需要使用统一的资源可视化来管理虚拟网络的相关信息，同时自动化管理能自动监测虚拟机的创建和迁移，并确保网络设置随着迁移，从而真正把虚拟机的优势发挥出来。所有基础架构实现虚拟化并以服务的形式交付，数据中心的管理和控制由软件驱动，通过数据中心统一管理软件达到对数据中心设备、网络、服务、客户的智能化统一管理。

6.4.2　自动化管理实现阶段

由于资金、效率等问题，实现自动化管理不可能一蹴而就，自动化管理通常需经历三个阶段。

第一阶段：IT 服务操作。这一阶段主要是监控和管理 IT 基础设施的广义集合，如网络、服务器、应用和相关的存储设备。

第二阶段：IT 服务管理。这一阶段会制定一系列的设施间的交互和协作处理，确保

IT 服务符合标准规范。

第三阶段：数据中心自动化。这一阶段的时间和精力主要是维护 IT 环境，定制、检查和执行服务层协议。为了保证 IT 的高效、节约成本，将使用必要的工具进行自动化处理，真正实现工作或过程的自动化。

IT 服务操作的目标是生成有效的全局 IT 支撑架构，提高 IT 服务质量，对活动及过程进行协调和执行。活动和过程包括事故管理、事件监控和管理、问题管理。

一旦 IT 服务操作机构能监控和管理基础设施，下一步重点就是 IT 服务管理。通常 IT 服务管理是处理 IT 技术部门与其客户间的交互信息。Forrester 将 IT 服务管理定义为根据客户需求的服务层次确保 IT 服务质量的一系列过程。IT 服务管理通常包含了促进服务提高的方法，如 IT 基础架构库（Information Technology Infrastructure Library，ITIL）将配置管理、失效管理、容量和性能管理、安全管理和计费管理流程进行了简化。IT 服务管理通常由 4 个主题范围组成：服务管理、服务层管理、IT 资产管理和财务管理。

目前，IT 将 75% 的预算用在持续经营和维护上，一个主要原因就是缺少自动化工作机制。数据中心混合了硬件、软件和工作处理等各种方法，简化了 IT 操作。数据中心自动化在概念上位于 IT 服务操作和 IT 服务管理流程之间，减少了 IT 服务操作团队的工作量，因而提高了效率，减少了人为错误。第一个自动化工具是执行配置为中心任务的产品，如服务器配置和软件分发。在这样的自动化工具中，配置管理数据库（Configuration Management Database，CMDB）的存在是重要的，它能存储配置数据并衡量实时改变。自动化发展的下一个变化就是操作管理流程的自动化，IT 流程自动化工具有两种类型：一种提供通用的 IT 流程自动化，如 BMC 的 RealOps、HP 的 iConclude；另一种关注具体流程。

数据中心自动化最关键的成功因素是其基础服务和支持流程都已到位。在最低限度上，一个公司想要采用数据中心自动化工具，必须具备下列条件。

（1）管理系统。支持各类 IT 管理软件，能管理、监控、探测、识别和处理 IT 设施的异常行为。

（2）定义过程。有一套基本明确定义的流程并运作良好，应包括事件管理、变更管理、配置管理和版本管理。

（3）认知非自动化过程的成本。为了计算引入自动化的成本，必须知道非自动化过程的成本，避免为了自动化而自动化。

（4）内部流程资源。在初始配置时可使用外部资源，但是在后续的维护中，使用内部资源是更节约且有效的。

6.4.3　Facebook 自动化管理

Facebook 的服务器数量惊人，其硬件方面的工作重点主要放在"可服务性"上，内容也涉及服务器的初期设计，一系列工作就是为了保证数据机房的设备维修最简单、最省时。每个 Facebook 数据中心的运维工作人员管理了至少 20000 台服务器，其中部分员工会管理高达 26000 多个系统。

Facebook 在 OCP 项目硬件管理中对设备自动化管理给出了具体规则，硬件管理主要关注四个方面的内容：固件的生命周期、事件告警和日志、远程管理、策略技术。固件的生命周期是指提供一个统一界面独立地对固件的二进制文件和配置进行部署与更新，通常固件包括 BIOS、NIC 和 BMC。在大规模环境下，快速部署、安全地更新和组合固件是很重要的。事件告警和日志是指对产生的机器事件和日志消息进行格式统一，事件和告警可通过下列方法进行记录：SNMP、WS-MAN、Syslog 和发布/订阅事件服务。远程管理通常是远程控制机器配置和执行系统操作（如重新启动），并打开一个远程控制台，远程管理主要关注的是远程开启/关闭、远程控制台、发现机器的配件/固件配置、软重启/关闭、图形化控制台/VGA 重定向、唤醒功能 WOL 和唤醒功能重启WOR、基本身份验证/LDAP 认证。策略技术是指遵循和鼓励有潜在利益的产品与标准，探索未来的开放计算规范，可能包括替代系统管理有线协议、集成数据中心楼宇管理系统等，通过各种 DCIM（数据中心基础设施管理）供应商提供的服务器、存储、网络、办公自动化系统等加强硬件管理。

Facebook 推出了 DCIM 项目，以及一个全新的集群规划系统，用于将所有数据都可视化。其一体化管理软件能够将温度、湿度等户外信息与整栋建筑的能耗，以及 CPU存储和内存方面的数据进行综合分析与管理。该管理软件包含自开发的软件，如CYBORG 可自动检测服务器问题并进行修复。服务器的设计坚持"可服务性"原则，如在主板的设计上，为了节约能源，PCIe 通道、PCI 通道、USB 接口、SATA/SAS 端口等很少用到的功能都直接被禁用。BIOS 同样经过严格调整，以确保系统功耗始终处于最低水平。根据规范要求，BIOS 还在设定方面做出了有针对性的修改，进而使各组件以特定的速度及功率运转。主板上配有 5 个热敏元件，负责监测 CPU、PCH、输入接口及输出接口的温度。若侦测到温度过高，这些元件还会自动控制风扇转速，以确保冷却效果与运行状态吻合。大厅里的一个监视器，可以显示数据中心的状态，以及制冷系统是否正常工作，如图 6-23 所示。一体化管理软件减少了工程师设计数据中心时在性能优化方案方面花费的时间，将其从过去的 12 小时缩短到半小时。

图 6-23 数据中心监控

Facebook 拥有世界上最大的 MySQL 数据库集群，其中包含了成千上万台服务器，这些服务器分布在跨越两个大洲的多个数据中心里。Facebook 采用 MySQL Pool Scanner（MPS）系统对 MySQL 数据库集群进行管理，所有任务几乎全部自动化。MPS 是一个大部分用 Python 编写的复杂状态机，它能够代替 DBA 执行很多例行任务，并且可以在很少或不施加人为干预的情况下执行批量维护工作。

6.5　容灾备份

容灾备份是通过在异地建立和维护一个备份存储系统，利用地理上的分离来保证系统和数据对灾难性事件的抵御能力。

根据对灾难的抵抗程度，容灾系统可分为数据级容灾和应用级容灾。数据级容灾是指建立一个异地的数据系统，该系统对本地系统的关键应用数据实时复制，当出现灾难时，可由异地系统迅速接替本地系统而保证业务的连续性。数据级容灾只保证数据的完整性、可靠性和安全性，但提供实时服务的请求在灾难中会中断。

应用级容灾比数据级容灾层次更高，即在异地建立一套完整的、与本地数据系统相当的备份应用系统（可以同本地应用系统互为备份，也可与本地应用系统共同工作），在灾难出现后，远程应用系统迅速接管或承担本地应用系统的业务运行。应用级容灾系统能够提供不间断的应用服务，让服务请求透明地继续运行，保证数据中心提供的服务完整、可靠、安全，如图 6-24 所示。

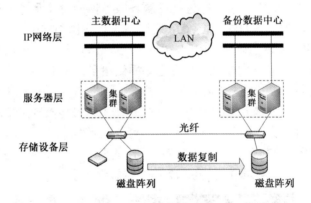

图 6-24　应用级容灾原理

数据中心的容灾备份系统主要用两个技术指标来衡量：数据的恢复点目标（Recovery Point Objective，RPO）和恢复时间目标（Recovery Time Objective，RTO）。RPO 主要指的是业务系统所能容忍的数据丢失量；RTO 主要指的是所能容忍的业务停止服务的最长时间，也就是从灾难发生到业务系统恢复服务功能所需要的最短时间周期。

6.5.1　容灾系统的等级标准

数据中心容灾与备份主要涉及两个标准：国际标准 SHARE78 和我国的国家标准 GB/T 20988—2007。SHARE78 将数据容灾与备份系统的安全等级分为 7 级，我国的国家标准将其分为 6 级，其对应关系如表 6-3 所示。

表 6-3　国际标准 SHARE78 和国家标准 GB/T 20988—2007 对应关系

SHARE78		GB/T 20988—2007	
Tier-0	在异地没有备份数据	第一级	异地有备份数据，没有备份系统，没有网络
Tier-1	异地有备份数据，没有备份系统，没有网络		
Tier-2	异地有备份数据，有备份系统，没有网络	第二级	异地有备份数据，备份系统和网络在预定时间内可以安装好
Tier-3	异地有备份数据，有备份系统，有网络支持	第三级	异地有备份数据，有备份系统，部分网络支持
Tier-4	主备两个中心的数据相互备份，关键应用恢复时间达到小时级	第四级	异地有备份数据，有备份系统，完整网络支持，关键应用恢复时间达到小时级
Tier-5	数据同时写向主备中心，实现双重在线存储，关键应用恢复时间达到分钟级	第五级	数据同时写向主备中心，关键应用恢复时间达到分钟级
Tier-6	主备中心同时向外提供服务，可实现负载均衡，数据丢失率为零	第六级	主备中心同时向外提供服务，有应用远程集群，数据丢失率为零

6.5.2　容灾备份的关键技术

备份是容灾的基础，是为防止系统操作失误或系统故障导致数据丢失，而将全部或部分数据集合从应用主机的硬盘或磁盘阵列复制到其他存储介质的过程。在建立容灾备份系统时会涉及多种技术，目前，国际上比较成熟的容灾备份技术包括远程镜像技术、快照技术、基于 IP 的 SAN 远程数据容灾备份技术及数据库复制技术等。

1. 远程镜像技术

远程镜像技术在主数据中心和备份数据中心之间备份数据时用到。镜像是在两个或多个磁盘或磁盘子系统上产生同一个数据的镜像视图的信息存储过程，将生成主镜像系统和从镜像系统。按主从镜像存储系统所处的位置，镜像可分为本地镜像和远程镜像。远程镜像又叫远程复制，是容灾备份的核心技术，同时是保持远程数据同步和实现灾难恢复的基础。

远程的数据复制是以后台同步的方式进行的，这使本地系统性能受到的影响很小，传输距离长（可达 1000km 以上），对网络带宽要求小。但是，许多远程的从属存储子系统的写没有得到确认，当某种因素造成数据传输失败时，可能出现数据一致性问题。为了解决这个问题，目前大多采用延迟复制技术（本地数据复制均在后台日志区进行），即在确保本地数据完好后进行远程数据更新。

2. 快照技术

远程镜像技术往往同快照技术结合起来实现远程备份，即通过镜像把数据备份到远程存储系统中，再用快照技术把远程存储系统中的信息备份到远程的磁带库、光盘库中。

快照通过软件对要备份的磁盘子系统的数据快速扫描，建立一个要备份数据的快照逻辑单元号 LUN 和快照 Cache。在快速扫描时，把备份过程中将要修改的数据块同时快速复制到快照 Cache 中。在正常业务进行的同时，利用快照 LUN 实现对原数据的完全备份，大大增加系统业务的连续性，为实现系统真正的 7×24 小时运转提供保证。快照是以内存作为缓冲区（快照 Cache），由快照软件提供系统磁盘存储的即时数据映像，它存在缓冲区调度的问题。

3. 基于 IP 的 SAN 远程数据容灾备份技术

它是利用基于 IP 的 SAN 互连协议，将主数据中心 SAN 中的信息通过现有的 TCP/IP 网络，远程复制到备份数据中心 SAN 中。当备份数据中心存储的数据量过大时，可利用快照技术将其备份到磁带库或光盘库中。这种基于 IP 的 SAN 远程容灾备份，可以跨越 LAN、MAN 和 WAN，成本低、可扩展性好，具有广阔的发展前景。基于 IP 的互连协议包括 FCIP、iFCP、Infiniband、iSCSI 等。

4. 数据库复制技术

如果需要将数据库复制到另一个地方，必须满足以下重要指标：数据必须实时、数据必须准确、数据必须可在线查询、数据复制具有独立性、数据复制配置简单、数据复制便于监控。Spanner 是 Google 研发的可扩展、多版本、全球分布式、同步复制数据库。它是第一个把数据分布在全球范围内的系统，并且支持外部一致性的分布式事务。在最高抽象层面，Spanner 就是一个数据库，把数据分片存储在许多 Paxos 状态机上，这些机器位于遍布全球的数据中心内。复制技术可以用来服务于全球可用性和地理局部性。客户端会自动在副本之间进行失败恢复。随着数据的变化和服务器的变化，Spanner 会自动把数据重新分片，从而有效应对负载变化和处理失败。Spanner 被设计成可以扩展到几百万个机器节点，跨越成百上千个数据中心，具备几万亿行的数据库规模。应用可以借助 Spanner 来实现高可用性，通过在一个洲的内部和跨越不同的洲复制数据，保证即使面对大范围的自然灾害时数据依然可用。

Spanner 的主要工作就是管理跨越多个数据中心的数据副本。尽管有许多项目可以很好地使用 BigTable，但 BigTable 无法应用到一些特定类型的应用上面，比如一些应用具备复杂可变的模式，或者对大范围分布的多个副本数据具有较高的一致性要求。Google 的许多应用已经选择使用 Megastore，主要是因为它的半关系数据模型和对同步复制的支持，尽管 Megastore 具备较差的写操作吞吐量。由于上述多个方面的因素，Spanner 已经从一个类似 BigTable 的单一版本的键值存储，演化成一个具有时间属性的多版本的数据库。数据被存储到模式化、半关系的表中，数据被版本化，每个版本都会自动以提交时间作为时间戳，旧版本的数据会更容易被作为垃圾回收。应用可以读取旧版本的数据。Spanner 支持通用的事务，提供基于 SQL 的查询语言。作为一个全球分布式数据库，Spanner 具有以下几个有趣的特性。

第一，在数据的副本配置方面，应用可以在一个很细的粒度上进行动态控制。应用可以详细规定：哪些数据中心包含哪些数据，数据距离用户多远（控制用户读取数据的延迟），不同数据副本之间距离多远（控制写操作的延迟），以及需要维护多少个副本（控制可用性和读操作性能）。数据也可以被动态和透明地在数据中心之间进行移动，从而平衡不同数据中心内资源的使用。

第二，Spanner 的两个重要的特性，很难在一个分布式数据库上实现，即 Spanner 提供了读和写操作的外部一致性，以及在一个时间戳下面跨越数据库的全球一致性的读操作。这些特性使 Spanner 可以支持一致的备份、一致的 MapReduce 执行和原子模式变更，所有这些都在全球范围内实现，即使存在正在处理中的事务也可以。之所以可以支持这些特性，是因为 Spanner 可以为事务分配全球范围内有意义的提交时间戳，即使事务可能是分布式的。这些时间戳反映了事务序列化的顺序。除此以外，这些序列化的顺序满足了外部一致性的要求：如果一个事务 T1 在另一个事务 T2 开始之前就已经提交了，那么，事务 T1 的时间戳就要比事务 T2 的时间戳小。Spanner 是第一个可以在全球范围内提供这种保证的系统。实现这种特性的关键技术就是一个新的 TrueTime API 及其实现。这个 API 可以直接暴露时钟不确定性，Spanner 时间戳的保证取决于这个 API 实现的界限。如果这个不确定性很大，Spanner 就降低速度来等待这个大的不确定性结束。Google 的簇管理器软件提供了一个 TrueTime API 的实现。这种实现可以保持较小的不确定性（通常小于 10ms），主要借助现代时钟参考值（如 GPS 和原子钟）。

6.5.3　云存储在容灾备份中的应用

云存储是指通过集群应用、网格技术或分布式文件系统等功能，将网络中大量不同类型的存储设备通过应用软件集合起来协同工作，共同对外提供数据存储和业务访问功能的一个系统。

在存储系统内，通过容错数据布局来提高存储系统的数据可用性，当前的分布式存储系统如 Amazon S3、Google 文件系统，为了保证数据的可靠性，都默认采用 3-Replicas 的数据备份机制。在存储层级，主机故障完全由其文件系统（如 Google 的 GFS）处理。在云计算数据中心运用服务器虚拟化技术、存储虚拟化技术等可实现跨数据中心的资源自动接管及移动，实现服务器虚拟化和网络虚拟化的无缝融合。

Google 的所有在线应用（包括 Gmail、Google Calendar、Google Docs，以及 Google Sites 等）均采用了数据同步复制技术，用户需要保存的任何数据，都同步存储到 Google 的 2 个不同地理位置的数据中心，当一个数据中心发生故障时，系统会立即切换到另一个数据中心。同步复制式备份的灾难恢复方式的运营成本相当高，Google 云计算通过以下方法，保证这些高成本的技术可以免费提供给用户使用。

（1）Google 的一个数据中心支撑着数百万用户，因此，每个用户分摊的成本相对低很多。

（2）Google 的备份数据中心并不是在灾难发生时才启用，而是一直在使用中，Google 始终在这些数据中心之间进行平衡，保证没有资源浪费。

（3）Google 的数据中心之间有自己的高度连接网络，保证数据快速传送。

目前，国内外存储厂商提供的云存储服务（如 Google 云存储等）均为用户提供在线数据备份，将企业的数据直接备份到云存储数据中心，让那些以往只有超级公司才有能力享受的诸如灾难恢复服务变得十分普遍，而且成本极低。基于已有的云服务模式，Wood 等利用云计算的虚拟平台为企业及个人提供数据容灾服务，提出了容灾即服务的云服务模式，并针对网站应用服务建立了容灾云模式，以实例证明了利用云资源进行数据备份可大大降低容灾的成本。

云提供商可根据自身任务的执行情况租用其他多个云平台的资源，以备份自身数据，这是基于多个云平台的数据冗余备份，云提供商需选择一种合理的数据备份方案，从而优化数据容灾成本。企业也可根据自己的需要，按需购买云存储数据中心的容量，存储多少数据就支付云存储数据中心多少费用，而不需要自己建立数据中心。与自建数据中心相比，企业可以有效抑制成本的增加，并按需扩展自己的容量。

习题

1. 集装箱数据中心有哪些优点？常见的节能措施有哪些？
2. 云计算数据中心配电系统节能的原理是什么？
3. 能源利用率（PUE）的计算方式是什么？
4. 请对比海底数据中心与传统数据中心。

第7章　总结与展望

本章横向比较 Hadoop、Spark、Docker、OpenStack 等开源云计算方案，方便读者更好地掌握本书的主体内容。另外，本章将介绍国内外的云计算标准化工作，以及云计算的发展方向。

7.1　主流开源云计算系统比较

开源云计算系统为个人和科研团体研究云计算技术提供了平台，也为企业根据自身需要研发相应的云计算系统提供了基础。利用开源云计算系统，可以在低成本机器构成的集群系统上模拟近似商业云计算的环境。

随着云计算研究的不断发展，开源云计算系统也层出不穷。其中，有对成熟商业云计算系统的模仿实现，如模仿 Google 云计算系统的 Hadoop，能实现类似 AWS 功能的 OpenStack；也有专门针对 Hadoop 不足而开发的 Spark；还有针对特定服务的云计算系统，如专门实现应用程序打包和迁移的 Docker，面向存储的 Cassandra、VoltDB、MongoDB 等。

为了帮助用户更好地选择符合需要的开源云计算系统，本节从开发目的、体系结构、实现技术和核心服务 4 个方面，对 Hadoop、Spark、Docker、OpenStack 4 种同时包含了计算和存储服务的主流开源云计算系统进行比较分析。关于这 4 个开源云计算系统的具体细节，参见前面的相关章节。

7.1.1　开发目的

Hadoop 旨在提供与 Google 云计算平台类似的开源系统，由开源组织 Apache 孵化。对于 Google 云计算平台中包含的 GFS、MapReduce、BigTable 等组件，Hadoop 中分别有 HDFS、MapReduce、HBase 等开源实现的组件与之对应。此外，Hadoop 还包含了若干个独立的子系统，如分布式数据仓库 Hive、分布式数据采集系统 Chukwa、远程过程调用方案 Avro。由于 Hadoop 具有良好的性能和丰富的功能，其改进版本目前已经在中国移动、淘宝等公司得到了应用。

Spark 最初是针对 Hadoop 批处理模式存在的问题而开发的。机器学习、图处理等众多领域需要对数据进行反复的迭代处理，而 MapReduce 的中间结果要保存在本地磁盘，因此对于这种需要迭代处理的计算任务，从 I/O 效率来看，MapReduce 并不适合。基于这种考虑，加州大学伯克利分校的 AMP 实验室主导开发了 Spark 系统，并将其开源。现在 Spark 已经成为 Apache 的顶级项目。Spark 目前在国内外得到了较为广泛的应用，其集群规模已经达到几千个至上万个节点。

Docker 最初开发虽然只是为了简化程序开发和运行过程，但就其目前的发展来看，

Docker 为云平台的实现提供了另一种思路和可能性。简单来讲，可以将 Docker 理解成一个轻量级的虚拟机，但实际上其准确的理解应当是一种应用容器。Docker 实现的功能和虚拟机类似，可以让开发者和用户将程序当前完整的运行环境打包，然后运行到另一个环境中。但是与传统的虚拟机实现方案相比，Dcoker 是非常轻量级的，在启动时间、对资源的占用等方面具有绝对的优势。Docker 的这种特性让以 Docker 容器为单位的云平台成为可能。如果在云平台中广泛地使用 Docker，则可以将任何程序都统一封装在 Docker 容器中进行销售、分发和部署。

OpenStack 旨在为不同规模的企业提供一种构建云平台的简便方式。这种云既可以是私有云，也可以是公有云。OpenStack 是由美国航空航天局（NASA）和 Rackspace 公司共同开发完成。OpenStack 可以为用户提供包括计算、存储、数据库服务等在内的多种云服务，同时提供具有统一接口的管理平台，以便管理。主流开源云计算系统比较如表 7-1 所示。

表 7-1　主流开源云计算系统比较

对比项	Hadoop	Dcoker	OpenStack	Spark
参照的商业方案	Google	VMware	AWS	无
提供的服务类型	PaaS	PaaS	IaaS	PaaS
服务间的关联度	所有服务被捆绑在一起，耦合度高	所有服务被捆绑在一起，耦合度高	可以选择组件来实现不同的服务，耦合度低	可以选择模块应对不同的处理任务，耦合度低
支持的编程语言	主要是 Java	多种	多种	多种
使用限制	较多	较少	较少	较多
支持的功能	较多	较少	较多	较多
可定制性	较弱	较弱	较强	较弱
可扩展性	自动扩充所需资源并进行负载均衡	需要手动增加所需的应用程序数量	可以实现自动扩充所需资源并进行负载均衡	自动扩充所需资源并进行负载均衡
特色	实现了 Google 云计算系统的关键功能，得到了广泛应用	能便捷地实现应用程序的打包和迁移	可以灵活地构建公有云、私有云及混合云	解决了 Hadoop 存在的一些问题，同时支持流处理、图处理等多种类型的任务

7.1.2　体系结构

Hadoop 采用与 Google 云计算平台类似的体系结构，主要由 Hadoop Common、HDFS、MapReduce、HBase、ZooKeeper 等组件构成。其中，Hadoop Common 是整个 Hadoop 项目的核心，其他子项目都是在其基础上发展起来的；HDFS 是支持高吞吐量的分布式文件系统；MapReduce 是大规模数据的分布式处理模型；HBase 是构建在 HDFS 上的、支持结构化数据存储的分布式数据库；ZooKeeper 用于解决分布式系统中的一致性问题。此外，Hadoop 还包含了若干个相对独立的子项目，如用于管理大型分布式系统的数据采集系统 Chukwa、提供数据摘要和查询功能的数据仓库 Hive 等。

Spark 经过几年的发展，已经较为完善。围绕着 Spark 的核心模块（Spark Core），已经构建起一个支持多种数据处理的完整生态圈。AMP 实验室称之为 BDAS（Berkeley

Data Analytics Stack），如图 7-1 所示。

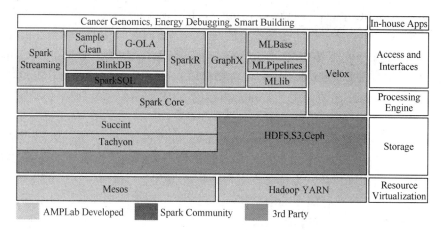

图 7-1 BDAS

在这个体系结构中，最核心的自然是 Spark Core。
底层文件系统支持 HDFS、S3 等。资源管理和调度系统
则支持 Mesos 及 Hadoop YARN，在此之上则支持流处理
（Spark Streaming）、近似计算（BlinkDB）、图处理
（GraphX）、机器学习（MLBase）等多种计算任务。

Docker 的基本体系结构如图 7-2 所示。

从图 7-2 中不难发现，Docker 的实现本质上也是一

图 7-2 Docker 的基本体系结构

种虚拟化技术。但与 VMware 这种重量级虚拟化产品相比，其实现时无须实现硬件的虚
拟化，也不用搭载自己的操作系统。因此无论是在体量还是在启动速度等方面，其都有
绝对的优势。但是，由于 Docker 对 Linux 容器的依赖，目前 Docker 只能运行在 Linux
环境下。

OpenStack 提供了一整套的 IaaS 实现。最新的发行版中主要包括如下 11 种服务：
对象存储（Swift）、计算服务（Nova）、镜像服务（Glance）、面板（Horizon）、鉴权服
务（Keystone）、网络服务（Neutron）、块存储服务（Cinder）、遥测（Ceilometer）、编排
（Heat）、数据库服务（Trove）、数据处理（Sahara）。其中最核心的是对象存储及计算
服务。

7.1.3 实现技术

Hadoop 在功能上尽可能地模仿 Google 云计算平台，实现分布式文件存储系统
HDFS、计算系统 MapReduce、分布式数据库 HBase 等。但对于 Google 云计算平台的部
分功能，Hadoop 在实现上依然存在差距。例如，Hadoop 中使用 ZooKeeper 代替 Google
云计算系统中的 Chubby，但前者在功能上存在一定的不足。

Spark 的内核采用 Scala 语言开发，实现了一整套的基于内存的迭代计算框架。
Spark 基于 RDD 这种基本数据结构来对数据进行处理。数据处理主要在内存中完成，因
此效率很高。同时与 MapReduce 主要支持 Map 和 Reduce 操作不同，Spark 支持更多类

型的操作，如 filter、flatMap、sample、groupByKey、reduceByKey、union、join 等。

Docker 基于 Linux 容器（Linux Containers，LXC），采用 Go 语言实现。虚拟化技术需要解决隔离性、可配额、移动性及安全性四个方面的问题。其中，隔离性由 Linux 的 Namespace 来保证；可配额由 cgroups 来实现；移动性则利用 UnionFS（Union File Systems）来实现，就 Docker 本身而言，主要使用的是 AUFS（Another UnionFS）；最后在安全性方面，Docker 主要利用了 Linux 内核的 GRSEC 补丁，以此来保护宿主不受非法入侵。

OpenStack 在处理能力上类似于 Amazon Web Services。虽然 OpenStack 中的各个服务相对独立，但在完整的功能实现时，基本需要各个服务的相互配合。其中，Nova 是核心，负责相关的计算任务。当计算实例需要进行持久化存储时，可以选择基于对象的存储 Swift 或者基于块的存储 Cinder。Horizon 提供了用户图形界面，而 Keystone 则可以完成权限控制等方面的工作。

7.1.4 核心服务

在计算服务、存储服务、数据库服务三大核心服务方面，Hadoop 所提供的服务与 Google 云计算平台十分类似，分别由 MapReduce、HDFS、HBase 组件承担；Spark 提供了包括批处理、流处理在内的多种处理模式。从某种程度上来说，Spark 比 Hadoop 可处理的任务类型更广。Docker 作为一种应用容器，通过轻量级虚拟化技术实现了云环境下各种程序的便捷迁移。OpenStack 提供了与 Amazon EC2 和 S3 类似的计算及存储服务，用户可以自行实现一个较为完整的云平台。表 7-2 展示了除 Docker 外上述 3 个主流开源云计算系统在核心服务方面的比较。

表 7-2　开源云计算系统的核心服务比较

对比项	Hadoop	Spark	OpenStack
计算服务	基于 MapReduce 的计算任务	基于 RDD 数据结构的内存计算	提供计算服务 Nova
存储服务	提供分块存储的 HDFS	兼容包括 HDFS 在内的多种文件系统	基于对象的存储 Swift 或者基于块的存储 Cinder
数据库服务	提供分布式数据库 HBase	Spark SQL	提供专门的数据库服务 Trove

Docker 提供的服务和上述 3 种不太一样。Docker 本身并不提供完整的计算、存储等服务，但 Docker 提供的对各类应用程序简易的打包和迁移服务使 Docker 成为众多云平台的基础组件之一。

7.2　云计算发展趋势

7.2.1　标准化

云计算标准化工作作为推动云计算技术产业及应用发展，以及行业信息化建设的重要基础性工作之一，近年来受到各国政府及国内外标准化组织和协会的高度重视。自 2008 年以来，云计算在国际上已成为标准化工作的热点之一。国际上共有 33 个标准化组织和协会从各个角度开展云计算标准化工作。这 33 个国际标准化组织和协会既有知名的标准化组织，如 ISO/IEC JTC1 SC27、DMTF，也有新兴的标准化组织，如 ISO/IEC JTC1 SC38、CSA；既有国际标准化组织，如 ISO/IEC JTC1 SC38、ITU-T SG13，也有区域性标准化组织，如 ENISA；既有基于现有工作开展云标准研制的，如 DMTF、SNIA；也有专门开展云计算标准研制的，如 CSA、CSCC。

目前，大多数的云计算标准化组织和团体来自美国。除了国际标准化组织和区域性标准化组织大力参与云计算标准化工作，国际标准化协会日益成为云计算标准化工作的生力军。总的来说，参与云计算标准化工作的国外标准化组织和协会呈现以下特点。

1. 三大国际标准化组织从多角度开展云计算标准化工作

三大国际标准化组织 ISO、IEC 和 ITU 的云计算标准化工作开展方式大致分为两类：一类是已有的分技术委员会，如 ISO/IEC JTC1 SC7（软件和系统工程）、ISO/IEC JTC1 SC27（信息技术安全），在原有标准化工作的基础上逐步渗透云计算领域；另一类是新成立的分技术委员会，如 ISO/IEC JTC1 SC38（分布式应用平台和服务）、ISO/IEC JTC1 SC39（信息技术可持续发展）和 ITU-T SG13（原 ITU-T FGCC 云计算焦点组），开展云计算领域新兴标准的研制。

2. 知名标准化组织和协会积极开展云计算标准研制

知名标准化组织和协会，包括 DMTF、SNIA、OASIS 等，在其已有标准化工作的基础上，纷纷开展云计算标准研制。其中，DMTF 主要关注虚拟资源管理，SNIA 主要关注云存储，OASIS 主要关注云安全和 PaaS 层标准化工作。目前，DMTF 的 OVF（开放虚拟化格式规范）和 SNIA 的 CDMI（云数据管理接口规范）均已通过 PAS 通道提交给 ISO/IEC JTC1，正式成为 ISO 国际标准。

3. 新兴标准化组织和协会有序推动云计算标准研制

新兴标准化组织和协会，包括 CSA、CSCC、Cloud Use Case 等，正有序开展云计算标准化工作。这些新兴的标准化组织和协会，通常从某一方面入手，开展云计算标准研制。例如：CSA 主要关注云安全标准研制，CSCC 主要从客户使用云服务的角度开展标准研制。

云计算标准化的主要内容包括以下几方面。

- 云计算互操作和集成标准包括不同云之间的互操作性，如私有云和公有云之间、公有云和公有云之间、私有云和私有云之间的互操作性和集成接口标准等。
- 云计算的服务接口标准和应用程序开发标准主要包括云计算与业务层面的交换标准，如在业务层面如何调用和使用云服务。
- 云计算不同层面之间的接口标准，主要包括架构层、平台层和应用软件层之间的接口标准。
- 云计算商业指标标准，主要包括用户提高资产利用率的标准、资源优化和性能优化标准，以及评估性能价格比的标准等。
- 云计算架构治理标准，主要包括设计、规划、架构、建模、部署、管理、监控、运营支持、质量管理和服务水平协议等标准。

- 云计算安全与隐私标准，主要包括与数据的完整性、可用性、保密性相关的物理和逻辑上的标准。

目前，具有代表性的云计算国际标准有以下几个。

NIST（美国国家标准与技术研究院）的目标是为云计算在政府和工业领域的安全应用提供技术指导，并推广相关技术标准。NIST 提出的云计算的定义被许多人当成云计算的标准定义。NIST 专注于为美国联邦政府提供云架构及相关的安全和部署策略，包括制定云标准、云接口、云集成和云应用开发接口等。如图 7-3 所示，NIST 云计算架构参考模型定义了 5 种角色，分别是云服务消费者、云服务提供商、云服务代理商、云计算审计员和云服务承运商。每种角色既可以是个人，也可以是单位组织。每种角色的具体定义如下。

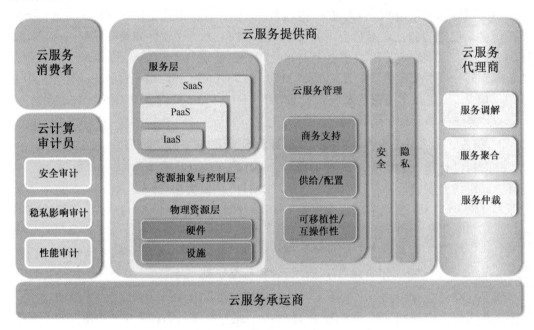

图 7-3　NIST 云计算架构参考模型

- 云服务消费者：租赁云服务产品的个人或单位组织。
- 云服务提供商：提供云服务产品的个人或单位组织，如中国电信天翼云、阿里云、腾讯云等。
- 云服务代理商：代理云服务提供商向云服务消费者销售云计算服务并获取一定佣金的个人或者单位组织。
- 云计算审计员：能对云计算安全性、云计算性能、云服务及信息系统的操作开展独立评估的第三方个人或者单位组织。
- 云服务承运商：在云服务提供商和云服务消费者之间提供连接媒介，以便把云计算服务产品从云服务提供商那里转移到云服务消费者手中，如中国电信，但广域网商和互联网商不属于云服务承运商。

DMTF（分布式管理任务组）的宗旨是协调 IT 行业各方面的力量，共同开发、验证和推广系统管理标准，从而简化管理，降低 IT 系统的管理成本。DMTF 在 2009 年 4 月成立了"开放云计算标准孵化器"，主要关注 IaaS 的接口标准化，制定了 OVF，以使用户可以在不同的 IaaS 平台间自由地迁移。DMTF 制定了云资源管理协议、封包格式和安全管理协议，并发布了云互操作性和管理白皮书。DMTF 共有来自 43 个国家的 160 个成员。OVF 旨在实现虚拟机标准化，从而使虚拟机轻松地在异构的虚拟机平台之间移动。DMTF 发布了 5 个 OVF 相关的规范/白皮书：

- DSP0243: Open Virtualization Format Specification;
- DSP8027: OVF Environment XSD;
- DSP8023: OVF Envelope XSD;
- DSP2021: Open Virtualization Format Examples;
- DSP2019: Open Virtualization Format White Paper。

OVF 标准定义了 3 个元素：OVF 包、OVF 描述符和 OVF 环境文件。

- OVF 包有一系列文件：一个 OVF 描述文件、零个或一个 OVF 清单文件、零个或一个 OVF 证书文件、零个或多个硬盘映像文件、零个或多个附加的资源文件。
- OVF 描述符是一个 XML 文件，包含 OVF 包的结构信息和虚拟机的元数据信息（包括虚拟硬件）。
- OVF 环境文件定义了客户软件如何与部署平台交互。其允许客户软件获取与部署平台有关的信息，如 OVF 描述符中定义属性的指定值。

DMTF 还发布了系统虚拟化、分区及集群标准 SVPC，定义了分层结构的虚拟化资源管理视图及虚拟化资源管理接口。其实现了发现及编目虚拟机系统，管理虚拟机的生命周期，创建、修改及删除虚拟资源；监控虚拟机系统的状况与性能等。SVPC 主要研究关于虚拟服务器管理的业界标准，意图是简化并提供易于使用的虚拟机环境。

DMTF 发布的系统虚拟化模型可以划分成如下部分。

- 资源分配：包括资源池模型、池中的资源分配及用于管理资源池的服务。
- 分配能力：客户端能够在运行时确定能力，包括实现在各种上下文中支持的最小值、最大值、默认值和特定值。
- 系统虚拟化和虚拟系统：提供添加、删除和修改虚拟系统的资源及定义和删除虚拟系统的能力，客户端可以通过虚拟资源和资源池的分配能力来确定虚拟系统资源操作实现的特定信息。
- 虚拟设备：利用资源分配和分配能力模式来扩展现有设备模型，以实现对虚拟设备的管理。

SNIA（存储工业协会）是成立时间较早的中立性存储行业协会组织，其宗旨是领导全球范围内的存储开发、标准推广及技术和培训服务。SNIA 的成员包括厂商和用户。SNIA 的主要成员都是核心的存储厂商。SNIA 成立了云计算工作组，并于 2010 年 4 月正式发布 CDMI 1.0。SNIA 云计算工作组的任务是推广云规范，统一云存储的接口，实现面向资源的数据存储访问，扩展不同的协议和物理介质。

SNIA 提出了云存储参考模型，如图 7-4 所示。此模型显示了多种类型的云数据存储接口，这些接口能够支持旧应用程序和新应用程序。所有接口都允许从资源池中按需提供存储。容量从存储服务提供的存储容量池中提取。数据服务应用于各个数据元素，由数据系统元数据确定。元数据根据单个数据元素或数据元素组（容器）指定数据要求。SNIA 云数据管理接口（CDMI）是应用程序从云中创建、检索、更新和删除数据元素的功能接口。作为此接口的一部分，客户端能够发现云存储产品的功能，并使用此接口管理容器和放置在其中的数据。此外，可以通过此接口在容器及其包含的数据元素上设置数据系统元数据。

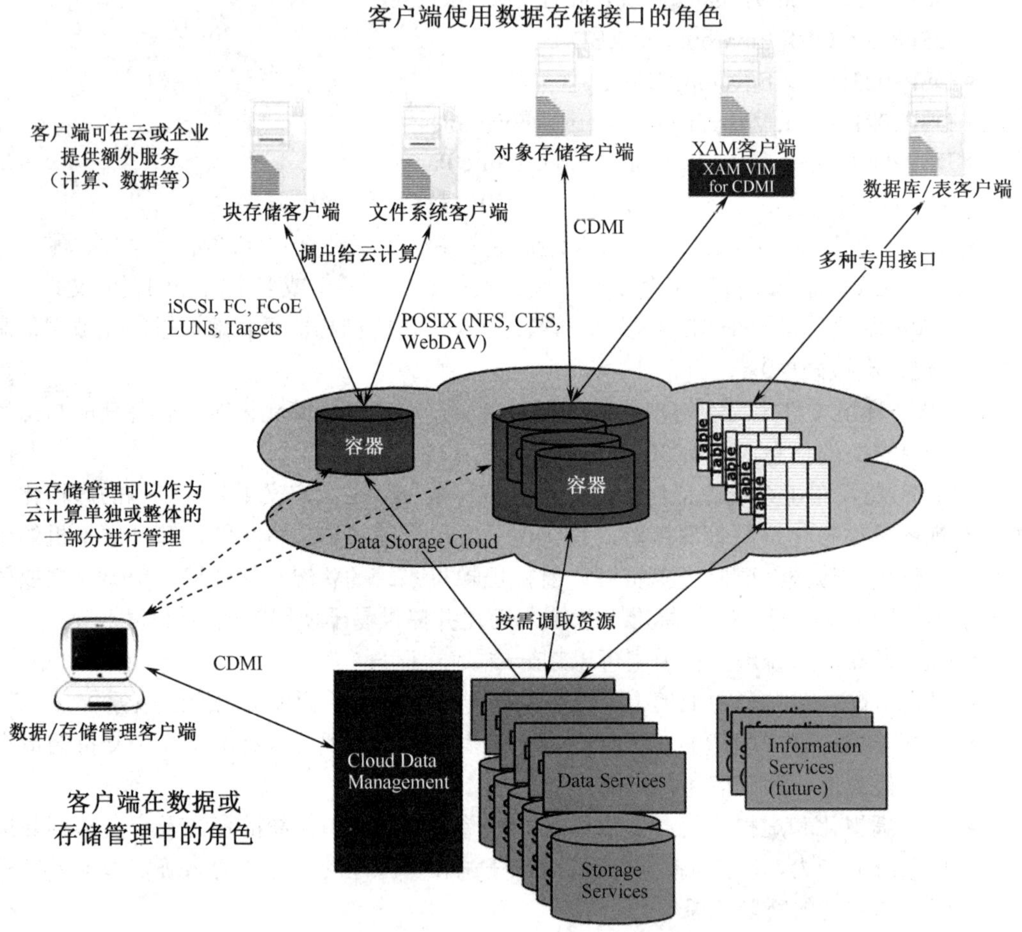

图 7-4　云存储参考模型

OASIS（结构化信息标准推进组织）成立于 1993 年，是非营利的联合会组织。OASIS 在软件开发领域的影响力很大，曾提交了著名的 XML 和 Web Services 标准。目前，OASIS 的成员包括 IBM、微软等 260 个来自不同国家的组织、团体、大学、研究院和公司。OASIS 致力于推动访问和身份策略安全、格式控制和数据输入/输出内容、目录池、目录和注册表、面向服务架构的方法和模型、网络管理和服务质量、互操作性等标准的制定与应用。我国的互联网信息中心、神州数码、华为、北京大学等都是该组织的成员。

OGF（开放网格论坛）是一个由 40 个国家的 400 多个用户、开发者和厂商组成的社区组织，其目标是制定和推广网络计算的标准与规范。该组织推出了 OCCI 1.0。该标准的目的是建立架构即服务的云接口标准，实现云架构的远程管理，开发不同工具，为云计算的部署、配置、自动扩展和监控提供支持。

CSA（云安全联盟）成立于 2009 年 4 月，其宗旨是推广云安全最佳实践和云安全培训。CSA 编写了云服务消费者和云服务提供商关心的 15 个战略领域的关键问题与建议。目前，CSA 的成员包括 DMTF、OGF、ISACA 等 14 个组织及 55 家公司。

The Open Group 是一个厂商中立、技术中立的联合会组织，目标是在开放标准和全球互操作性的基础上，实现企业内部和企业之间的无边界的信息流集成，从而降低企业运营的成本，增强系统的可扩展性和敏捷性，解除云产品和服务对厂家的锁定。

CCIF（云计算互操作论坛）是非营利技术社区组织，其目标是建立全球的云团体和生态系统，探讨新兴技术趋势和参考结构，帮助不同组织加快应用云计算解决方案和服务。CCIF 提出了统一云接口（UCI），并把不同云的 API 统一成标准接口，从而实现云的互操作。

云计算标准化工作是推动我国云计算技术、产业及应用发展，以及行业信息化建设的重要基础性工作之一。自 2008 年年底云计算相关的标准化工作被我国科研机构、行业协会及企业关注以来，云计算相关的联盟及标准组织在全国范围内迅速发展。总体而言，我国的云计算标准化工作从起步阶段进入了切实推进的快速发展阶段。2013 年 8 月，工业和信息化部组织国内产、学、研、用各界专家代表，开展了云计算综合标准化体系建设工作，对我国云计算标准化工作进行了战略规划和整体布局，并梳理了我国云计算生态系统。全国信息技术标准化技术委员会云计算标准工作组作为我国专门从事云计算领域标准化工作的技术组织，负责云计算领域的基础、技术、产品、测评、服务、系统和设备等国家标准的制修订工作，形成了领域全面覆盖、技术深入发展的标准研究格局，为规范我国云计算产业发展奠定了标准基础。另外，我国也积极参与云计算国际标准化工作，在国际舞台发挥了重要的作用。当前，我国的云计算标准化工作应注重国际国内协同开展，并且在前期云计算标准研究成果的基础上，注重标准落地应用，同时结合当今云计算产业的发展需求，锁定产业急需，开展一系列重点领域的标准化预研工作。

7.2.2　混合云模式

混合云是一种云计算模型，它通过网络连接组合一个或多个公有云和私有云环境，允许在不同的云环境之间共享数据和应用程序。混合云架构如图 7-5 所示。混合云环境允许企业根据业务需求在不同的云环境中分配工作负载。例如，企业可以在私有云环境中运行核心服务，以便更好地控制和定制环境，以满足其需求。当工作负载超出可用资源的限制时，可以将其他工作自动传输到公有云环境。这种方法为按需服务提供了额外的容量，这种方法通常称为"云爆发"。由于额外需求将在公有云上运行，因此对存储、计算和所有其他容量几乎没有限制。连接公有云和私有云有两种主要方法：VPN 和高速通道（Express Connect），即点对点专用连接。混合云能够通过网络连接多台计算机，整合 IT 资源，横向扩展并快速置备新资源；它包含单个统一的管理工具，利用自动化对流程进行编排，能够在不同环境间移动工作负载。

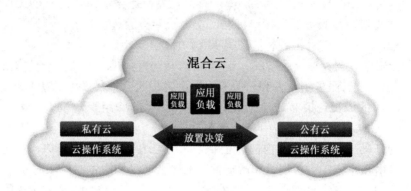

图 7-5　混合云架构

混合云可让用户体验私有云和公有云的优势。它提供高可扩展性、几乎无限的存储空间、灵活的支付模式，并且与公有云一样具有成本效益。混合云也非常安全，它为用户提供了更多的灵活性和对云资源的控制，如私有云中的资源。

NIST 对混合云的定义为：由两种或两种以上的云（私有云、社区云或公有云）组成的云基础设施，每种云保持独立实体，但云服务器之间用标准的或专有的技术组合起来，使得其间的数据和应用程序具有可移植性。混合云对外呈现出来的计算资源来自两个或两个以上的云，只不过增加了一个混合云管理层。云服务消费者通过混合云管理层租赁和使用资源，感觉就像在使用同一个云端的资源，其实内部被混合云管理层路由到真实的云端了。

如今，越来越多的企业正在基于其现有的多云战略实现混合云模式的价值。通过使公有云、私有云和边缘云资源更高效地协同工作，混合云解决方案可以克服使用多个云平台导致的混乱无序和高成本。要成功迁移到混合云模式，组织必须找到一种能够在云架构内集成、优化和编排混合所有单独元素的解决方案。市场上有许多供应商承诺其技术能够提供完整的解决方案。

7.2.3　多云部署

多云部署同时使用两个或多个云计算系统，部署可能使用公有云、私有云或两者的某种组合。多云部署旨在在硬件/软件故障的情况下提供冗余，并避免供应商锁定。通过多云部署，企业可以同时使用两个或多个云计算平台，如图 7-6 所示。它们这样做的原因有多种：一个团队可能正在使用微软产品，使用微软的 Azure 平台将是很自然的，而另一个团队则更喜欢 Amazon Web Services；公司可能还希望在将公有云用于 Web 应用程序时使用私有云处理机密数据；如果主云平台出现问题，公司可能还希望故障转移到另一个云平台。有许多用于管理多个云部署的第三方软件工具。

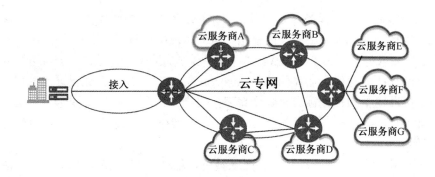

图 7-6　多云服务商互联

多云部署正成为企业的必然选择。尽管多家云服务商承诺 99.99%的安全可靠性，但仅 2018 年，国内外基础云服务商就被各渠道披露了七八起事故，未被披露的或许更多。云服务商的多次事故更加让企业知悉，将业务部署在单一云服务商，一旦出现问题，所造成的损失及影响往往更大。因此，企业也将遵循"不能将鸡蛋放在同一个篮子"法则，选择多云服务。例如，企业可将业务参照横向流量分发模式，将外部流量按照一定的分配比例，分别放在云服务商 A、云服务商 B，甚至云服务商 C，当一家的云服务出现问题时，通过云服务自动扩充，可快速将发生事故的云服务商的流量转移到其他云服务上，从而有效避免因某一家云服务商出现事故而影响企业自身的业务。

当组织中的多个部门有不同的工作流程和存储需求时，多云部署可以提供帮助。但是，使用多个云会带来挑战，包括在云之间迁移工作负载和访问资源。首先，人们可能会遇到将工作负载从一个云迁移到另一个云的问题。云计算必须具有兼容的接口才能在它们之间迁移工作负载。像 REST 这样的标准已经变得更加普遍，但并不是每个云计算供应商都遵守它们。要透明地从一个云连接到另一个云，源云必须能够与目标云的 API 进行通信，事实并非如此。

互操作性是关键。每个云计算供应商都使用自己的标准和文件格式。考虑基于云计算的虚拟机，支持虚拟机存储的文件存在不同的标准。企业的云平台可能使用虚拟硬盘（VHD）、Qcow2、虚拟机磁盘（VMDK）或任何其他形成虚拟机磁盘格式的标准。而企业在一个云平台中使用的云存储服务可能无法在另一个云平台中使用，这可能导致无法在云平台之间轻松移动工作负载。如果云计算实例使用磁盘映像文件，则文件格式兼容性问题也可能会阻止企业在云平台之间移动工作负载。企业可能为特定目的使用不同的云服务，如存储、运行虚拟机、容器；而且，企业可能会选择其他云，因为它提供了强大的安全功能。在这种多云部署中，跨云访问非常重要。例如，虚拟机可能会从企业用于存储的云平台访问存储。在构建多云环境时，请确保企业云平台可以高度兼容，以简化互操作性。

在多云环境中工作的一个挑战是每个云平台都有自己的门户。企业可能发现自己在几个不同的管理窗口中工作，这增大了在配置环境时迷失的概率。多云环境中的一个严重问题是应用程序扩展，这可能发生在多个云服务相同的环境中，可能发生在不同部门有自主选择满足其需求的云端和应用程序的公司。如果将每个云平台作为单独的实体进行管理，则很难避免应用程序蔓延。每个云平台都有自己的监控工具。在多云环境中，企业可能会监控不同监控应用程序的输出，从而增加丢失重要信息的可能性。

企业进行多云部署面临不少挑战，以下 3 种方法将有助于企业的多云部署顺利运行。

（1）标准化：请确保企业使用的是 Amazon S3 兼容的产品。如果涉及虚拟机，尽管虚拟机格式标准化不如存储标准化那么普遍，但尝试使用 OVF。如果涉及容器，请使用 Docker。标准化的方法使多云环境运行更流畅。至少，它确保工作负载可以轻松地在不同的云中迁移。

（2）统一化管理：单一的多云管理工具可以解决从存在多个管理工具、多个管理门户到存在多个应用程序和虚拟机等难题。该市场的供应商包括 BMC Software、CenturyLink、思科、Concerto Cloud Services、IBM、Net Enrich、RightScale、Scalr、Turbonomic 和 VMware 等。这些工具覆盖了各自的管理界面，位于各个云管理界面之上。它们提供单一界面来管理多云环境，并使其看起来像企业正在使用一个云平台一样。

（3）机构独立监测：除了多云管理，独立的监控工具也会有所帮助。特定云计算的监控选项对于监控特定云中发生的事情很有用。但是，对于多云环境，企业需要一个可以看到涉及所有云的更大图景的工具。这可以是一个开发多云或开源监控工具的商业化产品，如 Nagios 和 Zabbix。

7.2.4　云计算与人工智能相融合

随着人工智能及云计算的不断兴起，其应用的领域也不断增多。它们被用于各行各业，不仅能够提高工作效率，同时能够避免人工错误的出现，从而为社会的发展做出极大贡献。人工智能在发展过程中，正面临成长性及扩展性的问题，而要使这些问题得到彻底解决，则必须在传统的人工智能技术中运用云计算技术。

云计算目前正在从 IaaS 向 PaaS 和 SaaS 发展，其在这个过程中与人工智能的关系会越来越密切，主要体现在以下三个方面。

（1）PaaS 与人工智能结合来完成行业垂直发展。当前云计算平台正在全力打造自己的业务生态，业务生态其实也是云计算平台的壁垒。而要想在云计算领域形成一个很高的壁垒，必然需要借助人工智能技术。目前可以将云计算平台开放的一部分智能功能直接结合到行业应用中，这会使云计算向更多的行业领域垂直发展。

（2）SaaS 与人工智能结合来拓展云计算的应用边界。当前终端应用的迭代速度越来越快，未来要想实现更快速且稳定的迭代，必然需要人工智能技术的参与。人工智能与云计算的结合能够让 SaaS 全面拓展自身的应用边界。

（3）云计算与人工智能结合来降低开发难度。云计算与人工智能结合还会有一个明显的好处，就是降低开发人员的工作难度，云计算平台的资源整合能力会在人工智能的支持下变得越来越强大。

人工智能任务处理多样化。人工智能在发展过程中必须以海量的数据作为基础，实现人工智能任务处理的多样化。人工智能在发展过程中，必须以强大的计算背景与平台及知识理论作为支撑，而云计算技术的发展正好满足了人工智能的需求。新一代人工智能理论和技术迅速发展，开放的人工智能平台与大数据和云计算技术相结合，构成了支撑新一代人工智能应用的基础设施，以深度学习、强化学习、知识图谱为代表的人工智能技术得到了快速发展。目前，国内外大量的数据中心面临复杂的业务和异构的设备环境，运用人工智能技术对资源进行调度和进行能量管理变得尤为必要。

云计算辅助性支持资源整合。云计算的出现，在最大限度上整合了多种数据资源的有效形式，补充了资源整合效力，对人工智能的识别决策提供了辅助性支持。在设计云计算之初，其本质目标便是对资源进行管理，其中涉及计算资源、网络资源、存储资源三个方面。计算资源为人工智能提供了基础数据的分析框架，网络资源促进人工智能的自主学习，存储资源不断升级人工智能的认知边界。因此，云计算并非提供了最直接的数据资源，但提供了对资源整合的辅助性支持，可为人工智能的自我迭代与演化提供辅助路径。

人工智能是智能社会发展的重要内容之一，属于计算机学科的一个重要分支，其最终的发展目的是生产与人类智能相近的智能机器。云计算技术则以开放的标准和服务为基础，以互联网为中心，提供安全、快速、便捷的数据存储和网络计算服务，让互联网这片"云"上的各种计算机共同组成数个庞大的数据中心及计算中心，将 IT 资源构筑成一个资源池，加上成熟的服务器虚拟化、存储虚拟化技术，让用户实时地监控和调配资源。人工智能及云计算是未来社会发展需要应用的重要技术内容，二者存在密切的联系，应通过云计算赋能人工智能，做好二者的融合分析，将其现实价值发挥到最大。云计算背景下的人工智能融合应用分析，旨在为人工智能的具体发展提供参考，目的是更好地实现云计算、大数据在人工智能发展中的融合与应用，这样，先进技术融合而生的技术价值会更加显著。

习题

1．比较 Hadoop 与 Spark 的异同，以及 Docker 与 OpenStack 的异同。

2．以"体系结构"为比较点，在表 7-1 的基础上完善 7.1 节中关于主流开源云计算系统的对比。

3．举例说明云计算和云存储参考模型。

反侵权盗版声明

电子工业出版社依法对本作品享有专有出版权。任何未经权利人书面许可，复制、销售或通过信息网络传播本作品的行为；歪曲、篡改、剽窃本作品的行为，均违反《中华人民共和国著作权法》，其行为人应承担相应的民事责任和行政责任，构成犯罪的，将被依法追究刑事责任。

为了维护市场秩序，保护权利人的合法权益，我社将依法查处和打击侵权盗版的单位和个人。欢迎社会各界人士积极举报侵权盗版行为，本社将奖励举报有功人员，并保证举报人的信息不被泄露。

举报电话：（010）88254396；（010）88258888

传　　真：（010）88254397

E-mail：　dbqq@phei.com.cn

通信地址：北京市万寿路 173 信箱

　　　　　电子工业出版社总编办公室

邮　　编：100036